机械制造工艺

（第2版）

主　编　孙希禄

副主编　曹丽娜　史向坤

参　编　吴　娟　吴金梅

　　　　马岩美　田晓霞

主　审　刘温聚

U0247172

北京理工大学出版社

BEIJING INSTITUTE OF TECHNOLOGY PRESS

内容简介

本书根据 2019 年 1 月 24 日发布的《国家职业教育改革实施方案》中职业教育的人才培养目标、方向和要求，结合编者二十多年技术工作经验和教学经验编写而成。本书共分七个项目，内容包括：毛坯加工、金属切削加工原理、金属切削加工、机械加工工艺规程的编制、典型零件的加工、机械加工质量、CAPP 技术；本书内容丰富，理论阐释简明扼要，由浅入深，注重理论与实践相结合，注重技能培养，又有一定技术知识的前瞻性。

本书既可作为高职院校机械制造与自动化、机电一体化、数控技术和模具制造等专业的教学用书，又可作为工厂从事机械制造、机械设计的工程技术人员的参考书。

图书在版编目（CIP）数据

机械制造工艺 / 孙希禄主编. --2 版. -- 北京：北京理工大学出版社，2019.8（2024.1 重印）
ISBN 978-7-5682-7478-4

Ⅰ. ①机…　Ⅱ. ①孙…　Ⅲ. ①机械制造工艺-高等学校-教材　Ⅳ. ①TH16

中国版本图书馆 CIP 数据核字（2019）第 188617 号

责任编辑：高　芳　　**文案编辑**：高　芳
责任校对：周瑞红　　**责任印制**：李志强

出版发行 / 北京理工大学出版社有限责任公司
社　　址 / 北京市丰台区四合庄路 6 号
邮　　编 / 100070
电　　话 / （010）68914026（教材售后服务热线）
（010）68944437（课件资源服务热线）
网　　址 / http://www.bitpress.com.cn

版 印 次 / 2024 年 1 月第 2 版第 4 次印刷
印　　刷 / 三河市天利华印刷装订有限公司
开　　本 / 787 mm × 1092 mm　1/16
印　　张 / 16
字　　数 / 376 千字
定　　价 / 49.80 元

前　言

高等职业教育现在是我国高等教育的重要组成部分，为国家担负培养和输送机械制造、工业建设、企业管理和服务等生产一线高素质、技术应用型人才的重任。进入 21 世纪后，随着制造业的发展，高职教育呈现出前所未有的发展势头，学生规模已占高等教育的一半以上，是我国现代高等教育的一支重要的生力军；在教学理念上，“以就业为导向、创新、创业”成为高等职业教育改革与发展的主旋律。

制造业是国民经济的主体，是立国之本、兴国之器、强国之基。没有强大的制造业，就没有国家和民族的强盛。打造具有国际竞争力的制造业，是我国提升综合国力、保障国家安全、建设世界强国的必由之路。

《机械制造工艺》教材是根据教育部《关于加强高职高专教育人才培养工作的意见》《中国制造 2025》和《国家职业教育改革实施方案》的要求，在吸收近年来高职教育教学改革经验的基础上，参照企业对应用型人才的要求，结合机械制造工业的发展趋势，将传统教材《铸造》《焊接》《金属切削原理与刀具》《金属切削机床》《机械制造工艺学》和 CAPP 等的相关内容有机地结合在一起，形成一种全新的项目化教材。

本书在具体内容的取舍及深度的把握上，尽量避免理论过深、专业太强以及与实际应用关系不大的内容，重点突出机械制造工艺的特点，实用性强，符合机械类相关专业高等职业教育培养目标的要求和高等职业教育的特点。

本书编写的指导思想是：

（1）在全书内容的组织上，以机械加工工艺为基础，精选经典传统机械制造的内容，把充分反映现代机械制造的新技术、新设备、新材料、新工艺的内容编入本书中，并且十分注重内容的实用性，在阐明基本概念、基本理论的前提下，突出技能，力求与生产实际相结合。

（2）贯彻先进的教学理念，以技能训练为主线，相关知识为基础，较好地处理了理论教学与技能训练的关系，以“必需、够用”为度。

（3）注意把体现当代科学技术发展特征的多学科间的知识交叉与渗透反映到本书的内容中，注重教给学生科学的思维方法，提高学生综合运用知识解决实际问题的能力。

（4）以国家职业标准为依据，使内容符合国家职业标准的相关要求。

（5）以任务实施、案例为切入点，并尽量采用以图代文的编写方式，降低项目难度，从职业分析人手，构建培养计划，确定教学目标。

本课程的实践性很强，课程的教学需要与金工实习、生产实习、实验教学以及课程设计等多种教学环节密切配合；要更新教育思想和观念，努力运用现代化的教育手段与教学方法。

本教材由孙希禄担任主编，曹丽娜、史向坤担任副主编，参加编写的人员有：孙希禄、曹丽娜、史向坤、吴娟、吴金梅、马岩美、田晓霞等。具体编写分工如下：曹丽娜负责编写项目一，吴娟负责编写项目二，马岩美负责编写项目三，孙希禄负责编写项目四、田晓霞负责编写项目五，吴金梅负责编写项目六，史向坤负责编写项目七；刘温聚担任主审。

本教材适合高等院校及高等职业院校机械类专业学生使用，如机械制造、模具制造、数控技术、机电一体化等专业；本教材在编写过程中参考了相关教材及其他有关珍贵资料，得到了同行的大力支持和帮助，在此表示衷心感谢！

由于编者水平有限，加之编写时间仓促，书中难免存在不当或错误之处，敬请广大读者批评与指正。

编　者

目 录

项目概论 …… 1
项目一 毛坯加工 …… 4
任务一 铸造加工 …… 4
任务二 金属压力加工 …… 24
任务三 焊接加工 …… 39
项目二 金属切削加工原理 …… 54
任务一 基本定义 …… 54
任务二 金属切削的过程 …… 61
任务三 刀具磨损与工件材料的切削加工性 …… 67
任务四 金属切削条件的选择 …… 72
项目三 金属切削加工 …… 80
任务一 车削加工 …… 80
任务二 铣削加工 …… 87
任务三 钻削与镗削加工 …… 98
任务四 刨削与拉削加工 …… 107
任务五 磨削加工 …… 116
项目四 机械加工工艺规程的编制 …… 126
任务一 基本概念 …… 126
任务二 机械加工工艺规程编制的内容、原则、步骤 …… 131
任务三 零件的结构工艺性分析及毛坯的选择 …… 135
任务四 定位基准的选择 …… 138
任务五 工艺路线的拟定 …… 143
任务六 加工余量的确定 …… 147
任务七 工艺尺寸链 …… 151
任务八 时间定额与生产效率 …… 159
项目五 典型零件的加工 …… 171
任务一 轴类零件加工 …… 171
任务二 套类零件加工 …… 182
任务三 箱体类零件加工 …… 187
项目六 机械加工质量 …… 198
任务一 机械加工质量概论 …… 198

任务二　机械加工表面质量…………………………………………………………………… 211
项目七　CAPP 技术 …………………………………………………………………………… 219
任务一　认识 CAPP ………………………………………………………………………… 219
任务二　成组技术…………………………………………………………………………… 232
任务三　CAPP 系统的类型和工作原理 …………………………………………………… 239
参考文献 ……………………………………………………………………………………… 249

项 目 概 论

一、机械制造定义

《中国制造 2025》开宗明义，我国要从制造业大国向制造业强国转变，最终实现制造业强国。通过信息化和工业化两化深度融合来引领和带动整个制造业的发展，这也是我国制造业所要占据的一个制高点。

机械制造是各种机械产品生产、制造过程的总称。机械制造技术是研究制造机械产品所采用的加工原理、制造工艺和相应工艺装备的一门工程技术，最终达到制造出高质量、低成本、低消耗、高生产率的机械产品的目的。

随着国民经济的不断发展，各行各业都需要大量的机器、设备和交通运输工具等机械产品，这些产品都是由很多零件、部件装配而成。要想装配出合格的产品，必须先加工出合格的零件。铸造、锻造、焊接只能得到形状、尺寸比较粗糙的成品或半成品，是一种毛坯加工。机械中的大部分零件，特别是质量要求高的，还需要经过金属切削加工。因此，正确地进行切削加工，对保证零件质量、提高生产率和降低成本有着重要意义。

二、机械制造技术的发展现状

人类过去 260 年的经济增长史，是连续三次工业革命直接带来的“福利”；中国制造虽然在高铁、基建、航空等领域都有比较亮眼的成绩；但我们在机械、电气和信息自动化等三个时代均落后于世界平均水平，我们过去创造的奇迹更多的是依托中国工人和科研工作者的双手来完成的。2011 年 4 月德国政府正式在汉诺威工博会上推出“工业 4. 0”的概念：利用物联信息系统（Cyber—Physical System 简称 CPS）将生产中的供应，制造，销售信息数据化、智慧化，最后达到快速、有效、个人化的产品供应。

2015 年 5 月，国务院公布了中国版的“工业 4. 0”规划《中国制造 2025》：坚持“创新驱动、质量为先、绿色发展、结构优化、人才为本”的基本方针，坚持“市场主导、政府引导，立足当前、着眼长远，整体推进、重点突破，自主发展、开放合作”的基本原则，通过“三步走”实现制造强国的战略目标：第一步，到 2025 年迈入制造业强国行列；第二步，到 2035 年中国制造业整体达到世界制造强国阵营中等水平；第三步，到新中国成立一百年时，综合实力进入世界制造强国前列

机械制造业是国民经济的基础产业和支柱，为人们的生产、生活提供各种生产制造装备，其他产业的发展均有赖于制造业提供高水平的设备；从一定意义上讲，机械制造技术的发展水平决定着其他产业的发展水平。“经济的竞争归根结底是制造技术和制造能力的竞

争”，同时制造业对科学技术的发展，尤其是现代高新技术的发展起着重要的推动作用。制造技术是当代科学技术发展最为重要的领域之一，包含在“中国制造 2025 十大领域”之内。

我国机械工业努力追赶世界制造技术的先进水平，积极开发新产品、研究推广先进制造技术，继续推进制造业与信息也的融合，在引进、消化和吸收国外先进制造技术的基础上有了快速的发展。我国制造业从传统的普通机床到航空航天技术装备，从国计民生日常用具的生产到国防尖端产品的制造；特别是今年，伴随着我国计划年底实施嫦娥五号任务（探月工程“绕、落、回”三步走战略的最后一步）的完成和“5G”通信技术的发展应用，机械制造技术都提供了重要的先进技术装备的保障。目前，高性能的数控机床和柔性制造系统、计算机集成制造、人工智能制造系统、虚拟制造、敏捷制造和网络制造工程等先进制造技术日新月异，为机械制造的发展提供了无限的开阔空间，从此宣告了机械制造业永远不会成为夕阳产业。

中国是机械制造业大国，但制造产品附加值和技术含量还较低，真正在全球市场上处于领先水平的制造业企业则更少。从制造业的人均劳动生产率看，远远落后于发达国家。据统计，目前我国优质低耗工艺的普及率不足 10%，数控机床、精密设备不足 5%，90% 以上高档数控机床、97% 的光纤制造装备、85% 的集成电路制造设备、80% 的石化设备、70% 的轿车工业装备依赖进口。我国制造业“大而不强”的现状令人忧虑。“走自主创新的道路，建设创新型国家”是高屋建瓴的规划，更是残酷的国际竞争环境的产物。

机械制造业的目标：到 2020 年，制造业重点领域智能化显著提升，试点示范项目运营成本降低 30%，产品生产周期缩短 30%，不良品率降低 30%。到 2025 年，制造业重点领域全面实现智能化，试点示范项目运营成本降低 50%，产品生产周期缩短 50%，不良品率降低 50%。

三、现代制造的特点

现代制造业是以制造业吸收信息技术、新材料技术、自动化技术和现代管理技术等高新技术，并与现代服务业互动为特征的新型产业。

先进制造技术与传统制造技术相比，其显著特点是：以实现优质、高效、低耗、清洁、灵活生产，提高产品对动态多变市场的适应能力和竞争力为目标；不仅包括制造工艺，而是覆盖了市场分析、产品设计、加工和装配、销售、维修、服务，以及回收再生的全过程；强调技术、人员、管理和信息的四维集成，不仅涉及物质流和能量流，还涉及信息流和知识。

四维集成和四流交汇是先进制造技术的重要特点，同时更加重视制造过程组织和管理的合理化，它是硬件、软件、脑件（人）与组织的系统集成。先进制造技术其实就是“制造技术”加“信息技术”加“管理技术”，再加上相关的科学技术交融而成的制造技术。

随着电子、信息等高新技术的不断发展及市场个性化与多样化的需求，世界各国都把机械制造的研究和开发作为国家的关键技术进行优先发展，并将其他学科的高技术成果引人机械制造业中。因此机械制造业的内涵与水平已不同于传统制造。归纳起来，有以下特征：

（1）现代机械制造技术集机械、计算机、信息、材料、自动化等技术于一体，具有柔性、集成、并行工作，能够制造生产成本与批量无关的产品，能按订单制造，满足产品的个性要求。

（2）制造智能化。智能制造系统能发挥人的创造能力和具有人的智能和技能，能够代替熟练工人的技艺，具有学习工程技术人员多年实践经验和知识的能力，并用以解决生产实际问题。

（3）设计与工艺一体化，传统的制造工程设计和工艺分步实施，造成了工艺从属于设计、工艺与设计脱离等现象，影响了制造技术的发展。产品设计往往受到工艺条件的制约，受到制造可靠性、加工精度、表面粗糙度、尺寸等限制。因此，设计与工艺必须密切结合，以工艺为突破口，形成设计与工艺的一体化。

（4）精密加工技术是关键，精密和超精密加工技术是衡量先进制造技术水平的重要指标之一。纳米加工技术代表了机械制造业的最高精度水平。

（5）产品生命周期的全过程，现代制造是一个从产品概念开始，到产品形成、使用，一直到处理报废的集成活动和系统。在产品的设计中，不仅要进行结构设计、零件设计、装配设计，而且特别强调拆卸设计。使产品报废处理时，能够进行材料的再循环。节约能源，保护环境。

（6）人、组织、技术三结合，现代制造技术强调人的创造性和作用的永恒性；提出了由技术支撑转变为人、组织、技术的集成，以加强企业新产品开发时间（T）、质量（Q）、成本（C）、服务（S）、环境（E）；强调了经营管理、战略决策的作用。在制造工业战略决策中，提出了市场驱动、需求牵引的概念，强调用户是核心，用户的需求是企业成功的关键，并且强调快速响应市场需求的重要性。提高企业的市场应变能力和竞争能力。

因此，现代制造不仅仅是要求精密加工、高速加工、自动化加工，更主要体现在观念上的革新，现在比较统一的认识有绿色制造、计算机集成制造、柔性制造、虚拟制造、智能制造、敏捷制造和网络制造等。

四、本课程的特点和任务

机械产品的制造包括毛坯的加工，零件的加工和装配；零件加工是在机床、刀具、夹具和工件本身相互共同作用下完成，因此机械制造涉及机床、刀具、夹具方面的知识。本课程综合考虑，以机械制造的基本理论为基础，以加工技能训练为主线，介绍各种加工方法及相应的工艺装备；介绍毛坯制造方法、金属切削加工原理、机械制造工艺规程编制、机械加工质量控制的方法等，并以典型零件加工的综合分析为落脚点，增强知识与技术的综合运用。

实践性、综合性、应用性是本课程的三大特点，学习中要重视理论联系实际，金工实习、机械装配图课程和机械基础课程设计都可以很好地帮助学习本课程，而且有利于将理论知识转化为机械制造应用能力。

通过本课程学习，能够掌握机械制造常用的加工方法、加工原理和制造工艺，熟悉各种加工设备及装备，初步具有分析、解决机械制造加工质量问题的能力，具有编制机械加工工艺规程的能力。

项目一

毛坯加工

知识目标

(1) 了解铸造加工、压力加工和焊接加工的工作原理、工艺过程。
(2) 了解毛坯成型加工所用各种设备、原材料和工具。
(3) 理解和掌握毛坯成型加工工艺过程和主要工艺参数。

技能目标

(1) 能够完成毛坯成型加工的操作过程。
(2) 能够根据零件图纸的要求，选择合适的毛坯成型方法。
(3) 能够根据毛坯产品质量状况，进行质量分析，提出质量改进措施。

任务一 铸造加工

任务目标

(1) 了解铸造加工原理和工艺过程。
(2) 了解铸造过程中设备和工具的使用。
(3) 理解、掌握砂型铸造工艺过程和工艺参数。
(4) 了解特种铸造加工原料和工艺过程。

一、概述

1. 铸造的特点、方法及应用

将熔化的金属浇注到铸型的空腔中，待其冷却凝固后，得到一定形状和性能的毛坯或零件的加工方法称为铸造。由铸造得到的毛坯或零件称为铸件。铸件一般作为零件的毛坯，要经过切削加工后才能成为零件，但若采用精密铸造方法或对零件的精度要求不高时，铸件也可不经切削加工而使用。

铸造与其他金属加工方法相比，具有以下一些特点：

① 可铸造出形状比较复杂的铸件，铸件的尺寸和重量几乎不受限制；

② 铸造所用的原材料价格低廉，铸件的成本较低；

③ 铸件的形状和尺寸与零件很接近，所以节省了金属材料及加工工时。

铸造也存在一定的缺点，具体如下：

① 铸件的力学性能较低，又受到最小壁厚的限制，所以铸件较笨重，从而增加了机器的重量；

② 铸造的工序多，铸件质量不稳定，废品率较高。

铸造生产的方法很多，主要分为砂型铸造和特种铸造两类。砂型铸造是用砂型紧实成型的铸造方法。除砂型铸造外，其他的铸造方法称为特种铸造，如金属型铸造、压力铸造、离心铸造和熔模铸造等。砂型铸造具有较大的灵活性，对不同的生产规模，不同的铸造合金都能适用，因此应用最为广泛。

2. 砂型铸造的工艺过程、砂型的组成、模样及芯盒

（1）砂型铸造的工艺过程

砂型铸造的主要工序为制造模样和芯盒、制备型砂及芯砂、造型、造芯、合型、熔化金属及浇注、铸件凝固后开型落砂、表面清理和质量检验，大型铸件的铸型及型芯，在合型前还需烘干。图 1-1 为压盖铸件的生产过程。

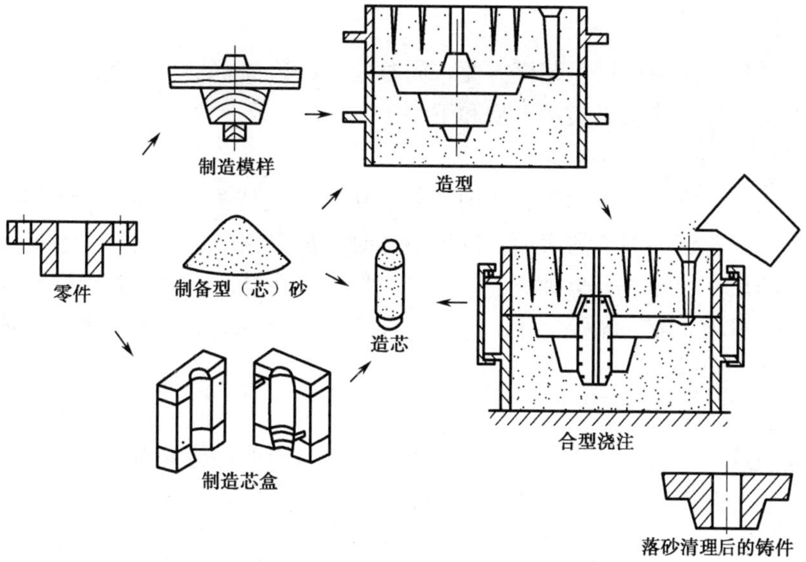

图 1-1　压盖铸件的生产过程

（2）砂型组成简介

图 1-2 为合型后的砂型。型砂被舂紧在上、下砂箱之中，连同砂箱一起称作上砂型和下砂型。砂型中取出模样后留下的空腔称为型腔。上下砂型间的结合面称为分型面。使用芯的目的是为了获得铸件的内孔，芯的外伸部分称为芯头，用以定位和支撑芯子。铸型中专为放置芯头的空腔称为芯座。

金属液从外浇口浇入，经直浇道、横浇道和内浇道而流入型腔。型砂及型腔中的气体由通气孔排出，而被高温金属液包围后芯中产生的气体则由芯通气孔排出。

（3）模样和芯盒

模样和芯盒是造型和造芯用的模具。模样用来造型，以形成铸件的外形，芯盒用来造芯，以形成铸件的内腔。小批量生产时，模样和芯盒常用木材制造，大批量生产时常用铝合

金或塑料制造。

在制造模样和芯盒之前，要以零件图为依据，考虑铸造工艺特点，绘制铸造工艺图。在绘制铸造工艺图时，要考虑如下几个问题：

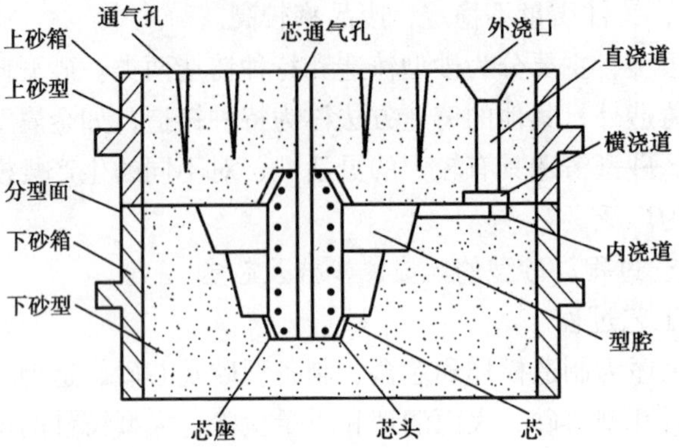

图 1–2　砂型

① 分型面。

分型面的选择必须使造型、起模方便，同时应保证铸件质量。分型面的位置在铸造工艺图上用线条标出，并加箭头以表示上型和下型。

② 加工余量。

铸件上有些部位需要进行加工，切削加工时从铸件上切去的金属层厚度称为加工余量。因此，铸件上凡需要切削加工的表面，制造模样时，都要相应地留出加工余量。加工余量的大小根据铸件的尺寸、铸造合金种类、生产量、加工面在浇注时的位置等来确定。一般小型铸铁件的加工余量为 3～5 mm。此外，铸件上直径小于 25 mm 的孔，一般不予铸出，应待切削加工时用钻孔方法钻出。

③ 起模斜度。

为便于起模或从芯盒中取出砂芯，模样垂直于分型面的壁应该有向着分型面逐渐增大的斜度，该斜度称为起模斜度。木模的起模斜度为 1°～3°。

④ 铸造圆角。

铸件上各相交壁的交角，在制作模样时应做成圆角过渡，以改善铸件质量，这可以防止应力集中和起模时损坏砂型。

⑤ 芯头和芯座。

为便于安放和固定芯子，在模样和芯盒上应分别做出芯座和芯头。芯座应比芯头稍大，两者之差即下芯时所需要的间隙。对于一般中小芯，此间隙为 0. 25～1. 5 mm。

⑥ 收缩余量。

液态金属在砂型里凝固时要收缩，为了补偿铸件收缩，模样尺寸比铸件图样尺寸增大的数值，称为收缩余量。收缩余量主要根据合金的线收缩率来确定。各种合金的线收缩率是：灰铸铁约为 1%，铸钢约为 2%，铜、铝合金约为 1.5%。例如，有一灰铸铁的长度为 100 mm，线收缩率为 1%，则收缩余量为 1 mm，模样长度为 101 mm。制造模样时，应采用已考虑了收缩率的缩尺来进行度量，以简化制模时尺寸的折算。缩尺是按照合金的线收缩率放大而做成的，如收缩率为 1% 的缩尺上的 1 mm 代表实际尺寸 1. 01 mm。常用的尺寸有

1%、1.5%和2%。

图1-3为联轴节的零件图、铸件简图和模样图。

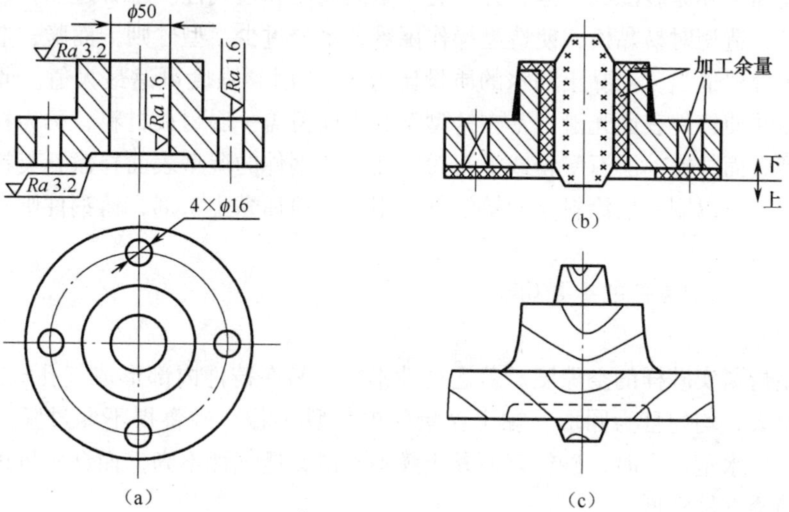

图1-3 联轴节的零件图、铸件简图和模样图

(a) 零件图；(b) 铸件简图；(c) 模样图

二、型砂和芯砂

砂型和芯是用型砂和芯砂制造的。型（芯）砂是由砂、黏结剂、水和附加物按一定比例混合制成的。黏结剂种类很多，有黏土、水玻璃、桐油、合脂等，应用最广的是价廉而丰富的黏土。用黏土作为黏结剂的型（芯）砂称为黏土砂，用其他黏结剂的型（芯）砂则分别称为水玻璃砂、油砂、合脂砂等。图1-4为黏土砂结构示意图。

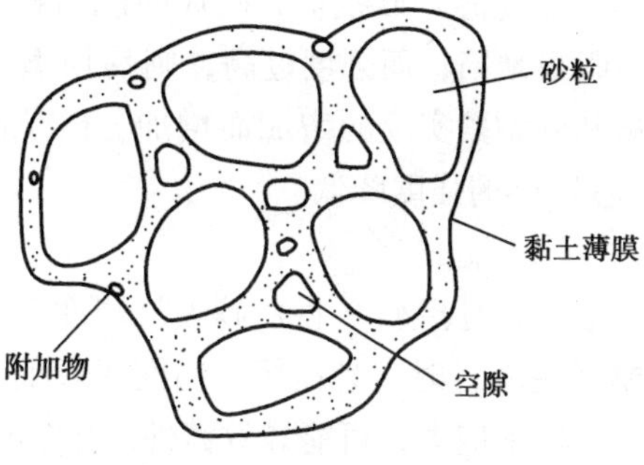

图1-4 黏土砂结构示意图

1. 型（芯）砂的组成

（1）砂

原砂（即新砂）的主要成分是石英（SiO_2）。铸造用砂，要求原砂中二氧化硅含量为85%～97%。砂的颗粒以圆形、大小均匀为佳。

为了降低成本，对于已用过的旧砂，经过适当处理后，还可以掺在型砂中使用。对一般手工生产的小型铸造车间，则往往只将旧砂过筛一下以去除砂团、铁块、木片等杂物。

（2）黏结剂

能使砂粒相互黏结的物质称为黏结剂，常用的黏结剂是黏土。黏土主要分为普通黏土和膨润土两类。湿型（造型后砂型烘干）型砂普遍采用黏结性较好的膨润土，而干型（造型后将砂型不烘干）型砂多用普通黏土。

（3）附加物

为了改善型（芯）砂性能而加入的物质称为附加物。常用的附加物有煤粉、木屑等。

加入煤粉能防止铸件黏砂，使铸件表面光洁；加入木屑可以改善铸型和芯的透气性。

（4）水

通过水使黏土和原砂混成一体，并具有一定的强度和透气性。水分过多，易使型砂湿度过大，强度低，造型时易黏模，使造型操作困难；水分过少，型砂则干而脆，造型、起模困难。因此，水分要适当，当黏土和水的质量比为3∶1时，强度可达最大值。此外，为防止铸件表面粘砂并使铸件表面光滑，常在铸型型腔表面覆盖一层耐火材料，称为扑料。通常在铸铁件的湿型表面扑撒一层石墨粉或滑石粉，而在铸钢件的湿型表面扑撒石英粉。对于干型和芯的表面，则可以刷一层涂料，而铸铁件可用石墨粉加黏土水剂，铸钢件则常用石英粉和黏土水剂。

2. 型（芯）砂应具备的主要功能

（1）透气性

透气性是指紧实砂样的空隙度。若透气性不好，易在铸件内部形成气孔缺陷。型（芯）砂的颗粒应粗大、均匀且为圆形，黏土含量要少，型（芯）砂舂得不要过紧，这些均可使透气性提高。含水量过少时，砂粒表面黏土膜不光滑，透气性不高，而含水量过多，空隙被堵塞，又会使透气性降低。

（2）流动性

流动性是指型（芯）砂在外力或本身重力的作用下，沿模样表面和砂粒间的相对移动的能力。流动性不好的型（芯）砂不能造出轮廓清晰的铸件。

（3）强度

型（芯）砂抵抗力破坏的能力称为强度。型（芯）砂强度过低，易造成塌箱、冲砂和砂眼等缺陷；而强度过高，则易使型（芯）砂透气性变差。型（芯）砂的强度随黏土的含量和砂型紧实度的增加而增加。砂子的颗粒越细，强度越高。含水量过多或过少均可使型（芯）砂的强度降低。

（4）韧性

韧性是指型（芯）砂吸收塑性变形能量的能力。韧性差的型（芯）砂在造型（芯）起模（脱芯）时，易损坏。韧性不好的型（芯）砂，在铸件凝固和成型后的收缩过程中，将产生收缩应力，可能导致铸件产生裂纹。

（5）溃散性

型（芯）砂在浇注后易溃散的性能称为溃散性。溃散性对清砂率和劳动强度有显著影响。

（6）耐火性

耐火性是指型（芯）砂抵抗高温热作用的能力。耐火性差，铸件易产生粘砂现象，使铸件清理和切削加工过于困难。砂中二氧化硅含量越多，砂子的颗粒越大，耐火性越好。

型（芯）砂除了应具备上述主要性能外，还有一些其他性能要求，如耐用性、发气性、吸湿性等。

3. 型砂和芯砂的制备

（1）型（芯）砂组成物配制

型（芯）砂组成物需按一定的比例配制，以保证一定的性能。型（芯）砂有多种配比方案，现举两例供参考。

小型铸铁件湿型型砂的配比：新砂 10% ～20%，旧砂 70% ～80%，另加膨润土 2% ～3%、煤粉 2% ～3%、水 4% ～5%。

铸铁中小件芯砂的配比：新砂 40%，旧砂 50%，另加黏土 5% ～7%、纸浆 2% ～3%、水 7.5% ～8.5%。

在同一砂型内，与液态金属接触的面层型砂比背部型砂要求高，因此，型砂又有面砂和背砂（又称填充砂）之分。

（2）型（芯）砂的制备方法

型（芯）砂的性能不仅决定于其配比，还与配砂的工艺操作有关。混碾越均匀，型（芯）砂的性能越好。

型（芯）砂的混制工作是在混砂机中进行的，目前工厂常用的是碾轮式混砂机（如图 1-5 所示）。混砂工艺：按比例将新砂、旧砂、黏土、煤粉等加入混砂机中，先干混 2～3 min，混拌均匀后再加水或液体黏剂（水玻璃、桐油等）湿混 10 min 左右，即可出砂。混制好的型砂应堆放 2～4 h，使水分分布得更均匀，这一过程叫调匀。砂型在使用前还需经行松散处理，使砂块松开、空隙增加。

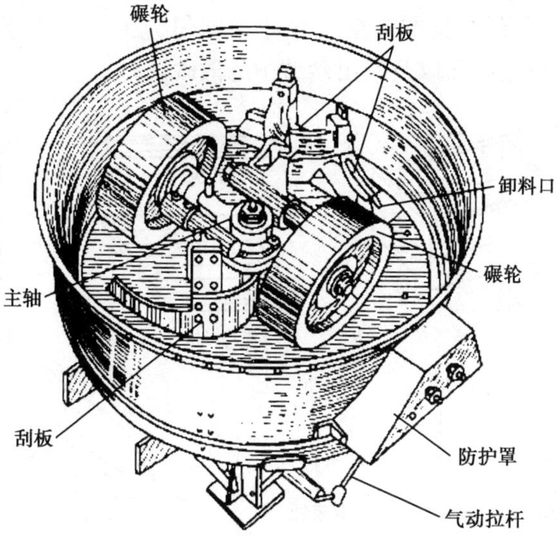

图 1-5　碾轮式混砂机

型（芯）砂的性能应用型砂性能试验仪检测。单件小批量生产时，可用手捏检验法（如图 1-6 所示）检测，即当型砂湿度适当时可用手把型砂捏成团，手放后它也不松散，手上也不会粘砂，抛向空中则砂团应散开。

三、整模造型及造芯

造型和造芯是铸造生产中最主要的工序，对于保证铸件尺寸精度和提高铸件质量有着重要的影响。

造型方法可分为手工造型和机器造型两大类。手工造型主要用于单件或小批生产，机器造型主要用于大批或大量生产。

手工造型灵活多样，主要有整模造型、分模造型、挖砂造型、假箱造型、刮板造型等。

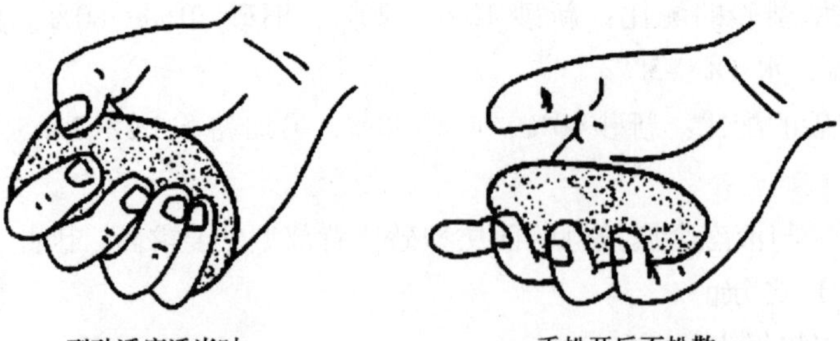

图 1-6　型砂性能手捏检验法

本节介绍整模造型。

1. 整模造型

（1）砂箱及造型工具

如图 1-7 所示，砂箱常用铝合金或灰铸铁制成，它的作用是在造型、运输和浇注时支撑砂型，防止砂型变形或损坏。底板用于放置模样。舂砂锤用于舂砂，用尖头舂砂，用平头打紧砂型顶部的砂。手风箱（又称皮老虎）用于吹去模样上的分型砂及散落在型腔中的散砂。墁刀（砂刀）用于修平面及挖沟槽。秋叶（圆勺、压勺）用于修凹曲面。砂钩（提钩）用于修深而窄的底面或侧面以及勾出砂型中的散砂。

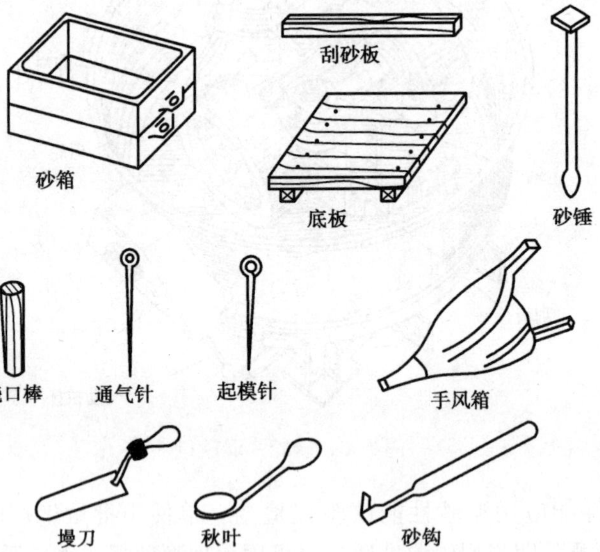

图 1-7　砂箱及造型工具

（2）整模造型方法

整模造型的模样是一个整体，其特点是造型时模样全部放在一个砂箱（下箱）内，分型面为平面。

图 1-8 为整模造型工艺过程，其表述如下：

① 把模样放在地板上（如图 1-8（a）所示）；

② 放好下砂箱，撒上厚度约 20 mm 的面砂，再加填充砂（如图 1-8（b）所示）；

③ 均匀捣实每层型砂，刮去多余型砂（如图 1-8（c）所示）；

④ 翻转下砂箱，用于墁刀修光分型面（如图 1-8（d）所示）；

⑤ 套上上砂箱，撒分型砂（如图 1-8（e）所示）；

⑥ 放浇口棒加填充砂，并舂紧，刮平多余砂，扎通气孔，拔出浇口棒，在直浇道上部挖出外浇口，划合型线（如图 1-8（f）所示）；

⑦ 把上砂箱拿下（如图 1-8（g）所示）；

⑧ 在下砂箱上挖出内浇道，用毛笔蘸水把模样边缘润湿（如图 1-8（h）所示）；

⑨ 用起模针起出模样（如图 1-8（i）所示）；

⑩ 修型，吹去多余砂粒、石墨粉（如图 1-8（j）所示）；

⑪ 合型，紧固上、下砂型或上压铁（如图 1-8（k）所示）；

⑫ 通过浇注，凝固冷却，待落砂后，得到带浇注系统的铸件（如图 1-8（l）所示）。

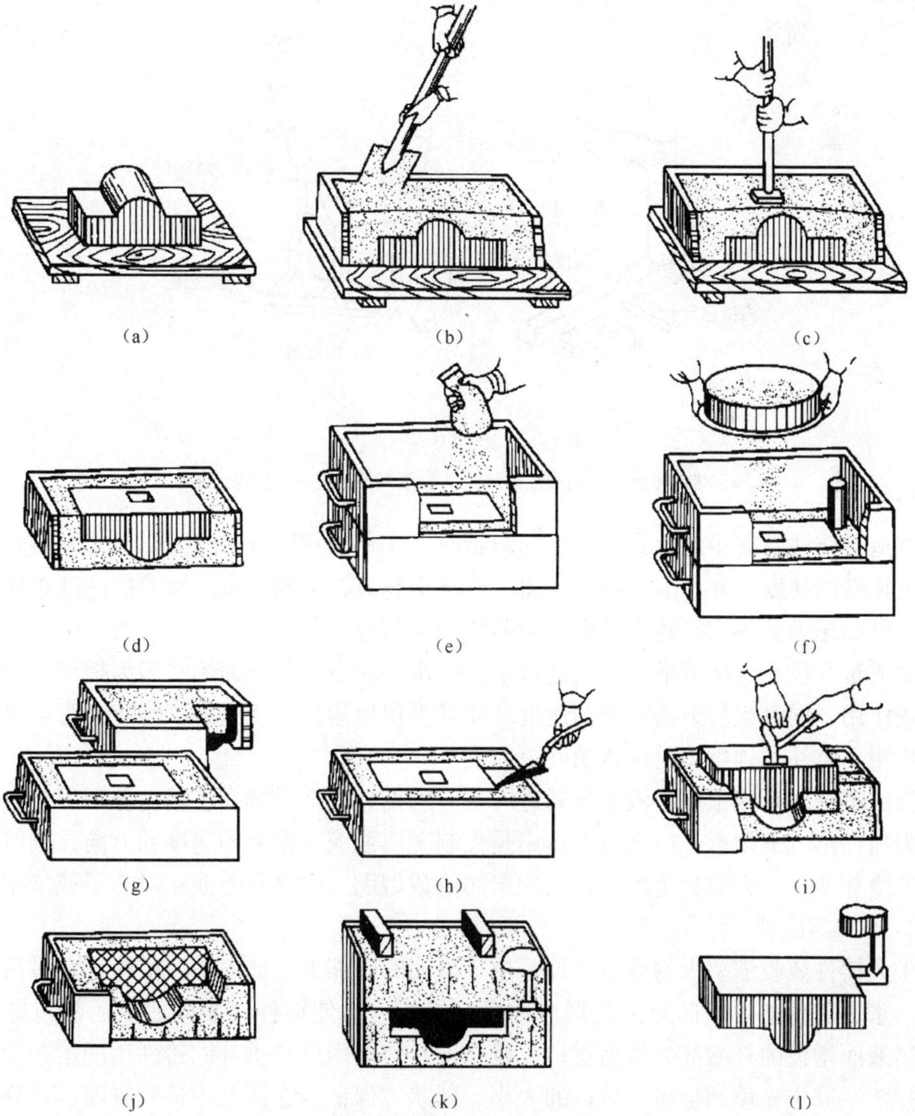

图 1-8　整模造型过程示意图

整模造型操作简便，铸件不会由于上、下砂型错位而产生错型缺陷，其形状、尺寸较准。整模造型适用于最大截面靠一端且为平面的铸件，如压盖、齿轮环、轴承座等。

（3）浇注系统

为了填充型腔和冒口而开设于铸型中的一系列通道，称为浇注系统。

浇注系统的作用是保证金属液平稳、连续、均匀地流入型腔，避免冲坏铸型；防止熔渣、砂粒或其他杂质进入型腔；调节铸件的凝固程序或补给铸件在冷凝收缩时所需的液态金属。

浇注系统通常由四个部分组成，如图 1-9 所示。但并不是每个铸件都非要有这四个部分不可，如一些简单的小铸件，有时就只有直浇道与内浇道，而无横浇道。

外浇口（又称浇口杯）的作用是承受从浇包倒出来的金属液、减轻金属液对铸型的冲击和分离熔渣，因此，浇注时应随时保持充满状态，不得断流。对大、中型铸件常用盆型外浇口（浇盆口）（如图 1-9（a）所示），对小型铸件常用漏斗形外浇口（浇口杯）（如图 1-9（b）所示）。

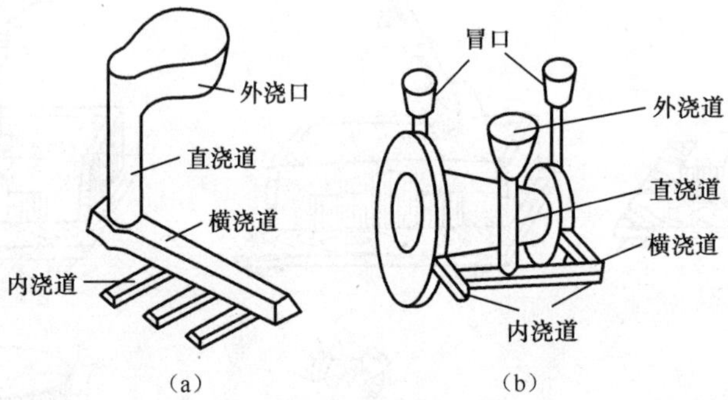

图 1-9　浇注系统的组成

（a）带盆形外浇口的浇注系统；（b）带漏斗形外浇口的浇注系统

直浇道是浇注系统中的垂直通道，通常带有一定的锥度（上大下小），它可用来调节金属液流入铸型的速度，并产生一定的压力，直浇道越高，金属液流入型腔的速度越快，对型腔内金属液的压力就越大，越容易充满型腔的细薄部分。

横浇道是开设在直浇道下方、内浇道上方的水平通道，其截面形状多为梯形，它能进一步起挡渣作用，同时减缓金属液流动速度，使其平稳地通过内浇道进入型腔。为了更好地起到挡渣作用，浇注过程中浇道应该始终被充满。

内浇道是浇注系统中引导液态金属进入型腔的部分，常设置在下箱的分型面上，其截面形状多为扁梯形或三角形。内浇道的作用是控制金属液流入型腔的速度和方向，调节铸件各个部分的冷却速度。为避免金属液直接冲击芯子或型腔，内浇道不能正对芯子或型壁。

（4）冒口与冷铁

对于大铸件或收缩率大的合金铸件，由于凝固时收缩大，如不采取措施，在最后凝固的地方（一般是铸件的厚壁部分）会形成缩孔和缩松。为使铸件在凝固的最后阶段能及时地得到金属液而增设的补缩部分称为冒口。冒口即在铸型内储存供补缩铸件用的熔融金属的空腔，也指该空腔中充填的金属。冒口的大小、形状应保证其在铸型中最后凝固，这样才能形成由铸件至冒口的凝固顺序。冒口有明冒口和暗冒口两种，如图 1-10 所示。明冒口（如

图 1-10（a）所示）的位置一般设在铸件的最高部位，其顶面敞露在铸型外面，它除了有外补缩作用外还有排气和集渣作用。此外，通过它还可以观察到金属液是否充满了型腔。

暗冒口被埋在铸型中，由于其散热较慢，故补缩效果比明冒口好。一般情况下，铸钢件常用暗冒口，如图 1-10（b）所示（图 1-10（b）中 A、B 为厚界面处）。

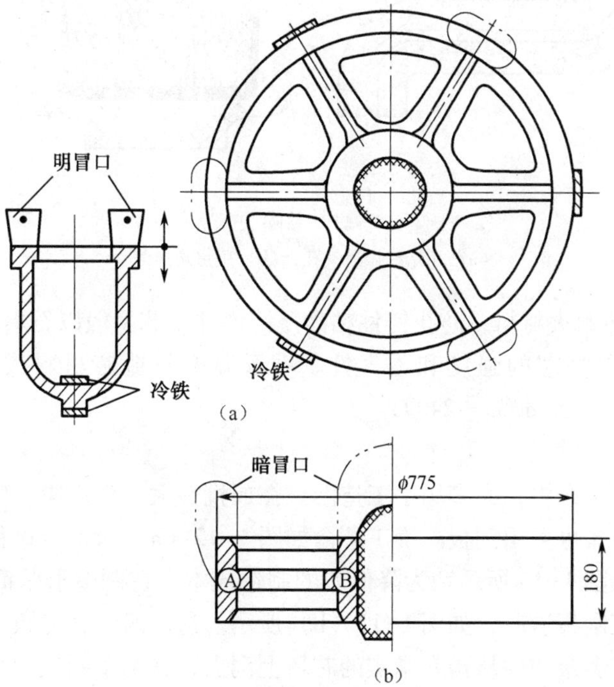

图 1-10　冒口与冷铁

（a）明冒口与冷铁；（b）暗冒口

为增加铸件局部冷却速度，在砂型、砂芯表面或型腔中安放金属物，称为冷铁。位于铸件下部的厚截面很难用冒口补缩，如果在这种厚截面处安放冷铁，由于冷铁处的金属液冷却速度较快，则可使厚截面处先凝固，从而实现了自下而上的顺序凝固（如图 1-10 所示）。冷铁通常用钢或铸铁制成。

2. 造芯

（1）芯的用途及要求

芯的主要作用是形成铸件的内腔，也可形成铸件局部外形。芯在浇注过程中受到高温金属液流的冲击，浇注后大部分被金属液包围，因此，要求芯具有高的强度、耐火性、透气性和韧性，并便于清理。除应配制符合要求的芯砂外，在造芯过程中还应采取下列措施，以满足上述性能要求：

① 在芯中放芯骨，可以提高强度并便于吊运及下芯。小芯子的芯骨用铁丝、铁钉制成，中、大芯子的芯骨用铸铁浇铸成骨架。

② 在芯中开设通气孔，提高排气能力。通气孔应贯穿芯子内部，并从芯头引出。对形状简单的芯子，大多用通气针扎出通气孔；对形状复杂的芯子（如弯曲芯），可在芯中埋放蜡线（如图 1-11（a）所示），以便在烘干时蜡线熔化或燃烧后形成通气孔；在制作大芯子

时，为了使气体易于排出和改善韧性，可在芯的内部填放焦炭（如图 1-11（b）所示），以减少砂层厚度，增加孔隙。

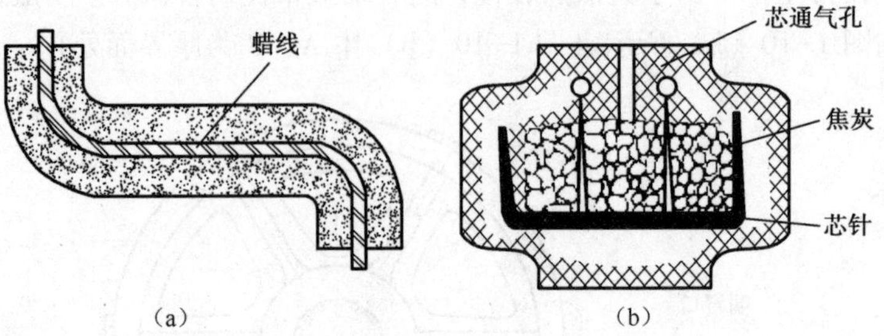

图 1-11　芯的通气

（a）用蜡线做通气孔；（b）用焦炭通气

③ 在芯表面刷涂耐火材料，防止铸件粘砂。铸铁件用芯一般以石墨粉作为涂料。

④ 将芯烘干，提高芯的强度和透气性。烘干温度与造芯材料成分有关，黏土芯为 250℃～350℃，油砂芯为 180℃～240℃。

（2）制芯方法

在单件、小批量生产中，大多用手工造芯。在成批、大量生产中，广泛采用机器造芯。

手工造芯可用芯盒也可用刮板。手工芯盒如图 1-12（a）所示，这种造芯方法，应用最普遍，其造芯过程如图 1-13 所示。为降低芯的制造成本，在制造形状简单、尺寸较大的芯时，有时可采用手工刮板造芯，如图 1-12（b）所示。造芯时，在底板上放置导向刮板，它可沿着导板移动，将多余的砂从预先紧实的芯坯上刮去，将两个制好的半芯经烘干后再胶合成整体。

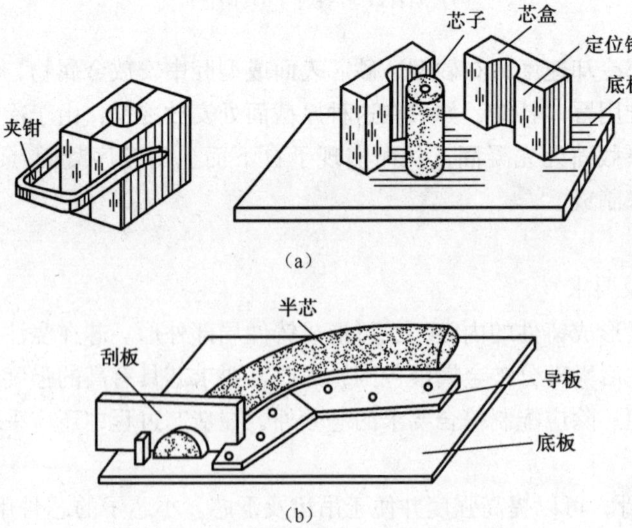

图 1-12　手工造芯简图

（a）芯盒造芯；（b）刮板造芯

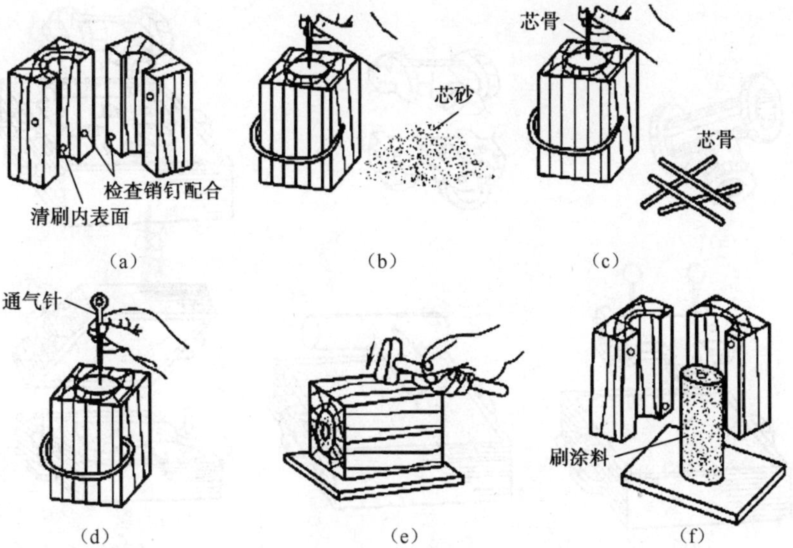

图 1-13　用芯盒造芯过程

(a) 检查芯盒；(b) 夹紧芯盒分层并加芯砂捣紧；(c) 插芯骨；(d) 继续填砂捣紧刮平，扎通气孔；(e) 松开夹子，轻敲芯盒，使芯从芯盒内壁松开；(f) 取芯，刷涂料

四、分模造型

当铸件的最大截面不是在铸件一端而是在铸件的中间，采用整模造型不能取出模样时，常采用分模造型方法。

分模造型时所用的模样沿其最大截面分为两部分，即分为上半模和下半模，并用销钉定位。模样上分开的平面常作为造型时的分型面，所以分模造型时，模样分别放置在上、下砂箱内。

下面以图 1-14（a）所示的三通管铸件为例说明分模造型的过程。

三通管铸件的模样如图 1-14（b）所示，对称的分为上下两半。模样在分模面上做有定位装置，下半模的分模面上为定位孔，上半模的分模面上为定位销，以保证上模和下模对准。造型时，先将底板和模样清理干净，将下半模放在底板上，套放好砂箱，加型砂并舂紧、刮平、扎通气孔，造好下型后将其翻转，在下半模上放好上半模。如图 1-14（c）所示，撒分型砂，并将模样上的分型砂吹掉，放浇口棒，造上型；上型造好后，开箱、起模。起模方法如图 1-14（d）所示，将芯放入砂型，如图 1-14（e）所示。将上型合到下型上，如图 1-14（f）所示。可见，分模造型的过程基本上与整模造型相同。

分模造型时，型腔分别处在上型和下型中。起模和修型均较方便，但合型时要注意使上、下型准确定位，否则铸件会产生错型缺陷。

分模造型方法操作简单，适用于形状复杂的铸件，特别是有孔的铸件，即带芯的铸件，如套筒、管子、阀体和箱体等。

分模造型的分模面总是开在模样外形最大截面处，一般为平面，但也可以根据铸件形状设计为曲面和阶梯面等。

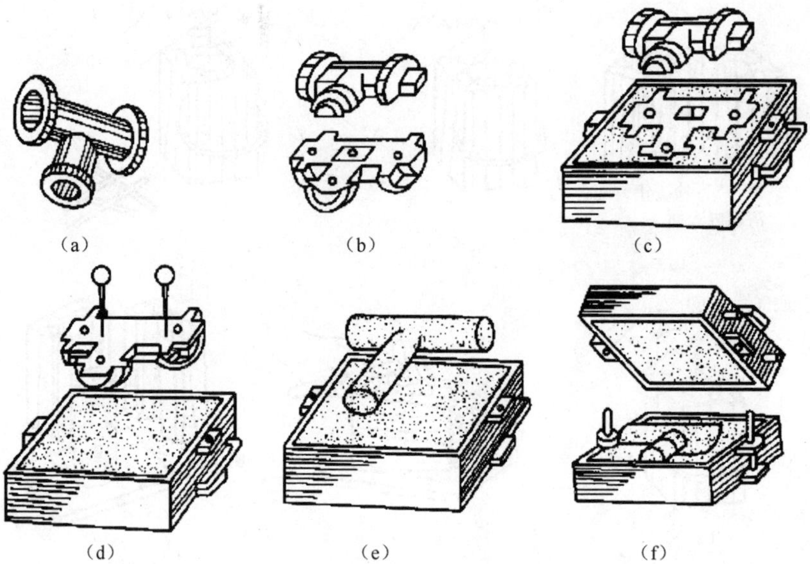

图 1-14　分模造型

（a）铸件；（b）模样；（c）开始做上型；（d）起模；（e）放芯；（f）合型

五、其他手工造型方法

手工造型除整模造型和分模造型方法外，还有其他一些造型方法，下面做简单介绍。

1. 砂型造型和假箱造型

（1）挖砂造型

有的铸件其外形轮廓为曲面或阶梯面，最大截面亦为曲面，但由于模样太薄或制造分模有困难，模样不便分为两半，这样，可将模样作为整体铸造。为了能起出模样，造型时用手工挖去阻碍起模造型型砂的方法，称为挖砂造型，如手轮等。在制作这类铸件模样时，因分型面不平，不能分为两半，因此，在单件小批生产时，常采用挖砂造型，其造型过程如图 1-15 所示。

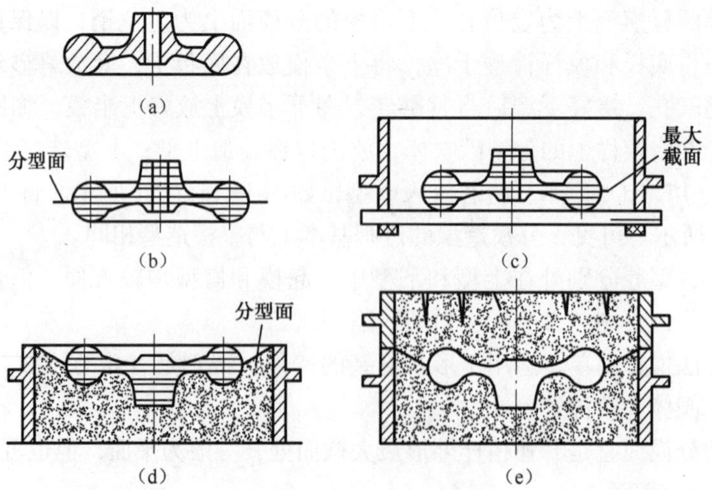

图 1-15　挖砂造型

（a）零件；（b）模样；（c）造下型；（d）翻转，挖出分型面；（e）造上型，起模，合型

挖砂造型时，每造一型需挖砂一次，操作麻烦，生产率低，要求操作水平高，同时，往往挖砂不易准确地挖出模样的最大截面，致使铸件在分型面处产生毛刺，影响外形的美观和尺寸精度，因此，这种方法只适用于单件小批生产。

（2）假箱造型

为了克服挖砂造型的缺点，保证铸件的质量，提高生产效率，造型时可用成型造型底板代替平面，并将模样放置在成型底板上造型（如图 1-16（a）所示），以省去挖砂操作，也可用含黏土量多、强度高的型砂舂紧制成砂质成型底板（如图 1-16（b）所示），我们可称之为假箱，以代替平面底板进行造型，这种造型方法称为假箱造型。

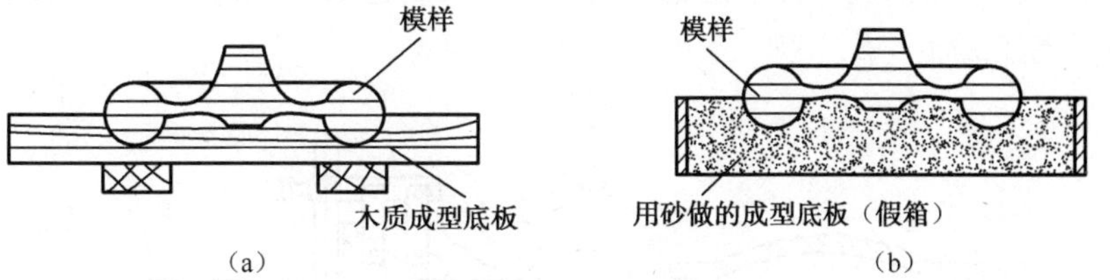

图 1-16 假箱造型

（a）成型底板；（b）假箱

造型时，先将模样放在假箱或成型底板上造下型，然后将下型翻转造上型。由于假箱只在造型时使用，并不用来构造砂型，所以我们称之为假箱。用假箱或成型底板造下型，可使模样的最大截面露出，所以不必挖砂就可起出模样。

假箱造型比挖砂造型简便，生产效率高，适用于小批或成批生产。

2. 活块造型

制作模样时，将零件上妨碍起模的部分（如小凸台肋等）做成活动的，称为活块。造型起模时，先取出模样主体，然后再从侧面将活块取出。采用带有活块的模样进行造型的方法称为活块造型，如图 1-17 所示。

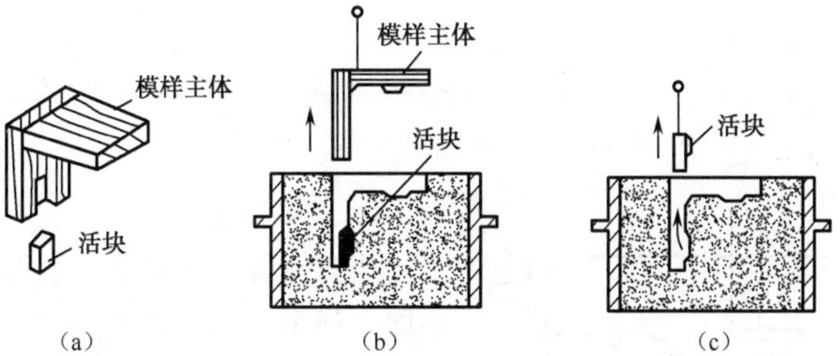

图 1-17 活块造型

（a）模样；（b）取出模样主体；（b）取出活块

活块造型操作应特别细心，舂砂时要注意防止舂坏活块或将其位置移动，且要求操作技术水平高。活块部分的砂型损坏后修补较麻烦，取出活块亦要花费工时，故生产效率低。另外，由于活块是用销子或燕尾榫与模样主体连接，而销、榫易磨损，造型过程中活块也可能移动而错位，所以铸件的尺寸精度较低，因此，活块造型只是用于单件小批生产。

3. 刮板造型

制造有等截面形状的大中型回转体铸件时，如带轮、飞轮、弯管等，若生产批量很少，在造型时可用一个与铸件截面形状相同的木板（成为刮板）代替模样，来刮出所需模型的型腔，这种造型方法被称为刮板造型。

图1-18所示为圆盖铸件的刮板造型过程。用刮板代替实体模样造型具有节约材料、减少制造模样所需费用、缩短生产周期等优点，且铸件尺寸越大，上述优点就越显著。但刮板造型生产率低，要求操作技术水平高，所以只适用于有等截面的大、中型回转体铸件的单件小批生产。

刮板造型可在沙箱内进行，下型也可以利用底面制造刮制，这样可以节省下箱降低砂型的高度，便于浇注。

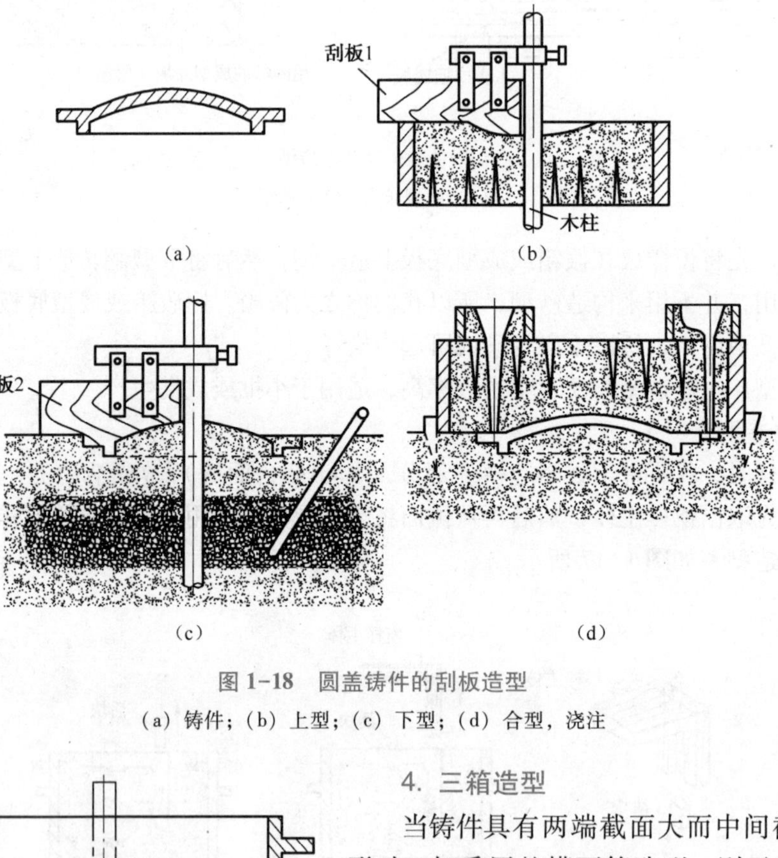

图1-18　圆盖铸件的刮板造型

(a) 铸件；(b) 上型；(c) 下型；(d) 合型，浇注

4. 三箱造型

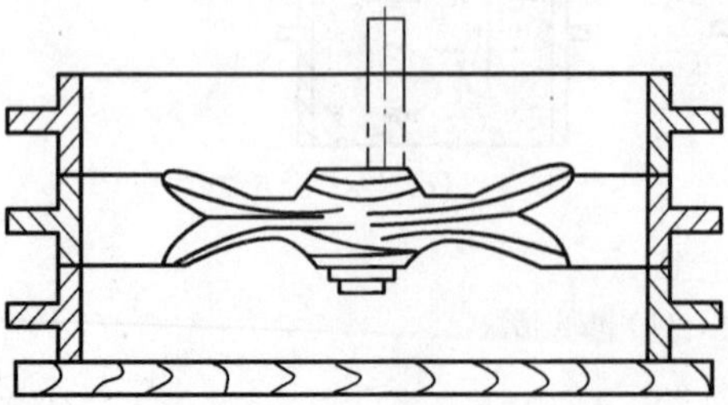

图1-19　三箱造型

当铸件具有两端截面大而中间截面小的外形时，如采用整模两箱造型，则无法起模。这时，若将模样从小截面处分开，将其分为上、中、下三部分，用两个分型面、三个砂箱造型，模样便可起出，这种造型方法称为三箱造型，如图1-19所示。

三箱造型操作复杂，生产率低。由于分型面增多，生产错型的可能性增加，还要求高度适当的中箱，所以只适用于单件小批生产。

六、铸造的熔炼与浇注

铸铁的熔炼是获得高质量铸件的一个重要环节，其目的是要求得到一定成分和温度的铁液。铸铁熔炼应满足铁液温度高、铁液的化学成分符合要求、生产率高和燃料消耗少等条件。

铸铁熔炼的设备有冲天炉、反射炉、电弧炉和工频炉等。目前使用较多的是冲天炉，其优点是结构简单、操作方便、成本低，而且能连续生产。

1. 冲天炉的构造

冲天炉是圆柱形竖立炉，其结构形式较多，但主要结构基本相似。图 1-20 所示为冲天炉结构示意图。冲天炉由下列几部分组成。

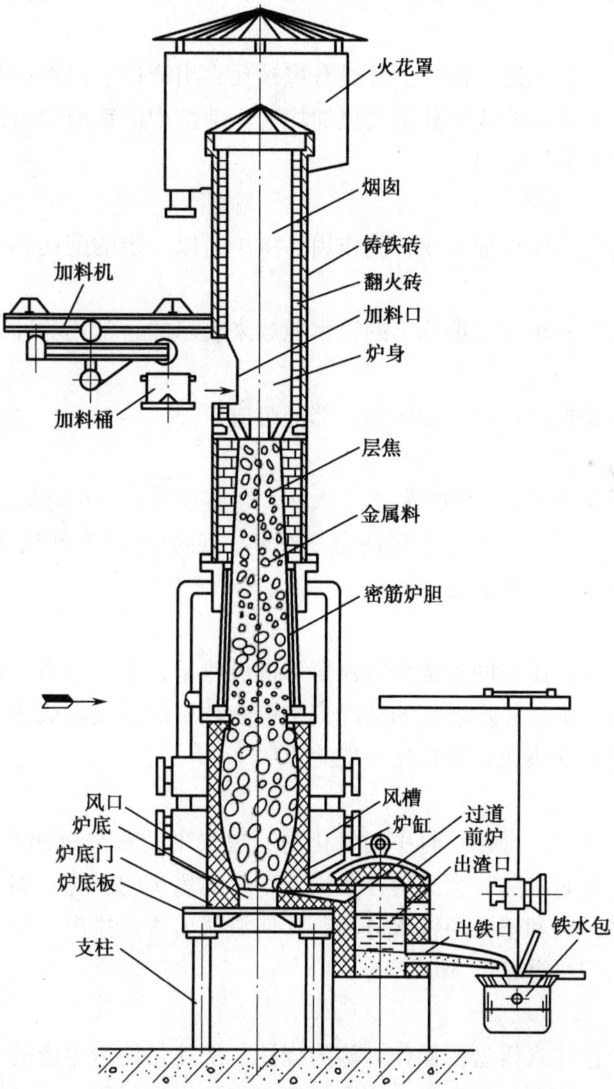

图 1-20　冲天炉结构示意图

（1）炉底

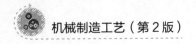

整个冲天炉装在炉底板上，炉底板用四根支柱支撑，炉底板上装有两扇可以开闭的炉底门。在开炉前，将炉底门关闭，上面用型砂等材料舂实，结成炉底；熔炼结束后，打开炉底门，便可消除余料和修炉。

（2）炉体

炉体包括炉身和炉缸两部分，从底排风口到炉底为炉缸，从底排风口至加料口为炉身。炉体外壳由钢板焊成，内砌耐火砖。由鼓风机鼓出的冷风经过密筋炉胆（鼓风装置）转变为热风，再经风带、风口进入炉内，以使焦炭充分燃烧。风口沿炉高度方向有若干排，最下面一排（底排）为主风口，其他各排为辅助风口。

（3）烟囱

从加料口到炉顶为烟囱。烟囱顶部设有火花罩，用来收集火红的焦炭颗粒和烟尘。

（4）前炉

前炉通过过道与炉缸相连，前炉上开设有窥视孔、出渣口、出铁口及出铁槽。前炉的主要作用是储存铁液，使铁液的成分和温度更加均匀。前炉中的铁液由出铁口放出，熔渣则从位于铁口侧面上方的出渣口放出。

（5）加料装置

加料装置由加料机和加料桶组成，其作用是将炉料以一定的配比和分量按次序分批从加料口投入炉内。

冲天炉的大小是以每小时能熔炼出的铁水吨数来表示的，常用的冲天炉为 1.5～10 t/h。

2. 冲天炉炉料

冲天炉炉料由金属炉料、燃料和熔剂三部分组成。

（1）金属炉料

由高炉生铁（即生铁锭）、回炉铁（浇冒口、废铸铁等）、废钢及铁合金（硅铁、锰铁等）按比例配置而成。高炉生铁是主要的金属炉料；回炉铁可降低铁液的含碳量；铁合金用来调整铁液的化学成分或配制合金铸铁。

（2）燃料

常用的燃料是焦炭，焦炭的燃烧为铸铁熔炼提供热量，要求焦炭中碳的含量要高，挥发物、灰分、硫的含量要少。焦炭燃烧的情况直接影响铁液的温度和成分。每批炉料中金属炉料和焦炭的重量比称为铁焦比，铁焦比一般为 10∶1。

（3）熔剂

熔剂主要起造渣作用。金属炉料中的氧化物、焦炭中的灰分等相互作用会形成熔点低、黏度大的熔渣，如不及时排除，会黏附在焦炭上，影响焦炭的燃烧。加入溶剂后，可降低渣的熔点并使熔渣稀释，以利于渣与铁水分离，并使渣从出渣口排出。常用的溶剂有石灰石和萤石，加入量为金属炉料重量的 3%～4%。

3. 浇注

将熔炼金属从浇包注入铸型的操作，称为浇注。浇注是铸造生产的一个重要环节，为保证铸件质量、提高生产率和工作安全，应严格遵守浇注操作规程。

（1）浇包

用来盛放、输送和浇注熔融金属用的容器称为浇包，常用的浇包如图 1-21 所示。手提浇包容量为 15～20 kg，抬包容量为 25～100 kg，由 2～6 人抬着浇注。容量更大的浇包用吊车吊运，称为吊包。浇包的外壳用钢板制成，内衬为耐火材料。

（2）浇注工艺

浇注时要控制好浇注温度和浇注速度。

① 浇注温度。

浇注温度过高，铁液含气量大，液体收缩大，对型砂的热作用剧烈，容易产生气孔、缩孔、缩松和黏砂等缺陷；浇注温度过低，会产生冷隔、皮下气孔和浇不足等缺陷。浇注温度与金属种类、铸件大小和壁厚有关，一般中小型灰铸件的浇注温度为 1 260℃～1 350℃，形状复杂和壁薄的铸件为1 350℃～1 400℃。

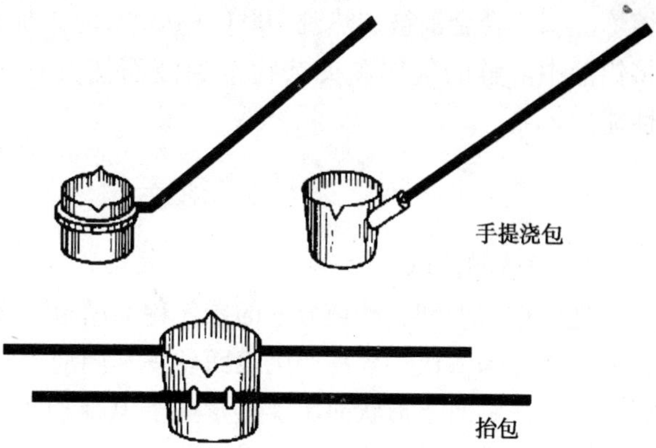

图 1-21　浇包

② 浇注速度。

单位时间内浇入铸型中的金属液重量称为浇注速度。浇注速度应适中，太慢会充不满型腔，铸件容易产生冷隔、浇不足等缺陷；太快会冲刷铸型，且使铸型中气体来不及溢出，在铸件中产生气孔，以致造成冲砂、抬箱、跑火等缺陷。浇注速度应根据铸件形状和壁厚确定，对于形状复杂和壁薄的铸件，浇注速度应快些。

4. 铸造铝合金的熔炼

铝合金是一种应用最为广泛的轻合金，其熔炼一般采用焦炭坩埚炉（如图 1-22（a）所示）或电阻坩埚炉（如图 1-22（b）所示）。

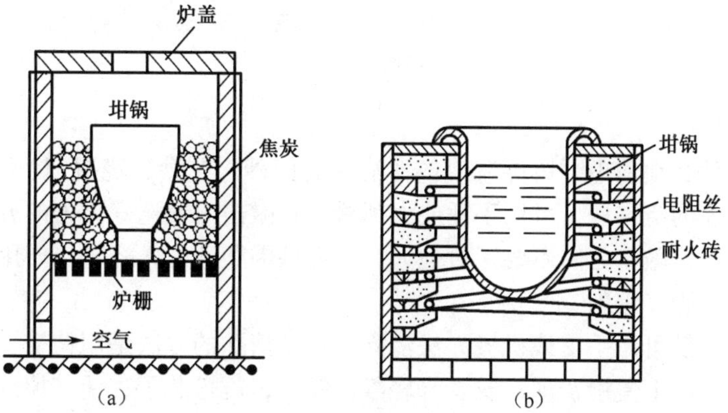

图 1-22　坩埚炉示意图

（a）焦炭坩埚炉示意图；（b）电阻坩埚炉示意图

铝合金在高温下容易氧化，且吸气（氢气等）能力很强。铝的氧化物 Al_2O_3 呈固态杂物悬浮在铝液中，在铝液表面形成致密的 Al_2O_3 薄膜。液体合金所吸收的气体被其阻碍而不易排出，便在铸件中产生非金属夹杂物和分散的小气孔，降低其力学性能。为避免铝合金氧化和吸气，熔炼时应加入溶剂（KCl、NaCl、NaF_2 等），使铝合金液体在溶剂层覆盖下进行熔炼。当铝合金液被加热到 700℃～730℃时，加入精炼剂（六氯乙烷等），进行去气精炼，将铝液中溶解的气体和夹杂物带到液面使其被去除，以使金属液净化，提高合金的力学性能。

七、铸件的落砂、清理及缺陷分析

1. 铸件的落砂

把铸件与型砂、砂箱分开的操作称为落砂，落砂应在铸件充分冷却后进行。落砂过早，会使铸件冷却太快，容易产生表面硬皮、内应力、变形、裂纹等缺陷，但也不能太迟，以免影响生产率。对于形状简单、重量小于 10 kg 的铸件，一般在浇注后 1 h 左右就可以落砂。

小型铸件的手工落砂是用铁钩和手锤进行的。手工落砂不仅生产率低，而且由于灰尘多、温度高，劳动条件较差。为改善劳动条件和提高劳动生产率，常用震动落砂机来进行落砂，图 1-23 所示为惯性震动落砂机的原理图及外形图。当震动落砂机主轴旋转时，主轴两端带有不平衡的偏心套产生惯力，使机身与上面的砂箱一起震动，完成落砂。

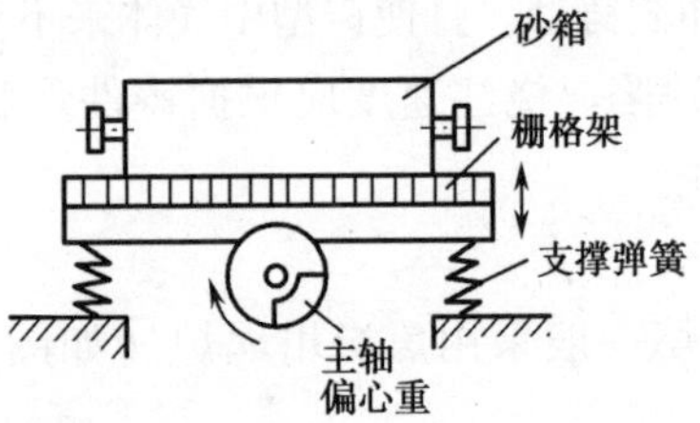

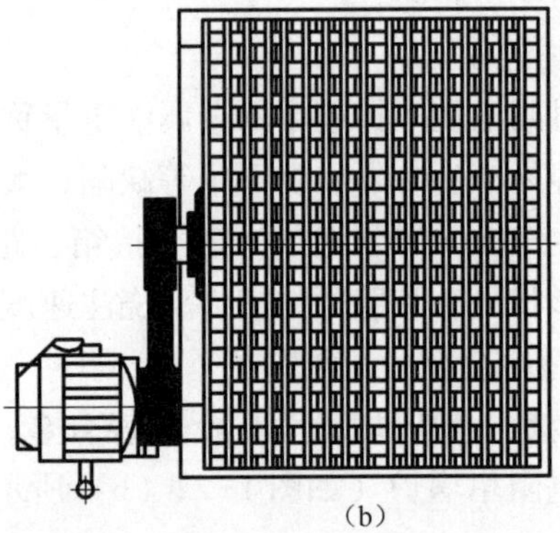

图 1-23　惯性振动落砂机

(a) 原理；(b) 外形图

2. 铸件的清理

落砂后的铸件必须清理。铸件清理包括清除表面砂、芯砂、浇冒口、飞翅和氧化皮等。对于小型灰铸件上的浇冒口，可用手锤或大锤敲掉，敲击时要选好敲击的方向，以免将铸件敲坏，并注意安全，敲打方向不要正对他人；铸钢件因塑性好，浇冒口要用气割切除；有色金属件上的浇冒口则多锯削。

铸件内腔的芯砂可用手工或机械方法清除。手工清除的方法是用钩铲、风铲、铁棍、钢凿和手锤等工具在芯上慢慢铲削，或者轻轻敲击铸件，震松芯子，使其掉落；机械清除可采用震砂机、水力清砂、水爆清砂等方法。

表面粘砂、飞翅和浇冒口余痕的清除，一般使用钢丝刷、錾子、锉刀等手工工具进行。手工清理劳动强度大、条件差、效率低，现多用机械代替。常用的清理机械有清理滚筒、喷砂及抛丸机等，其中清理滚筒（如图 1-24 所示）是最简单而又普遍使用的清理机械。为提高清理效率，在滚筒中可装入一些白口铸铁制的铁星，当滚筒转动时，铸件和白口铁星互相撞击、摩擦从而将铸件表面清理干净。滚筒端部有抽气出口，可将所产生的灰尘吸走。

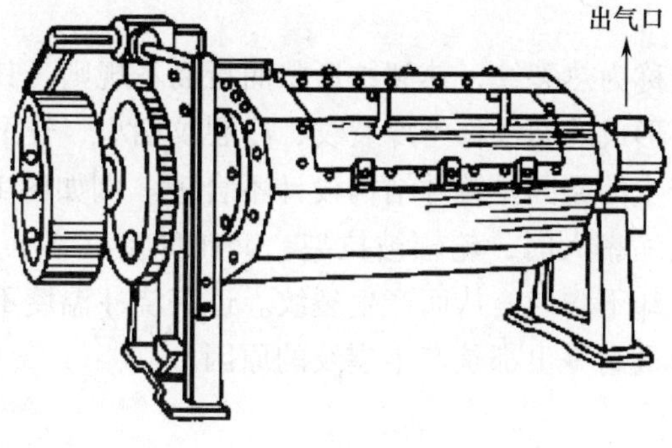

图 1-24　清理滚筒

3. 铸件缺陷分析

经清理后的铸件，要经过检验，并应对出现的缺陷进行分析，找出原因，以便采取措施加以防止。

常见铸件缺陷的特征和产生的主要原因如下所述。

（1）气孔

气孔是在铸件内部表面上呈梨形或圆形的孔眼，其特征是孔的内壁较光滑，如图 1-25 所示。产生的主要原因有砂型舂得太紧或透气性太差，型砂含水过多或起模、修型时刷水过多，型芯通气孔被堵塞或芯未烘干，浇冒口设置不当使气体难以排出等。

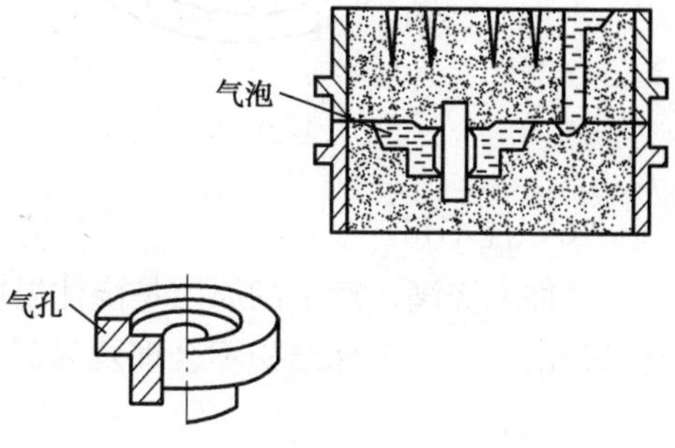

图 1-25　气孔

（2）缩孔

缩孔的特征是孔的内壁粗糙，形状不规则，一般出现在铸件最后凝固（厚壁）处，如图 1-26 所示。产生的原因有铸件结构设计不合理，壁厚不均匀；浇冒口开设的位置不对，或冒口尺寸小，补缩能力差；浇注温度太高或铁水化学成分不合格，收缩量过大等。

（3）砂眼

铸件的内部或表面上有充满型砂的孔眼，称为砂眼，如图 1-27 所示。产生的原因有造型时落入型腔内的散砂未吹干净；芯的强度不够，被铁水冲坏；型砂未舂紧，被铁水冲垮或卷入；内浇道的方向不对，致使铁水冲坏砂型；合型时砂型局部损坏等。

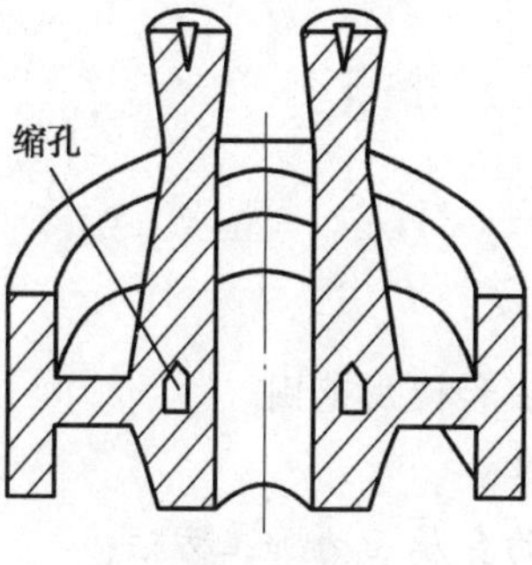

图 1-26　缩孔

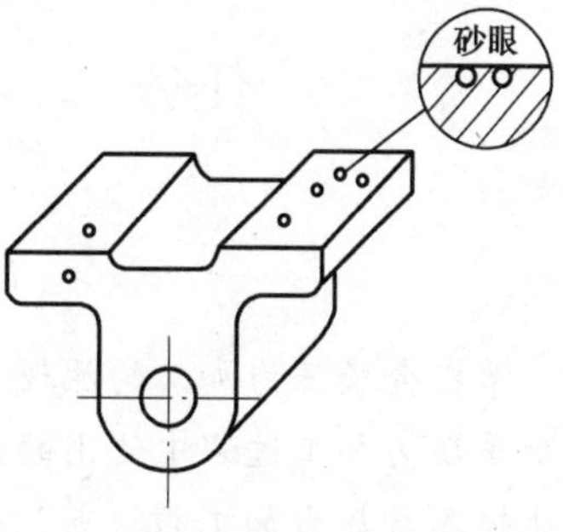

图 1-27　砂眼

（4）裂纹

在高温下形成的裂纹称为热裂纹，热裂纹形状曲折而不规则，其裂纹短、裂缝宽、断面严重氧化。在较低温度下形成的裂纹称为冷裂纹，冷裂纹细小、较平直、没有分叉，断面未氧化或轻微氧化。裂纹产生的原因是铸件结构设计不合理。例如图 1-28 所示带轮铸件由于采用直的轮辐，当合金收缩率大时，轮辐被拉裂。又比如型（芯）砂韧性差，浇口位置不对，会使铸件各个部分冷却不均匀，从而产生裂纹。还有浇注温度不高、浇注速度太慢，落砂过早，铸铁中硫、磷含量高等也都是产生裂纹的原因。

（5）冷隔

冷隔是指铸件有未完全融合的缝隙和洼坑，其交接处呈圆滑状，一般出现在离内浇道较远处、薄壁处或金属汇合处，如图 1-29 所示。冷隔产生的原因是浇注温度太低、浇注速度太慢或浇注时发生中断、浇道太小或位置不当。

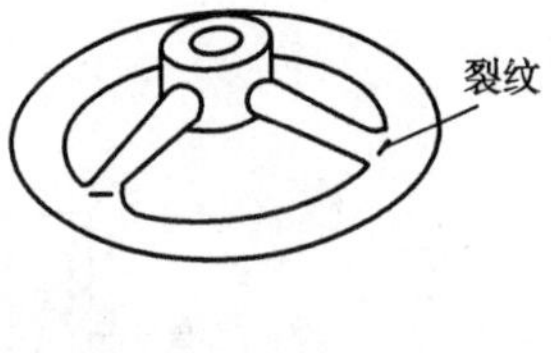

图 1-28　裂纹

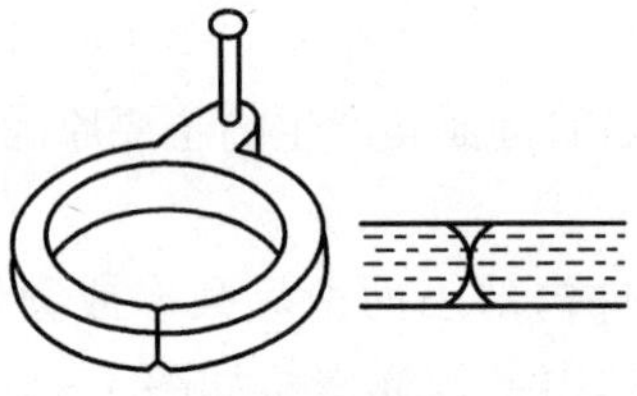
图 1-29　冷隔

（6）浇不足

铸件未浇满。产生的原因是浇注温度太低，浇注速度太慢或浇注时发生中断，浇道太小或未开出气口，铸件结构不合理及局部过薄等。

（7）错型

铸件沿分型面产生相对位置的错移，称为错型。它是由于合型时上、下砂型未对准、砂箱的合型线或定位销不准确或者造型时分模的上半模和下半模未对准而造成的。

由上述分析可见，铸件缺陷的分析是一项相当复杂的工作，这不仅因为铸造工艺过程的环节较多、牵扯面较广，而且因为同一种缺陷，可能是由多种不利因素综合作用造成的，所以一定要对每一铸件的具体情况作铸件缺陷分析，分析前应该做好调查研究工作。

具有缺陷的铸件是否作为废品，则由铸件的用途和技术要求以及缺陷产生的部位和严重程度等情况而定。例如，对于不重要的铸件或铸件的非要害部位存在的砂眼、气孔等缺陷，如果不影响使用或修补后不影响使用，可以不列为废品。

任务二　金属压力加工

任务目标

（1）理解、掌握金属压力加工的原理、工艺方法和使用范围。

（2）了解金属压力加工过程中使用的设备、工具。

（3）分析比较各种压力加工的特点，选择正确的金属压力加工方法。

金属压力加工是机械制造工程中的主要工艺方法之一，它可为其他工艺方法制造毛坯，也可以直接加工成品和半成品，在机械加工中应用非常广泛。本节主要介绍金属可锻性、常用锻造工艺（包括自由锻造、模型锻造、板料冲压）以及锻压件的结构工艺性。

一、概述

金属压力加工是指借助外力的作用，使金属坯料产生塑性变形，达到所需要的形状、尺寸和力学性能要求的加工方法。压力加工分为如下几类。

1. 轧制

使坯料通过旋转轧辊的中间缝隙，受压而产生塑性变形，这种加工方法称为轧制，如图1-30所示。轧制生产所用的坯料主要是钢锭。在轧制过程中，金属坯料截面缩小、长度增加，从而获得各种截面形状的轧材，如钢板、型材、无缝钢管及各种型钢，如图1-31所示。

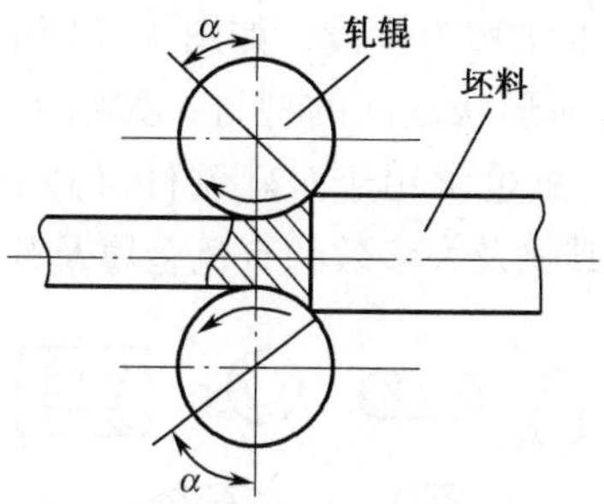

图 1-30　轧制示意图

图 1-31　型钢

2. 挤压

坯料通过挤压模内的模孔被挤出而产生塑性变形的加工方法称为挤压。挤压可分为两种：一种是凸模运动方向和坯料流动方向一致的正挤压；另一种是凸模运动方向和坯料流动方向相反的反挤压，反挤压可以节省挤压力，如图1-32所示。

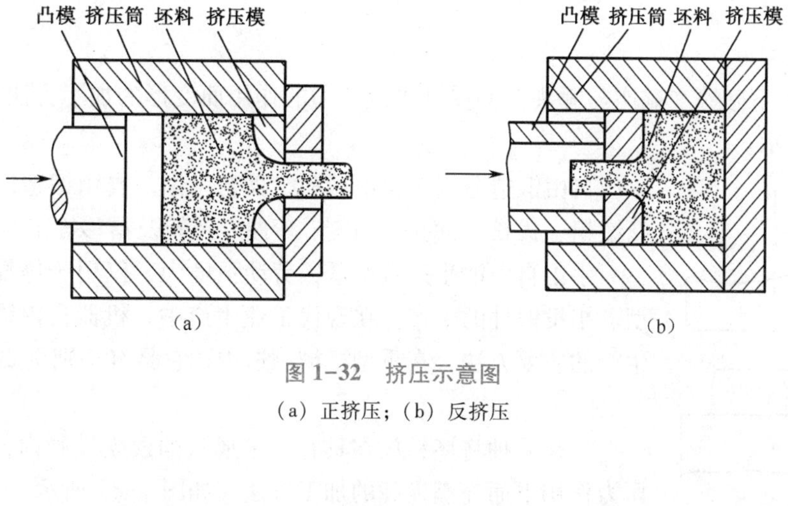

图 1-32　挤压示意图

(a) 正挤压；(b) 反挤压

挤压后，可获得各种截面形状的型材或零件，如低碳钢、有色金属及其合金、高合金钢和难熔合金等，如图 1-33 所示。

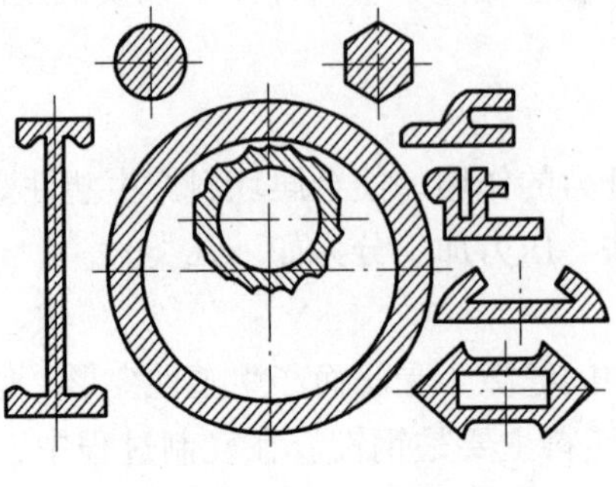

图 1-33　挤压产品截面形状图

3. 拉拔

将坯料拉过拉拔模的模孔而产生塑性变形的加工方法称为拉拔，如图 1-34 所示。拉拔后的产品主要是各种细线材、薄壁管以及各种特殊几何形状截面的型材，如图 1-35 所示。所获得的产品具有较高的精度和较低的表面粗糙度，故也常用于对轧制件（棒料、管材）的再加工，以提高产品质量。拉拔生产适用于加工低碳钢及大多数的有色金属及其合金。

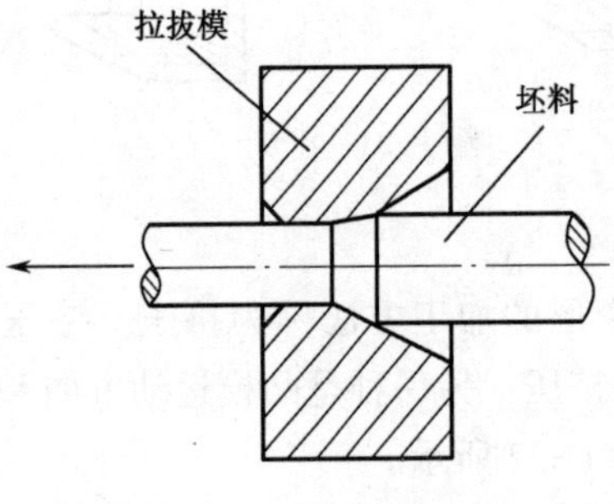

图 1-34　拉拔示意图

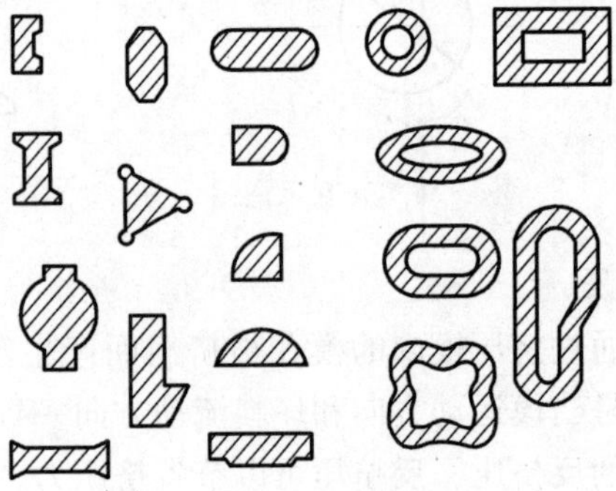

图 1-35　拉拔产品截面形状图

4. 自由锻

坯料在上下砧铁（砧座与锤头）间受冲击或压力的作用而变形的加工方法称为自由锻，如图 1-36 所示。

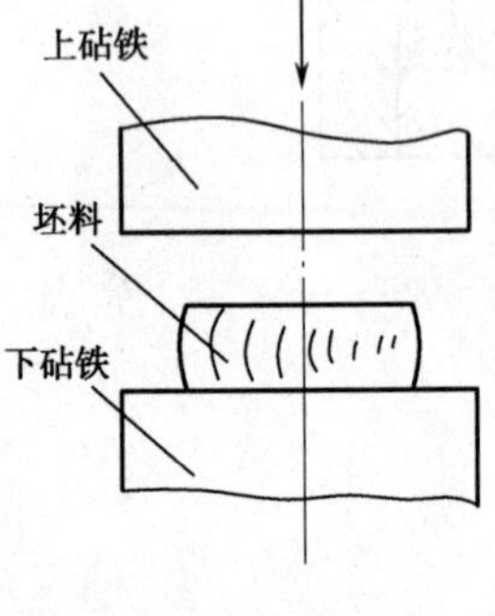

图 1-36　自由锻

自由锻造分手工自由锻和机器自由锻。自由锻造的基本工序包括镦粗、拔长、冲孔、切割、弯曲、扭转及错移等工序。

手工自由锻生产效率低，劳动强度大，仅用于修配或简单、小型、小批锻件的生产。在现代工业生产中，机器自由锻已成为锻造生产的主要方法，在重型机械制造中，它具有特别重要的作用。

5. 模锻

这是一种将坯料放在具有一定形状的锻模模膛内，在冲击力或压力作用下而充满模膛的加工方法，如图 1-37 所示。

大多数金属是在热态下模锻的，所以模锻也称为热模锻。与自由锻相比，模锻能够锻出形状更为复杂、尺寸比较准确的锻件，其生产效率比较高，可以大量生产形状和尺寸都基本相同的锻件，便于随后的切削加工过程采用自动机床和自动生产线。

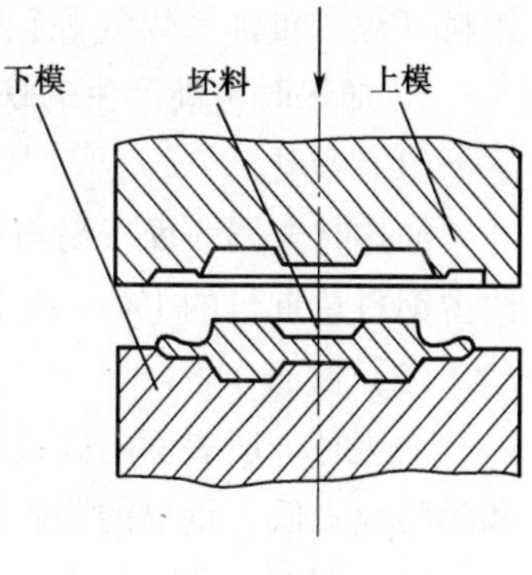

图 1-37　模锻

模锻后的锻件内部会形成带有方向性的纤维组织，即流线。选定合理的模锻工艺和模具，使流线的分布与零件的外形一致，可以显著提高锻件的力学性能。但模锻需要专用的模具，模具必须用优质合金工具钢制造，模膛形状复杂、要求精度高、加工量大、生产周期长、价格昂贵。因此，模锻一般适用于大批量生产，或用于批量虽不大，但对锻件的形状和性能有较高要求的场合。模锻件的精度高，加工余量小。

加工余量的决定需要考虑模具的制造精度及其使用中的磨损、金属的冷缩和表面氧化，金属流动和充填状态，锻造需要的斜度、圆角和锻造偏差以及切削加工所需的余量等。在实际生产中，锻件加工余量都按标准选用。使用特殊的精密锻造工艺，严格控制锻件的局部公差，不留切削加工余量，不再切削，是现代模锻技术的发展方向之一。

6. 板料冲压

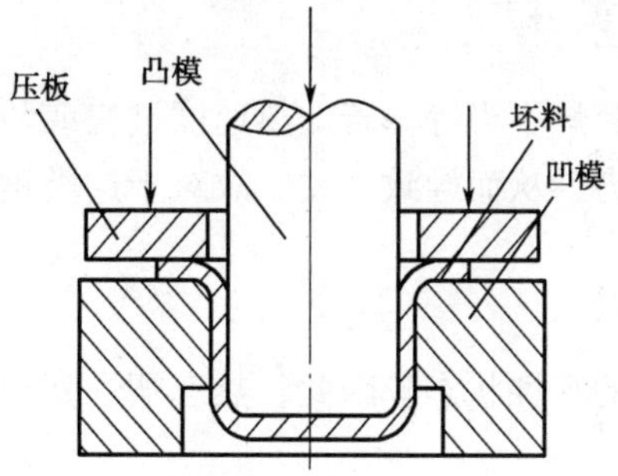

图 1-38　拉深

这是一种将金属板料放在冲模间，使其受冲击或压力作用而产生分离和变形的加工方法。板料冲压常有落料、冲孔、弯曲、拉深等工序。图 1-38 所示为拉深。

冲压通常在室温下进行，不需加热，所以又称冷冲压。

冲压件的重量轻、刚性好、尺寸准确、表面光洁，一般不需要经切削加工就可装配使用。冲压过程易于实现机械化和自动化，生产率高，现已广泛应用于汽车、拖拉机、航空、电器、仪表和日用品等工业部门。

冲压需要专门的模具——冲模。由于冲模的制造周期长、费用高，因此，只有在大批量生产时采用冲压才是经济的。冲压除了用于制造金属材料（最常用的是低碳钢、铜、铝及其合金）的冲压件外，还用于许多非金属材料（胶木、石棉、云母或皮革等）的加工。

轧制、挤压和拉拔等加工方法主要用于制造一般常用的型材、板材和线材等。自由锻、模锻和板料冲压等加工方法又称为锻压，通过锻压加工可直接生产各种零件和毛坯。

金属压力加工能获得如此广泛的应用，是由于加工时产生塑性变形，使金属毛坯具有细晶粒结构，同时能压合铸件组织内部的缺陷（如微裂纹、气孔等），因而提高了金属的力学性能。故可减少零件截面尺寸，减轻产品重量。但是，压力加工与铸造方法比较也有不足之处，例如，不能获得形状较为复杂的零件等。

二、金属的加热

金属加热的主要目的是为了获得良好的塑性和较低的变形抗力，以利于锻压加工时的成型。除板料冲压、冷拔、冷轧、冷挤压外，一般压力加工均采用热态变形。

金属加热的方法按其热源不同，可分为火焰炉加热和电炉加热两类。其中火焰炉加热以燃料（煤、重油、煤气等）为热源，电炉加热以电能为热源。

1. 加热时可能产生的缺陷

（1）氧化

加热时金属表面极易与氧化合，生成氧化皮。氧化皮不仅使金属损耗（每次加热损耗约占钢料总重量的 1%～3%），而且降低了表面质量，还会使模具的磨损加快。

（2）脱碳

加热时金属表面的碳被氧化烧损掉，这种现象叫脱碳。脱碳结果使材料表面硬度、强度和耐磨性降低。钢材的脱碳层深度不允许超过机械加工余量。

（3）过热

加热温度超过了工艺规范所允许的温度范围，从而引起金属内部组织粗大，这种现象叫过热。具有过热组织的钢材不仅力学性能会下降而且会变脆。

（4）过烧

金属长时间在过高的温度中加热，炉气中的氧会渗透到金属的内部组织中，引起晶界的氧化和晶界上低熔点杂质的熔化，破坏了金属原子间的结合力，从而在锻压加工中出现裂纹，这种现象叫过烧。

（5）裂纹

引起裂纹的原因有加热温度过高、加热速度过快以及装炉不当等。若加热速度过快或装炉温度过高，由于钢材表、里温差过大，产生很大的内应力，从而导致裂纹。故对于这类钢材必须采用缓慢加热或先经预热。

2. 锻造温度范围

要获得优质的毛坯或零件，就应该保证金属具有良好的塑性状态。因此，热态塑性变形必须在规定的温度范围内进行。

从开始锻造的最高温度到终止锻造的最低温度之间的范围，叫做锻造温度范围。始锻温度过高，容易产生过热或过烧缺陷；终锻温度过低，则材料的塑性降低，变形阻力增大。表 1-1 所示为常用金属的锻造温度范围。

表 1-1　常用金属的锻造温度范围

金属种类		始锻温度/℃	终锻温度/℃
碳素钢	含 C 0.3% 以下	1 200～1 150	800～850
	含 C 0.3%～0.5%	1 150～1 100	800～850
	含 C 0.5%～0.9%	1 100～1 050	800～850
	含 C 0.9%～1.3%	1 050～1 000	800～850
合金钢	低合金钢	1 100	825～850
	中合金钢	1 100～1 150	850～870
	高合金钢	1 150	870～900
ZQA19-4 铝铁青铜 ZQA110-4-4 铝铁镍青铜		850	700
硬铝		470	380

由表 1-1 可知，高碳钢及合金钢的锻造温度范围较窄，而有色金属的锻造温度范围更窄。所以，锻造这些材料时应特别注意。

三、自由锻

只用简单的通用性工具，或在锻造设备的上、下砧铁之间直接使坯料变形而获得所需的几何形状及内部质量的锻件，这种方法称为自由锻。

自由锻的常用工序可分为拔长、镦粗、冲孔、弯曲、错移和扭转等。

1. 自由锻的基本工序

（1）拔长

拔长是使坯料横断面积减小、长度增加的锻造工序。拔长的方法主要有以下两种：

① 在平砧上拔长。图 1-39（a）是在锻锤上、下平砧间拔长的示意图。高度为 H（或直径为 D）的坯料由右向左送进，每次送进量为 l。

②在心轴上拔长。图 1-39（b）是在心轴上拔长空心坯料的示意图。锻造时，先把心轴插入冲好孔的坯料中，然后当作实心坯料进行拔长。

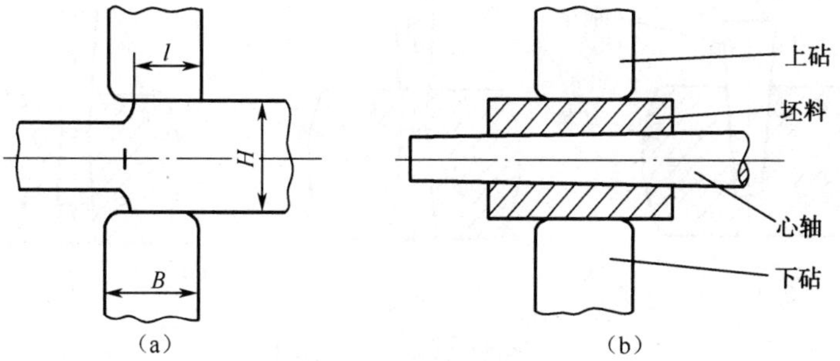

图 1-39　拔长示意图

（a）在平砧上拔长；（b）在心轴上拔长

（2）镦粗

镦粗是使毛坯高度减小、横断面积增大的锻造工序。常用于锻造齿轮坯、圆饼类锻件。

镦粗主要有以下三种形式：

① 完全镦粗。完全镦粗是将坯料竖直放在砧面上，如图 1-40（a）所示，在上砧的锤击下，使坯料产生高度减小、横截面积增大的塑性变形。

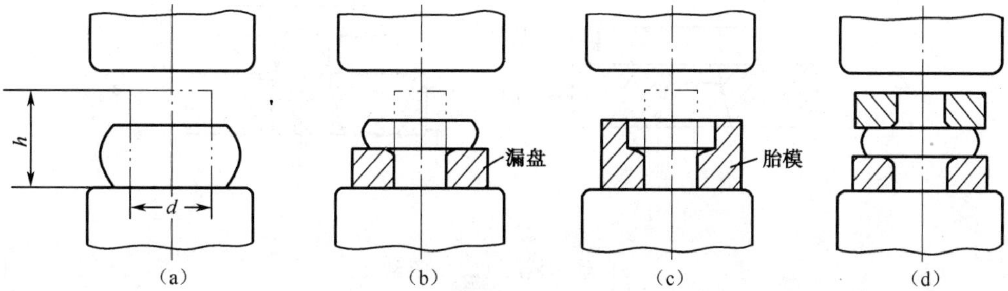

图 1-40　墩粗示意图

（a）完全镦粗；（b）端部镦粗；（c）端部镦粗；（d）中间镦粗

② 端部镦粗。将坯料加热后，一端放在漏盘或胎模内，限制这一部分的塑性变形，然后锤击坯料的另一端，使之镦粗成型。图 1-40（b）所示是用漏盘镦粗的方法，多用于小批量生产；图 1-40（c）所示是用胎模镦粗的方法，多用于大批量生产。在单件生产条件下，可将需要镦粗的部分局部加热，或者全部加热后将不需要镦粗的部分在水中激冷，然后进行镦粗。

③ 中间镦粗。这种方法用于锻造中间断面大、两端断面小的锻件，如图 1-40（d）所示。坯料镦粗前，需先将坯料两端拔细，然后使坯料直立在两个漏盘中间进行锤击，使坯料中间部分镦粗。

（3）冲孔

冲孔是利用冲头在镦粗后的坯料上冲出透孔或不透孔的锻造工序。常用于锻造杆类、齿轮坯、环套类等空心锻件。冲孔的方法主要有以下两种：

① 双面冲孔法。用冲头在坯料上冲至 2/3～3/4 深度时，取出冲头，翻转坯料，再用冲头从反面对准位置，冲出孔来。双面冲孔的过程如图 1-41 所示。

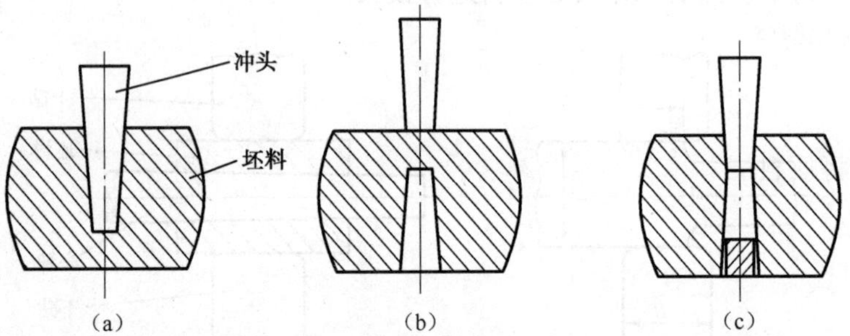

图 1-41　双面冲孔的过程

（a）冲一面；（b）冲另一面；（c）冲孔完成

② 单面冲孔法。厚度小的坯料可采用单面冲孔法。冲孔时，坯料置于垫环上，将一略带锥度的冲头大端对准冲孔位置，用锤击方法打入坯料，直至孔穿透为止，如图 1-42 所示。

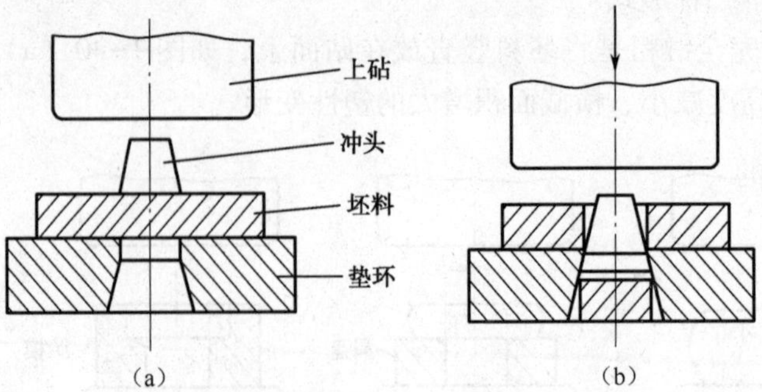

图 1-42　单面冲孔的过程

（a）准备冲孔；（b）冲孔结束

（4）弯曲

弯曲是采用一定的工模具将毛坯弯成所规定的外形的锻造工序，常用于锻造角尺、弯板、吊钩等轴线弯曲的锻件。弯曲方法主要有以下两种：

① 锻锤压紧弯曲法。坯料的一端被上、下砧压紧，用大锤打击或用吊车拉另一端，使其弯曲成型，如图 1-43 所示。

② 用垫模弯曲法。在垫模中弯曲能得到形状和尺寸较准确的小型锻件，如图 1-44 所示。

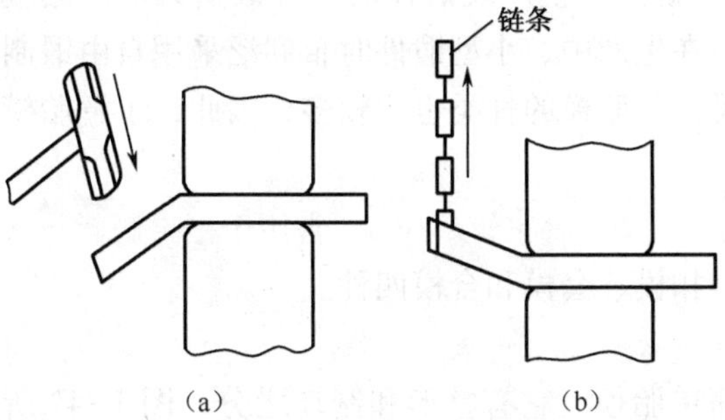

图 1-43　锻锤压紧弯曲法

(a) 用大锤打弯；(b) 用吊车拉弯

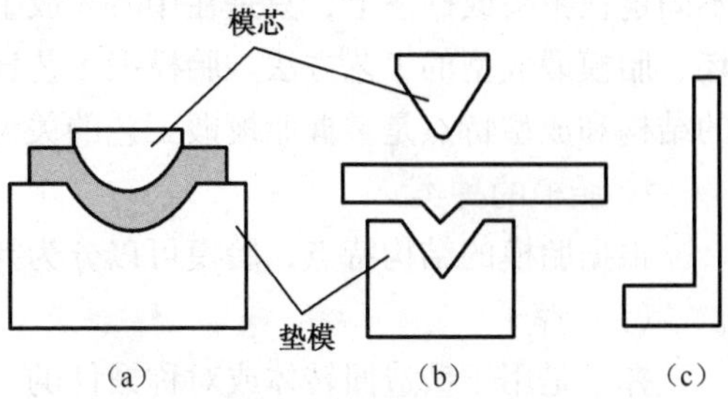

图 1-44　用垫模弯曲法

(a) 板料弯曲；(b) 角尺弯曲；(c) 成型角尺

(5) 错移

错移是指将坯料的一部分相对另一部分平行错开一段距离的锻造工序。如图 1-45 所示，常用于锻造曲轴类零件。错移时，先对坯料进行局部切割，然后在切口两侧分别施加大小相等、方向相反且垂直于轴线的冲击力或压力，使坯料实现错移。

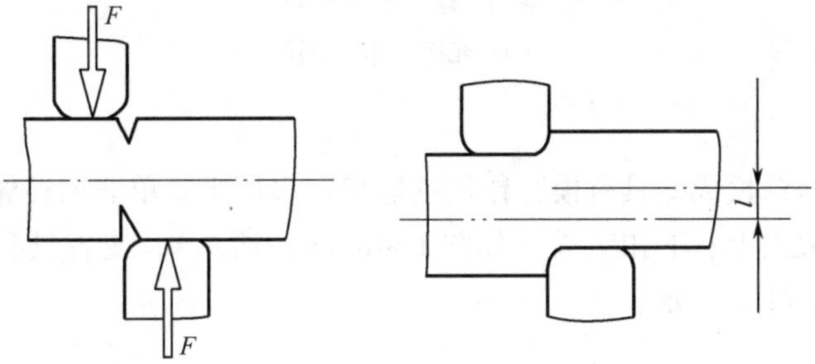

图 1-45　错移

(6) 扭转

扭转是将坯料的一部分相对于另一部分绕其轴线旋转一定角度的锻造工序。常用于锻造多拐弯曲件、麻花钻和校正某些锻件。小型坯料扭转角度不大时，可用锤击方法，如图 1-46 所示。

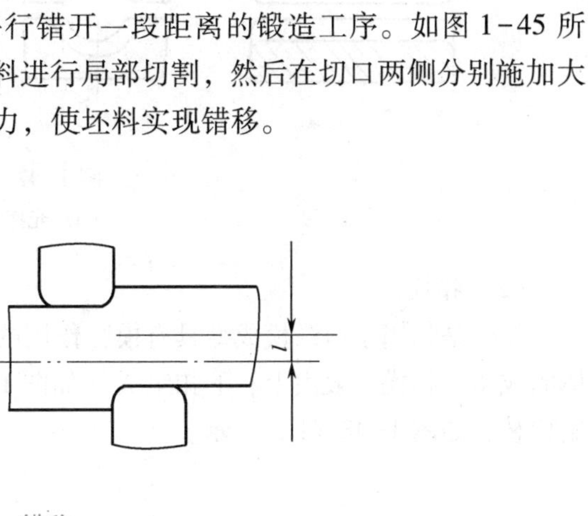

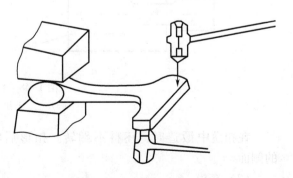

图 1-46　用锤击扭转

2. 自由锻的生产特点和应用

自由锻时，坯料只有部分与上、下砧铁接触而产生塑性变形，其余部分则为自由表面，所以要求锻造设备的吨位比较小。自由锻的工艺灵活性较大，更改锻件品种时，生产准备的时间较短。自由锻的生产率低，锻件精度不高，不能锻造形状复杂的锻件。自由锻主要在单件、小批生产条件下采用。自由锻是大型锻件的主要生产方法。

四、胎膜锻

胎膜锻是在自由锻设备上使用可移动模具（胎膜）生产模锻件的一种锻造方法。胎膜不固定在锤头或砧座上，只是在用时才放上去。在生产中、小型锻件时，广泛采用自由锻制坯、胎模锻成型的工艺方法。胎模锻工艺比较灵活，胎模的种类也比较多，因此，了解胎模的结构和成型特点是掌握胎模锻工艺的关键。

1. 胎模的种类

根据胎模的结构特点，胎模可以分为摔子、扣模、套模和合模四种。

（1）摔子

摔子是用于锻造回转体或对称锻件的一种简单胎模。它有整形和制坯之分。图 1-47 所示是锻造圆形断面时用的光摔和锻造台阶轴时用的型摔结构简图。

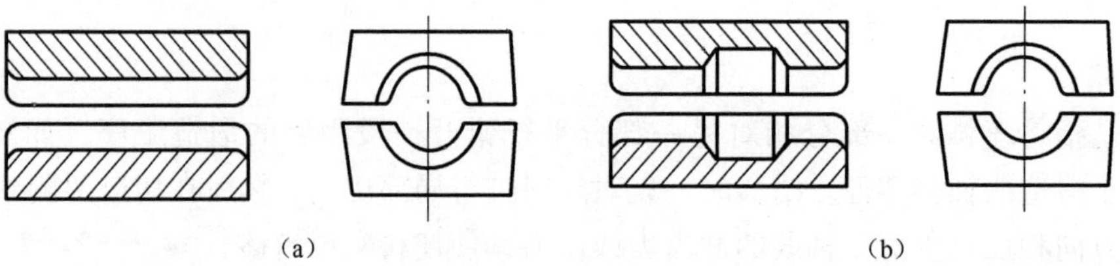

图 1-47　摔子简图

（a）光摔；（b）型摔

（2）扣模

扣模是相当于锤锻模成型具有模膛作用的胎模，多用于简单非回转体轴类锻件局部或整体的成型。扣模一般由上、下扣组成（如图 1-48（a）所示），或者只有下扣，而上扣由上砧代替，如图 1-48（b）所示。

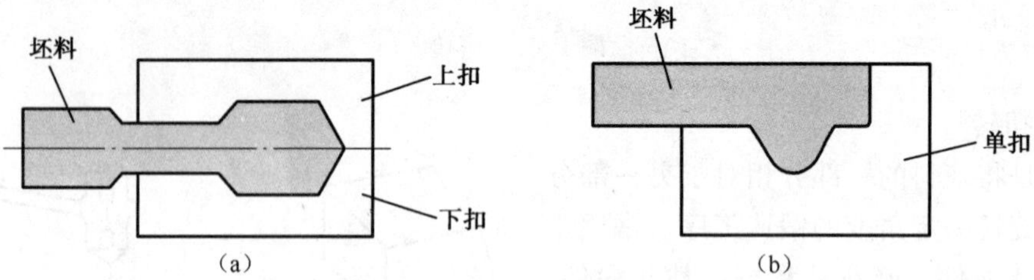

图 1-48　扣模简图

（a）上、下扣；（b）单扣

在扣模中锻造时，坯料不翻转。扣形后将坯料翻转 90°，再用上、下砧平整锻件的侧面。

（3）套模

套模一般由套筒及上、下模垫组成。它有开式套模和闭式套模两种。最简单的开式套模只有下模（套模），上模由上砧代替，如图 1-49（a）所示。图 1-49（b）所示是有模垫的开式套模，其模垫的作用是使坯料的下端面成型。开式套模主要用于回转体锻件（如齿轮、法兰盘等）的成型。

闭式套模是由模套和上、下模垫组成的，也可只有上模垫，如图 1-50 所示。它与开式套模的不同之处在于，上砧的打击力是通过上模垫作用于坯料上的，坯料在模膛内成型，一般不产生飞边或毛刺。闭式套模主要用于凸台和凹坑的回转体锻件，也可用于非回转体锻件。

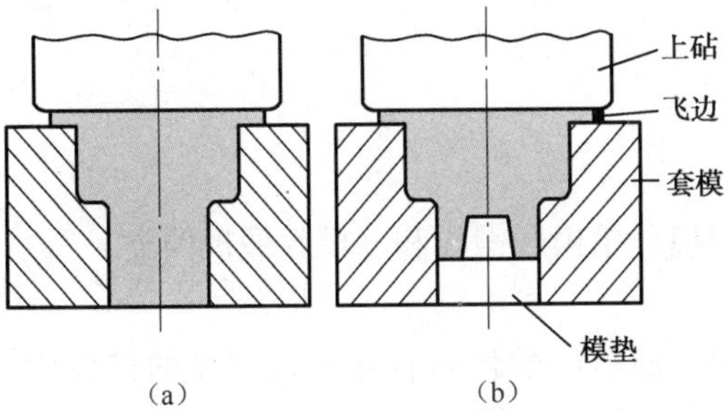

图 1-49　开式套模简图

（a）无模垫；（b）有模垫

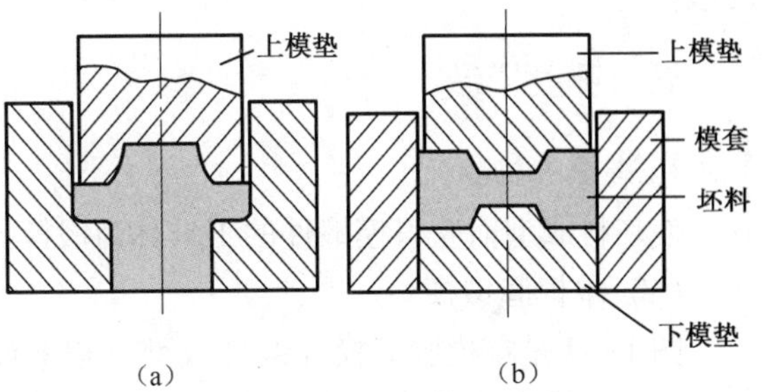

图 1-50　闭式套模简图

（a）无下模垫；（b）有下模垫

（4）合模

合模由上、下模和导向装置组成，如图 1-51 所示。在上、下模的分模面上，环绕模膛开有飞边槽，锻造时多余的金属被挤入飞边槽中。锻件成型后须将飞边切除。合模锻多用于非回转体类且形状比较复杂的锻件，如连杆、叉形锻件等。

与前述几种胎模锻相比，合模锻生产的锻件精度和生产率都比较高，但是模具制造也比较复杂，所需锻锤的吨位也比较大。

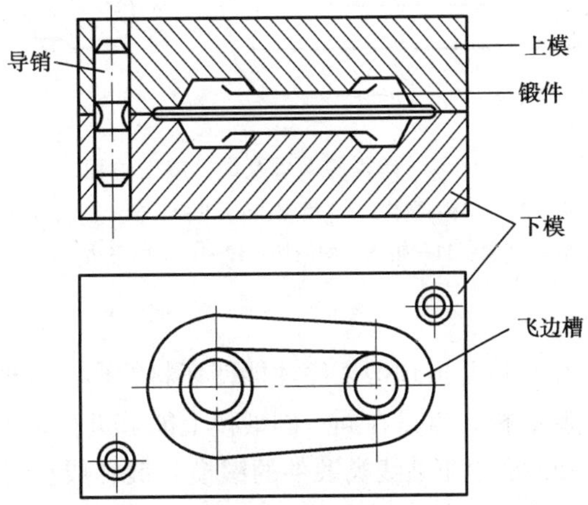

图 1-51　合模简图

2. 胎膜锻的特点和应用

胎膜锻与自由锻相比有如下优点：

① 由于坯料在模膛内成型，所以锻件尺寸比较精确，表面比较光洁，流线组织的分布比较合理，所以质量较高。

② 由于锻件状由模膛控制，所以坯料成型较快，生产率比自由锻高 1～5 倍。

③ 能锻出形状比较复杂的锻件。

④ 锻件余块少，因而加工余量较小，既可节省金属材料，又能减少机械加工工时。

胎膜锻也有一些特点：需要吨位较大的锻锤；只能生产小型锻件；胎膜的使用寿命较短；工作时一般要靠人力搬动胎膜，因而劳动强度较大。胎膜锻用于生产中、小批量的锻件。

五、锤上模锻

1. 锻模的种类

使坯料成型而获得模锻件的工具称为锻模。锻模分单模膛锻模和多模膛锻模两类。

（1）单模膛锻模

图 1-52 是单模膛锻模及锻件成型过程的简图。加热好的坯料直接放在下模的模膛内，然后上、下模在分模面上进行锻打，直至上、下模在分模面上近乎接触为止。切去锻件周围的飞边，即得到所需要的锻件。

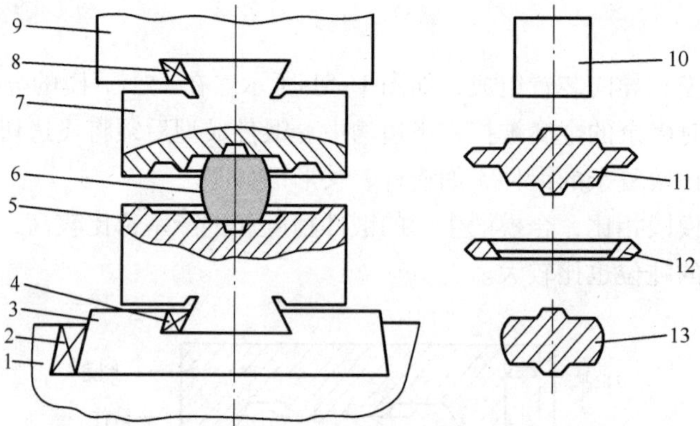

图 1-52　单模膛锻模及锻件成型过程

1—砧座；2，4，8—楔铁；3—模座；5—下模；6—坯料；7—上模
9—锤头；10—坯料；11—带飞边的锻件；12—切下的飞边；13—成型锻件

（2）多模膛锻模

形状复杂的锻件，必须经过几道预锻工序才能使坯料的形状接近锻件形状，最后才在终锻模膛中成型。所谓多模膛锻模，就是在同一副锻模上能够进行各种拔长、弯曲、镦粗等预锻工序和终锻工序。图 1-53 是弯曲轴线类锻件的锻模和锻件成型过程示意图。坯料 8 在延伸模膛 3 中被拔长，延伸坯料 9 在滚压模膛 4 中被滚压成非等截面滚压坯料 10，滚压坯料 10 在弯曲模膛 7 中产生弯曲，弯曲坯料 11 在预锻模膛 6 中初步成型，得到带有飞边的预锻坯料 12。最后经终锻模膛 5 锻造，得到带飞边的锻件 13。切掉飞边后即得到所需要的锻件。

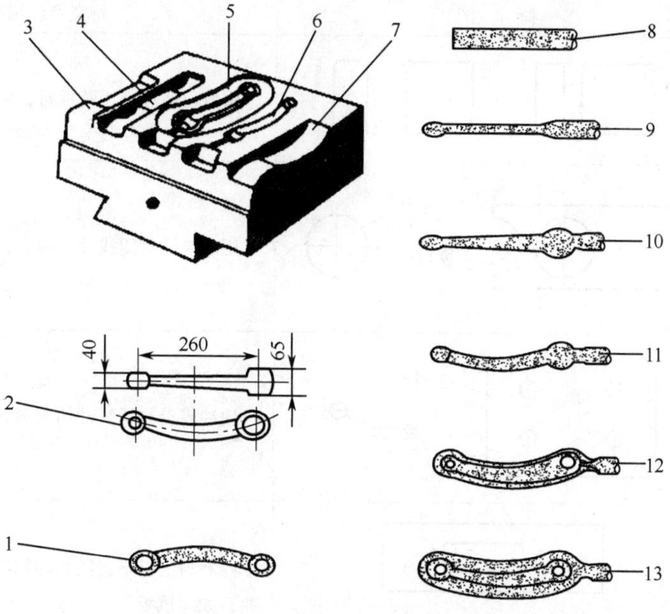

图 1-53 弯曲轴线类锻件的锻模及锻件成型过程

1—锻件；2—零件图；3—延伸模膛；4—滚压模膛；5—终锻模膛；6—预锻模膛；7—弯曲模腔；8—坯料；9—延伸坯料；10—滚压坯料；11—弯曲坯料；12—预锻坯料；13—带飞边锻件

2. 锤上模锻的特点和应用

锤上模锻与自由锻、胎膜锻比较，有如下优点：

生产率高，表面质量高，加工余量小，余块少甚至没有，尺寸准确，可节省大量金属材料和机械加工工时。操作简单，劳动强度比自由锻和胎膜锻都低。模锻后的锻件内部形成带有方向性的纤维组织，即流线。选定合理的模锻工艺和模具，使流线的分布与零件的外形一致，可以显著提高锻件的力学性能。但模锻需要专用的模具，模具必须用优质合金工具钢制造，模膛形状复杂，要求精度高，加工量大，生产周期长，价格昂贵。因此，模锻一般适用于大批量生产，或用于批量虽不大，但对锻件的形状和性能有较高要求的场合。模锻件的精度高，加工余量小。

六、板料冲压

使板料经分离或成型而得到制件的工艺统称为冲压。因通常都是在冷态下进行的，故称冷冲压。

1. 冲压的基本工序

冲压的基本工序可分为分离和成型两大类。分离工序是指使坯料的一部分与另一部分相互分离，如切断、落料、冲孔、切口、切边等，见表 1-2。成型工序是指板料的一部分相对另一部分产生位移而不破裂，如弯曲、拉深等。

表 1-2　常见分离工序

工序名称	简　图	特点及应用范围
切断	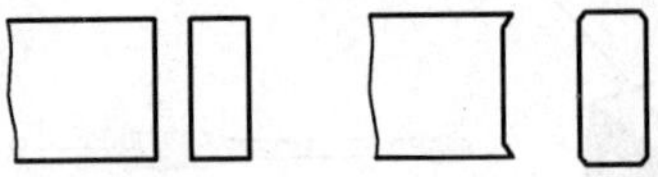	用剪刀或冲模切断板材，切断线不封闭
落料	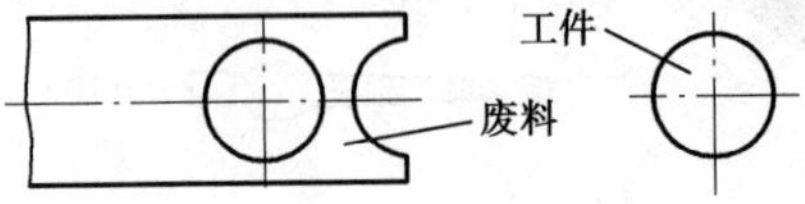	用冲模沿封闭线冲切板料，冲下来的部分为制件
冲孔	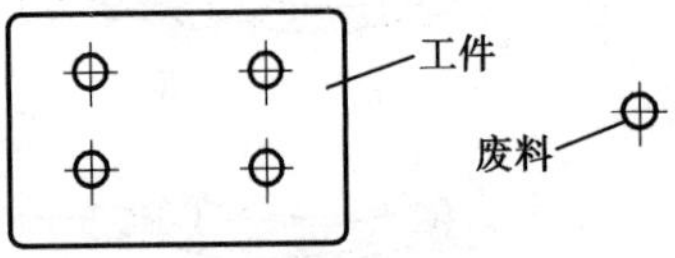	用冲模沿封闭线冲切板料，冲下来的部分为废料
切口	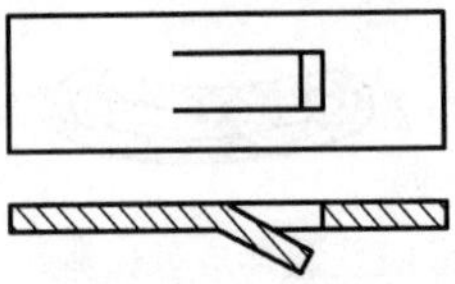	在坯料上沿不封闭线冲出缺口，切口部分发生弯曲，如通风板
切边	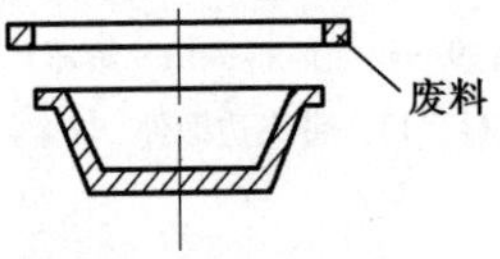	将制件的边缘部分切掉

下面介绍几种常用的冲压工序：

（1）切断

切断是使坯料沿不封闭的轮廓分离的工序。切断通常是在剪床（又称剪板机）上进行的。图 1-54 所示是常见的一种切断形式。当剪床机构带动滑块沿导轨下降时，在上刀刃与下刀刃的共同作用下，使板料被切断。

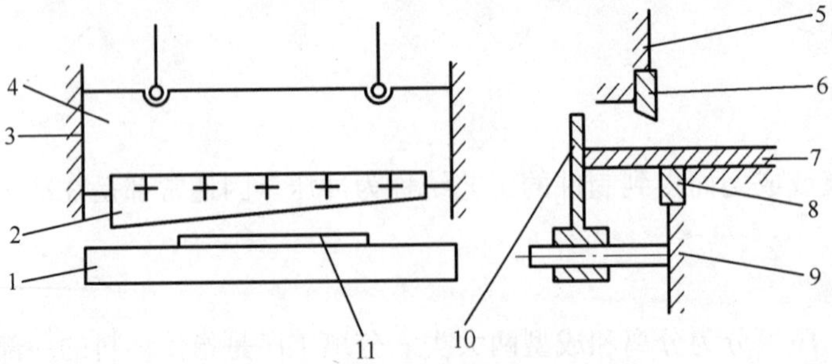

图 1-54　切断示意图

1，8—上刀刃；2，6—上刀刃；3—导轨；4，5—滑块；7，11—钢板；9—工作台；10—挡铁

切断工序可直接获得平板形制件。但是，生产中切断主要用于下料。

（2）落料与冲孔

落料与冲孔又称为冲裁，指利用冲模将板料以封闭轮廓与坯料分离的工序，冲裁大多在冲床上进行。图 1-55 所示是冲裁示意图。当冲床滑块使凸模下降时，在凸模与凹模刃口的相对作用下，圆形板料被切断而分离出来。

对于落料工序而言，从板料上冲下来的部分是产品，剩余板料则是余料或废料；对于冲孔而言，板料上冲出的孔是产品，而冲下来的则是废料。

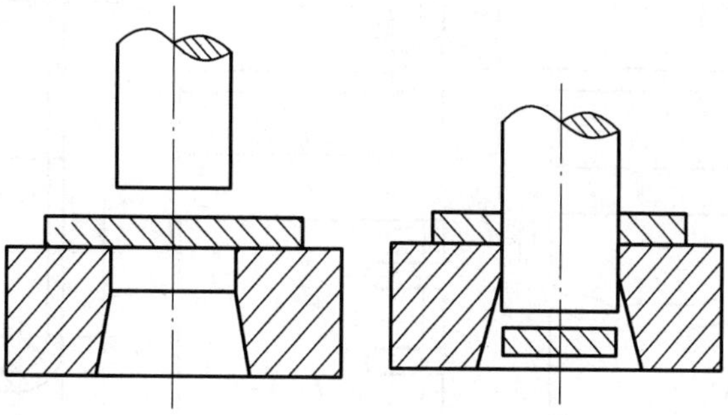

（a）　　　　　　（b）

图 1-55　冲裁示意图

（a）冲裁前；（b）冲裁后

2. 冲压件的结构工艺性

冲压件的结构工艺性，是指冲压件在结构、形状、尺寸、材料和精度要求等方面，要尽可能做到制造容易、节省材料、模具使用寿命长、不出现废品。

（1）冲裁件的结构工艺性要求

① 冲裁件的形状应力求简单、对称，尽可能采用圆形或矩形等规则的形状，避免出现过长过窄的槽和悬臂。

② 冲裁件的转角处要以圆弧过渡，避免尖角。

③ 制件上孔与孔之间、孔与坯料边缘之间的距离不宜过小，否则凹模强度和制件质量会降低。

④ 冲孔时，孔的尺寸不能太小，否则会因凸模（即冲头）强度不足而发生折断。一般冲模能冲出的最小孔径与板料厚度 t 有关，具体数值可参阅表 1-3。

表 1-3　最小冲孔尺寸

材料	圆孔	方孔 $L\times L$	长方孔 $L\times W$	长圆孔 $L\times W$
硬钢	$d\geqslant 1.3t$	$L\geqslant 1.2t$	$W\geqslant 1.0t$	$W\geqslant 0.9t$
软钢、黄铜	$d\geqslant 1.0t$	$L\geqslant 0.9t$	$W\geqslant 0.8t$	$W\geqslant 0.8t$
铝	$d\geqslant 0.8t$	$L\geqslant 0.7t$	$W\geqslant 0.6t$	$W\geqslant 0.5t$

（2）弯曲件的结构工艺性要求

① 弯曲件的弯曲半径不应小于最小弯曲半径，但是也不应过大，否则回弹不易控制。

② 弯曲边长 $h\geqslant R+2t$，如图 1-56（a）所示。h 过小，弯曲边在模具上支持的长度过小，坯料容易向长边方向位移，从而会降低弯曲精度。

③ 在坯料一边局部弯曲时，弯曲根部容易被撕裂，如图 1-56（a）所示。可减小坯料宽（A 减为 B）或者改成如图 1-56（b）所示的结构。

④ 若在弯曲附近有孔时，则孔容易变形。因此，应使孔的位置离开弯曲变形区，如图 1-56（c）所示。从孔缘到弯曲半径中心的距离应为 $l \geqslant t$（t 小于 2mm 时）或 $l \geqslant 2t$（$t \geqslant 2$ mm 时）。

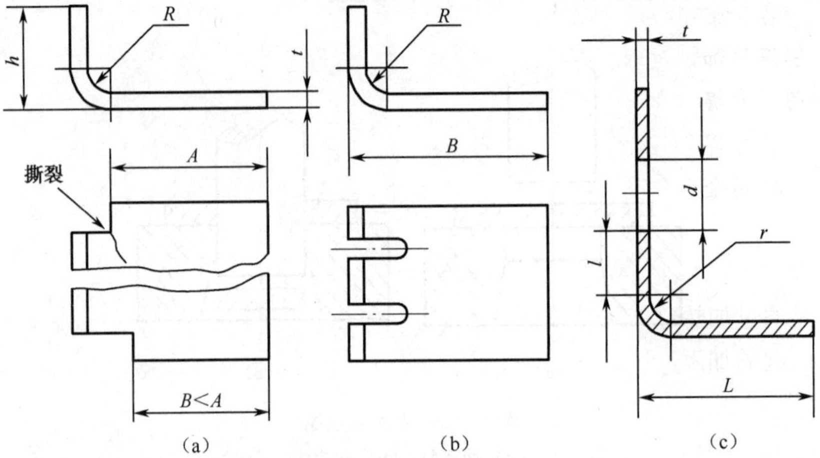

图 1-56　弯曲件的结构工艺性

⑤ 弯曲件上合理加肋，可以增加制件的刚性，减小板料厚度，节省金属材料。在图 1-57 中，图 1-57（a）结构改为图 1-57（b）结构后，$t_2 < t_1$，既省材料，又减小弯曲力。

（3）拉深件的结构工艺性要求

① 拉深件的形状应尽量对称。轴向对称的零件，在圆周围方向上的变形比较均匀，模具也容易制造，工艺性最好。

② 空心拉深件的凸缘和深度应尽量小。如图 1-58 所示的制件，其结构工艺性就不好，一般应使 $d_{凸} < 3d$，$h < 2d$。

③ 拉深件的制造精度（如制件的内径、外径和高度）要求不宜过高。

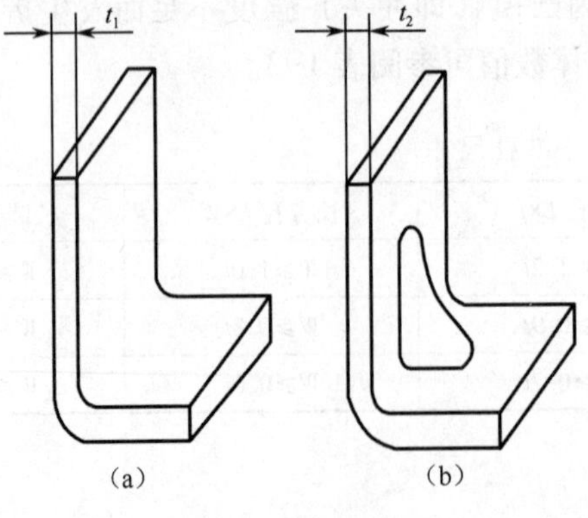

图 1-57　弯曲件加肋

（a）无肋；（b）有肋

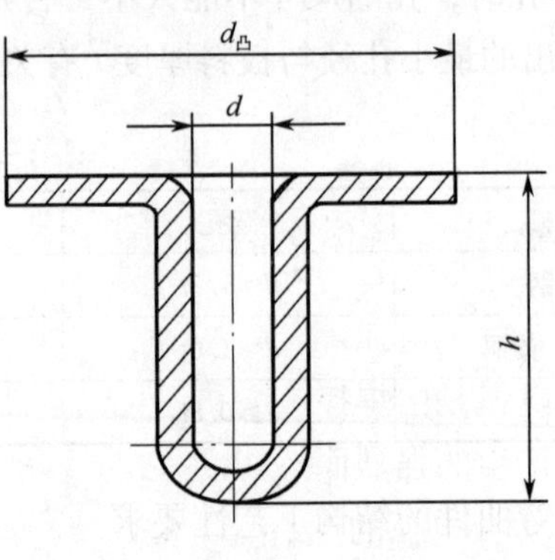

图 1-58　拉深件的结构工艺性

任务三 焊接加工

任务目标

（1）了解各种常用焊接加工原理和工艺方法。
（2）了解焊接加工过程使用的设备、工具和材料。
（3）理解、掌握电焊加工、气焊加工的工艺参数，选取正确的数据。
（4）分析产生焊接缺陷的原因，提出正确的改进措施。
（5）掌握常用金属的焊接性能。

焊接是现代工业生产中，制造各种金属结构和机器零部件常用的一种连接金属的工艺方法。焊接就是通过加热或加压，或两者并用，借助于金属原子扩散和结合，使分离的材料牢固地连接在一起的加工方法。

一、常用焊接方法

1. 手工电弧焊

手工电弧焊（又称为焊条电弧焊）是用手工操纵焊条进行焊接的电弧焊方法，如图 1-59 所示。

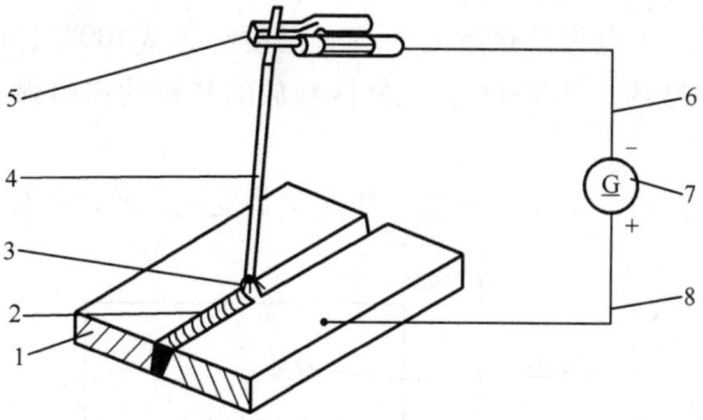

图 1-59　手工电弧焊原理图

1—焊件；2—焊缝；3—电弧；4—焊条；5—焊钳；6—接焊钳的电缆；7—电焊机；8—接焊件的电缆

手工电弧焊设备简单，操作灵活，对空间不同位置、不同接头形式的焊件都能进行焊接。因此，手工电弧焊是焊接生产中应用最广泛的焊接方法。

焊接电弧是由焊接电源供给的，它是在具有一定电压的两电极间或电极与焊件间，由气体介质中产生的强烈而持久的放电现象。

（1）焊接电弧的产生

产生焊接电弧的方式有接触引弧和非接触引弧两种，手工电弧焊采用接触引弧。焊接电弧的产生过程如图 1-60 所示。焊接时，当焊条末端与焊件接触时，造成短路，而且由于焊件和焊条的接触表面不平整，使接触处电流密度很大，在短时间内产生大量的热，使焊条末端温度迅速提高并熔化，在很快提起焊条的瞬间，电流只能从已熔化金属的细颈处通过，使细颈部分的金属温度急剧升高、蒸发和气化，引起强烈电子发射和热电离。在电场力作用下，自由电子奔向阳极，正离子奔向阴极，在它们运动过程中和到达两极时不断发生碰撞和复合，使动能变为热能，并产生大量的光和热，便形成了电弧。

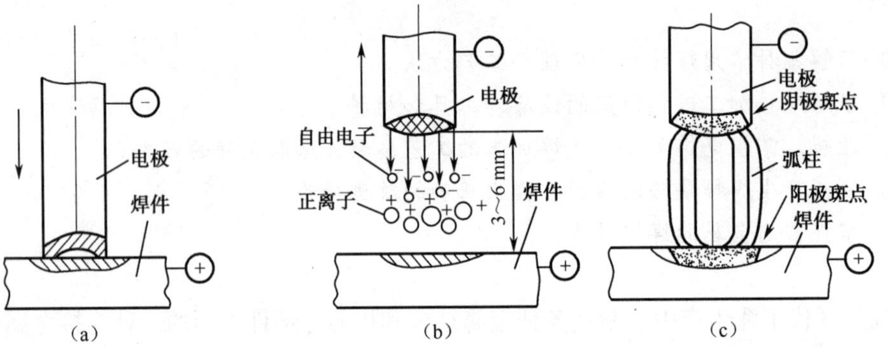

图 1-60　焊接电弧的产生过程示意图

（a）电极与焊件接触；（b）拉开电极；（c）引燃电弧

（2）焊接电弧的构造及热量分布

焊接电弧分三个区域，如图 1-61 所示，即阴极区、阳极区和弧柱区。当采用直流电源时，如焊条接负极，焊件接正极，则阴极区在焊条末端，阳极区在焊件上。

阴极区是指靠近阴极端部很窄的区域，阳极区是指靠近阳极端部的区域，处于阴极区和阳极区之间的气体空间区域是弧柱区，其长度相当于整个电弧的长度。用钢焊条焊接钢材时，阴极区释放的热量约占电弧总热量的 36%，温度约为 2 100℃；阳极区释放的热量约占电弧总热量的 43%，温度约为 2 300℃；弧柱区释放的热量约占电弧总热量的 21%，弧柱中心温度可达 5 700℃以上。

当使用交流焊接电源时，由于电源极性快速交替变化，所以两极的温度基本一样。

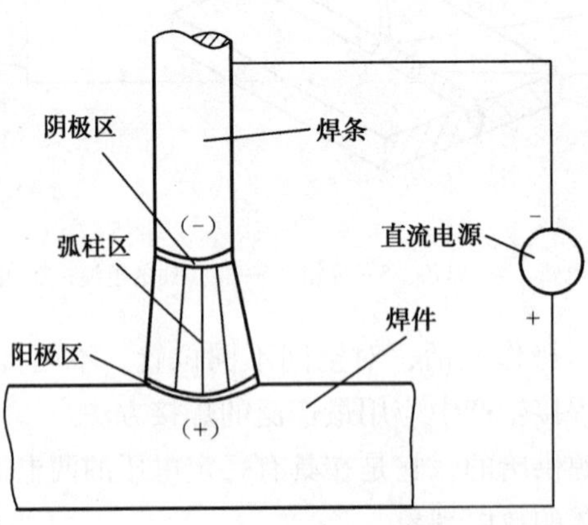

图 1-61　焊接电弧的组成

（3）焊接电弧的极性及其选用

用直流电源焊接时，焊件接电源正极、焊条接电源负极的接法称正接；若焊件接负极、焊条接正极称反接。在采用直流焊接电源时，要根据焊件的厚薄来选择正、负极的接法。

一般情况下，焊接较薄焊件时应采用反接法，如图 1-62（a）所示；如果焊接较厚件，则采用正接法，如图 1-62（b）所示。用交流电源焊接时，不存在正、反接问题。

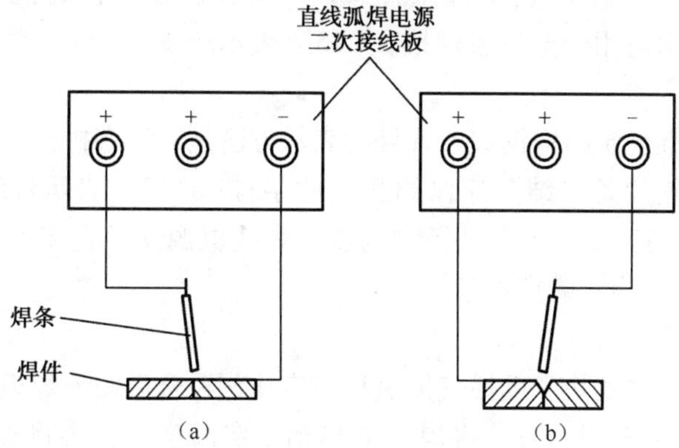

图 1-62　直流弧焊时的极性选用

（a）反接法焊薄件；（b）正接法焊厚件

（4）焊条

焊条是由焊芯和药皮（或称涂料）组成的。

焊芯是一根具有一定直径和长度的金属丝。焊接时焊芯的作用：一是作为电极，产生电弧；二是熔化后作为填充金属，与熔化的母材一起形成焊缝。由于焊芯的化学成分将直接影响焊缝质量，所以焊芯是由炼钢厂专门冶炼的。我国目前常用的碳素结构钢焊条焊芯牌号为 HO8、HO8A，其平均含碳量为 0.08%（A 表示优质品）。

焊条的直径是用焊芯直径来表示的，常用的直径为 3.2～6 mm，长度为 350～450 mm。涂在焊芯外面的药皮，是由各种矿物质（大理石、萤石等）、有机物（纤维素、淀粉等）、铁合金（锰铁、硅铁等）等碾成粉末，用水玻璃黏结而成的。药皮的主要作用有：使电弧容易引燃并稳定燃烧以改善焊接工艺性能；产生大量气体和形成熔渣以保护熔池金属不被氧化，起到机械保护熔池的作用；添加合金元素，以提高焊缝金属的力学性能。

焊条按用途的不同可分为结构钢焊条、耐热钢焊条、不锈钢焊条、铸铁焊条、铜及铜合金焊条、铝及铝合金焊条等。由于焊条药皮类型的不同，适用的电源类型也不同，有些焊条交、直流电源都可以应用，有些焊条则只能用于直流电源不能用于交流电源。

焊条药皮的种类很多，按熔渣化学性质的不同，可将焊条分为酸性焊条和碱性焊条两大类。药皮中含有较多酸性氧化物（如 SiO_2，TiO_2）的焊条，称为酸性焊条。酸性焊条工艺性好（焊接时电弧稳定，飞溅小，易脱渣等），但氧化性较强，焊缝的力学性能及抗裂性较差，所以只适用于交、直流电源焊接一般结构。药皮中含有较多碱性氧化物（如 CaO）的焊条，称为碱性焊条。碱性焊条脱硫、脱磷能力强，金属焊缝具有良好的抗裂性和力学性能，特别是韧性较高，但焊接时电弧稳定性差，对油、水和铁锈敏感，易产生气孔，故焊前须烘干（温度在 350℃以上），并彻底清除焊件上的油污和铁锈，一般用于直流电源焊接重要的结构。

根据 GB/T 5117-1995 标准的规定，手弧焊用碳钢焊条的型号以字母“E”加四位数字组成，即 E××××。“E”表示焊条，前两位数字表示熔敷金属抗拉强度的最小值，第三位数字表示焊接位置，“0”与“1”表示焊条适用于全位置焊接（平焊、横焊、立焊、仰焊），“2”表示焊条适用于平焊和平角焊，第三位和第四位数字组合时，表示药皮类型及焊接电源种类。例如 E4315，“E”表示焊条，“43”表示熔敷金属的抗拉强度≥43 kg/mm^2（420 MPa），“1”表示适用于全位置焊接，“15”表示药皮，“43”类型为低氢钠型，焊接电源为直流反接。

焊接行业中的标准规定结构钢焊条牌号的表示方法是：汉字拼音字首加三位数字。例如 J422：“J”表示结构钢焊条“结”字汉语拼音的字首，“42”表示焊缝金属的抗拉强度≥420 MPa，最后一位数字“2”表示钛钙型药皮，焊接电源交、直流均适用。一般来说，最后一位数字为 6、7 时，表示碱性焊条。

2. 气焊

气焊是利用可燃气体乙炔和助燃气体氧按一定比例混合后，从焊炬喷嘴喷出，点燃后形成高温火焰（温度可达 3 000℃），将焊件加热到一定温度后，再将焊丝熔化，充填焊缝，然后用火焰将接头吹平，待其冷凝后，便形成焊缝，如图 1-63 所示。

气焊时所用的火焰，按可燃气体乙炔（C_2H_2）与助燃气体氧（O_2）的体积比值分为三种：

① 当 $V_{O_2}:V_{C_2H_2}<1$ 时称为碳化焰，火焰中乙炔过剩，有游离态的碳，有较强的还原作用，也有一定的渗碳作用。

② 当 $V_{O_2}:V_{C_2H_2}=1.0\sim1.2$ 时称为中性焰，中性焰中氧与乙炔充分燃烧，没有过剩的氧和乙炔，这种火焰的用途最广。

③ 当 $V_{O_2}:V_{C_2H_2}>1.2$ 时称为氧化焰，氧化焰中氧过剩，焊接时对金属有氧化作用。

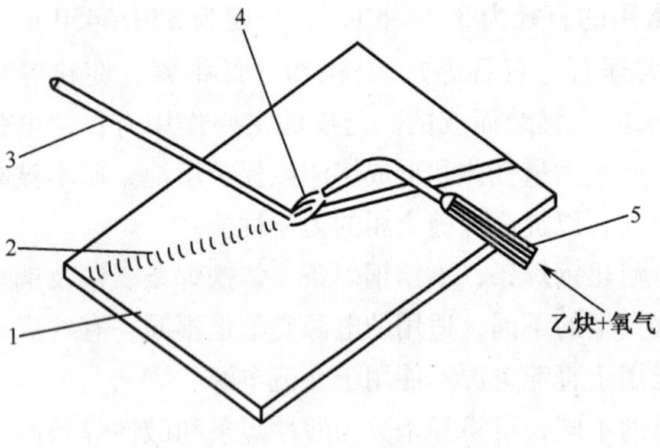

图 1-63　气焊示意图

1—焊件；2—焊缝；3—焊丝；4—火焰；5—焊炬

碳化焰主要用于焊接含碳量较高的高碳钢、高速钢、硬质合金等材料，也可用于铸铁件的焊补。因为这种火焰有增碳作用，可补充焊接过程中碳的烧损。中性焰主要用于低碳钢、低合金钢、高铬钢、不锈钢和紫铜等材料。氧化焰主要用于焊接黄铜、青铜等材料。因为氧化焰可在熔化金属表面生成一层硅的氧化膜（焊丝中含硅），可保护低熔点的锌、锡不被蒸发。

焊接碳钢时，可直接用焊丝焊接。而焊接不锈钢、耐热钢、铜及铜合金、铝及铝合金时，必须用气焊熔剂，以防止金属氧化和消除已经形成的氧化物。

由于气焊火焰的温度比电弧低，热量少，所以主要用于焊接厚度在 2 mm 左右的薄板。

3. 埋弧焊

电弧在焊剂层下燃烧进行焊接的方法称为埋弧焊。

（1）埋弧焊工艺原理

图 1-64 所示是埋弧焊工艺原理图。焊接前，在焊件接头上覆盖一层 30～50 mm 厚的颗粒状焊剂，然后将焊丝插入焊剂中，使它与焊件接头处保持适当距离，并使其产生电弧。电

弧产生的热量，并形成高温气体，高温气体将熔渣排开形成一个空腔，电弧就在这一空腔中燃烧。覆盖在上面的液态熔渣和最上表面未熔化的焊剂将电弧与外界空气隔离。焊丝熔化后形成熔滴落下，并与熔化了的焊件金属混合形成熔池。随着焊丝沿箭头所指方向的不断移动，熔池中的液态金属也随之凝固，形成焊缝。同时，浮在熔池上面的熔渣也凝固成渣壳。

按焊丝沿焊缝移动方法的不同，埋弧焊可分为埋弧自动焊和埋弧半自动焊两类。

图 1-65 所示为埋弧自动焊的焊接过程。焊接时，焊件放在垫板上，垫板的作用是保持焊件具有适宜焊接的位置。焊丝通过送丝机构插入焊剂中。焊丝和焊剂管一起固定在可自动行走的小车上（图中未画出），按图 1-65 中箭头所指方向匀速运动。焊丝送进的速度与小车运动的速度相配合，以保证电弧的稳定燃烧，使焊接过程自始至终正常进行。

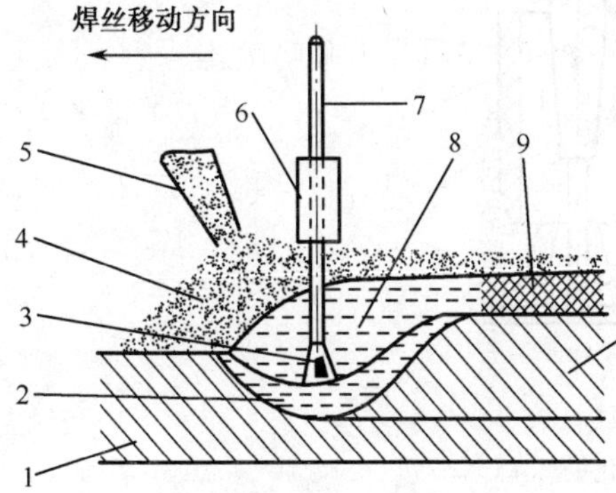

图 1-64　埋弧焊工艺原理图

1—焊件；2—熔池；3—熔滴；4—焊剂；5—焊剂斗；6—导电嘴；7—焊丝；8—熔渣；9—渣壳；10—焊缝

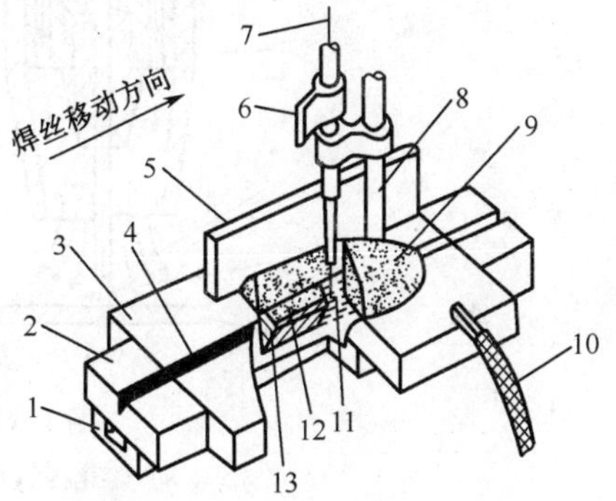

图 1-65　埋弧自动焊的焊接过程

1—垫板；2—导向板；3—焊件；4—焊缝；5—挡板；6—导电嘴；7—焊丝；8—焊剂管；9—焊剂；10—电缆；11—熔池；12—渣池；13—焊缝

埋弧半自动焊是依靠手工沿焊缝移动焊丝的，这种方法仅适宜较短和不太规则焊缝的焊接。

（2）埋弧焊的工艺特点和应用

与手工电弧焊相比，埋弧焊的优点是：焊接质量好，生产率高，节省焊接材料，易实现自动化，劳动强度低，劳动条件较好，操作也简单。

埋弧焊的缺点是：设备费用高；一般情况下只能焊接平焊缝，而不适宜焊接结构覆有倾斜焊缝的焊件；又因看不见电弧，焊接时检查焊缝质量不方便。

埋弧焊适用于低碳钢、低合金钢、不锈钢、铜、铝等金属材料厚板的长焊缝焊接。

4. 气体保护电弧焊

用外加气体作为电弧介质并保护电弧和焊接区的电弧焊称为气体保护电弧焊，简称为气体保护焊。

最常用的气体保护电弧焊方法有氩弧焊和二氧化碳气体保护焊。

（1）氩弧焊

氩弧焊是用氩气作为保护气体的电弧焊。氩弧焊按电极在焊接过程中是否熔化而分为熔化极氩弧焊（如图 1-66（a）所示）和非熔化极氩弧焊（如图 1-66（b）所示）两种。熔化极氩弧焊是采用直径为 0.8～2.44 mm 的实心焊丝，由氩气来保护电弧和熔池的一种焊接方法。焊丝既是电极，也是填充金属，所以称熔化极氩弧焊。

非熔化极氩弧焊是以钨极作为电极，用氩气作为保护气体的气体保护焊。在焊接过程中，钨极不熔化，所以称为非熔化极氩弧焊。填充金属是靠熔化送进电弧区的焊丝。

氩弧焊与其他电弧焊方法相比，焊接时不必用焊剂就可获得高质量焊缝。由于是明弧焊接，操作和观察都比较方便，可进行各种空间位置的焊接。

氩弧焊几乎可用于所有金属材料的焊接，特别是焊接化学性质活泼的金属材料。目前氩弧焊多用于焊接铝、镁、钛、铜及其合金、低合金钢、不锈钢和耐热钢等材料。

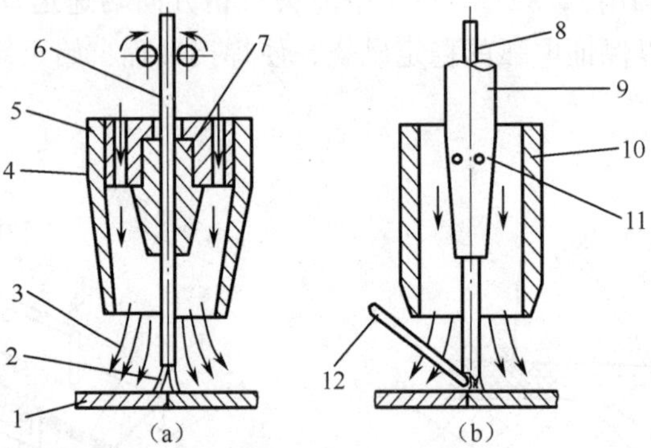

图 1-66　氩弧焊示意图

(a) 熔化报氩弧焊；(b) 非熔化报氩弧焊

1—焊件；2—熔滴；3—氩气；4，10—喷嘴；5，11—氩气喷嘴；6—熔化极焊丝；7，9—导电嘴；8—非熔化极钨丝；12—外加焊丝

(2) 二氧化碳气体保护焊

二氧化碳气体保护焊是在实心焊丝连续送出的同时，用二氧化碳作为保护气体进行焊接的熔化电弧焊，如图 1-67 所示。

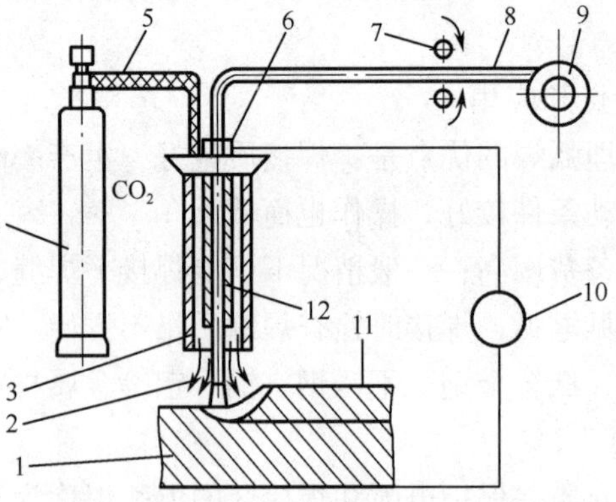

图 1-67　二氧化碳气体保护焊示意图

1—焊件；2—CO_2气体；3—焊嘴；4— CO_2气瓶；5—送气软管；6—焊枪；7—送丝机构；8—焊丝；9—绕丝盘；10—电焊机；11—焊丝金属；12—导电嘴

二氧化碳气体保护焊的优点是生产率高。二氧化碳气体的价格比氩气低，电能消耗少，所以成本低。由于电弧热量集中，所以熔池小、焊件变形小、焊接质量高。缺点是不宜焊接容易氧化的有色金属等材料，也不宜在有风的场地工作，电弧光强，熔滴飞溅较严重，焊缝

成型不够光滑。

二氧化碳气体保护焊常用碳钢、低合金钢、不锈钢和耐热钢的焊接，也适用于修理机件，如磨损零件的堆焊。

5. 电阻焊

焊件装配好后通过电极施加压力，利用电流通过接头的接触面及邻近区域产生的电阻热，将其加热至塑性或熔化状态，在外力作用下形成原子间结合的焊接方法称为电阻焊，也称接触焊。电阻焊按接触方式分为对焊、点焊和缝焊，如图 1-68 所示。

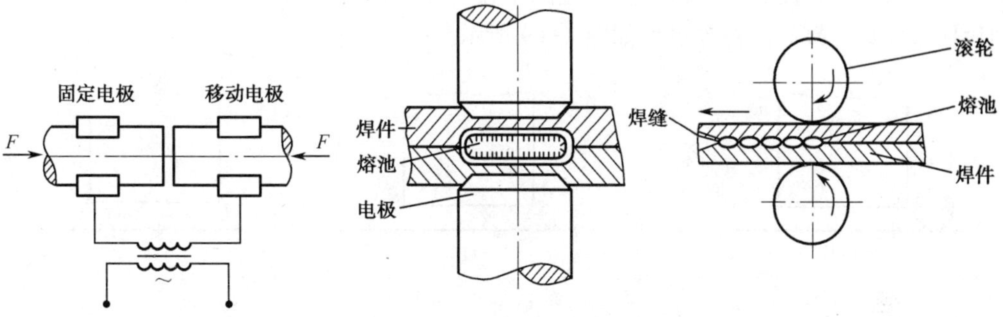

图 1-68　电阻焊示意图

(a) 对焊；(b) 点焊；(c) 缝焊

(1) 对焊

按焊接过程和操作方法的不同，对焊可分为电阻对焊和闪光对焊两种。

电阻对焊是将焊件装配成对接接头，使其端面紧密接触，利用电阻热加热至塑性状态，然后迅速施加压力完成焊接的方法。

闪光对焊是将焊件装配成对接接头、略有间隙，接通电源，并使其端面逐渐移近达到局部接触，利用电阻热加热这些接触点（产生闪光），使端面金属熔化，直至端部在一定深度范围内达到预定温度时，迅速施加顶锻力完成焊接的方法。

电阻对焊的接头外形光滑无毛刺，但接头强度较低。闪光对焊接头强度较高，但金属损耗大，接头有毛刺。对焊广泛应用于刀具、钢筋、锚链、自行车车圈、钢轨和管道的焊接。

(2) 点焊

点焊是将焊件装配成搭接接头，并压紧在两电极之间，利用电阻热熔化母材金属，形成焊点的电阻焊方法。如图 1-68 (b) 所示。

点焊时，熔化金属不与外界空气接触，焊点缺陷少、强度高，焊件表面光滑、变形小。点焊主要用于焊接薄板构件，低碳钢点焊板料的最大厚度为 2.5～3.0 mm。此外，还可焊接不锈钢、铜合金、钛合金和铝镁合金等材料。

(3) 缝焊

缝焊是将焊件装配成搭接接头并置于两滚轮电极之间，滚轮压紧焊件并转动，连续或断续送电，形成一条连续焊缝的电阻焊方法。如图 1-68 (c) 所示。

缝焊的焊缝表面光滑平整，具有较好的气密性，常用于焊件要求密封的薄壁容器，在汽车、飞机制造业中应用很广泛。缝焊也常用来焊接低碳钢、合金钢、铝及铝合金等薄板材料。

6. 钎焊

钎焊是采用比母材熔点低的金属材料作钎料，将焊件和钎料加热到高于钎料熔点、低于母材熔点的温度，利用液态钎料润湿母材，填充接头间隙并与母材相互扩散实现连接焊件的方法。

钎焊时，将焊件接合表面清洗干净，以搭接形式组合焊件，把钎料放在接合间隙附近或接合面之间的间隙中。当焊件与钎料一起加热到稍高于钎料的熔化温度后，液态钎料便借助毛细管作用被吸入并流进两焊件接头的缝隙中，于是在焊件金属和钎料之间进行扩散渗透，凝固后便形成钎焊接头。钎焊过程如图 1-69 所示。

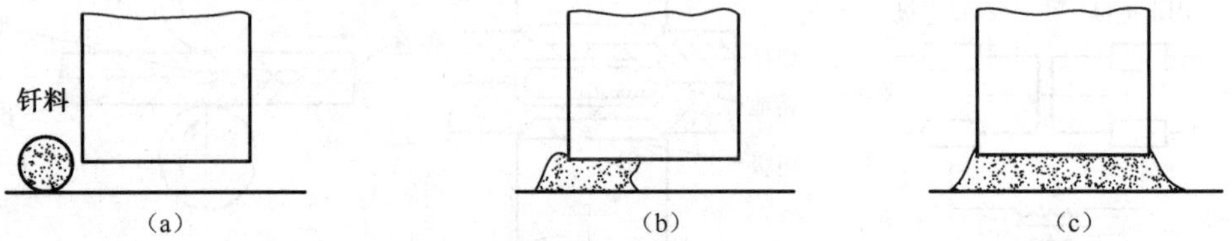

图 1-69　钎焊过程示意图

(a) 在接头处放置钎料，并对焊件和钎料加热；(b) 钎料熔化并开始流入钎缝间隙；
(c) 钎料填满整个钎缝间隙凝固后形成钎焊接头

钎焊的特点是钎料熔化而焊件接头并不熔化。为了使钎焊部分连接牢固、增强钎料的附着作用，钎焊时要用钎剂，以便清除钎料和焊件表面的氧化物。

常用的钎料一般有两类，一类是铜基、银基、铝基、镍基等硬钎料，它们的熔点一般高于 450℃。硬钎料具有较高的强度，可以连接承受载荷的零件，应用比较广泛，如硬质合金刀具、自行车车架等。

熔点低于 450℃的钎料称为软钎料，一般由锡、铅、铋等金属组成。软钎料焊接强度低，主要用于焊接不承受载荷但要求密封性好的焊件，如容器、仪表元件等。钎焊焊接接头表面光洁，气密性好，焊件的组织和性能变化不大，形状和尺寸稳定，可以连接不同成分的金属材料。钎焊的缺点是钎缝的强度和耐热能力都比焊件低。

钎焊在机械、电机、仪表、无线电等制造业中应用广泛。

7. 气割

气割是根据高温的金属能在纯氧中燃烧的原理进行的，它与气焊有着本质不同的过程，即气焊是熔化金属，而气割是金属在纯氧中燃烧。

气割时，先用火焰将金属预热到燃点，再用高压氧使金属燃烧，并将燃烧所生成的氧化物熔渣吹走，形成切口，如图 1-70 所示。金属燃烧时放出大量的热，又预热待切割的部分，所以，切割的过程实际上就是重复进行预热→燃烧→去渣的过程：

根据气割原理，被切割的金属应具备下列条件：

① 金属的燃点应低于其熔点，否则在切割前金属已熔化，不能形成整齐的切口而使切口凹凸不平。钢的熔点随含碳量的增加而降低，当含碳量等于 0.7%时，钢的熔点接近于燃点，故高碳钢和铸铁难以进行切割。

② 燃烧生成的金属氧化物的熔点应低于金属本身的熔点，且要流动性好，以便氧化物

能被熔化并被吹掉。铝的熔点（660℃）低于其氧化物 Al_2O_3 的熔点（2 025℃），铬的熔点（1 550℃）低于其氧化物 Cr_2O_3 的熔点（1 990℃），故铝合金和不锈钢不具备气割条件。

③ 金属燃烧时能放出足够的热量，而且金属本身的热导性低，这就保证不了下层金属有足够的预热温度，有利于切割过程不间断地进行。铜及其合金燃烧时释放出的热量较小，且热导性又好，因而不能进行切割。

综合所述，能满足上述条件的金属材料是低碳钢、中碳钢和部分低合金碳钢。

气割时，用割炬代替焊炬，其余设备与气焊相同。割炬的构造如图 1-71 所示。割炬与焊炬相比，增加了输送切割氧气的管道和阀门，其割嘴的结构与焊嘴的也不相同。割嘴的出口有两条通道，其周围的一圈是乙炔与氧气的混合气体出口，中间的通道为切割氧的出口，两者互不相通。

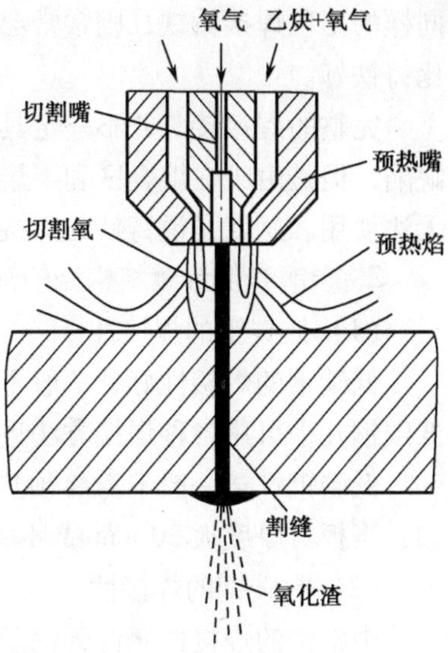

图 1-70 气割

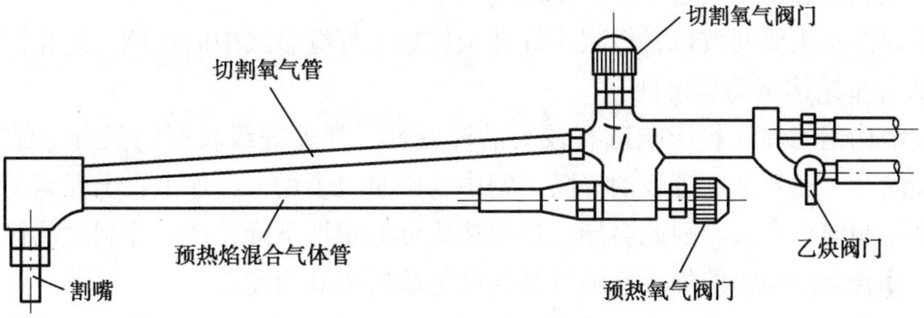

图 1-71 割炬

与其他切割方法比较，气割最大的优点是灵活方便、适应性强，它可在任意位置和任意方向气割任意形状和任意厚度的工件。气割设备简单、操作方便、生产率高、切口质量好，但对金属材料的适用范围有一定的限制。由于低碳钢和低合金钢是应用最广的材料，所以气割应用也非常普遍。

二、常用金属的焊接性能

了解金属材料的焊接性，才能正确地进行焊接结构设计、焊前准备和拟定焊接工艺。

1. 金属的焊接性

金属的焊接性是指金属材料对焊接加工的适应性。主要指在一定的焊接工艺条件下，获得优质焊接接头的难易程度。它包括两方面的内容：其一是工艺性能，即在一定焊接工艺条件下，金属对形成焊接缺陷（主要是裂纹）的敏感性；其二是使用性能，即在一定焊接工艺条件下，金属的焊接接头对使用要求的适应性。

在焊接低碳钢时，很容易获得无缺陷的焊接接头，不需要采取复杂的工艺措施。如果用同样的工艺焊接铸铁，则常常会产生裂纹，得不到良好的焊接接头，所以说低碳钢的焊接性比铸铁好。

完整的焊接接头并不一定具备良好的使用性能。例如，焊补铸铁时，即使未发现裂纹等缺陷，但是由于在熔合区和半熔合区容易形成白口组织，因此，也会因不能加工和脆性大而无法使用。这就是说铸铁的焊接性并不是很好。

2. 碳钢和低合金结构钢的焊接性

（1）低碳钢的焊接性

低碳钢的焊接性好，一般不需要采取特殊的工艺措施即可得到优质的焊接接头。另外，低碳钢几乎可用各种焊接方法进行焊接。

低碳钢焊接一般不需要预热，只有在气候寒冷或焊件厚度较大时才需要考虑预热。例如，当板材厚度大 30 mm 或环境温度低于-10℃时，需要将焊件预热至 100℃ ～150℃。

（2）中碳钢的焊接性

中碳钢的焊接性比低碳钢差。中碳钢焊件的热影响区容易产生淬硬组织。当焊件厚度较大、焊接工艺不当时，焊件很容易产生冷裂纹。同时，焊件接头处有一部分碳要融入焊缝熔池，使焊缝金属的碳含量提高，降低焊缝的塑性，容易在凝固冷却过程中产生热裂纹。

中碳钢焊前需要预热，以减小焊接接头的冷却速度，降低热影响区的淬硬倾向，防止产生冷裂纹。预热的温度一般为 100℃ ～200℃。

中碳钢焊件接头要开坡口，以减小焊件金属融入焊缝金属中的比例，防止产生热裂纹。

（3）低合金结构钢的焊接性

低合金结构钢的焊件热影响区有较大的淬硬性。强度等级较低的低合金结构钢含碳量少，淬硬倾向小。随着强度等级的提高，钢中含碳量也会增大，加上合金元素的影响，使热影响区的淬硬倾向也增大。因此会导致焊接接头处的塑性下降，产生冷裂纹的倾向也随之增大，可见，低合金结构钢的焊接性随着其强度等级的提高而变差。

在焊接低合金结构钢时，应选择较大的焊接电流和较小的焊接速度，以减小焊接接头的冷却速度。如果能够在焊接后及时进行热处理或者焊前预热，均能有效地防止冷裂纹的产生。

3. 铸铁的焊接性

铸铁的焊接性很差。在焊接铸铁时，一般容易出现以下问题：

（1）焊后容易产生白口组织

为了防止产生白口组织，可将焊件预热到 400℃ ～700℃后进行焊接，或者在焊接后将焊件保温冷却，以减慢焊缝的冷却速度。也可增加焊缝金属中石墨化元素的含量，或者采用非铸铁焊接材料（镍、镍铜、高钒钢焊条）。

（2）产生裂纹

由于铸铁的塑性极差，抗拉强度又低，当焊件因局部加热和冷却造成较大的焊接应力时，就容易产生裂纹。

在生产中，铸铁是不作为材料焊接的。只是当铸铁件表面产生不太严重的气孔、缩孔、砂眼和裂纹等缺陷时，才采用焊补的方法。

三、焊接变形和焊件结构工艺性

金属结构在焊接后，经常发现其形状有变化，有时还出现裂纹，这是由于焊接时，焊件受热不均匀而引起收缩应力而造成的。变形的程度除了与焊接工艺有关以外，还与焊件的结构是否合理有很大关系。

1. 焊接变形及防止方法

(1) 焊接变形产生的原因

焊接构件因焊接而产生的内应力称为焊接应力，因焊接而产生的变形称为焊接变形。产生焊接应力与变形的根本原因是焊接时工件局部的不均匀加热和冷却。

焊接变形的基本形式有弯曲变形、角变形、波浪变形和扭曲变形等，如图 1-72 所示。

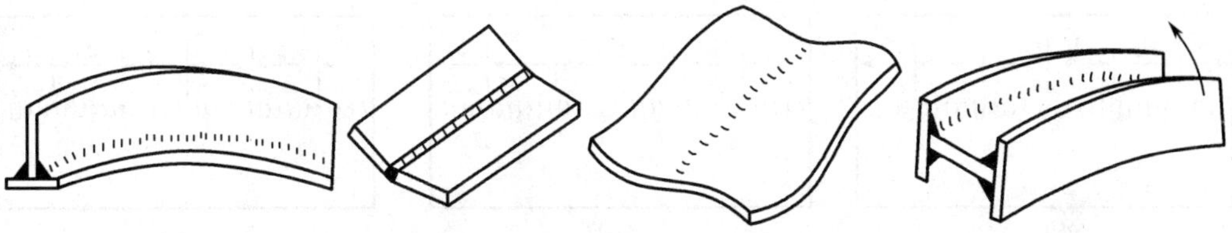

(a)　(b)　(c)　(d)

图 1-72　焊接变形分类

(a) 弯曲变形；(b) 角变形；(c) 波浪变形；(d) 扭曲变形

(2) 焊接变形的防止方法

① 反变形法。根据某些焊件易变形的规律，焊前在放置焊件时，使其形态与焊接时发生的变形方向相反，以抵消焊接后产生的变形。图 1-73 所示是针对板料焊接易产生角变形的规律，焊前将两块板料放在垫块上，使其向下弯折一个角度，这个角度就是 V 形坡口焊后向上弯折的角度（图 1-73 (a)），于是焊后的两块板料就平直了（图 1-73 (b)）。

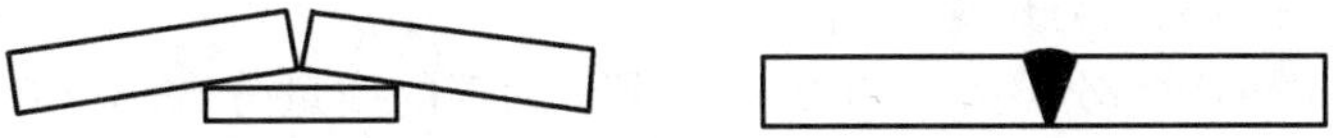

(a)　(b)

图 1-73　防止角变形的反变形法

② 焊前固定法。焊接前，用夹具或重物压在焊件上，以抵抗焊接应力，防止焊件变形，如图 1-74 (a) 和图 1-74 (b) 所示。也可预先将焊件点焊固定在平台上，然后再焊接，如图 1-74 (c) 所示。为了防止将固定装置去除后再发生变形，一般在焊接时用手锤敲击焊缝，使焊接应力及时释放，令焊件形状比较稳定。

③ 焊接顺序变换法。这是一种通过变换焊接的顺序，将焊接时施加给焊件的热量尽快发散掉，从而防止焊接变形的方法。常用的焊接顺序变换法有对称法、跳焊法和分段倒退法，如图 1-75 所示。图中小箭头为焊接时焊条运行的方向，数字由小到大为焊接顺序。

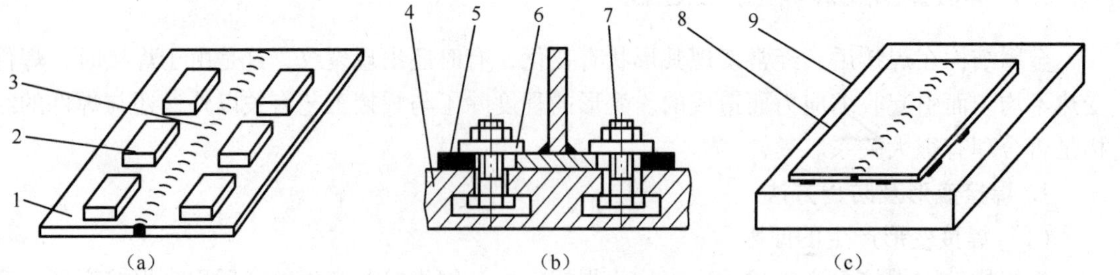

图 1-74　焊前固定法防止变形

1—焊件；2—压铁；3—焊缝；4，9—平台；5—垫铁；6—压板；7—螺栓；8—定位焊点

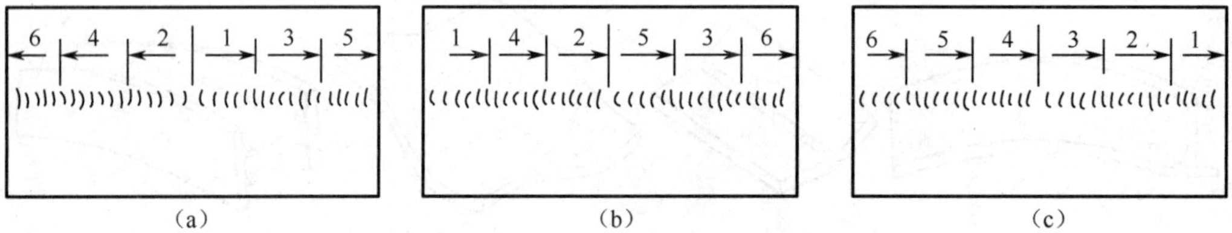

图 1-75　焊接顺序变换法

(a) 对称法；(b) 跳焊法；(c) 分段倒退法

④ 锤击焊缝法。这种方法是在焊接过程中，用手锤或风锤敲击焊缝金属，以促使焊缝金属产生塑性变形，焊接应力得以松弛减小。

2. 焊件的结构工艺性

要使焊件焊接后能达到各项技术要求，除了采用上述防止变形等措施以外，还要注意合理设计焊件结构。为此，必须对焊件的结构工艺性有所了解。所谓焊件结构工艺性，是指所设计的焊件结构能确保焊接工艺过程顺利地进行，它主要包含以下内容：

(1) 尽可能选用焊接性好的原材料

一般情况下，碳的质量分数小于 0.25% 的碳钢和碳的质量分数小于 0.2% 的低合金结构钢都具有良好的焊接性，应尽量选用它们作为焊接材料。而碳的质量分数大于 0.5% 的碳钢和碳的质量分数大于 0.4% 的合金钢，焊接性都比较差，一般不宜采用。另外，焊件结构应尽可能选用同一种材料的焊接。

(2) 焊缝位置应便于焊接操作

在采用电弧焊或气焊进行焊接时，焊条或焊枪、焊丝必须有一定的操作空间。如图 1-76 (a) 所示的焊件结构，焊件是无法按合理倾斜角度伸到焊接接头处的。改成图 1-76 (b) 所示的结构后，就容易进行焊接操作了。

在埋弧焊时，因为在焊接接头处要堆放一定厚度的颗粒状焊剂，所以焊件结构的焊缝周围应有堆放焊剂的位置，如图 1-77 所示。

(3) 焊缝应尽量均匀、对称，避免密集、交叉

焊缝均匀、对称可防止因焊接应力分布不对称而产生变形，如图 1-78 所示；避免焊缝交叉和过于密集可防止焊件局部热量过于集中而引起较大的焊接应力，如图 1-79 所示。

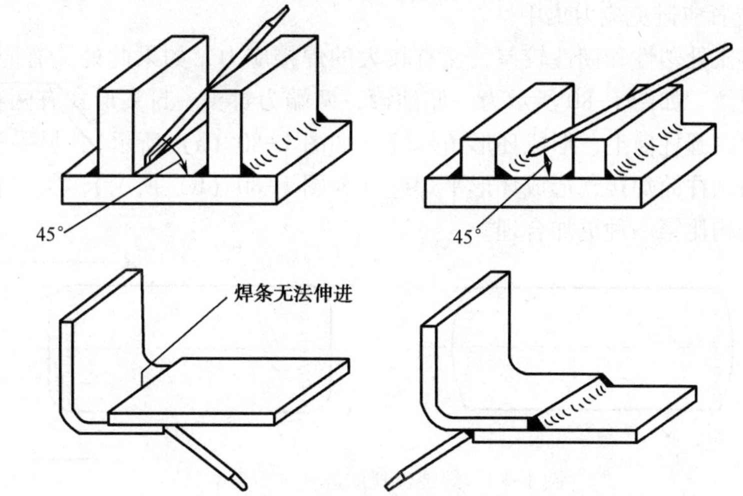

（a）　（b）

图 1-76　焊缝位置应便于焊接操作

（a）不合理；（b）合理

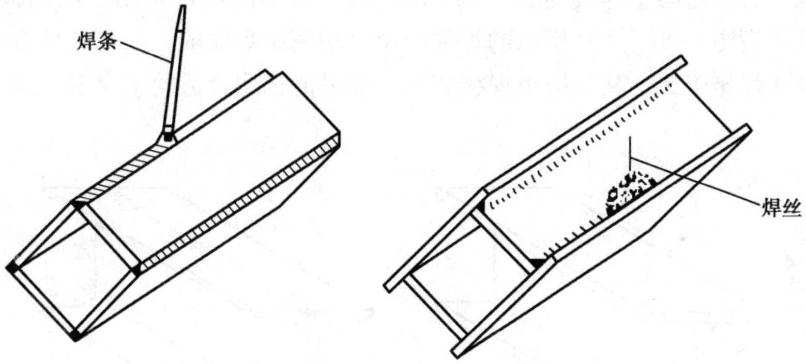

（a）　（b）

图 1-77　埋弧焊焊缝位置应便于堆放焊剂

（a）无法堆放焊剂，只能进行手弧焊；（b）合理

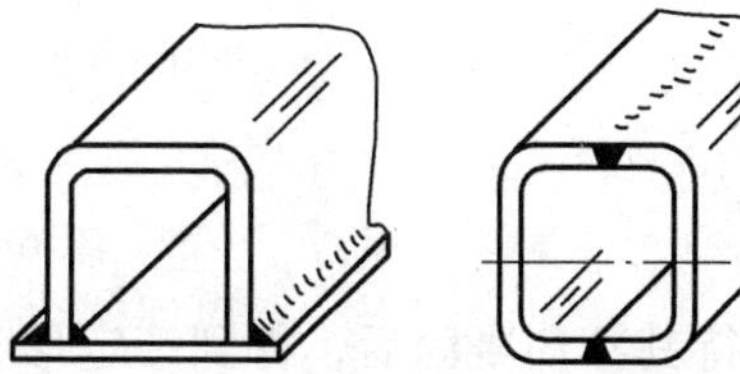

（a）　（b）

图 1-78　焊缝应对称分布

（a）不合理；（b）合理

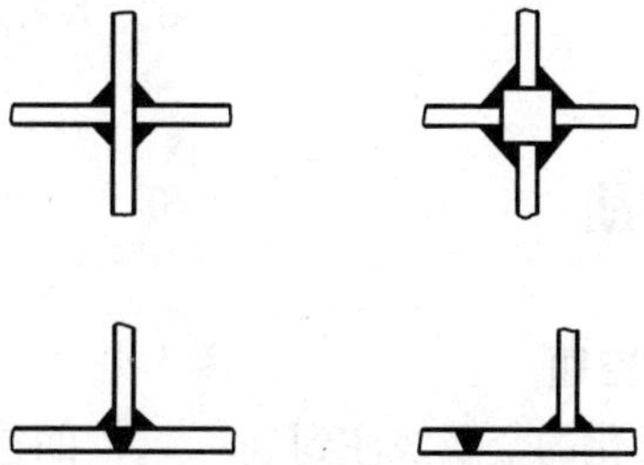

（a）　（b）

图 1-79　焊缝应避免交叉、密集

（a）不合理；（b）合理

（4）焊缝位置应避免应力集中

由于焊接接头处塑性和韧性较差，又有较大的焊接应力，如果此处又有应力集中现象，则很容易产生裂纹。如图 1-80 所示为一储油罐，两端为封头。封头形式有两种：一种是球面封头，直接焊在圆柱筒上，形成环形角焊缝（如图 1-80（a）所示）；另一种是把封头制成盆形，然后与圆柱筒焊接，形成环形平焊缝（如图 1-80（b）所示）。第二种封头可减少应力集中，其结构比第一种更加合理。

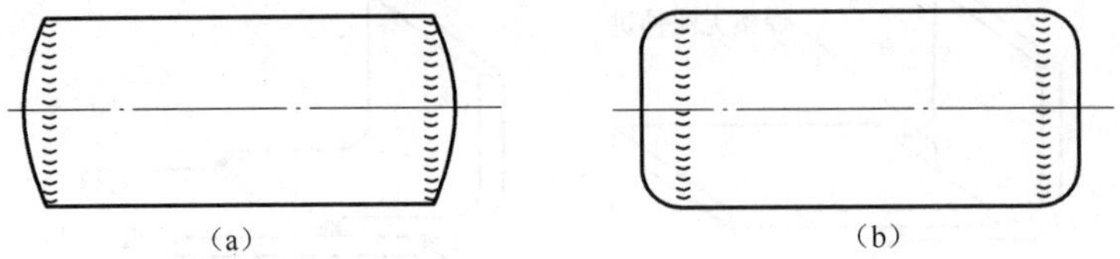

图 1-80　焊缝位置应避免应力集中

（a）不合理；（b）合理

（5）焊接元件应尽量选用型材

在焊接结构中，常常是将各个焊接元件组焊在一起。如果能合理选用型材，就可以简化焊接工艺过程，有效地防止焊接变形。图 1-81（a）所示的焊件是用三块钢板组焊而成的，它有四道焊缝。而图 1-81（b）所示的焊件由两个槽钢组焊而成，只需在接合处采用分段法焊接，既可简化焊接工艺，又可减小焊接变形。如果能选用合适的工字钢，就可完全省掉焊接工序。

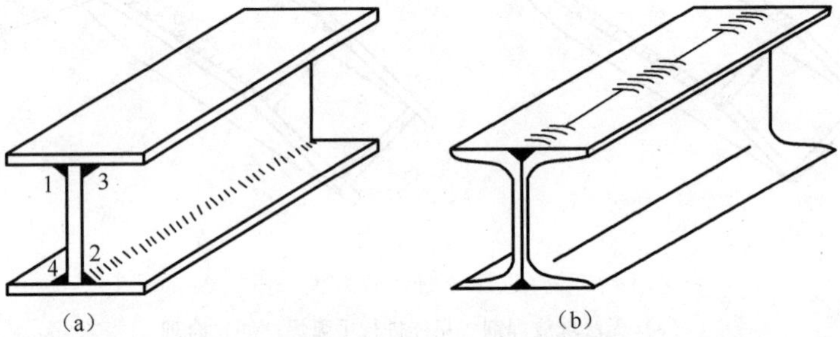

图 1-81　焊件尽量选用型钢组焊

（a）三块钢板组焊；（b）两槽钢组焊

项目驱动

一、填空题

1. 将熔化的金属浇注到（　　）的空腔中，待其冷却凝固后，得到一定形状和性能的毛坯或零件的加工方法称为（　　）。

2. 除砂型铸造外，其他的铸造方法称为（　　），如金属型铸造、（　　）、（　　）、熔模铸造等。

3. 型（芯）砂是由（　　）、（　　）、（　　）和（　　）按一定比例混合制成的。

4. （　　）造型的模样是一个整体，其特点是造型时模样全部放在一个砂箱（下箱）内，分型面为平面。

5. 为了填充型腔和冒口而开设于铸型中的一系列通道，称为（　　）。

6. 为增加铸件局部冷却速度，在砂型、砂芯表面或型腔中安放金属物，称为（　　）。

7. 冲天炉炉料由（　　）、（　　）和（　　）三部分组成。

8. 金属压力加工是指借助外力的作用，使金属坯料产生（　　），达到所需要的形状、尺寸和（　　）的加工方法。

9. （　　）是使坯料横截面积增大而高度减小的锻造工序。（　　）是使坯料的横截面积减小而长度增加的锻造工序。

10. 金属加热的主要目的是为了获得良好的（　　）和较低的（　　），以利于锻压加工时的成型。

11. 从开始锻造的最高温度到终止锻造的最低温度之间的范围，叫做（　　）。

12. （　　）是根据高温的金属能在纯氧中燃烧的原理进行的。

二、思考题

1. 什么是铸造？什么是砂型铸造？试述铸造的主要优点。

2. 型（芯）砂由哪些材料组成？对造型材料有哪些基本的性能要求？

3. 浇注系统由哪几部分组成？各自的作用是什么？

4. 浇注位置和分型面的确定应注意哪些地方？

5. 什么是挖砂造型？它有什么特点？

6. 什么是冒口、冷铁？它们起什么作用？

7. 铸造缺陷有哪些？产生的原因是什么？

8. 零件、铸件、模样三者在尺寸上有何区别？

9. 冲天炉炉料由哪些材料组成？各种材料的作用是什么？

10. 什么是金属压力加工？可分为哪几类？

11. 试述自由锻造的工艺特点及适用范围。

12. 模锻的主要优、缺点是什么？

13. 落料与冲孔的区别是什么？

14. 凸模与凹模之间的间隙对冲裁质量和工件尺寸有何影响？

15. 什么是金属的焊接？焊接的特点是什么？

16. 电焊条由哪两部分组成？各起什么作用？

17. 埋弧焊和氩弧焊的焊接特点是什么？

18. 焊件为什么常用 Q235A、20 钢、30 钢、16Mn 等材料？

19. 如何选择焊接方法？下列情况应选用什么焊接方法？

（1）低碳钢桁架结构，如厂房屋架；

（2）厚度为 20 mm 的 Q345 钢板拼成工字梁；

（3）低碳钢薄板的焊接。

20. 如何防止焊接变形？

21. 什么是气割？气割与气焊有什么不同？

项目二

金属切削加工原理

知识目标

（1）理解、掌握金属切削加工的基本原理和规律。
（2）理解、掌握各种切削加工运动。
（3）理解、掌握刀具的几何参数。

技能目标

（1）能够正确选择金属切削参数。
（2）能够分析切削运动。
（3）根据切削材料，能够正确的选择刀具几何参数和刀具材料。

任务一 基本定义

任务目标

（1）理解、掌握切削加工工艺过程和参数。
（2）理解、掌握刀具几何参数。

切削加工是利用切削工具从工件上切去多余材料的加工方法。通过切削加工使工件的形状、尺寸、位置精度和表面质量达到工件图纸的要求，成为合格的零件。切削加工分为机械加工和钳工加工。通常将在金属切削机床上利用刀具从工件上切去多余材料的加工称为切削加工。

在现代机械制造中，目前，除少数采用精密铸造、精密锻造以及粉末冶金和工程塑料压制成型等方法直接获得零件外，绝大多数机械零件要靠切削加工成型。因此，切削加工在机械制造业中占有十分重要的地位。

一、工件上的表面与切削运动

1. 工件上的表面

在切削过程中，工件上的金属层不断地被刀具切除，从而加工出符合预定要求的新表面。外圆车削过程中，工件上有待加工表面、已加工表面、过渡表面三个不断变化着的表面，如图 2-1 所示。

2. 切削运动

金属切削加工时刀具和工件之间的相对运动，称为切削运动。图 2-1 所示的外圆切削中，切削运动是由工件的旋转运动和车刀的连续纵向直线运动组成的。根据切削运动在切削加工过程中所起的作用不同，可分为主运动和进给运动。

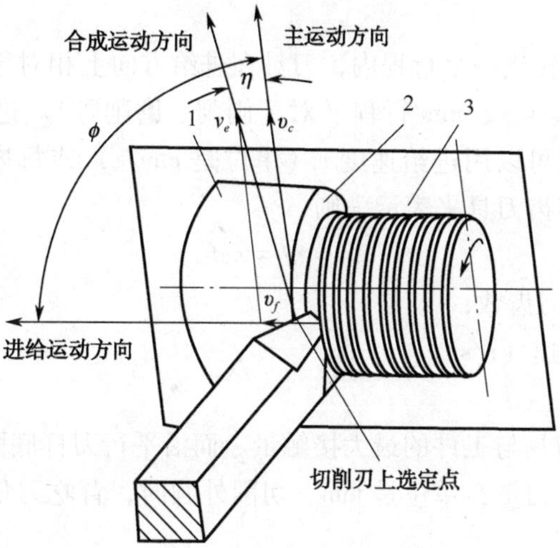

图 2-1 工件上的表面与切削运动

1—待加工表面；2—过渡表面；3—已加工表面；

v_c —切削速度；v_f —进给速度；v_e —合成切削速度；

η 合成切削速度角；ϕ 进给运动角

（1）主运动

促使刀具和工件之间产生相对运动，并使刀具前刀面接近工件，从而形成工件新表面的运动，称为主运动。主运动的特征是速度最高、消耗功率最大。在切削加工中，主运动只有一个，其形式可以是旋转运动或直线运动。图 2-1 中所示车削外圆时，工件的旋转运动是主运动。

（2）进给运动

维持切削过程连续进行以逐渐切除整个工件表面的运动，称为进给运动。

进给运动的速度较低，消耗的功率较小。进给运动可以是连续的或间断的，其形式可以是直线运动、旋转运动或两者的合成运动。图 2-1 所示车削外圆时，车刀的纵向连续直线运动就是进给运动。

总之，任何切削方法必须有一个主运动，而进给运动有一个、几个或者没有。主运动和进给运动可以由工件或刀具分别完成，也可由刀具单独完成。

二、切削用量与合成切削速度

切削用量是切削速度、进给量和背吃刀量三者的总称。

1. 切削速度 v_c

切削加工时，切削刃上选定点相对于工件主运动的瞬时速度。切削刃上各点的切削速度可能是不同的，计算时通常取最大值。切削速度的单位是米/秒（m/s）。

当主运动是旋转运动时：

$$v_c = \frac{dn\pi}{1\,000}$$

式中，d ——完成主运动的工件或刀具的最大直径（mm）；

n ——主运动的转速（r/s）。

2. 进给量 f

进给量 f 指主运动一转或一个行程内，刀具在进给方向上相对于工件的移动量，单位是 mm/r（对于车削、镗削等）或 mm/行程（对于刨削、磨削等）。进给量是机床实际完成的进给运动的一种度量，也可以用进给速度 v_f（单位是 mm/r）或每齿进给量 f_z（单位是 mm/z），用于铣刀、铰刀等多齿刀具来表示，则

$$v_f = nf = nzf$$

式中，z ——多刃刀具的刀齿数；

n ——主运动的转速（r/s）。

3. 背吃刀量 a_p

吃刀量 a 是切削时刀具与工件的最大接触量。而沿平行刀杆底面且垂直于进给运动方向测量的接触长度称为背吃刀量，单位是 mm。切削外圆时，背吃刀量是已加工表面和待加工表面之间的垂直距离，即

$$a_p = \frac{d_w - d_m}{2}$$

式中，d_w ——工件待加工表面的直径（mm）；

d_m ——工件已加工表面的直径（mm）。

主运动和进给运动的合成运动即为合成切削运动。切削刃选定点相对于工件的合成切削运动的瞬时速度，称为合成切削速度 v_e（m/s）。外圆车削时的合成切削速度如图 2-1 所示。

三、刀具的几何参数

1. 刀具切削部分的结构要素

图 2-2 所示为外圆车刀切削部分，它由下列要素构成：

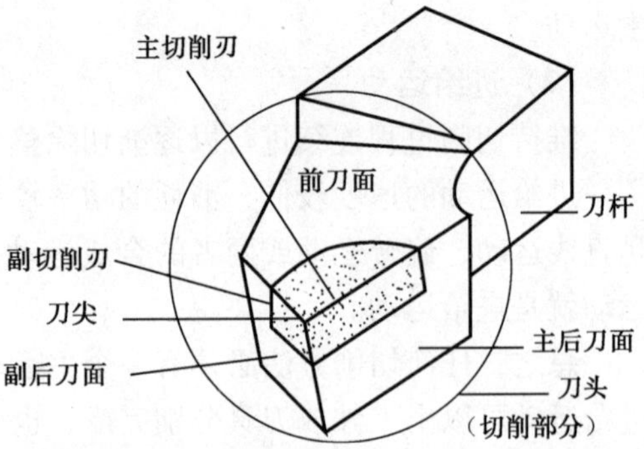

图 2-2　车刀切削部分的组成

前刀面 A_r ——切削时切屑流经的刀具表面。

主后刀面 A_a ——切削时与工件上过渡表面相对的刀具表面。

副后刀面 A_a' ——切削时与工件上已加工表面相对的刀具表面。

主切削刃 S ——前刀面与主后刀面的交线，在切削刃切削过程中完成主要切削工作。

副切削刃 S' ——前刀面与副后刀面的交线，它参与部分切削工作最终形成已加工表面，并影响已加工表面粗糙度的大小。

2. 刀具标注角度参考系

为了确定构成刀具切削部分的各刀面、刀刃的空间位置，必须建立空间坐标参考系。用于确定刀具角度的坐标参考系有两类：静态参考系（也称标注角度参考系）是用于定义刀具的设计、制造、刃磨和测量时几何参数的参考系；工作参考系是用于定义刀具在切削过程中几何参数的参考系，主要用来分析刀具切削时的实际角度（即工作角度）。

（1）静态参考系

静态参考系中的各基准平面，是在以下假定条件下确定的。

① 假定切削刃上选定点和工件中心等高度；

② 假定刀杆轴线垂直于机床进给运动方向；

③ 假定刀具底面垂直于选定点的主运动方向。

刀具静态参考系主要由以下坐标平面组成，如图 2-3 所示。

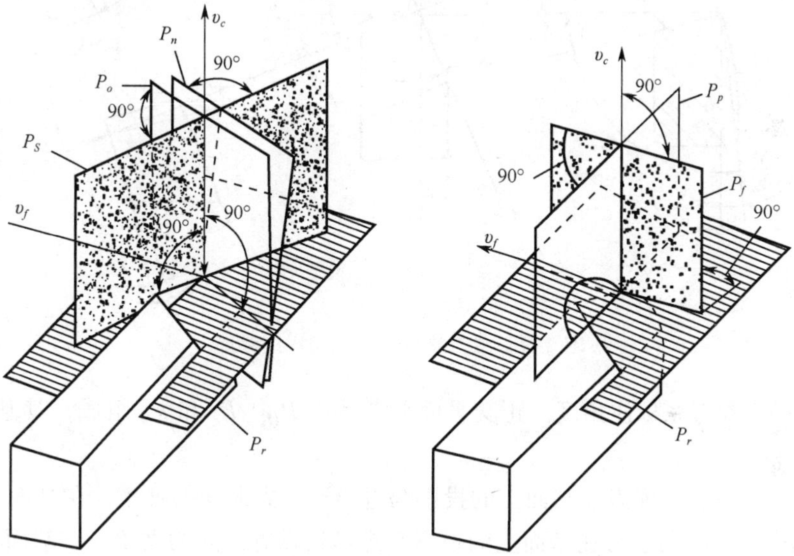

图 2-3　刀具静态参考系

基面 P_r ——通过切削刃上选定点，并与该点的切削速度方向垂直的平面。

切削平面 P_s ——通过切削刃上选定点，并与切削刃相切且垂直于基面的平面。

正交平面 P_o ——通过切削刃上选定点，并同时垂直于该点的基面和切削平面的平面。

法平面 P_n ——通过切削刃上选定点，并与切削刃垂直的平面。

假定工作平面 P_f ——通过切削刃上选定点，且垂直于基面并平行于假定进给运动方向的平面。

背平面 P_p ——通过切削刃上选定点，并同时垂直于基面和假定工作平面的平面。

（2）刀具的标注角度

刀具的标注角度是刀具设计图上需要标注的刀具角度，用于刀具的制造、刃磨和测量。我国以正交平面参考系为主，兼用法平面参考系及假定工作平面和背平面参考系。静态参考系车刀标注角度如图 2-4 所示，其基本定义如下：

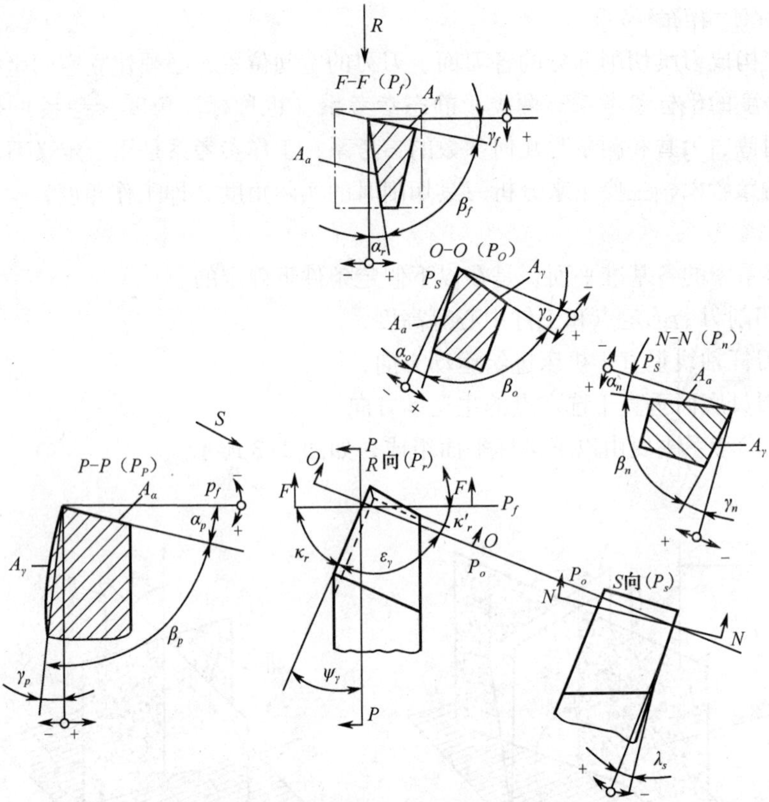

图 2-4　车刀静态参考系和标注角度

① 正交平面参考系标注角度。正交平面参考系由 P_O 、P_r 和 P_S 组成，其基本角度有以下几个：

主偏角 κ_r ——主切削刃在基面上的投影与进给运动方向间的夹角，在基面 P_r 内测量。

副偏角 κ'_r ——副切削刃在基面上的投影与进给运动方向间的夹角，在基面 P_r 内测量。

刃倾角 λ_s ——主切削刃与基面间的夹角，在切削平面 P_S 内测量。

前角 γ_o ——前刀面与基面间的夹角，在正交平面 P_O 内测量。

后角 α_o ——主后刀面与切削平面间的夹角，在正交平面 P_O 内测量。

前角和后角始终为锐角，从切削刃选定点开始，前刀面（或后刀面）向刀具实体倾斜为正，反之为负。

楔角 β_o ——前刀面与后刀面之间的夹角，在正交平面 P_O 内测量。

刀尖角 β_r ——主切削刃和副切削刃在基面内投影之间的夹角，在基面 P_r 内测量。

② 法平面参考系标注角度。法平面参考系由 P_r 、P_S 和 P_n 三个平面组成。法平面参考系中的刀具角度的定义与正交平面参考系中的角度定义相似，除法前角 γ_n 、法后角 α_n 和法楔角 β_n 是在法平面 P_n 内测量外，其他三个角度与正交平面参考系角度完全相同。

③ 假定工作平面和背平面参考系。假定工作平面和背平面参考系由 P_f 、P_p 、P_r 三个平面组成。在假定工作平面 P_f 内测量的角度有侧前角 γ_f 、侧后角 α_f 和侧楔角 β_f ，在背平面 P_p 内测量的角度有背前角 γ_p 、背后角 α_p 和背楔角 β_p 。其他角度和正交平面参考系角度相同。

（3）刀具的工作角度

在切削过程中，刀具因受安装位置和进给运动的影响，使静态参考系中参考平面的位置发生变化，造成由工作参考系所确定的刀具角度即工作角度与标注角度不一样。

① 进给运动对刀具工作角度的影响。在切削过程中由于进给运动的影响，使静态参考系中的基面、切削平面向进给方向倾斜了一个角度，成为工作坐标系中的基面、切削平面，如图 2-5、图 2-6 所示，从而影响了刀具的前角、后角。

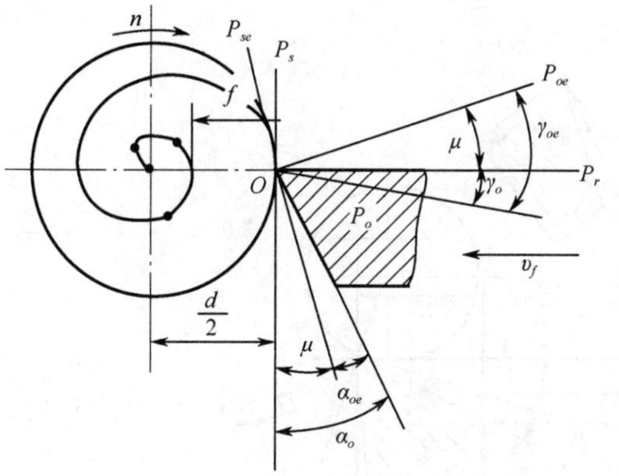

图 2-5　横向进给运动对工作角度的影响

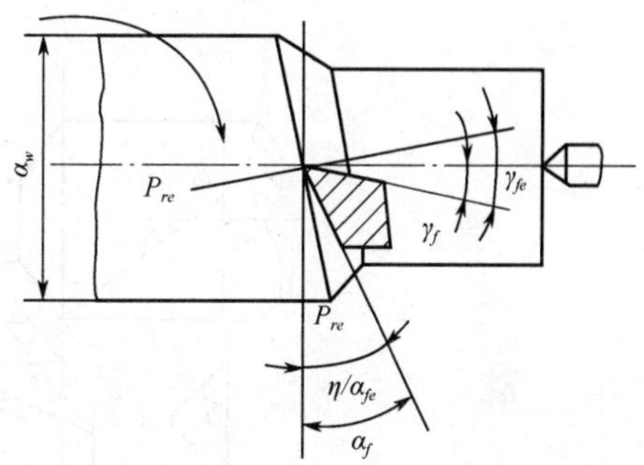

图 2-6　纵向进给运动对工作角度的影响

a. 横向进给（图 2-5 所示）时，在正交平面内的工作角度：

$$\gamma_{oe} = \gamma_o + \mu$$
$$\alpha_{oe} = \alpha_o - \mu$$
$$\tan\mu = \frac{f}{\pi d_w}$$

在切断工件时，当进给量 f 增大时，μ 值增大；工件直径 d_w 减小，μ 值也增大。切削刃接近工件中心时，μ 值急剧增大，工作后角 α_{oe} 变为负值，使工件最后被挤断。

b. 纵向进给（图 2-6 所示）时，在假定工作平面内的工作角度：

$$\gamma_{fe} = \gamma_f + \eta$$
$$\alpha_{fe} = \alpha_f - \eta$$
$$\tan\eta = \frac{f}{\pi d_w}$$

进给量 f 越大，工件直径 d_w 越小，工作角度变化值就越大。一般车削时 f 值较小，其影响可不计。但在车削大螺距螺纹或螺杆时，进给量 f 很大，η 值较大，必须考虑对刀具工作角度的影响。

② 刀具安装位置对工作角度的影响。

a. 刀具安装高度的影响，如图 2-7 所示。

假定车刀 $\lambda_s = 0$ 时，则当刀尖安装高于工件轴心线时，在背平面 P_p 内，刀具的工作前角 γ_{pe} 增大，工作后角 α_{pe} 减小，两者的变化值均为 θ_p 。

$$\gamma_{pe} = \gamma_p + \theta_p$$
$$\alpha_{pe} = \alpha_p - \theta_p$$

$$\tan \theta_p = \frac{h}{\sqrt{(d_w/2)^2 - h^2}}$$

式中，h ——刀尖高于工件中心线的数值。

在正交平面 P_O 内，刀具工作前角 γ_{oe} 和工作后角 α_{oe} 的变化与上面情况相似。如果刀尖低于工件轴线，则上述工作角度的变化情况恰好相反。内孔镗削时装刀高度对工作角度的影响与外圆车削正好相反。

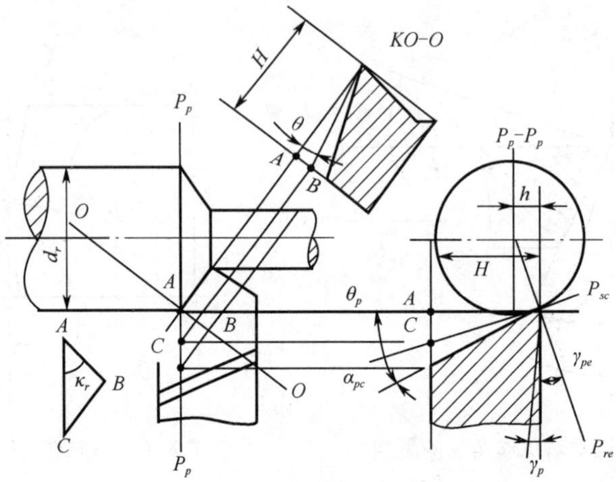

图 2–7　刀具安装高度对工件角度的影响

b. 车刀刀杆中心线与进给方向不垂直时，如图 2–8 所示。

车刀刀杆中心线与进给方向不垂直时，则工作主偏角将增大（或减小），而工作副偏角将减小（或增大），其角度变化值为 G ，即：

$$\kappa_{re} = \kappa_r \pm G$$

$$\kappa_{re}' = \kappa_r' \pm G$$

式中，符号由刀杆偏斜方向决定；

G ——刀杆中心线与进给方向的垂线的夹角。

车圆锥时，进给方向与工件轴线不平行，也会使车刀主偏角和副偏角发生变化。

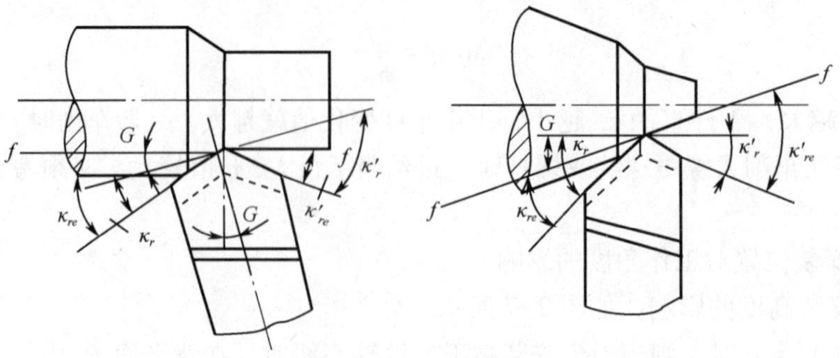

图 2–8　刀杆中心线与进给方向不垂直对工作角度的影响

3. 切削层

切削层是指刀具切削部分沿进给运动方向移动一个进给量（或由一个刀齿）所切除的工件材料层。一般用经过起作用的一段主切削刃的中点，且垂直于切削速度平面内的切削层参数来表示。它的形状和尺寸，如图 2-9 所示。

① 切削层公称厚度 h_D 是在切削层尺寸平面内，垂直于过渡表面测量的切削层参数。单位是 mm。

$$h_D = f\sin \kappa_r$$

② 切削层公称宽度 b_D 是在切削层尺寸平面内，沿过渡表面测量的切削层参数。单位是 mm。

$$b_D = \frac{a_p}{\sin\kappa_r}$$

③ 切削层公称横截面积 A_D 在切削层尺寸平面内，切削层公称厚度与公称宽度的乘积，单位是 mm^2。

由于副偏角 $\kappa_r' \neq 0$，故工件已加工表面上将留下一小块残留面积，如图 2-9 所示中的 $\triangle B_1DB_2$。残留面积一般较小，但其高度对已加工表面粗糙度影响较大。

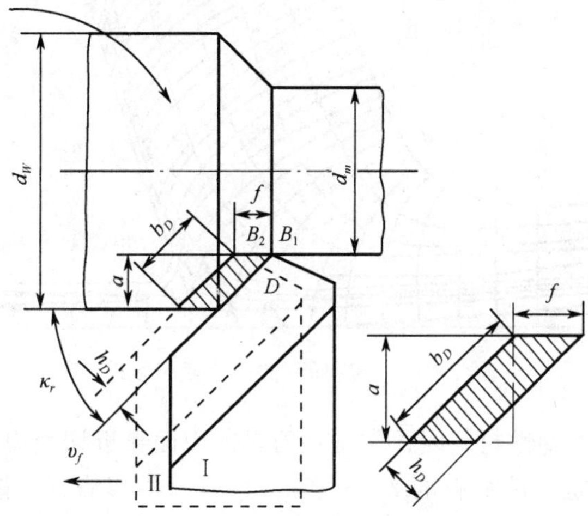

图 2-9　切削层参数

任务二　金属切削的过程

任务目标

（1）理解切削过程产生的各种物理现象。
（2）能够分析影响切削过程的各种因素。

金属切削过程中产生的突出物理现象是切屑变形、切削力、切削热和刀具磨损等。

一、切屑的形成

1. 变形区的划分

根据切削过程中整个切削区域金属材料的变形特点，可将切削层划分为三个变形区，如图 2-10 所示。

第一变形区。从 *OA* 线开始发生塑性变形，到 *OM* 线晶粒的剪切滑移基本完成，工件材料在被切削层上形成切削变形区 I。在 *OA* 到 *OM* 之间整个第一变形区内，变形的主要特征是沿滑移面的剪切滑移变形，以及随之产生的加工硬化。其变形程度主要影响切屑形态。一般 *OA* 与 *OM* 之间的距离只有 0.02～0.20 mm，可以把第一变形区看作是一个剪切面。

第二变形区。切屑流出时，与刀具前面接触的切屑底层金属受到前刀面的挤压和摩擦作用后产生变形区 Ⅱ。由于切屑与刀具之间存在着很大的压力，以及很高的温度，强烈的挤压和摩擦所引起的切屑底层金属的剧烈变形和切屑与刀具界面温度的升高，是第二变形区的主要特征，这些对刀具的磨损、切削力、切削热等都有影响。

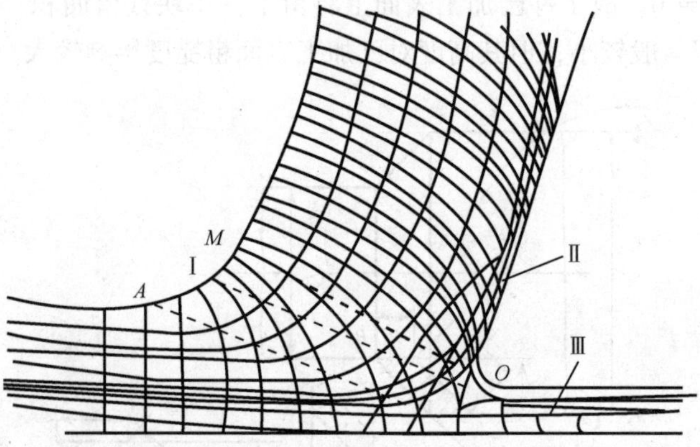

图 2-10　金属切削的三个变形区域

在一定条件下，切削塑性材料时，常常在刀具前刀面靠近切削刃处黏着一小块剖面呈三角形的硬块（硬度通常是工件材料的 2～3 倍），这就是积屑瘤，如图 2-11 所示。切削时，由于黏结和加工硬化，使得切屑底层部分金属被分离并黏结在前刀面上，形成积屑瘤核，随着切屑连续流出，切屑底层依次层层堆积，使积屑瘤不断长大。当切屑与刀具前面的接触条件发生变化时，积屑瘤就会停止生长。积屑瘤稳定时可以保护刀尖，代替切削刃进行切削，减轻刀具磨损，增大实际前角，减小切削变形。但由于积屑瘤不断地长大和脱落使切削层不断变化，造成“切削刃”的不规则和不光滑，形成“过切”现象，使已加工表面粗糙，尺寸精度降低；积屑瘤脱落的碎片或损伤刀具表面或黏附于工件已加工表面，影响工件表面质量。因此，精加工时必须设法抑制积屑瘤。

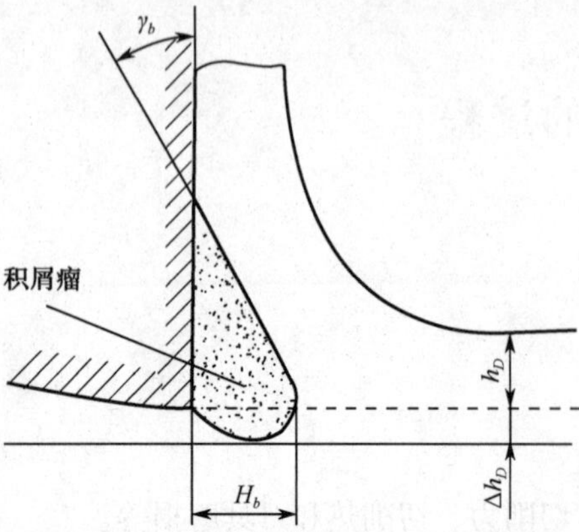

图 2-11　积屑瘤

第三变形区。已加工表面受到后刀面的挤压和摩擦作用后形成变形区Ⅲ。由于刀具钝圆半径的存在，在已加工表面形成过程中，除了挤压、摩擦使表面层金属产生变形之外，表面层还受到切削热的作用，这些都将影响已加工表面的质量。

这三个变形区汇集在切削刃附近，使切削区域应力集中且复杂，材料的被切削层在这里与工件本体分离，大部分变成切屑，小部分留在已加工表面。切削过程中各种现象均与这三个区域的变形有关。

2. 切屑的种类

经过一、二变形区的基本变形而流出的切屑，可粗略地分为带状切屑、挤裂切屑、单元切屑和崩碎切屑四个类型（如图 2-12 所示）。

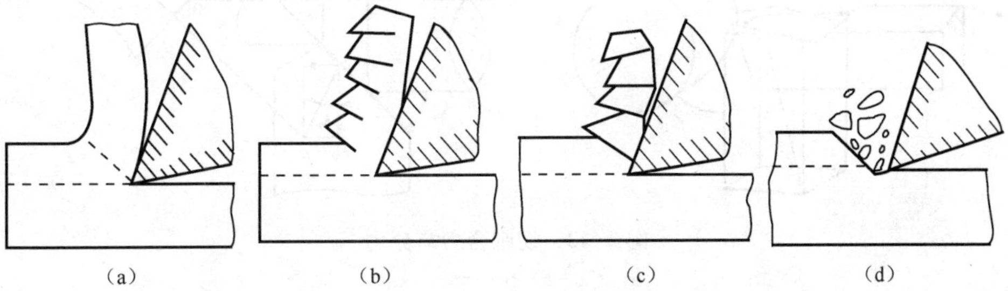

图 2-12　切屑的种类
(a) 带状切屑；(b) 挤裂切屑；(c) 单元切屑；(d) 崩碎切屑

(1) 带状切屑

这是常见的一种切屑，它内面光滑，外面毛茸，形如带子，连绵不断。在切削中形成带状切屑时，切削力平稳，已加工表面光洁。但应考虑断屑问题。

(2) 挤裂切屑

当被切金属通过第一变形区时，若局部地方的切应力达到其强度极限，则被剪裂，切屑出现局部裂纹。这种外表面呈锯齿形而有局部裂纹，整个外形仍连绵不断的切屑，称为挤裂切屑。

(3) 单元切屑

当剪切面上的切应力超过被切金属的强度极限时，整个剪切面被剪裂，形成每粒形状很相似的单元切屑。在这种情况下，切削力波动大，已加工表面质量差。

(4) 崩碎切屑

切削脆性材料（如灰铸铁）时，被切金属未经明显的塑性变形就在拉应力作用下脆断，形成大小不等、形状各异的碎块状切屑。这时，切削力波动大，且集中于切削刃，已加工表面粗糙度值较大。

前三种切屑是在切削塑性材料时形成的，在一定条件下可以相互转化。

二、切削力

切削加工时，刀具切入工件，使被加工材料发生变形而得到切屑和已加工表面所需要的力称为切削力。切削力来源于变形抗力和摩擦阻力。

1. 切削力的分析

为了便于分析切削力的作用和测量切削力的大小，常将总切削力 $\boldsymbol{F}$ 分解为如图 2-13 所示的三个互相垂直的切削分力 $\boldsymbol{F}_c$、$\boldsymbol{F}_f$ 和 $\boldsymbol{F}_p$。

① 主切削力 $\boldsymbol{F}_c$ 是总切削力在主运动方向的分力，是切削力中最大的一个切削分力，单位为牛（N）。主切削力是选择主电动机功率，计算机床动力，校核刀具、夹具的强度与刚度的主要依据之一。

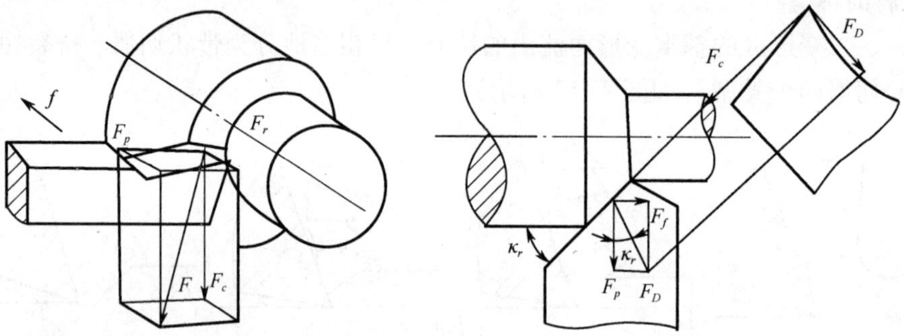

图 2-13　切削合力与分力

② 轴向力 $\boldsymbol{F}_f$ 是总切削力在进给运动方向上的分力，单位为牛（N）。轴向力通过刀架作用在机床的进给机构上，它是计算和校验机床进给系统的动力、强度和刚度的主要依据之一。

③ 径向力 $\boldsymbol{F}_p$ 是总切削力在基面内垂直于工件轴线方向的分力，单位为牛（N）。径向力可能顶弯工件，对加工质量影响大，通常用来计算与加工精度有关的工件挠度、刀具和机床零件的强度等。

总切削力 $\boldsymbol{F}$ 与三个切削分力之间的关系如下：

$$F=\sqrt{F_c^2+F_f^2+F_p^2}$$

2. 切削力的计算

在生产实际中常采用指数形式的切削力经验公式进行计算。其形式如下：

$$F_c=C_{F_c}a_p^{x_c}f^{y_c}K_{F_c}$$

$$F_p=C_{F_p}a_p^{x_p}f^{y_p}K_{F_p}$$

$$F_f=C_{F_f}a_p^{x_f}f^{y_f}K_{F_f}$$

式中，C_{F_c}、C_{F_p}、C_{F_f}——由工件材料决定的各分力的系数；

a_p、f——背吃刀量和进给量（mm）；

x_c、x_p、x_f、y_c、y_p、y_f、a_p 和 f——对各分力的影响程度指数；

K_{F_c}、K_{F_p}、K_{F_f}——切削条件变更时各修正系数的连乘积。

这些系数、指数和修正系数，可从有关资料（如切削用量手册）查得。

3. 切削功率的计算

切削功率 P_c 指在切削加工过程中消耗的功率。其大小为切削力与切削速度的乘积。在计算机床的电机功率 P_m 时，还应考虑机床的传动效率 η_m（一般取 0.75～0.85），则：

$$P_m>\frac{P_c}{\eta_m}$$

4. 影响切削力主要因素

（1）工件材料

工件材料的硬度越大、强度越高，切削力越大。加工硬化程度大，切削力也会增大。工件材料的塑性、韧性越大，切屑越不易折断，使刀屑间的摩擦增大，切削力增大。加工脆性材料时，因塑性变形小，切屑与刀具前面摩擦小，切削力较小。

（2）切削用量

切削用量中背吃刀量和进给量对切削力的影响较大。背吃刀量和进给量增大时，切削层面积增大，变形抗力和摩擦阻力增大，因而切削力随之增大。当背吃刀量增大 1 倍时，切削力约增大 1 倍；而进给量增大 1 倍时，切削力增大约 70%。

加工塑性金属材料时，切削速度对切削力的影响是通过积屑瘤和摩擦的作用实现的。如图 2-14 所示，在低速范围内，随着切削速度的增加，积屑瘤逐渐长大，刀具实际前角逐渐增大，使切削力逐渐减小；在中速范围内，积屑瘤逐渐减小并消失，使切削力逐渐增至最大；在高速阶段，由于切削温度升高，材料硬度下降，使切削力得到稳定的降低。切削脆性材料时，切削变形、刀屑间摩擦都小，切削速度变化对切削力的影响较小。

（3）刀具几何参数

加工塑性材料时，前角越大，切削层的变形及刀屑的摩擦力越小，切削力也越小。加工脆性材料时，前角对切削力的影响很小。

主偏角 κ_r 对主切削力 F_c 的影响较小，对轴向力 F_f 和径向力 F_p 的影响较大。主偏角 κ_r 变化时，影响 F_p 与 F_f 的比值。如图 2-15 所示，当主偏角 κ_r 增大时，F_f 增大，F_p 减小。

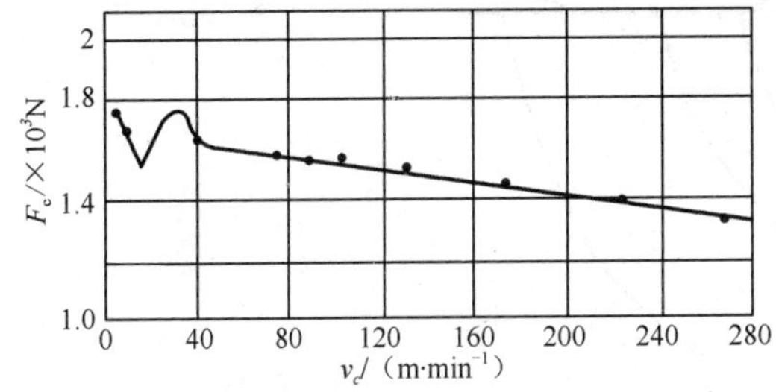

图 2-14　切削速度对切削力的影响图

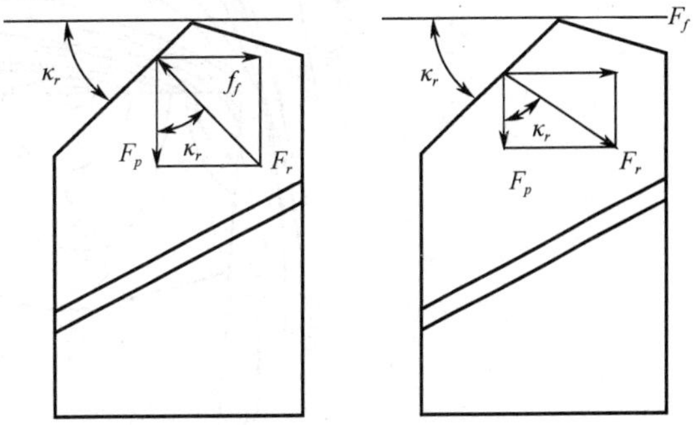

图 2-15　主偏角对 F_f 和 F_p 的影响

刃倾角 λ_s 对 F_c 影响较小，但 λ_s 增大时，F_p 减小，F_f 增大。

此外，刀尖圆弧半径大小、刀具磨损量、切削液、刀具材料、加工方式和负倒棱等对切削力也有一定的影响。

三、切削热与切削温度

切削热是切削过程中产生的重要物理现象之一。切削过程所消耗的能量几乎全部转变成热能，大量的切削热使切削温度升高。虽然有被切材料受热软化使切削力降低以及积屑瘤等消失的有利方面，但也因加剧了刀具磨损而缩短了刀具的寿命。同时刀具、工件产生热变形会影响加工精度，在加工表面生成热变质层而影响表面质量。总的来说切削温度升高是有害的。

1. 切削热的产生与传递

切削热来自切削区域的三个变形区。切削塑性材料时，切削热主要来源于第一、第二变形区；切削脆性材料时，切削热主要来源于第三变形区。

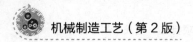

切削热分别由切屑、工件、刀具和周围介质传导出去。各部分传出热量的比例随工件材料、刀具材料及加工方式等不同而不同。

2. 切削温度的分布

根据实验结果，并辅以传热学计算，所得的切屑、刀具和工件的温度分布情况如图 2-16 所示。图 2-16 中的曲线为等温线，即每条曲线上各点温度相等。由图 2-16 可知，切削温度分布极不均匀，温度梯度很大。所谓温度梯度是指在等温线的法线方向上，单位长度距离上的温度降落量。在形成长切屑的情况下，切屑下层第二变形区的温度最高；在刀具中，离切削刃和刀尖一定距离的地方温度最高，相对地说，切削刃的温度较低；工件温度比切屑、刀具低得多，较高的切削温度仅存在于切削刃附近一个很窄小的范围，工件其他部分的温度和室温相近。

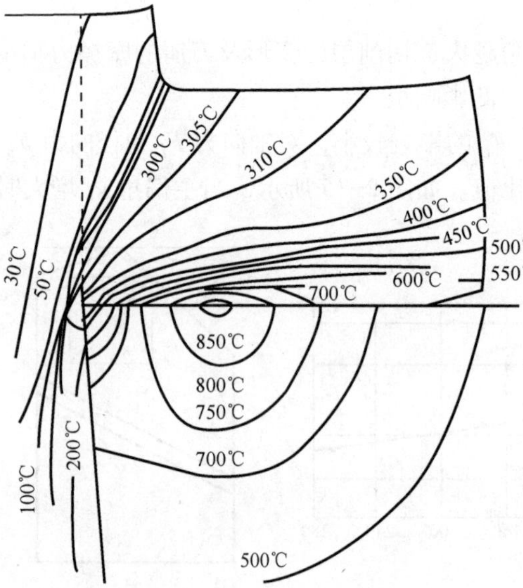

图 2-16　切削区域的温度分布高

3. 影响切削温度的主要因素

（1）切削用量

增大切削用量时，消耗的切削功率增大，产生的切削热多，切削温度就会上升，其中，背吃刀量对切削温度的影响最小，进给量次之，切削速度最大。因此，为控制切削温度，在机床允许的情况下，选用较大的背吃刀量和进给量比选用大的切削速度更有利。

（2）刀具几何参数

刀具的前角和主偏角对切削温度影响比较大。增大前角，可使切削变形及切屑与前刀面的摩擦减小，产生的切削热减少，切削温度下降。但前角过大（≥25°）时，会使刀头的散热体积减小，使切削温度升高。减小主偏角，可增加切削刃的工作长度，增大刀头的散热面积，降低切削温度。

（3）工件方面

工件材料的强度硬度高，热导率低，高温硬度和高温强度高，都会使切削温度升高。切削塑性金属比切削脆性金属温度高。

（4）其他因素

刀具后刀面磨损增大时，加剧了刀具与工件间的摩擦，使切削温度升高。切削速度越高，刀具磨损对切削温度的升高越明显。适当浇注切削液对降低切削温度有很好的效果。切削液的种类、导热性能、比热容、流量、使用方式及本身的温度等与切削温度有很大关系。

任务三　刀具磨损与工件材料的切削加工性

任务目标

（1）了解刀具磨损的原因和形式。

（2）了解金属材料切削加工性。

（3）掌握影响金属材料切削加工性的因素。

在切削过程中，刀具失去切削能力的现象称钝化。钝化的形式有磨损和破损两大类。本任务主要介绍刀具磨损问题，并介绍 ISO 国际标准的下列定义：

刀具磨损——切削时因材料的逐渐损失而使刀具形状发生变化的现象。

刀具磨损量——测量一个尺寸以表示刀具的磨损程度。

刀具寿命标准——刀具磨损量的预定界限值或出现某一现象。

刀具寿命 T（或称刀具耐用度）——达到刀具寿命标准所需的切削时间。刀具寿命乘以重磨次数，称为刀具总寿命。

一、刀具磨损形式

车刀的几种磨损形式，综合表示于图 2-17，其中图 2-17（a）为立体图。

1. 前面磨损

当用较高切削速度和较大切削厚度加工塑性金属时，主要磨损刀具前面。常见的磨损痕迹是月牙洼。月牙洼中心温度最高，磨损最大。一般用月牙洼深度 KT 作为刀具磨损量。

2. 后面磨损

切削脆性金属，或用小切削厚度、低速切削塑性金属时，主要磨损刀具后面，用主后刀面磨损带的宽度 VB 作为刀具磨损量。

3. 前面后面同时磨损

当用适中的切削厚度和切削速度加工塑性金属时，刀具前、后面都有明显的磨损，难分主次，即称为前面后面同时磨损。一般用 VB 作为刀具磨损量。

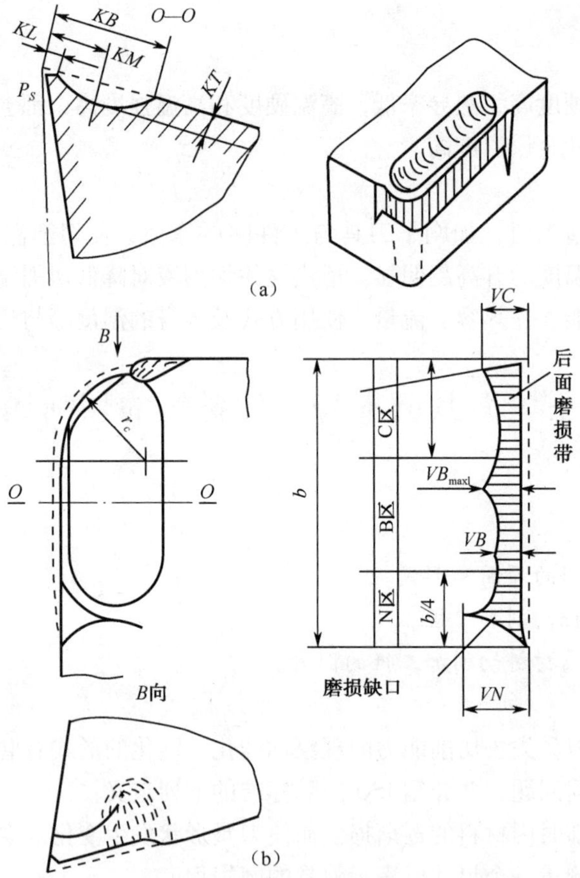

图 2-17　车刀的几种磨损形式

二、刀具磨损原因

为了有效地控制和减少刀具磨损，延长刀具寿命，必须弄清刀具磨损的原因。实验表明，刀具磨损量是切削温度和相对滑动速度的函数。

1. 磨料磨损

这是切屑（或工件）表面的硬质点（碳化物、氧化物等），像磨料一样在刀具表面划出沟痕造成的刀具磨损。

2. 黏结磨损

在切削塑性金属时，刀—屑界面间在高温高压下发生黏结现象。切屑（或工件）比刀具软，黏结处的破裂往往发生在切屑（或工件）一方。但由于疲劳、硬质合金黏结相的缺陷等原因，黏结处的破裂也会发生在刀具一方，从而使刀具表面的微粒被切屑粘走，造成黏结磨损。主要发生在中等切削速度以及硬质合金刀具。

3. 相变磨损

当切削温度高于工具钢的相变温度时，马氏体转化为硬度较低的金相组织，从而使磨损加剧。

4. 扩散磨损

在高温下，刀具材料中的 C、Co、W 和 Ti 易扩散到切屑和工件中去；而工件中的 Fe 也会扩散到刀具中。从而改变了刀具材料的化学成分，使刀具切削部分硬度降低、磨损加剧。

5. 氧化磨损

在高温（700℃～800℃）下，空气中的氧易与硬质合金中的 Co、W、C 发生氧化作用，生成疏松脆弱的氧化物，使刀具磨损加剧。

总之，当工件材料、刀具材料和切削条件不同时，刀具磨损的原因也不同。其主要原因可能是上述多种原因的一二种。切削温度对刀具磨损具有决定性影响。

三、刀具磨损过程

刀具磨损过程如图 2-18 所示，一般可分为三个阶段。

1. 初期磨损Ⅰ

因新刃磨的刀具表面粗糙不平，接触应力很大，并可能有脱碳层、氧化层等缺陷，所以初期磨损较快。这一阶段的磨损速度，主要取决于刀具的刃磨质量。经研磨的刀具，初期磨损的速度要慢得多。

2. 正常磨损Ⅱ

刀具磨损量随切削时间增长而缓慢均匀地增大。这段曲线基本上是线性的。

3. 急剧磨损Ⅲ

刀具磨损到一定程度后，刀具太钝，摩擦过大，切削力和切削温度迅速上升，磨损量急剧增大。

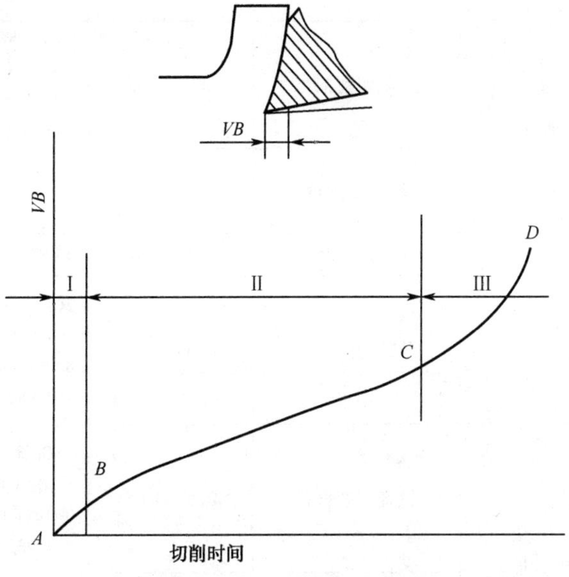

图 2-18　刀具的磨损过程

Ⅰ—初期磨损；Ⅰ—正常磨损；Ⅲ—急剧磨损

四、刀具寿命

1. 刀具寿命标准

按照 ISO 的规定，车刀如果是后面磨损，当磨损带均匀时，$VB = 0.3$ mm；不均匀时，

VB_{max} =0.6 mm。车刀如果是前面磨损，月牙洼深度 KT = 0.06 + 0.3f(mm)，式中f是进给量。精车可按不同要求选工件表面粗糙度 Ra 值作为刀具寿命标准。

2. 切削用量对刀具寿命的影响

实验研究表明，切削速度 v_c 对刀具寿命 T 的影响最大，其次是进给量f，背吃刀量 a_p 的影响最小。这与切削用量对切削温度的影响规律相同，可见切削温度对刀具寿命影响最大。

五、切削加工性的评定指标

切削加工性，是指工件材料切削加工的难易程度。研究它的目的是为了在设计时经济合理地选择工件材料、在制造时改善材料的切削加工性。

评定工件材料切削加工性的指标较多，一般都各侧重一方面。如对比两种材料切削时的切削力大小、断屑难易程度、工件加工质量好坏、刀具寿命长短、允许切削速度的高低等，其中相对切削加工性用得较多。

以刀具寿命为60min、切削45钢（σ_b =736MPa）的速度 v_{cj} 为基准，切削其他材料的速度 v_c 与 v_{cj} 的比值，称为相对切削加工性 K_r，即 $K_r = v_c/v_{cj}$。常用材料的 K_r 值，见表2-1。

表2-1 工件材料的相对切削加工性及其分级

加工性等级	名称及种类		相对加工性	代表性工件材料
1	很容易切削的材料	一般有色金属	>3.0	ZCuSn5Pb5Zn5 铜铅合金、YZAlSi9Cu4 铝铜合金、铝镁合金
2	容易切削材料	易切削钢	2.5～3.0	退火 15Cr σ_b =0.373～0.441 GPa 自动机床用钢 σ_b =0.392～0.490 GPa
3		较易切削钢	1.6～2.5	正火 30 钢 σ_b =0.441～0.549 GPa
4	普通材料	一般钢及铸铁	1.0～1.6	45 钢、灰铸铁、结构钢
5		稍难切削材料	0.65～1.0	2Cr13 调质 σ_b =0.828 8 GPa 85 钢轧制 σ_b =0.882 9 GPa
6	难切削材料	较难切削材料	0.5～0.65	45Cr 调质 σ_b =103 GPa 60Mn 调质 σ_b =0.931 9～0.981 Gpa
7		难切削材料	0.15～0.5	50Cr 调质，1Cr18Ni9Ti 未淬火，α型钛合金
8		很难切削材料	<0.15	B 型钛合金，镍基高温合金

六、影响材料切削加工性的主要因素

工件材料的切削加工性能主要受其本身的物理力学性能的影响。

1. 材料的强度和硬度

工件材料的硬度和强度越高，特别是材料的高温硬度值越高时，切削加工性越差。

2. 材料的韧性

韧性越大的材料，切削加工性越差。

3. 材料的塑性

材料的塑性越大，切削加工性越差。但材料的塑性太低时，也会使切削加工性变差。

4. 材料的热导率

材料的热导率越低，切削加工性越差。

七、常用金属材料的切削加工性

1. 结构钢

普通碳素结构钢的切削加工性主要取决于钢中碳的质量分数及热处理方式。高碳钢的切削加工性差；中碳钢的切削加工性好，但经热轧、冷轧、正火或调质后其加工性不相同；低碳钢切削加工性差。

合金结构钢的切削加工性能主要受加入合金元素的影响，其切削加工性较普通结构钢差。

2. 铸铁

普通灰铸铁加工较为容易。但铸铁表面往往有一层高硬度的硬皮，粗加工时切削加工性较差。球墨铸铁切削加工性良好。而白口铸铁硬度高，切削加工性很差。

3. 有色金属

纯铜纯铝的塑性好，切削加工性差，但铜合金与铝合金切削加工性能比较好。

4. 难加工的金属材料

高锰钢、高强度钢、不锈钢、钛合金、高温合金、难熔金属及其合金等材料切削加工性差。

八、改善材料切削加工性的途径

1. 选择适当的热处理辅助工艺

通过热处理改变材料的金相组织，是改善材料切削加工性的主要方法。例如，低碳钢用正火处理，降低塑性，提高硬度；高碳钢和各种工具钢用球化退火，降低硬度，并使网状、片状渗碳体变成球状渗碳体；铸铁用退火处理，降低表层硬度，消除内应力等。这些方法都能改善切削加工性。

2. 选择或研制切削加工性好的材料

这是一种通过调整材料的化学成分来改善其切削加工性的措施。例如，含硫、锰或铅较多的易切钢，加工时切削力小，断屑容易，刀具寿命高，已加工表面质量好。含铅的黄铜比其他黄铜好切削，被称为易切黄铜。

3. 合理选择材料供应状态

例如，低碳钢以冷拔状态最易切削；铸件、锻件的余量不均且有硬皮，切削加工性较热轧毛坯差。

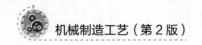

任务四　金属切削条件的选择

任务目标

（1）了解掌握刀具材料和刀具主要几何参数的选取。

（2）掌握切削参数和切削液的选取。

合理地选择金属切削条件才能够充分发挥刀具和机床的使用性能，在保证加工质量的同时，获得较高生产率及较低的加工成本。金属切削条件包括刀具的材料、结构、几何参数、刀具寿命、切削用量及切削液等。

一、刀具材料的选择

1. 对刀具材料的基本要求

（1）硬度高

刀具切削部分的材料应具有较高的硬度，其最低硬度要高于工件的硬度，一般要在60HRC以上，硬度愈高，耐磨性愈好。

（2）红硬性好

红硬性好是要求刀具材料在高温下保持其原有的良好的硬度性能，红硬性常用红硬温度来表示。红硬温度是指刀具材料在切削过程中硬度不降低时的温度，其温度越高，刀具材在高温下耐磨的性能就越好。

（3）具有足够的强度和韧性

为承受切削过程中产生的切削力和冲击力，防止产生振动和冲击，刀具材料应具有足够的强度和韧性，才不会发生脆裂和崩刃。

一般的刀具材料如果硬度高和红硬性好，则其在高温下必耐磨，但其韧性往往较差，不易承受冲击和振动；反之，韧性好的材料往往硬度和红硬温性较差。

2. 常用车刀的材料

常用车刀的材料主要有高速钢和硬质合金。

（1）高速钢

高速钢是指含有钨（W）、铬（Cr）、钒（V）等合金元素较多的高合金工具钢，其经热处理后硬度可达62～65HRC。高速钢的红硬温度可达500℃～600℃，在此温度下刀具材料硬度不会降低，仍能保持正常切削，且其强度和韧性都很好，刃磨后刃口锋利，能承受冲击和振动。但由于红硬温度不太高，故允许的切削速度一般为25～30 m/min，所以高速钢材料常用于制造精车车刀或用于制造整体式成型车刀以及钻头、铣刀、齿轮刀具等，其常用牌号有W18Cr4V和W6Mo5Cr4V2等。

（2）硬质合金

硬质合金是用碳化钨（WC）、碳化钛（TiC）和钴（Co）等材料利用粉末冶金的方法制成的合金，它具有很高的硬度，其值可达89～90 HRA（相当于74～82 HRC）。硬质合金车刀的红硬温度高达850℃～1 000℃，即在此温度下仍能保持其正常的切削性能，但另一方面，它的韧性很差、性脆、不易承受冲击、振动且易崩刃。由于红硬温度高，故硬质合金车刀允许的切削速度高达200～300 m/min。因此，使用这种车刀可以加大切削用量，进行高速强力切削，可显著提高生产率。虽然硬质合金车刀的韧性较差，不耐冲击，但可以制成各种形式的刀片，将其焊接在45钢的刀杆上或采用机械夹固的方式夹持在刀杆上，以提高使用寿命。综上所述，车刀的材料主要采用硬质合金，其他的刀具如钻头、铣刀等材料也广泛采用硬质合金。

常用的硬质合金代号有P01（YT30）、P10（YT15）、P30（YT5）、K01（YG3X）、K20（YG6）、K30（YG8），其含义参见GB2075—1998《切削加工用硬质合金分类、分组代号》。

二、刀具几何参数的选择

刀具几何参数的合理选择，对保证加工质量、提高生产率、降低加工成本有重要的意义。

1. 前角的选择

增大前角，可减小切削变形及刀屑之间的摩擦，从而减小切削力，降低切削功率的消耗，降低切削温度，也可以抑制积屑瘤等的产生，提高加工质量。但增大前角使楔角减小，刀头强度降低，容易崩刃，同时刀头的散热面积和容热体积也减小，使切削温度上升，刀具磨损加剧，影响刀具使用寿命。选择前角时，应在保证刀具强度的情况下，尽可能取较大的值，具体选择原则如下：

① 加工塑性材料时，应选较大的前角，可以减小切削变形，降低切削力和切削温度，而加工脆性材料时，切削力波动大，对刀具冲击大，为增加刃口强度，应取较小的前角。工件的强度低、硬度低时，可选较大的前角；反之，应取较小的前角。用硬质合金刀具切削高硬度或高强度材料时，应取负前角。

② 刀具材料的抗弯强度和冲击韧性较高时，可取较大的前角。如硬质合金刀具比高速钢刀具的前角小5°～10°。

③ 粗加工时，切削用量大，切削力大，应选用较小的前角；精加工时，为使刀具锋利，应选用较大的前角。

④ 当机床的功率不足或工艺系统的刚度较低时，为减小切削力，应取较大的前角。对于成型刀具或在数控机床、自动线上不宜频繁更换的刀具，为了保证工作的稳定性和刀具寿命，应选较小的前角或零度前角。

⑤ 断续冲击切削时，为提高切削刃的强度，如刨刀、铣刀的前角就比车刀小。

表2-2为硬质合金车刀合理前角、后角的参考值，高速钢车刀的前角一般比表中的值大5°～10°。

表2-2　硬质合金车刀合理前角、后角的参考值　（°）

工件材料种类	合理前角参考值		合理后角参考值	
	粗车	精车	粗车	精车
低碳钢	20～25	25～30	8～10	10～12
中碳钢	10～15	15～20	5～7	6～8

续表

工件材料种类	合理前角参考值		合理后角参考值	
	粗车	精车	粗车	精车
合金钢	10～15	15～20	5～7	6～8
淬火钢	−15～−5		8～10	
不锈钢（奥氏体）	15～20	20～25	6～8	8～10
灰铸铁	10～15	5～10	4～6	6～8
铜及铜合金	10～15	5～10	6～8	6～8
铝及铝合金	30～35	35～40	8～10	10～12
钛合金（$\sigma_b \leqslant 1.177$ Gpa）	5～10		10～15	
注：粗加工用的硬质合金车刀，通常都磨有负倒棱及负刃倾角。				

2. 后角的选择

增大后角，可减小后刀面与已加工表面间的摩擦，减小刀具磨损，还可使切削刃钝圆半径减小，提高刃口锋利程度。但后角过大，将使切削刃的强度降低，且不利于散热，并会降低刀具寿命。后角选择原则如下：

① 工件的强度、硬度较高时，应选择较小的后角；工件材料的塑性、韧性较大时，为减小摩擦，应取较大的后角；加工脆性材料时，应取较小的后角。

② 粗加工、断续切削或工艺系统刚性不足时，为强化切削刃，应选较小的后角；精加工或连续切削时，刀具的磨损主要发生在刀具后刀面，应选用较大的后角。

3. 主偏角与副偏角的选择

主偏角与副偏角的作用有以下几点：

① 减小主偏角和副偏角，可减小残留面积的高度，降低已加工表面的粗糙度值。

② 减小主偏角和副偏角，可提高刀尖强度，改善散热条件，提高刀具寿命。

③ 减小主偏角和副偏角，使径向力增大，容易引起工艺系统的振动，影响加工精度和表面粗糙度。

主偏角的选择原则与参考值：

① 粗加工和半精加工，硬质合金车刀一般选用较大的主偏角，以利于减少振动、提高刀具耐用度。

② 加工很硬的材料，如冷硬铸铁和淬硬钢，为减轻单位长度切削刃上的负荷、改善刀头导热和容热条件、提高刀具耐用度，宜取较小的主偏角。

③ 工艺系统的刚性较好时，减小主偏角可提高刀具耐用度；刚性不足（如车细长轴）时，应取大的主偏角，甚至主偏角 $\kappa_r \geqslant 90°$，以减小径向力 P_p 减少振动。

④ 需要从中间切入的以及仿形加工的车刀，应增大主偏角和副偏角；有时由于工件形状的限制，例如车阶梯轴，则需用 $\kappa_r = 90°$的偏刀。

⑤ 单件小批生产，希望一两把刀具加工出工件上所有的表面，则应选取通用性较好的45°车刀或 90°偏刀。

硬质合金车刀合理主副偏角的参考值见表 2-3。

表 2-3 车刀合理偏角参考值 (°)

加工情况		偏角数值	
		主偏角 κ_r	副偏角 κ_r'
粗车，无中间切入	工艺系统刚性好	45，60，75	5～10
	工艺系统刚性差	65，75，90	10～15
车削细长轴、薄壁件		90，93	6～10
粗车，无中间切入	工艺系统刚性好	45	0～5
	工艺系统刚性差	60，75	0～5
车削冷硬铸铁、淬火钢		10～30	4～10
从工件中间切入		45～60	30～45
切断刀、切槽刀		60～90	1～2

4. 刃倾角的选择

(1) 刃倾角的作用

① 影响切屑的流出方向（如图 2-19 所示）：当 $\lambda_s=0°$时，切屑沿主切削刃方向流出；当 $\lambda_s>0°$时，切屑流向待加工表面；当 $\lambda_s<0°$时，切屑流向已加工表面。可见，在精加工和半精加工时，取正刃倾角能防止切屑缠绕和划伤已加工表面。

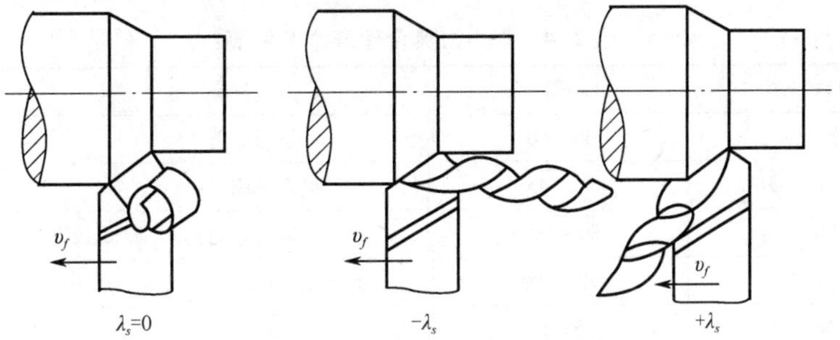

图 2-19 刃倾角对切屑流出方向的影响

② 影响刀尖强度和散热条件（如图 2-20 所示）：当 $\lambda_s<0°$切削过程中远离刀尖的切削刃处先接触工件，刀尖可免受冲击，同时，切削面积在切入时由小到大，切出时由大到小逐渐变化，因而切削过程比较平稳，大大减小了刀具受到的冲击和崩刃的现象。

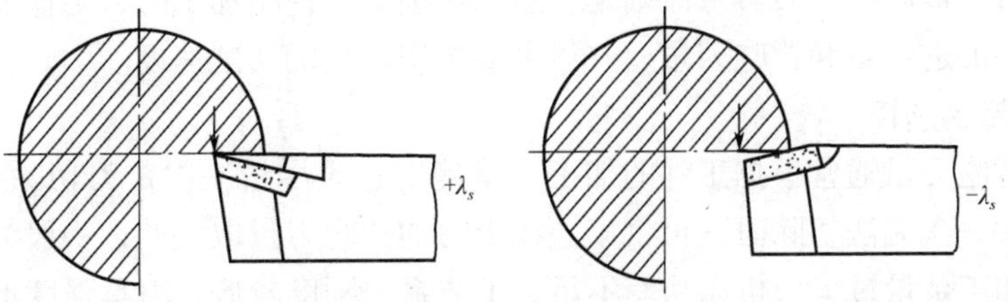

图 2-20 刃倾角对刀尖强度的影响

③ 影响切削刃的锋利程度：由于刃倾角造成较小的切削刃实际钝圆半径，使切削刃锋利，故刀具刃倾角较大时，可以切下很薄的切削层。

（2）刃倾角的选择原则与参考值

加工钢件或铸铁件时，粗车取 $\lambda_s=-5°\sim0°$，精车取 $\lambda_s=0°\sim5°$；有冲击负荷或断续切削取 $\lambda_s=-15°\sim-5°$，冲击特大时，取 $\lambda_s=-30°\sim-45°$。微量切削时，为增加切削刃的锋利程度和切薄能力，可取 $\lambda_s=45°\sim75°$。当工艺系统刚度较差时，一般不宜采用负刃倾角，以避免径向力的增加。

5. 其他几何参数的选择

其他几何参数主要指切削刃区的剖面形式和刀尖刃形等，应根据实际切削条件确定。

三、刀具寿命的选择

刀具寿命分两种：最高生产率寿命和最低成本寿命。最高生产率寿命是指单位时间内生产最多数量的产品或加工每个零件所消耗的生产时间最少。最低成本寿命是指每件产品（或工序）的加工费用最低。在选择刀具寿命时，采用最低成本寿命有利于市场竞争。只有在产品生产任务紧迫或生产中出现不平衡环节时，才采用最高生产率寿命。

刀具寿命对切削加工的生产率和生产成本有较大的影响。在选择刀具寿命时，还应注意制造和刃磨都比较简单、且成本不高的刀具，寿命可选得低一些；反之，则应选得高些。对于装夹和调整比较复杂的刀具，寿命应选得高些。切削大型工件时刀具寿命选得高些，可以避免在切削过程中途换刀。表 2-4 列举了部分刀具的合理寿命数值。

表 2-4　常用刀具合理寿命参考值　min

刀具种类	寿命	刀具种类	寿命
高速钢车、刨、镗刀	30～60	仿形车刀	120～180
硬质合金可转位车刀	15～45	组合钻床刀具	200～300
高速钢钻头	80～120	多轴铣床刀具	400～800
硬质合金端铣刀	90～180	自动机床、自动生产线刀具	240～480
硬质合金焊接车刀	15～60	齿轮刀具	200～300

四、切削用量的选择

选择合理的切削用量，要综合考虑生产率、加工质量和加工成本等情况。一般地，粗加工时，要尽量保证较高的金属切除率和必要的刀具寿命，应优先选择大的背吃刀量，其次选择较大的进给量，最后根据刀具寿命确定合适的切削速度；精加工时，要保证工件的加工质量，应选用较小的进给量和背吃刀量，并尽可能选用较高的切削速度。

1. 背吃刀量的选择

粗加工的背吃刀量通常根据工件的加工余量确定，应尽量一次走刀切除全部加工余量。如果加工余量大一次无法切除时，可将第一次走刀的背吃刀量取大些，一般为总加工余量的 2/3～3/4。当加工余量过大、机床功率不足、工艺系统刚度较低、刀具强度不够以及断续切削的冲击振动较大时，可分几次走刀。在加工铸件、锻件时，应尽量使背吃刀量大于硬皮层的厚度，以保护刀尖。

2. 进给量的选择

粗加工时，进给量的选择主要受切削力的限制。在工艺系统的刚度和强度良好的情况下，可选用较大的进给量值。由于进给量对工件的已加工表面粗糙度值影响很大，一般在半精加工和精加工时，进给量取得都较小。通常按照工件加工表面粗糙度值的要求，根据工件材料、切削速度、刀尖圆弧半径等选择合理的进给量值。具体选择进给量时可查阅并参照切削用量手册。

3. 切削速度的选择

背吃刀量和进给量选定以后，应在保证刀具合理寿命的条件下，确定合适的切削速度。粗加工时，背吃刀量和进给量都较大，切削速度因受刀具寿命和机床功率的限制，一般较低。精加工时，背吃刀量和进给量都应取较小值，切削速度主要受工件加工质量和刀具寿命的限制，一般都较高。选择切削速度时，还应考虑工件材料的强度和硬度以及切削加工性等因素，具体选择切削速度时可查阅并参照切削用量手册。

五、切削液的选择

1. 切削液的作用

（1）冷却作用

切削液作为冷却剂能从切削区域带走大量切削热，使切削温度降低。其冷却性能取决于它的热导率、比热容、汽化热、汽化速度、流量和流速等。一般以水溶液的冷却效果最好，油类最差。

（2）润滑作用

切削液能渗入到刀具与切屑、加工表面之间形成物理吸附膜或与金属发生化学反应形成化学吸附膜，减小摩擦。物理吸附膜在低速精加工时具有良好的润滑效果，但将被高温高压所破坏。化学吸附膜在高速切削和加工难切削材料时润滑效果良好。切削液的润滑作用取决于其渗透能力、形成润滑膜的能力及其强度等。

（3）清洗作用

切削液可以冲走切削区域和机床上的细碎切屑以及脱落的磨粒等，防止划伤已加工表面和机床导轨。清洗性能取决于切削液的流量、流速等。

（4）防锈作用

在切削液中加入防锈剂，可在金属表面形成一层保护膜，起到防锈作用。

2. 切削液的添加剂

为改善切削液的性能而加入的一些化学物质，称为切削液的添加剂。常用的添加剂有以下几种：

（1）油性添加剂

油性添加剂都是极性有机化合物，常用的有动植物油、脂肪酸及其皂、胺类等化合物。油性添加剂能形成牢固的物理吸附膜，主要用于低速精加工。

（2）极压添加剂

它是含有硫、磷、氯、碘等元素的有机化合物，在高温下与金属表面起化学反应，形成耐高温高压的化学吸附膜，在高温高压下具有较好的润滑效果。

（3）乳化剂

乳化剂是使矿物油和水乳化，形成稳定乳化液的关键物质。表面活性剂是常用的乳化剂。表面活性剂能显著降低水的表面张力，由亲水基团和亲油（憎水）基团组成，它在油—水界面形成单分子定向吸附层，其中极性一端向水，非极性一端向油，把水和油连接起来，使油以微小的颗粒稳定地分散在水中，形成水包油乳化液。金属切削就使用这种水包油乳化液。

（4）防锈剂

它是一种极性很强的化合物，与金属表面有很强的附着力，吸附在金属表面上形成保护膜，或与金属表面化合形成保护膜，起到防锈作用。常用的防锈添加剂有碳酸钠、亚硝酸钠等。

3. 常用切削液的种类与应用

（1）水溶液

它的主要成分是水、适量的防锈剂、乳化剂、油性添加剂等。水溶液的冷却效果良好，主要用于磨削和粗加工。

（2）乳化液

它是将乳化油（由矿物油和乳化剂配成）用水稀释而成，用途广泛。低浓度的乳化液具有良好的冷却效果，主要用于磨削、粗加工等。高浓度的乳化液润滑效果较好，主要用于精加工等。

（3）切削油

它的主要成分是矿物油，少数采用动植物油和复合油。切削油主要用于精加工、精车螺纹和齿轮加工。

项目驱动

一、填空题

1. 外圆车削过程中，工件上有（　　）、（　　）和过渡表面，三个不断变化着的表面。

2. 金属切削加工时刀具和工件之间的相对运动，称为（　　）。根据切削运动在切削加工过程中所起的作用不同，可分为（　　）和（　　）。

3. 切削用量是（　　）、（　　）和（　　）三者的总称。

4. 切削用量中背吃刀量和进给量对切削力的影响较大。背吃刀量和进给量增大时，切削力（　）。

5. 常用车刀的材料主要有（　　）和（　　）。

6. 切削液的作用有（　　）、（　　）、（　　）和防锈作用。

二、判断题

1. 积屑瘤的产生在精加工时要设法避免，这对粗加工有一定好处。（　）

2. 刀具寿命的长短、切削效率的高低与刀具材料切削性能的优劣有关。（　）

3. 由于硬质合金的抗弯强度较低，冲击韧度差，所取前角应小于高速钢刀具的合理前角。（　）

4. 当粗加工、强力切削或承受冲击载荷时，要使刀具寿命延长，必须减少刀具摩擦，所以后角应取大些。（　）

5. 刀具材料的硬度越高，强度和韧性越低。（　）

6. 进给力是纵向进给方向的力，又称轴向力。　（　　）

三、思考题

1. 根据在切削加工过程中所起的作用不同，切削运动可分为哪两种？各有什么特征？

2. 切削用量三要素是什么？

3. 刀具正交平面参考系由哪些平面组成？如何定义的？在每个组成平面上测量的角度各有哪些？

4. 影响刀具工作角度的主要因素有哪些？

5. 什么是积屑瘤？对加工过程有何影响？如何控制？

6. 切削分力有哪几个？有什么作用？

7. 说明切削热的来源。它对切削过程有什么影响？

8. 刀具磨损的形式有哪些？磨损的主要原因有哪些？

9. 什么是刀具寿命和刀具的寿命标准？

10. 什么是工件材料的切削加工性？与哪些因素有关？如何改善材料的切削加工性？

11. 试对碳素结构钢中含碳量多少对切削加工性的影响进行分析。

12. 说明刀具前角和后角的大小对切削过程的影响。

13. 切削用量的选择原则是什么？

14. 说明切削液的作用、种类和选择方法。

项目三

金属切削加工

知识目标

（1）了解掌握各种金属切削加工原理和工艺方法。

（2）了解各种金属切削加工机床的结构和工作原理。

（3）了解掌握各种技术金属切削加工特点和范围。

技能目标

（1）根据加工表面，能够选出合适的加工方法和设备。

（2）能够操作车床，对零件进行简单的加工。

在机械制造中，有许多金属加工方法，如金属切削加工、铸造、锻造、焊接、冷冲压、粉末冶金、电加工、化学加工和特种加工等。

在现代机器制造中，尺寸公差和表面粗糙度数值要求较小的机械零件，一般都要经过切削加工而得到。在机器制造厂，切削加工在生产过程中所占用的劳动量较大，是机械制造业中使用最广的加工方法。

机械加工主要方式包括车削、铣削、刨削、拉削、磨削、钻削、镗削和齿轮加工等。

任务一　车削加工

任务目标

（1）掌握车削加工的工作原理和工艺方法。

（2）了解车床的结构，了解车刀的结构和使用。

（3）根据零件图纸要求，能够选择合适的刀具和设备。

在车床上利用工件的旋转运动和刀具的移动进行切削加工的方法，称为车削加工。其中工件的旋转运动是提供切削可能性的运动，并消耗了大量的动力，称为主运动；刀具在机床上使工件材料层不断投入切削的运动称为进给运动。车削加工是金属切削加工中最基本的方法，在机械制造业中应用十分广泛。

一、车削加工特点及应用

1. 工艺范围广

车削加工主要用来加工各种回转体表面以及回转体的端面，还可进行切断、切槽、车螺纹、钻孔、绞孔和扩孔等工作。各种轴类件、盘套类件都需要车削加工，这些零件的形状、尺寸、重量相差很大，但是它们都有共同的特点，就是都带有回转表面。车削加工的应用范围如图 3-1 所示。对车床进行适当改装或使用其他附件和夹具，可加工形状更为复杂的零件，还可实现镗削、磨削、研磨、抛光、滚花和绕弹簧等加工。车削加工可以对钢、铸铁、有色金属及许多非金属材料进行加工。

2. 生产率高

车刀刚度好，可选择很大的背吃刀量和进给量。又由于车削加工时，工件的旋转运动一般不受惯性力的限制，可以采用很高的切削速度连续地车削，故生产率高。

3. 生产成本低

车刀结构简单，价格低廉，刃磨和安装都很方便，车削生产准备时间短。

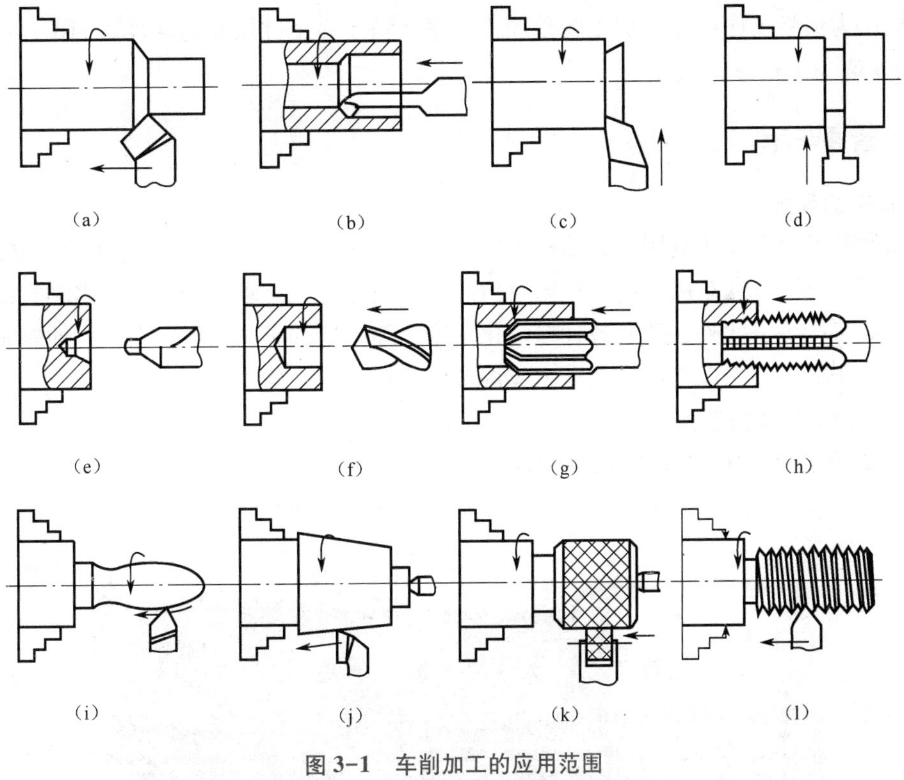

图 3-1　车削加工的应用范围

(a) 车外圆；(b) 镗孔；(c) 车端面；(d) 切槽；(e) 钻中心孔；(f) 钻孔；
(g) 铰孔；(h) 攻丝；(i) 车成型面；(j) 车锥面；(k) 滚花；(l) 车螺纹

车床价格居中，许多车床夹具已经作为车床附件生产，可以满足一般零件的装夹需要，故车削加工与其他加工相比成本较低。

4. 高速细车是加工小型有色金属零件的主要方法

对有色金属零件进行磨削时，磨屑往往糊住砂轮，使磨削无法进行。在高精度车床上，用金刚石刀具进行切削，可以获得尺寸公差等级IT6～IT5，表面粗糙度 *Ra*1.0～0.1 μm，甚至还能达到接近镜面的效果。

5. 精度范围大

根据零件的使用要求，车削加工可以获得低、中等和高的加工精度。

（1）荒车

毛坯为自由锻件或大型铸件时，其加工余量很大且不均匀，利用荒车可去除大部分余量，减少形状和位置偏差。荒车精度一般为IT18～IT15，表面粗糙度 *Ra* 值大于 80 μm。

（2）粗车

中小型锻件和铸件可直接进行粗车。粗车后的尺寸精度为IT13～IT11，表面粗糙度 *Ra* 值为 30～12.5 μm。

（3）半精车

尺寸精度要求不高的工件或精加工工序之前可安排半精车。半精车后的尺寸精度为IT10～IT8，表面粗糙度 *Ra* 值为 6.3～3.2 μm。

（4）精车

一般作为最终工序或光整加工的预加工工序。精车后工件尺寸精度可达IT8～IT7，表面粗糙度 *Ra* 值为 1.6～0.8 μm。

二、普通车床

1. 车床的种类

车床的种类很多，按其用途和结构不同，主要可分为卧式车床、立式车床、转塔车床、马鞍车床、多刀半自动车床、仿形车床及仿形半自动车床、单轴自动车床、多轴自动车床及多轴半自动车床等。此外，还有各种专门化车床，如凸轮轴车床、铲齿车床、曲轴车床、高精度丝杠车床等。其中以普通卧式车床应用最为广泛。

2. CA6140 普通型卧式车床

图 3-2 所示为 CA6140 车床结构图。

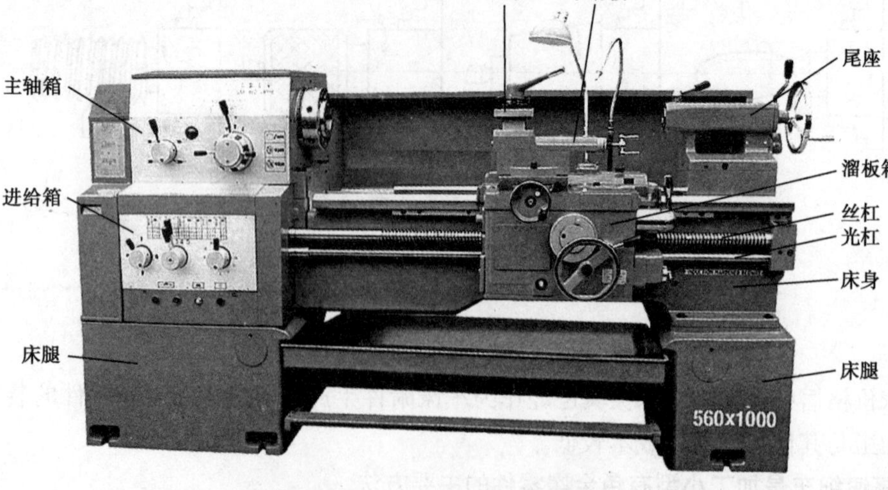

图 3-2 CA6140 车床结构图

CA6140 机床的主要技术参数：

在床身上最大加工直径/mm	400；
在刀架上最大加工直径/mm	210；
主轴可通过的最大棒料直径/mm	48；
最大加工长度/mm	650，900，1 400，1 900；
中心高/mm	205；
顶尖距/mm	750，1 000，1 500，2 000；
主轴内孔锥度	莫氏 6 号；
主轴转速范围/（$r \cdot min^{-1}$）	10～1 400（24 级）；
纵向进给量/（$mm \cdot r^{-1}$）	0. 028～6. 33（64 级）；
横向进给量/（$mm \cdot r^{-1}$）	0. 014～3. 16（64 级）；
加工米制螺纹/mm	1～192（44 种）；
加工英制螺纹/（牙·英寸$^{-1}$）	2～24（2 种）；
加工模数螺纹/mm	0. 25～48（39 种）；
加工径节螺纹/（牙·英寸$^{-1}$）	1～96（37 种）；
主电动机功率/kW	7. 5。

（1）机床的主要组成部件和功能

该车床的主要组成部件如下：

① 主轴箱。主轴箱内装有主轴和变速、变向等机构，由电动机经变速机构带动主轴旋转，实现主运动，并获得所需转速及转向，主轴前端可安装卡盘等夹具，用以装夹工件。

② 进给箱。进给箱的作用是改变机动进给的进给量或被加工螺纹的导程。

③ 溜板箱。溜板箱的作用是将进给箱传来的运动传递给刀架，使刀架实现纵向进给、横向进给、快速移动或车螺纹。溜板箱上装有手柄和按钮，可以方便地操作机床。

④ 床鞍。床鞍位于床身的中部，其上装有中滑板、回转盘、小滑板和刀架。

刀架用以夹持车刀，并使其做纵向、横向或斜向进给运动。它是由大刀架、横刀架（中刀架）、转盘、小刀架和方刀架组成的。方刀架安装在最上方，可以同时装夹四把车刀，能够转动并固定在需要的方位；小刀架可随转盘转动，可手动使刀具实现斜向运动，车削锥面；横刀架（又称小拖板）在转盘与大刀架之间，可以手动或机动使车刀横向进给；大刀架（也称大拖板）与溜板箱连接，沿床身导轨可以手动或机动实现纵向进给。

⑤ 尾座。尾座安装在床身的尾座导轨上，其上的套筒可安装顶尖或各种孔加工刀具，用来支撑工件或对工件进行孔加工。摇动手轮可使套筒移动，以实现刀具的纵向进给，尾座可沿床身顶面的一组导轨（尾座导轨）做纵向调整移动，然后夹紧在所需的位置上，以适应不同长度工件的需要。尾座还可以相对其底座沿横向调整位置，以车削较长且锥度较小的外圆锥面。

⑥ 床身。床身是车床的基本支撑件。车床的主要部件均安装在床身上，并保持各部件间具有准确的相对位置。

3. 立式车床

立式车床的主轴是直立的，主要用于加工径向尺寸大而轴向尺寸相对较小，且形状比较复杂的大型或重型盘轮类零件。

立式车床结构的主要特点是主轴垂直布置，并有一个直径很大的圆工作台供安装工件用（如图 3-3 所示）。工作台面处于水平位置，故笨重工件的装夹、校正都比较方便。

立式车床有单柱立式车床和双柱立式车床两种。图 3-3（a）所示为单柱立式车床，它的加工直径较小，一般小于 1 600 mm。工作台由安装在底座内的垂直主轴带动旋转，工件装夹在工作台上并随其一起旋转，实现主运动。进给运动由垂直刀架和侧刀架实现，垂直刀架可在横梁导轨上移动做横向进给，还可沿刀架滑座的导轨做纵向进给，可车削外圆、端面、内孔等。把刀架滑座扳转一个角度，可斜向进给车削内外圆锥面。在垂直刀架上有一五角形转塔刀架，除安装车刀外还可安装各种孔加工刀具，扩大了加工范围。横梁平时夹紧在立柱上，为适应工件的高度，可松开夹紧装置调整横梁上下位置。侧刀架可做横向和垂直进给，以车削外圆、端面、沟槽和倒角。

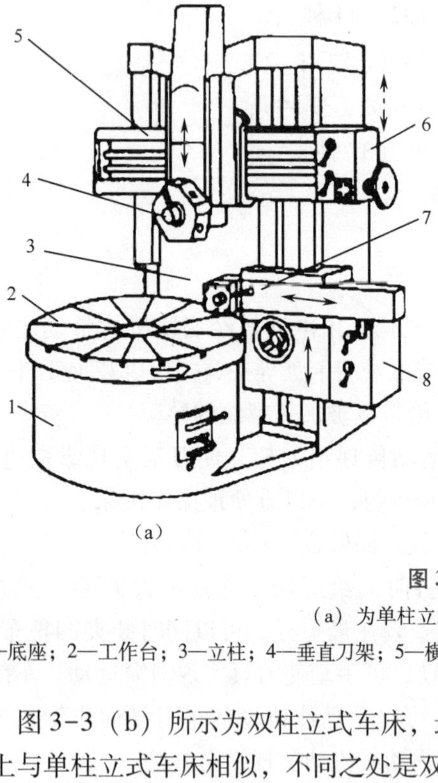

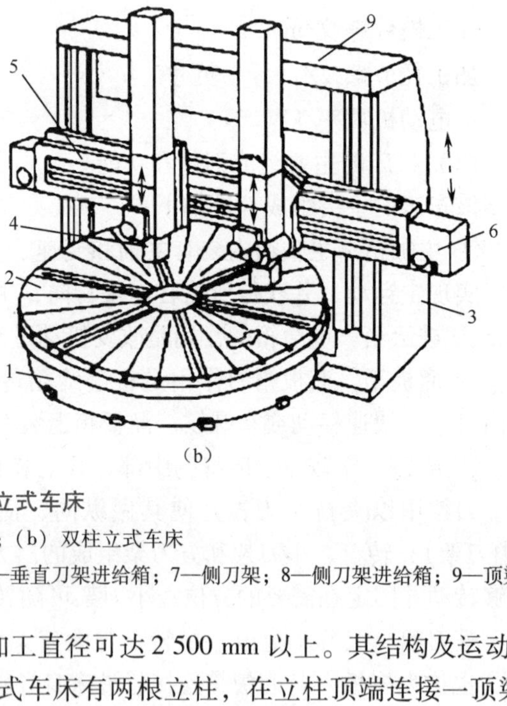

图 3-3　立式车床

（a）为单柱立式车床；（b）双柱立式车床

1—底座；2—工作台；3—立柱；4—垂直刀架；5—横梁；6—垂直刀架进给箱；7—侧刀架；8—侧刀架进给箱；9—顶梁

图 3-3（b）所示为双柱立式车床，最大加工直径可达 2 500 mm 以上。其结构及运动基本上与单柱立式车床相似，不同之处是双柱立式车床有两根立柱，在立柱顶端连接一顶梁，构成封闭框架结构，有很高的刚度，适用于较重型零件的加工。

在汽轮机、重型电机、矿山冶金等大型机械制造企业的超重型、特大零件加工中，普遍使用的是落地式双柱立式车床。

4. 转塔式车床

转塔式车床也叫六角车床，其结构与普通车床相似，如图 3-4（a）所示，有床身、床头箱、溜板箱、方刀架等。所不同的是转塔式车床没有丝杠，并由六角刀架代替尾座。

虽然普通卧式车床的加工范围广，灵活性大，但其方刀架最多只能安装四把刀具，尾座只能安装一把孔加工刀具，且无机动进给。在用卧式车床加工一些形状较为复杂，特别是带有内孔和内螺纹的工件时，需要频繁换刀、对刀、移动尾座以及试切、测量尺寸等，会使其辅助时间延长、生产率降低、劳动强度增大。在批量生产中，卧式车床的这种不足表现尤为突出。为了缩短辅助时间、提高生产效率，在卧式车床的基础上，发展出了转塔式车床。它与卧式车床的主要区别是取消了尾座和丝杠，并在床身尾座部位装有一个可沿床身导轨纵向移动并可转位的多工位刀架（如图 3-4（b）所示），六角刀架上可以装夹六把（组）刀具，既能加工孔又能加工外圆。转塔式车床在加工前预先调好所用刀具。六角刀架每回转 60°，便转换一把（组）刀具。加工中多工位刀架周期地转位，使这些刀具依次对工件进行切削加工。因此，在成批生产、加工形状复杂的工件时，生产效率比卧式车床高。由于安装的刀具比较多，故适用于加工形状比较复杂的小型回转类工件。由于没有丝杠，一般不能车削螺纹，只能用板牙或丝锥加工螺纹。在转塔车床上加工时，需要花费较多的时间来调整机床和刀具，因此，在单件小批量生产中使用受到了限制。

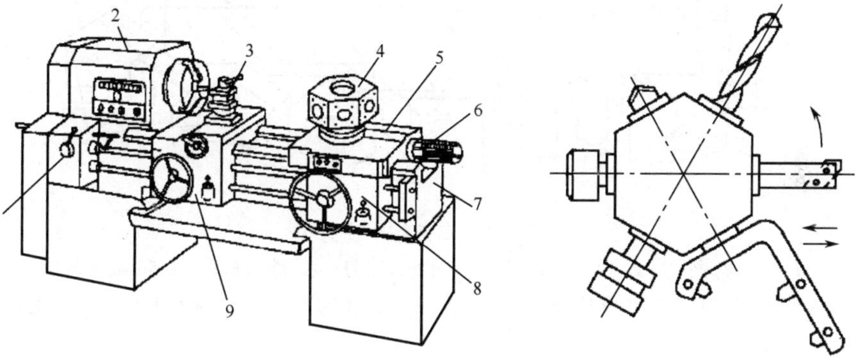

图 3-4　转塔式车床及其刀架

（a）转塔式车床；（b）转塔刀架

1—进给箱；2—主轴箱；3—前刀架；4—转塔刀架；5—纵向溜板；6—定程装置；7—床身；8—转塔刀架溜板箱；9—前刀架溜板箱

5. 马鞍车床

马鞍车床是普通车床的一种变形车床（如图 3-5 所示）。它和普通车床的主要区别在于：在靠近主轴箱一端装有一段形似马鞍的可卸导轨。卸去马鞍导轨可使加工工件的最大直径增大，从而扩大加工工件直径的范围。由于马鞍经常装卸，其工作精度、刚度都有所下降。所以这种机床主要用在设备较少的单件小批生产的小工厂及修理车间。

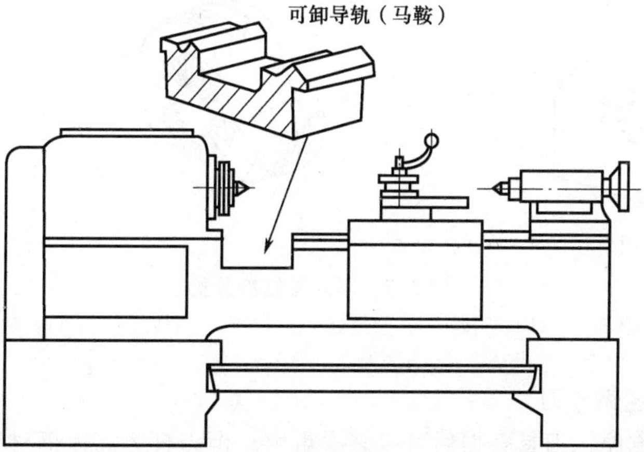

图 3-5　马鞍车床

三、车刀

车刀是用于数控车床、普通车床、转塔车床和自动车床的刀具。它是生产中应用最为广泛的一种刀具。

1. 车刀按用途分类

车刀按用途可分为外圆车刀、成型车刀、螺纹车刀等，如图 3-6 所示。

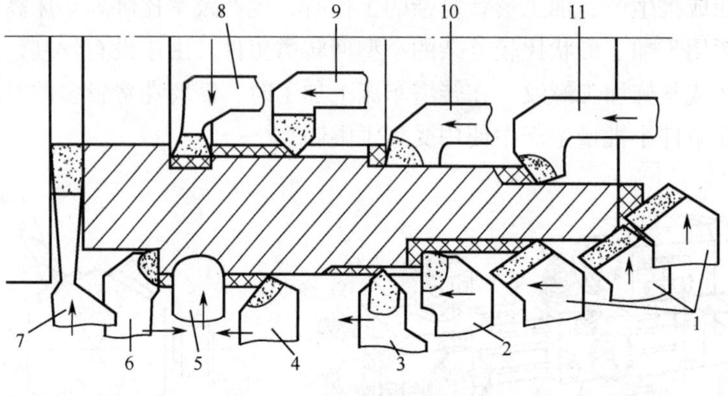

图 3-6　车刀按用途分类

1—45°弯头车刀；2—90°外圆车刀；3—外螺纹车刀；4—75°外圆车刀；5—成型车刀；6—90°左外圆车刀；7—车槽刀；8—内孔车槽刀；9—内螺纹车刀；10—闭孔车刀；11—通孔镗刀

2. 车刀按结构分类

车刀按结构可分为整体车刀、焊接车刀、机夹车刀、可转位车刀和成型车刀等，如图 3-7所示。

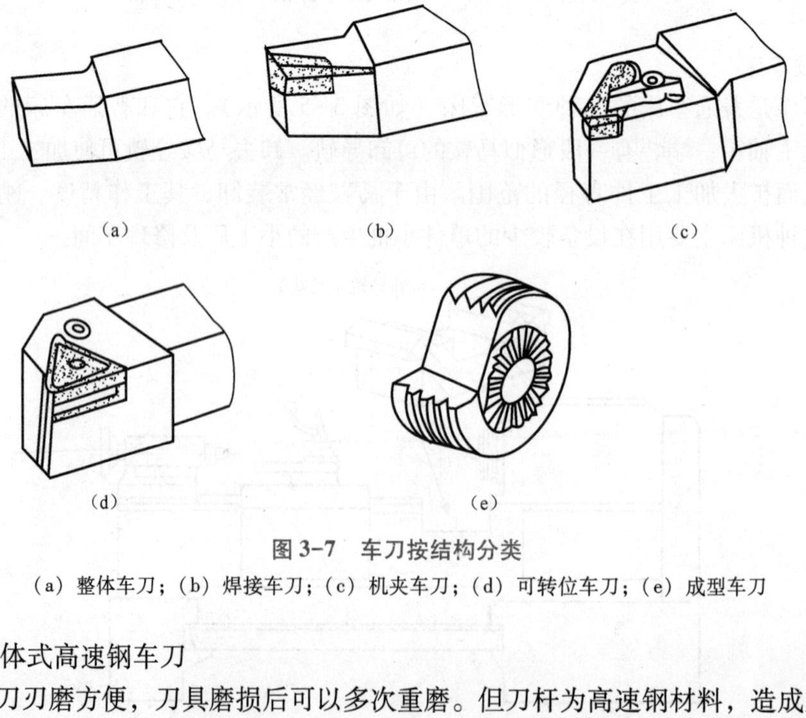

图 3-7　车刀按结构分类

(a) 整体车刀；(b) 焊接车刀；(c) 机夹车刀；(d) 可转位车刀；(e) 成型车刀

(1) 整体式高速钢车刀

这种车刀刃磨方便，刀具磨损后可以多次重磨。但刀杆为高速钢材料，造成刀具材料的浪费。刀杆强度低，当切削力较大时，会造成破坏。一般用于较复杂成形表面的低速精车。

（2）硬质合金焊接车刀

这种车刀是将一定形状的硬质合金刀片钎焊在刀杆的刀槽内制成的。其结构简单，制造刃磨方便，刀具材料利用充分，在一般的中小批量生产和修配生产中应用较多。但其切削性能受工人的刃磨技术水平和焊接质量的影响，不适应现代制造技术发展的要求。

（3）可转位车刀

如图 3-7（d）所示，可转位车刀包括刀杆、刀片、刀垫和夹固元件等部分。这种车刀用钝后，只需将刀片转过一个角度，即可使新的刀刃投入切削。当几个刀刃都用钝后，更换新的刀片。可转位车刀的刀具几何参数由刀片和刀片槽保证，不受工人技术水平的影响，切削性能稳定，适用于大批量生产和数控车床使用。由于节省了刀具的刃磨、装卸和调整时间，辅助时间减少。同时避免了由于刀片的焊接、重磨而造成的缺陷。

这种刀具的刀片由专业化厂家生产，刀片性能稳定，刀具几何参数可以得到优化，并有利于新型刀具材料的推广应用，是金属切削刀具发展的方向。

此外，还有成型车刀。它是将车刀制成与工件成型面相应的形状后对工件进行加工的刀具。

任务二　铣削加工

任务目标

（1）掌握铣削加工的工作原理和工艺方法。

（2）了解铣床的结构，了解铣刀的结构和安装。

（3）根据加工表面情况，选择合适的铣刀和设备。

一、铣削加工特点及应用

用多刃回转刀具在铣床上对平面、台阶面、沟槽、成形表面、型腔表面、螺旋表面进行切削加工的方法称为铣削加工。它是切削加工的常用方法之一，图 3-8 所示为铣削加工的应用。

一般情况下，铣削时铣刀的旋转为主运动，工件的移动为进给运动。铣削可以完成对工件进行的粗加工和半精加工，其加工精度可达 IT9～IT7，精铣表面粗糙度 Ra 值可达 3.2～1.6 μm。

铣削的工艺特点如下：

（1）生产率较高

铣刀是多刃刀具，铣削时有多个刀刃同时进行切削，总的切削宽度较大。铣削的主运动是铣刀的旋转，便于采用高速铣削，所以铣削的生产率较高。

（2）铣削过程不平稳

铣刀的刀刃切入和切出会产生切削力冲击，并引起同时工作刀刃数的变化；每个刀刃的切削厚度是变化的，这将使切削力发生波动。因此，铣削过程不平稳，易产生振动。为保证铣削加工质量，要求铣床在结构上有较高的刚度和抗振性。

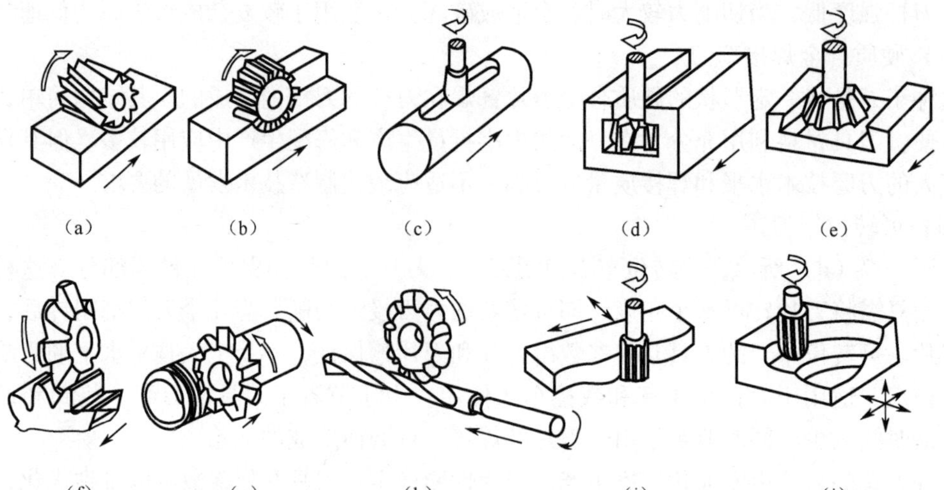

图 3-8　铣削加工的应用

（a）铣平面；（b）铣台阶；（c）铣键槽；（d）铣 T 形槽；（e）铣燕尾槽；（f）铣齿轮；（g）铣螺旋面；（h）铣螺旋面；（i）铣曲面；（j）铣特形槽

（3）散热条件较好

铣刀刀刃间歇切削，可以得到一定程度的冷却，因而散热条件较好。但是，切入和切出时温度的变化、切削力的冲击，将加速刀具的磨损，甚至可能引起硬质合金刀片的碎裂。此外，铣床结构比较复杂，铣刀的制造和刃磨比较困难。

二、铣削加工切削用量

1. 铣削运动

由图 3-8 可知，不论哪一种铣削加工，为完成铣削过程必须有以下运动：

① 主运动（v_c）：铣刀的旋转运动。

② 进给运动（v_f）：工件随工作台缓慢的直线移动。

2. 铣削用量

铣削时的铣削用量由铣削速度 v_c、进给量 f、背吃刀量（又称铣削深度）a_p 和侧吃刀量（又称铣削宽度）a_e 四要素组成。

（1）铣削速度 v_c

铣削速度即铣刀最大直径处的线速度，可由下式计算：

$$v_c = \pi dn/1\,000$$

式中，d——铣刀直径（mm）；

n——铣刀转速（r/min）。

（2）进给量 f

铣削时，工件在进给运动方向上相对于刀具的移动量即为铣削时的进给量。由于铣刀为多刃刀具，计算时按单位时间不同，有以下三种度量方法：

① 每齿进给量 f_z，其单位为毫米每齿（mm/z）。

② 每转进给量 f，其单位为毫米每转（mm/r）。

③ 每分钟进给量 v_f，又称进给速度，其单位为毫米每分钟（mm/min）。

上述三者的关系为：

$$v_f = fn = f_z zn$$

一般铣床铭牌上所指出的进给量为 v_f 值。

（3）背吃刀量（铣削深度）a_p

如图 3-9 所示，背吃刀量为平行于铣刀轴线方向测量的切削层尺寸，单位为毫米（mm）。因周铣与端铣时相对于工件的方位不同，故 a_p 在图 3-9 中的标示也有所不同。

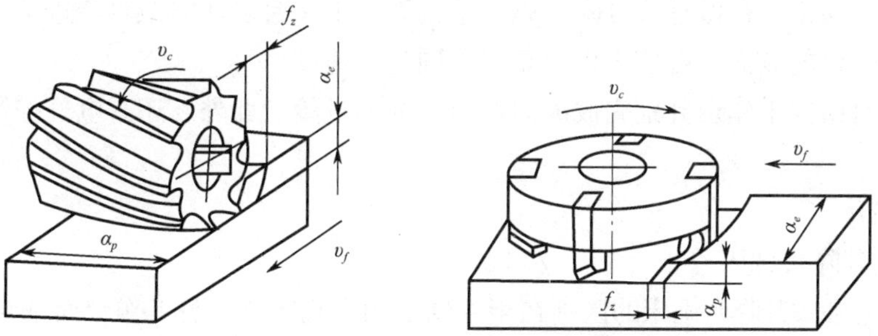

图 3-9　铣削运动和铣削要素

（a）周铣；（b）端铣

三、铣床

常用的铣床有卧式铣床、立式铣床、工具铣床和龙门铣床等。

1. 卧式铣床

图 3-10 所示为中型卧式铣床。它具有功率大、转速高、刚性好、工艺范围广、操纵方便等优点。这种铣床主要适用于单件、小批生产，也可用于成批生产。它的主要部件及其用途如下：

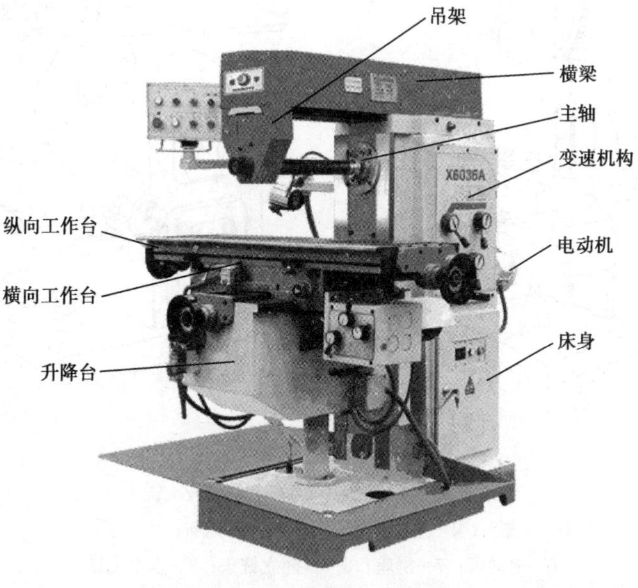

图 3-10　中型卧式铣床

床身是固定与支撑其他部件的基础。顶部与前面分别有水平和垂直的燕尾式导轨，与横梁和升降台相配合。床身内还装有电动机、主轴变速箱的变速机构等。床身是保证机床具有足够刚性和加工精度的重要部件。

主轴用来安装与紧固刀杆并带动铣刀旋转。主轴由安装在床身孔中的滚动轴承支撑，具有较高的旋转精度，是保证加工精度的重要部件。

在横梁上可以安装吊架，用来支撑刀杆外伸端，以增强刀杆刚性。横梁可以在床身顶部导轨上移动，调整伸出长度。

升降台可带动工作台做垂直升降，以调整铣刀与工作台之间的距离。进给变速箱及操纵机构安装在升降台的侧面，可使工作台获得不同进给速度。

纵向工作台横向工作台分别完成纵向进给、横向进给。此外，还有电气控制和冷却润滑系统等。

2. 立式铣床

（1）立式升降台铣床

这类铣床与卧式升降台铣床的区别在于主轴采用立式布置，与工作台面垂直，如图 3-11（a）所示。主轴 2 安装在立铣头 1 内，可沿其轴线方向进给或手动调整位置。立铣头 1 可根据加工要求，在垂直平面内向左或向右在 45°范围内回转角度，使主轴与工作台面倾斜成所需的角度，以扩大机床的工艺范围。立式铣床的其他部分，如工作台 3、床鞍 4 及升降台 5 的结构与卧式升降台铣床相同。

（2）万能回转头铣床

万能回转头铣床结构（如图 3-11（b）所示）与卧式升降台铣床的结构极其相似，只是在它的滑座两端分别装上了电动机 6 和万能立铣头 8，其万能立铣头可做任意方向偏转角度，当工件不同角度位置均需加工时，可在一次装夹中只改变铣刀轴线倾斜方向就能完成加工。

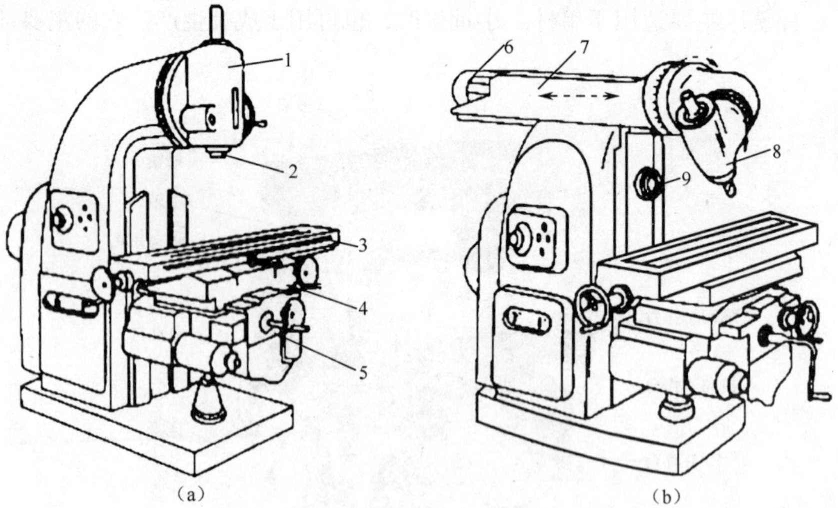

图 3-11　立式升降台铣床

（a）立式升降台铣床；（b）万能回转头铣床

1—立铣头；2—主轴；3—工作台；4—床鞍；5—升降台

6—电动机；7—滑座；8—万能立铣头；9—水平主轴

式铣床是一种生产率比较高的机床，在立式铣床上可安装面铣刀或立铣刀，能加工平面、台阶、斜面、键槽等，还可以加工内外圆弧、T形槽以及凸轮等。

3. 万能工具铣床

图 3-12 所示为万能工具铣床。这种铣床的特点是操纵方便、精度较高，并备有多种附件，主要适用于工具车间使用。

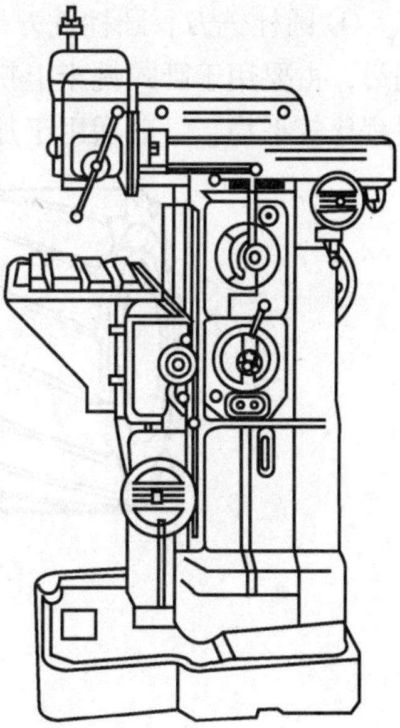

图 3-12　万能工具铣床

4. 龙门铣床

龙门铣床是一种大型高效通用机床，如图 3-13 所示。它在结构上呈框架式结构布局，具有较高的刚度及抗振性，在横梁及立柱上均安装有铣削头，每个铣削头都是一个独立的主运动部件，其中包括单独的驱动电机、变速机构、传动机构、操纵机构及主轴等部分。加工时，工作台带动工件做纵向进给运动，其余运动由铣削头实现。

龙门铣床主要用于大中型工件的平面和沟槽加工，可以对工件进行粗铣、半精铣，也可以进行精铣加工。由于龙门铣床上可以用多把铣刀同时加工几个表面，所以它的生产效率很高，在成批和大量生产中得到广泛的应用。

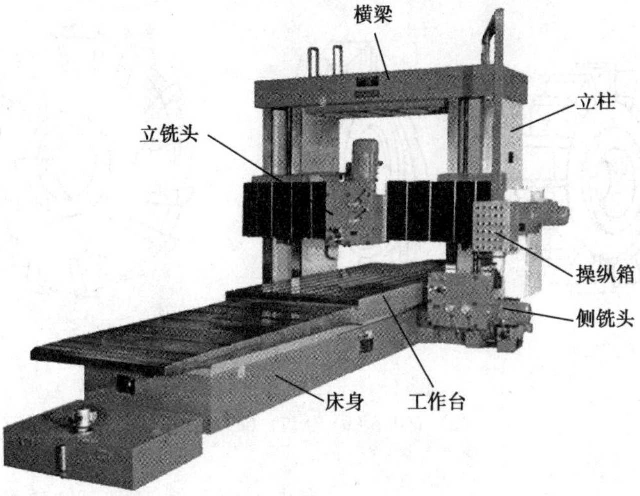

图 3-13　龙门铣床

四、铣刀

1. 铣刀的种类

铣刀的种类很多，一般由专业工具厂生产。按刀具材料可分为两大类：高速钢铣刀与硬质合金铣刀。

（1）高速钢铣刀

这类铣刀切削部分的材料是高速钢，其结构有整体的，也有镶齿的。镶齿铣刀的刀齿为高速钢，刀体则为中碳钢或合金结构钢。高速钢铣刀按刀具用途可分为如下几种：

① 圆柱铣刀。圆柱铣刀（如图 3-14 所示）的螺旋形切削刃分布在圆柱表面，没有副切削刃，主要用于卧式铣床上铣平面。螺旋形的刀齿切削时是逐渐切入和脱离工件的，其切削过程比较平稳，一般适用于加工工件上的狭长平面和收尾带圆弧的平面。

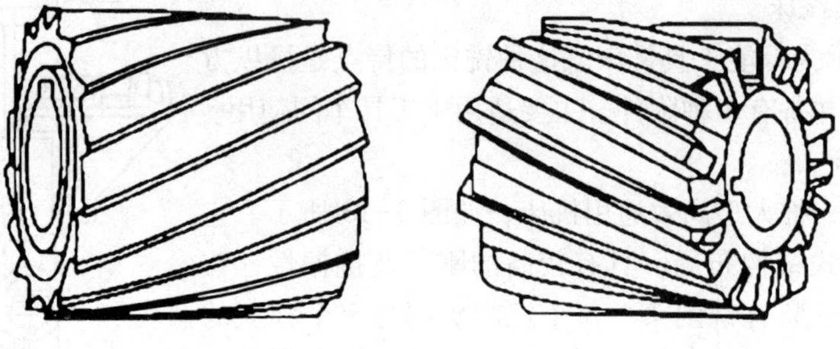
(a) (b)

图 3-14 圆柱铣刀
（a）整体式；（b）镶齿式

② 三面刃铣刀。三面刃铣刀如图 3-15 所示，由于在刀体的圆周上及两侧环形端面上均有刀刃，故称为三面刃铣刀，也称盘铣刀。它主要用在卧式铣床上，可加工台阶、小平面和沟槽，它的圆柱刀刃担负主要切削作用，端面刀刃担负修光作用。按照刀齿的排列方式可分为直齿、错齿和镶齿。

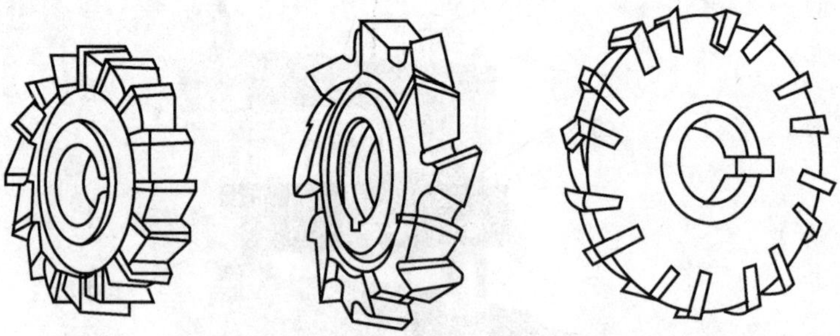
(a) (b) (c)

图 3-15 三面刃铣刀
（a）直齿；（b）错齿；（c）镶齿

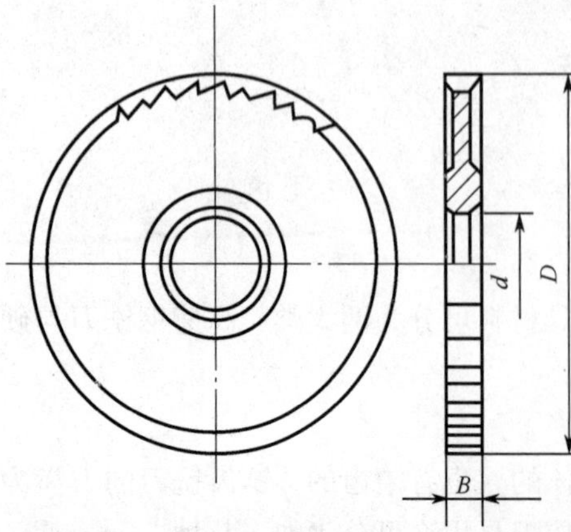

图 3-16 锯片铣刀

直齿三面刃铣刀刀刃的整个宽度都同时参加切削，因此，每个刀齿切入和离开工件时，切削力的变动较大，铣削不平稳。但这种铣刀制造和刃磨比较方便。

③ 锯片铣刀。锯片铣刀如图 3-16 所示，用来切断工件，主要用于卧式铣床。它是整体的直齿圆盘铣刀，因为其很薄，所以只有圆柱刀刃。在相同外径下，按照刀齿数量的多少，锯片铣刀分为粗齿和细齿两种。粗齿锯片铣刀的刀齿数量少、容屑槽较大、排屑容易、切削轻快，在切断有色金属和非

金属材料时特别应当选用粗齿。锯片铣刀的规格以外径和宽度表示。

还有一种切口铣刀，它的结构和锯片铣刀相同，只是外径小得多，适用于在工件上铣切窄缝。

④ 立铣刀。立铣刀（如图 3-17 所示）用来铣削台阶、小平面和沟槽，主要用于立式铣床。立铣刀的柄部安装在立铣头主轴中，小直径为直柄，大直径为莫氏锥柄。它的圆柱刀刃担负主要切削作用，端面刀刃担负修光作用。

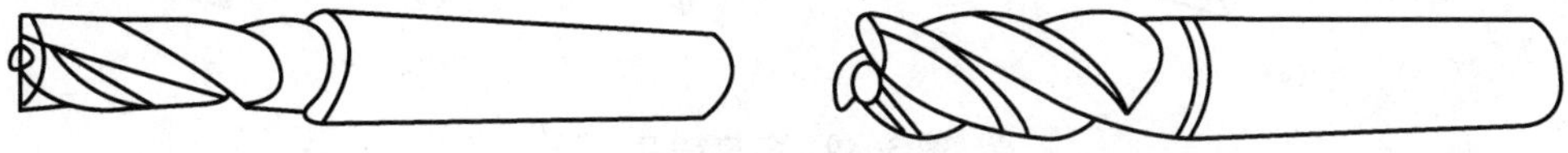

（a）　　（b）

图 3-17　立铣刀

（a）细齿；（b）粗齿

立铣刀也有细齿和粗齿两种。细齿立铣刀刀齿的螺旋角比较小，粗齿立铣刀刀齿的螺旋角比较大。增大刀齿的螺旋角可使切削过程更加平稳，排屑顺利，有利于采用较大的进给量和铣削深度，以提高生产率。

⑤ 键槽铣刀。键槽铣刀（如图 3-18（a）所示）主要用来铣削轴上的键槽。它的外形与立铣刀相似，是带柄的，具有两个螺旋刀齿。它与立铣刀的主要差别是这种铣刀的端面刀刃直至中心，而立铣刀的端面刀刃不到中心。因此，键槽铣刀的端面刀刃也可以担负主要切削作用，做轴向进给，直接切入工件。

还有一种半圆键槽铣刀（如图 3-18（b）所示），专门用来加工轴上的半圆键槽，它的规格以外径和宽度来表示。

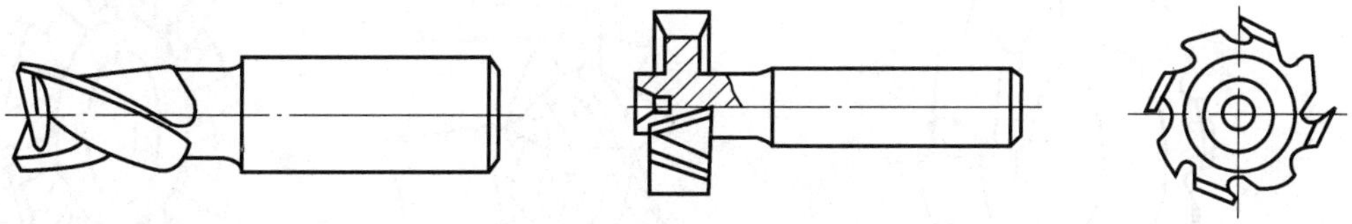

（a）　　（b）

图 3-18　键槽铣刀

（a）键槽铣刀；（b）半圆键槽铣刀

⑥ 角度铣刀。角度铣刀（如图 3-19 所示）用来加工带有角度的沟槽和小斜面，特别是加工多齿刀具的容屑槽。它分为单角铣刀和双角铣刀两种。双角铣刀又分为对称双角铣刀和不对称双角铣刀。

其他还有加工 T 形槽的 T 形槽铣刀（如图 3-20 所示），加工圆弧形状的半圆铣刀（如图 3-21 所示），加工齿轮的齿轮盘铣刀（如图 3-22 所示），以及加工平面的套式面铣刀（如图 3-23 所示）等，这里就不再一一叙述了。

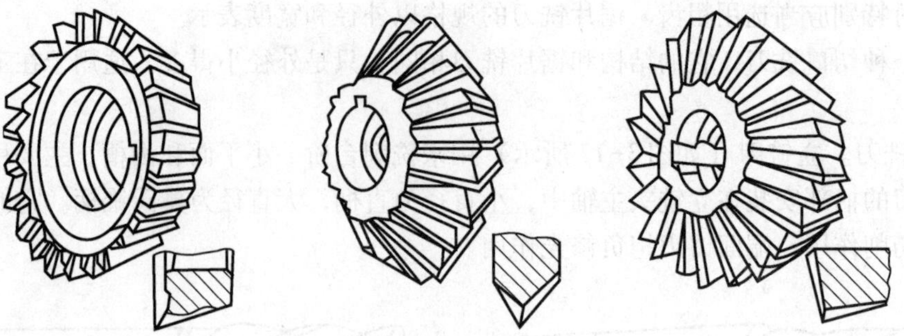

（a）　　　　（b）　　　　（c）

图 3-19　角度铣刀

（a）单角铣刀；（b）对称双角铣刀；（c）不对称双角铣刀

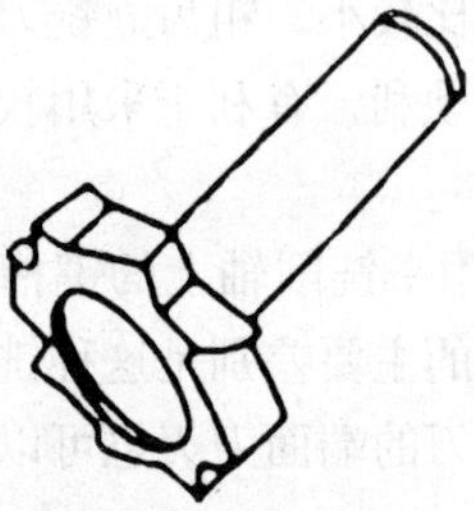

图 3-20　T 形槽铣刀

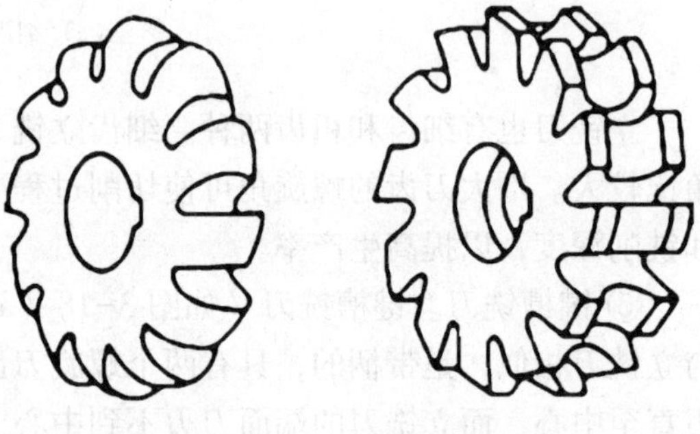

（a）　　　　（b）

图 3-21　半圆铣刀

（a）凸半圆铣刀；（b）凹半圆铣刀

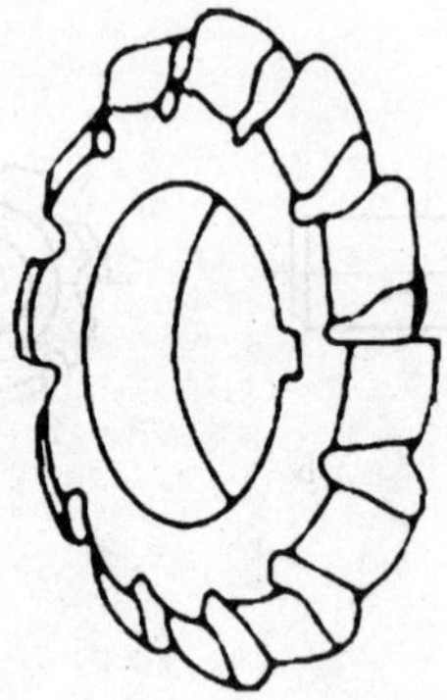

图 3-22　齿轮盘铣刀

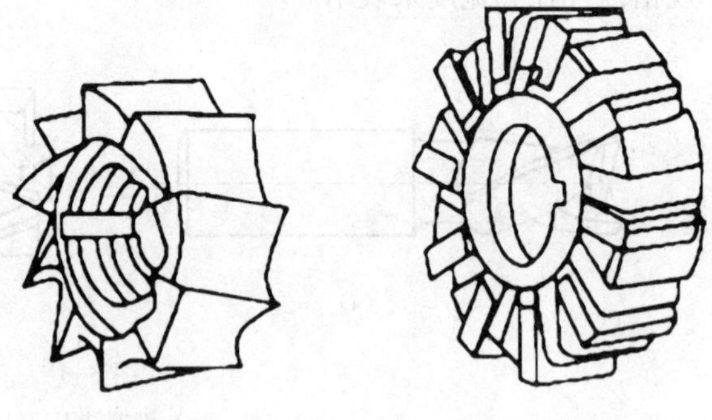

（a）　　　　（b）

图 3-23　套式面铣刀

（a）整体面铣刀；（b）镶齿面铣刀

（2）硬质合金铣刀

端铣刀、三面刃铣刀、立铣刀和键槽铣刀等，其切削部分均可采用焊接或机械装夹的硬质合金刀片，这样就变成了硬质合金铣刀。

① 硬质合金端铣刀。

图 3-24 所示是一种装配式硬质合金端铣刀，目前广泛应用这种铣刀铣削平面，可用于

立式铣床，也可用于卧式铣床。它是把硬质合金刀片焊在刀齿上，再用机械方法把刀齿夹固在刀体上。夹固刀齿可采用楔块、螺钉以及螺钉压板等方法，如图 3-25 所示。

刃磨这种铣刀可以使用专用磨床或夹具整体刃磨，也可以体外刃磨，即把刀齿拆下来分别刃磨，然后借助于样板或百分表，把各个刀齿的位置安装的一致。对于体外刃磨的硬质合金端铣刀，刀体上最好有微量调节刀齿位置的装置。

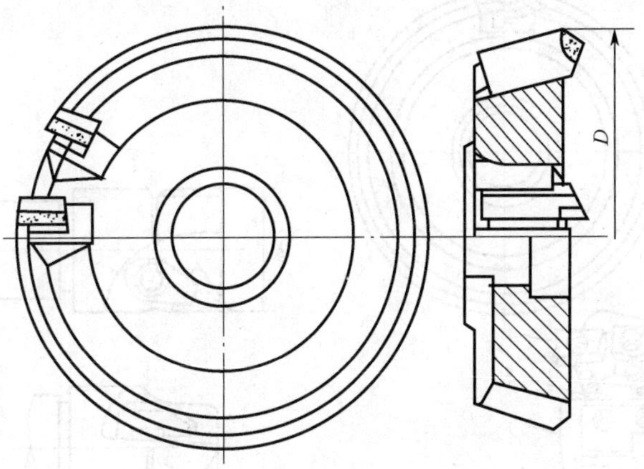

图 3-24 装配式硬质合金端铣刀

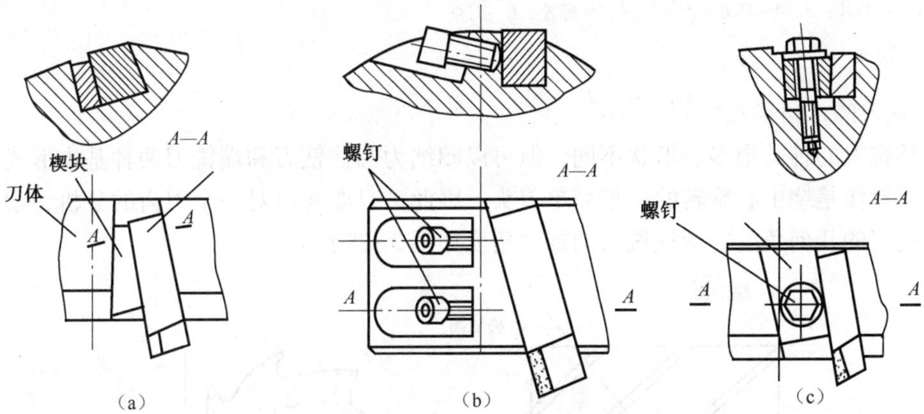

图 3-25 夹固刀齿的方法

（a）使用楔块；（b）使用螺钉；（c）使用螺钉压板

② 不重磨式硬质合金端铣刀。

这种铣刀是直接把多边形刀片夹固在刀体上，刀刃磨钝后不再重磨，而是把刀片转过一个角度使用另一个尖角。使用不重磨式硬质合金端铣刀，不但顺利解决了一般工厂中刃磨装配式端铣刀不易保证各刀齿径向跳动和端面跳动的问题，更重要的是刀片没有焊接时所产生的内应力和细小裂纹，因而能采用较大的切削速度和进给量，以提高生产率，同时也节约了刃磨的辅助时间。

图 3-26 所示为一种不重磨式硬质合金端铣刀。四边形硬质合金刀片 2 放在淬硬工具钢刀垫 6 的缺口中，采用三点定位方式。刀垫不但可以防止刀体被刀片压塌，而且刀垫的位置可以调整，然后由压块 4 压紧，以保证各个刀片安装后的径向跳动和端面跳动很小。刀片由

压块 3 压紧。5 为左、右牙螺栓，拧动它，可分别使压块 3 和压块 4 上下移动。

③ 不重磨式硬质合金立铣刀。

图 3-27 所示为一种不重磨式硬质合金立铣刀。它是把三角形硬质合金刀片用螺钉压板夹固在刀体的槽中。这种结构简单、紧凑、零件少，但是刀片的定位精度取决于刀体的制造精度。

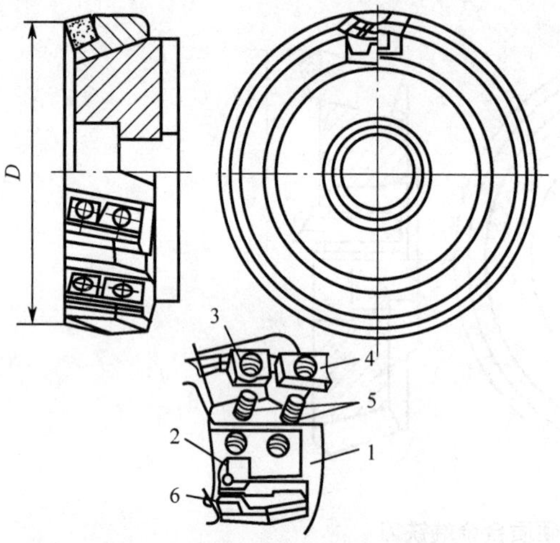

图 3-26　不重磨式硬质合金端铣刀

1—刀体；2—刀片；3，4—压块；5—左、右牙螺栓；6—刀垫

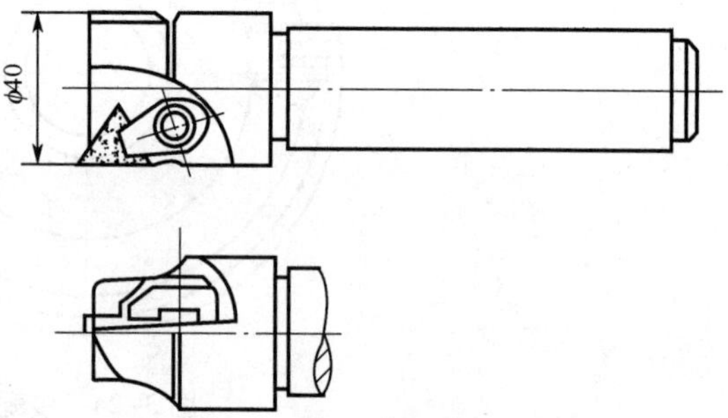

图 3-27　不重磨式硬质合金立铣刀

2. 铣刀的几何参数

虽然铣刀的种类很多、形状不同，但可以归纳为圆柱铣刀和端铣刀两种基本形式，每个刀齿可以看作是绕中心旋转的一把简单刀头。因此，只要通过对一个刀齿的分析，就可以了解整个铣刀的几何角度。圆柱铣刀的标注角度如图 3-28 所示。

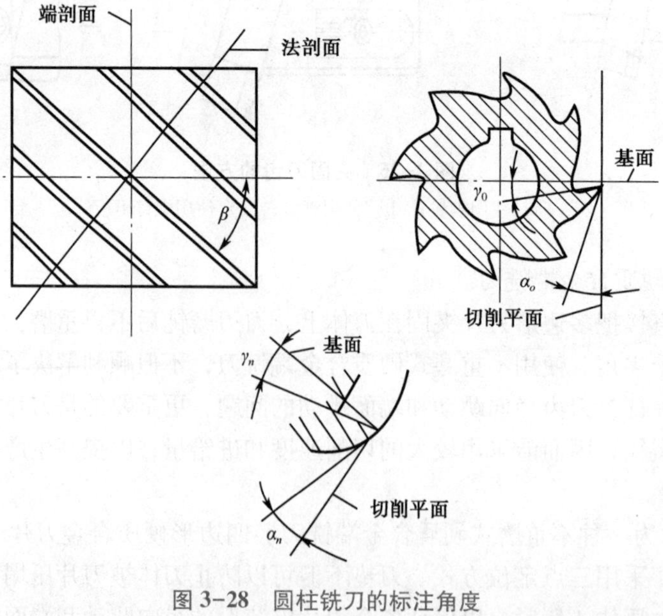

图 3-28　圆柱铣刀的标注角度

圆柱铣刀的正交平面是垂直于铣刀轴线的端剖面，切削平面是通过切削刃选定点的圆柱切平面，因此，刀齿的前角 γ_o 和后角 α_o 都标注在端剖面上。螺旋角 β 相当于刃倾角 λ，当 $\beta=0°$ 时，就是直齿圆柱铣刀。加工铣刀齿槽及刃磨刀齿时都需要铣刀齿槽的法向剖面参数，因此，如果是螺旋槽铣刀，还要标注法向剖面上的前角 γ_n 和后角 α_n 及螺旋角 β。

端铣刀各部分结构及标注角度如图 3-29 所示。端铣刀的一个刀齿可以看作是一把刀尖向下倒立着车平面的车刀，因此，端铣刀每个刀齿都有前角 γ_o、后角 α_o、主偏角 κ_r 和刃倾角 λ_s 四个基本角度。除此之外，还有副偏角 κ_r'、过渡刃长 b_ε 及过渡刃主偏角 κ_{re} 等。由于端铣刀的每一个齿相当于一把车刀，其各角度的定义可参照车刀确定。

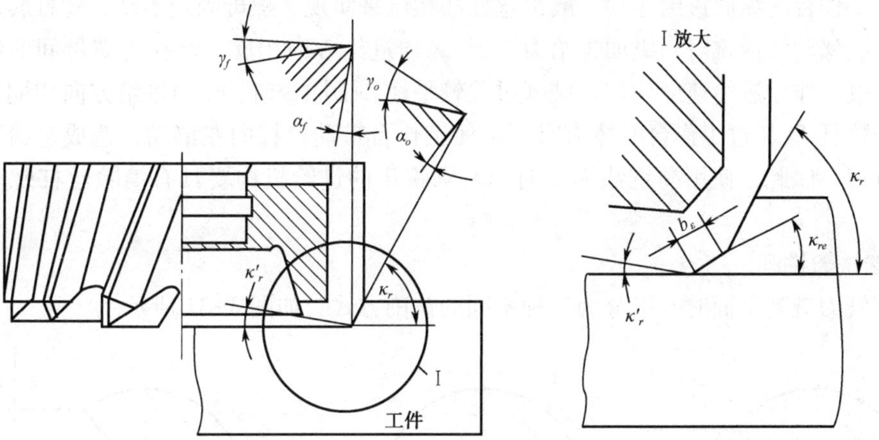

图 3-29　端铣刀各部分结构及标注角度

五、铣削加工方式

1. 圆柱铣刀铣削

圆柱铣刀铣削有逆铣和顺铣两种方式。如图 3-30 所示，铣刀旋转切入工件的方向与工件的进给方向相反时称为逆铣，相同时称为顺铣。

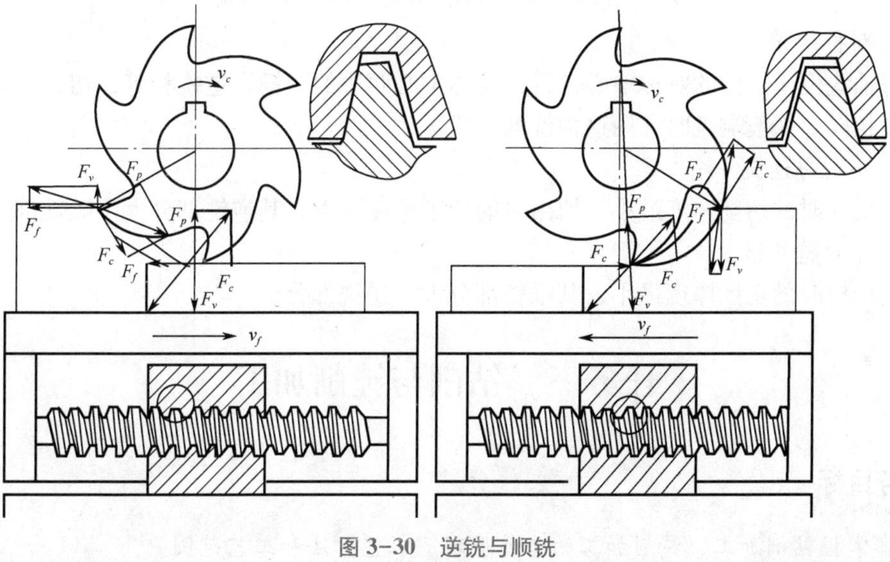
图 3-30　逆铣与顺铣

逆铣时，切削厚度由零逐渐增大，切入瞬时刀刃钝圆半径大于瞬时切削厚度，刀齿在工件表面上要挤压和滑行一段后才能切入工件，使已加工表面产生冷硬层，加剧了刀齿的磨损，同时使工件表面粗糙不平。此外，逆铣时刀齿作用于工件的垂直分力 F_v 朝上，有抬起工件的趋势，这就要求工件装夹牢固。逆铣时刀齿从切削层内部开始工作，当工件表面有硬皮时，对刀齿没有直接影响。

顺铣时，刀齿的切削厚度从最大开始，避免了挤压、滑行现象，并且 F_v 朝下压向工作台，有利于工件的夹紧，可提高铣刀耐用度和加工表面质量。与逆铣相反，顺铣加工要求工件表面没有硬皮，否则刀齿很易磨损。

铣床工作台的纵向进给运动一般由丝杠和螺母来实现，螺母固定不动，丝杠转动并带动工作台一起移动。逆铣时，纵向进给力 F_f 与纵向进给方向相反，丝杠与螺母间的传动面始终贴紧，故工作台进给速度均匀，铣削过程较平稳。而顺铣时，F_f 与进给方向相同，当传动副存在间隙且 F_f 超过工作台摩擦力时，会使工作台带动丝杠向左窜动，造成进给不均，甚至还会打刀。因此，使用顺铣法加工时，要求铣床的进给机构要具有消除丝杠螺母间隙的装置。

2. 端铣刀铣削

用端铣刀铣削平面时，可分为三种不同的铣削方式，如图 3-31 所示。

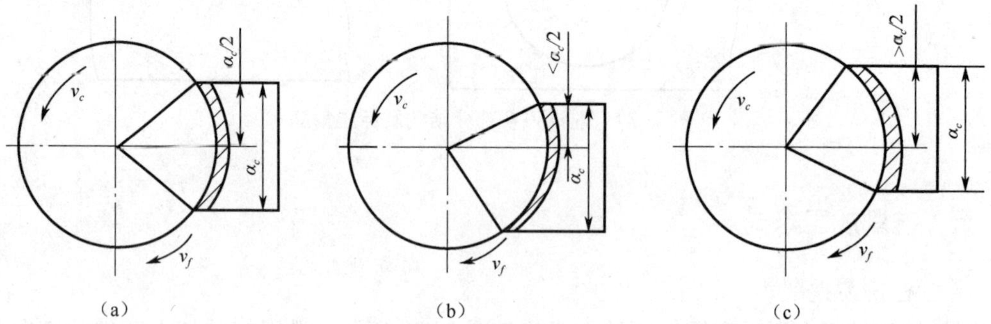

图 3-31　端铣的铣削方式

（a）对称端铣；（b）不对称逆铣；（c）不对称顺铣

（1）对称端铣

铣刀轴线位于工件的对称中心位置，对称中心两边的顺铣和逆铣相等，切入、切出时的切削厚度相同。一般端铣时常用这种铣削方式。

（2）不对称逆铣

刀齿切入时的切削厚度最小，切出时的切削厚度较大，其逆铣部分大于顺铣部分。

（3）不对称顺铣

刀齿切出时的切削厚度最小，其顺铣部分大于逆铣部分。

任务三　钻削与镗削加工

任务目标

（1）掌握钻削加工、镗削加工的工作原理、工艺方法和工艺范围。

(2) 了解钻床、镗床的结构，了解麻花钻、镗刀的结构和安装。

(3) 根据孔的图纸要求，选择合适的加工方法和设备。

钻削加工和镗削加工是加工孔的重要方法，孔加工是内表面的加工，切削情况不易观察，不但刀具的结构尺寸受到限制，而且排屑、导向和冷却润滑等问题都较为突出。

一、钻削

钻削加工是用钻头或扩孔钻等刀具在工件上加工孔的方法。用钻头在实体材料上加工孔的方法称为钻孔，用扩孔钻扩大已有孔的方法称为扩孔。此外，还可以进行锪孔、锪埋头孔和攻螺纹等工作，如图 3-32 所示。

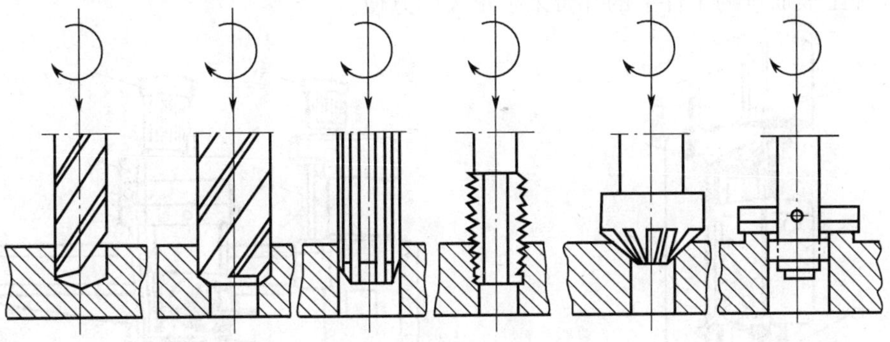

图 3-32　钻削加工范围

(a) 钻孔；(b) 扩孔；(c) 绞孔；(d) 攻螺纹；(e) 锪埋头孔；(f) 锪端面

钻削时，钻床主轴的旋转运动为主运动，主轴的轴向移动为进给运动。

1. 钻削特点和应用

① 钻头的刚性差、定心作用也很差，因而易导致钻孔时的孔轴线歪斜，钻头易扭断。

② 易出现孔径扩大现象。这不仅与钻头引偏有关，还与钻头的刃磨质量有关。钻头的两个主切削刃应磨得对称一致，否则钻出的孔径就会大于钻头直径，产生扩张量。

③ 钻孔加工是一种半封闭式切削，由于切屑较宽且切屑变形大，容屑槽尺寸又受到限制，所以排屑困难，加工表面质量不高。

④ 切削热不易传散。钻削时，高温切屑不能及时排出，切削液又难以注入切削区，因此，切削温度较高，刀具磨损加快，这就限制了切削用量的提高和生产率的提高。

由上述特点可知，钻孔的加工质量较差，尺寸精度一般为 IT13～IT11，表面粗糙度 *Ra* 为 50～12.5 μm。钻孔直径一般小于 80 mm。

钻孔是一种粗加工方法，对精度要求不高的孔，可作为终加工方法，如螺栓孔、润滑油通道孔等。对于精度要求较高的孔，由钻孔进行预加工后再进行扩孔、绞孔或镗孔。

2. 钻床

(1) 立式钻床（如图 3-33 所示）

加工时工件直接或通过夹具安装在工作台上，主轴的旋转运动由电动机经变速箱传动。加工时主轴既做旋转的主运动，又做轴向的进给运动。工作台和进给箱可沿立柱上的导轨调整其上下位置，以适应在不同高度的工件上进行钻削加工。由于在立式钻床上是通过移动工件位置的方法使被加工孔的中心与主轴中心对中，因而操作很不方便，不适用于加工大型零件，生产率也不高。此外，立式钻床的自动化程度一般均较低，故常用于单件、小批生产中加工中小型工件。

（2）摇臂钻床

摇臂钻床是一种摇臂可绕立柱回转和升降，主轴箱又可在摇臂上做水平移动的钻床。图3-34所示为摇臂钻床的外形图。工件固定在底座1的工作台上，主轴8的旋转和轴向进给运动是由电动机通过主轴箱7来实现的。主轴箱可在摇臂3的导轨上移动，摇臂借助电动机5及丝杠4的传动，可沿立柱2上下移动。立柱2由内立柱和外立柱组成，外立柱可绕内立柱做任意角度的回转。由此主轴很容易地被调整到所需的加工位置上，这就为在单件、小批生产中，加工大而重的工件上的孔带来了很大的方便。

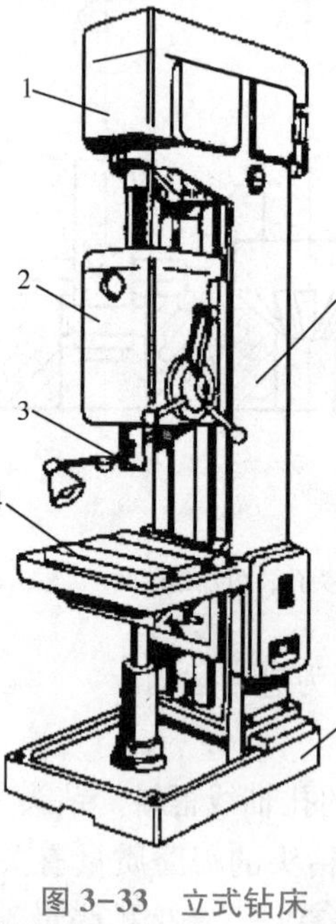

图3-33　立式钻床

1—变速箱；2—进给箱；3—主轴；4—工作台；5—底座；6—立柱

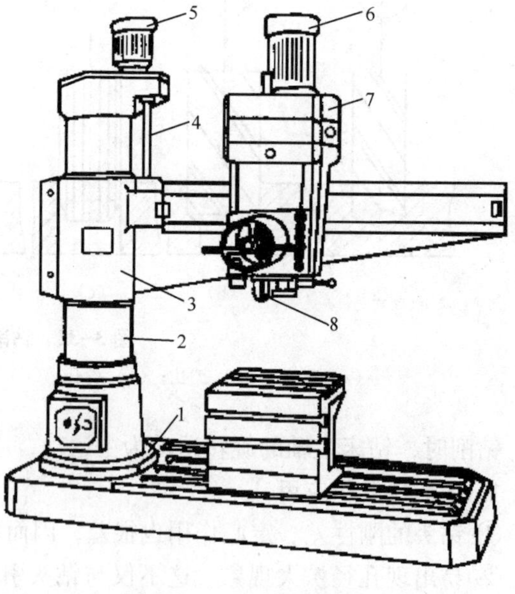

图3-34　摇臂钻床

1—底座；2—立柱；3—摇臂；4—丝杠；5，6—电动机；7—主轴箱；8—主轴

3. 钻头

麻花钻头即标准麻花钻，是钻孔的常用刀具，一般由高速钢制成。麻花钻的结构如图3-35所示。

麻花钻主要由柄部（尾部）、颈部和工作部分组成。工作部分包括切削部分和导向部分。

柄部是钻头的夹持部分，有直柄和锥柄两种。锥柄可传递较大的转矩，而直柄传递的转矩较小。通常，锥柄用于直径大于16 mm的钻头，而钻头直径在12 mm以下的则用直柄。直径介于12 mm和16 mm之间的钻头，锥柄和直柄均可用。

颈部位于工作部分与柄部之间，钻头的标记（如钻孔直径等）就打印在此处。

导向部分有两条对称的棱边（棱带）和螺旋槽。其中较窄的棱边起导向和修光孔壁的作用，同时也减少了钻头外径和孔壁的摩擦面积；较深的螺旋槽（容屑槽）用来进行排屑和输送切削液。

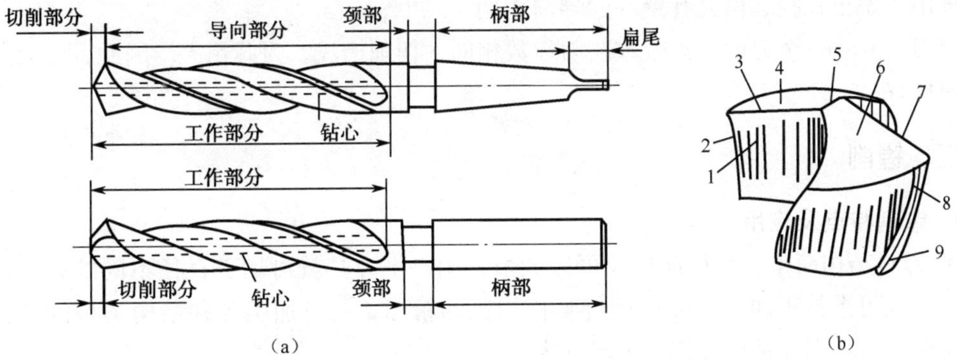

图 3-35　麻花钻的结构

（a）钻头整体结构；（b）钻头切削部分

1—前刀面；2，8—副切削刃（棱边）；3，7—主切削刃；4，6—后刀面；5—横刃；9—副后面

切削部分担负主要的切削工作。它有两个刀齿（刃瓣），每个刀齿可看作是一把外圆车刀。两个主后刀面的交线称为横刃，它是麻花钻所特有而其他刀具所没有的。横刃上有很大的负前角，会造成很大的轴向力，恶化了切削条件。两主切削刃之间的夹角称为顶角（2ϕ），一般为 118°±2°。

钻孔时，孔的尺寸是由麻花钻的尺寸来保证的。钻出孔的直径比钻头实际尺寸略有增大。

4. 绞刀

绞刀从工件孔壁切除微量金属层，以提高其尺寸精度和降低表面粗糙度值。它适用于孔的半精加工及精加工，也可用于磨孔或研孔前的预加工。由于绞孔时切削余量小，所以绞孔后其公差等级一般为 IT8～IT7，表面粗糙度 Ra 值为 3.2～1.6 μm，精细绞的尺寸公差等级最高可达 IT6，表面粗糙度 Ra 值为 1.6～0.4 μm。绞削不适合加工淬火钢和硬度太高的材料。绞刀是定尺寸刀具，适合加工中小直径孔。在绞孔之前，工件应经过钻孔、扩（镗）孔等加工。

绞刀分为手用绞刀和机用绞刀。绞刀的结构如图 3-36（b）所示。手用绞刀为直柄，工作部分较长，导向作用好，可以防止手工绞孔时绞刀歪斜。机用绞刀多为锥柄，可安装在钻床、车床和镗床上绞孔。

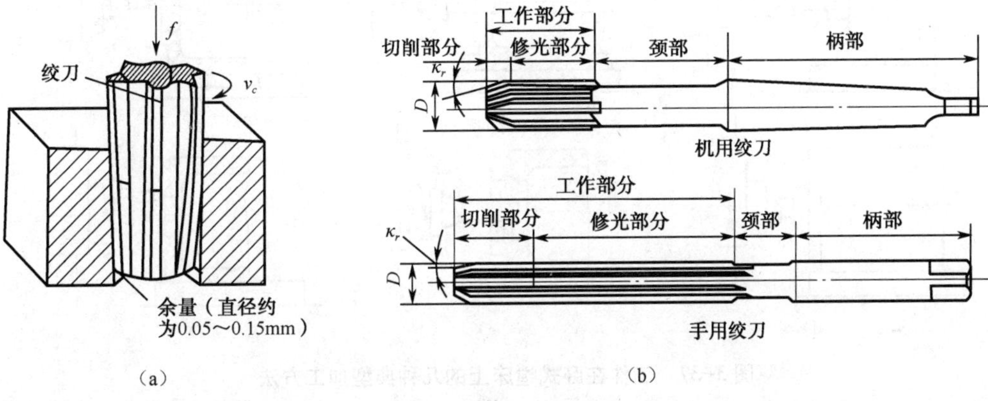

图 3-36　绞孔和绞刀

（a）绞孔；（b）绞刀

绞刀的工作部分包括切削部分和修光部分。切削部分呈锥形，担负主要的切削工作。修光部分用于矫正孔径、修光孔壁并起导向作用。

绞刀有 6～12 个刀齿，刃带数与刀齿数相同，切削槽浅，刀芯粗大。因此，绞刀的刚度和导向性好。

二、镗削

1. 镗削特点及应用

① 刀具结构简单，且径向尺寸可以调节，用一把刀具就可加工直径不同的孔；在一次安装中，既可进行粗加工，又可进行半精加工和精加工；可加工各种结构类型的孔，如盲孔、阶梯孔等，因而适应性广，灵活性大。

② 能校正原有孔的轴线歪斜与位置误差。

③ 由于镗床的运动形式较多，工件放在工作台上，可方便准确地调整被加工孔与刀具的相对位置，因而能保证被加工孔与其他表面间的相互位置精度。

④ 镗孔质量主要取决于机床精度和工人的技术水平，因而对操作者技术要求较高。

⑤ 与绞孔相比较，由于单刃镗刀刚性较差，且镗刀杆为悬臂布置或支撑跨距较大，使切削稳定性降低，因而只能采用较小的切削用量，以减少镗孔时镗刀杆的变形和振动，同时，参与切削的主切削刃只有一个，因而生产率较低，且不易保证稳定的加工精度。

⑥ 不适宜进行细长孔的加工。

综上所述，镗孔特别适合于单件小批生产中对复杂的大型工件上的孔系进行加工。这些孔除了有较高的尺寸精度要求外，还有较高的相对位置精度要求。镗孔精度一般可达 IT9～IT7，表面粗糙度 Ra 可达 1.6～0.8 μm。此外，对于直径较大的孔（直径大于 80 mm）、内成形表面、孔内环槽等，镗孔是唯一合适的加工方法。图 3-37 所示为工件在卧式铣镗床上的几种典型加工方法。机床主轴的旋转运动是主运动（n 轴）或平旋盘的旋转运动（n 盘）是主运动；进给运动的方式可根据加工要求，选取镗轴的纵向移动（f_1）、主轴箱的垂直进给（f_2）、工作台的纵向进给（f_3）或者平旋盘上刀架滑板径向进给（f_4）等方式。

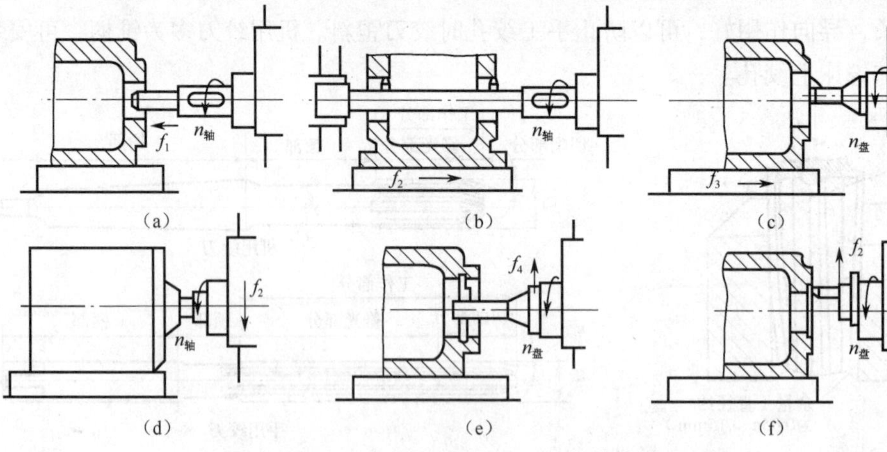

图 3-37　工件在卧式镗床上的几种典型加工方法

2. 镗床

镗床是一种主要用镗刀加工有预制孔的工件的机床。通常，镗刀旋转为主运动，镗刀或工件的移动为进给运动。它适合加工各种复杂和大型工件上的孔，尤其适合于加工直径较大的孔以及内成形表面或孔内环槽。镗孔的尺寸精度及位置精度均比钻孔高。根据用途，镗床可分为卧式铣镗床、坐标镗床、金刚镗床、落地镗床以及数控铣镗床等。

（1）卧式铣镗床

卧式铣镗床的主轴为水平布置并可轴向进给，主轴箱可沿前立柱导轨垂直移动，工作台可旋转并可实现纵、横向进给，在卧式铣镗床上也可进行铣削加工。卧式铣镗床的外形如图 3-38 所示。

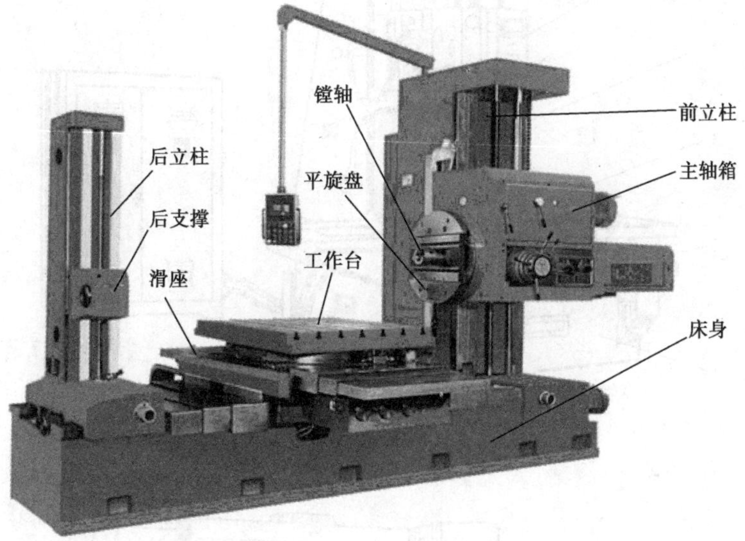

图 3-38　卧式铣镗床的结构

卧式铣镗床所适应的工艺范围较广，除镗孔外，还可钻、扩、绞孔，车削内外螺纹、攻螺纹，车外圆柱面和端面以及用端铣刀或圆柱铣刀铣平面等。如再利用特殊附件和夹具，其工艺范围还可扩大。工件在一次安装的情况下，即可完成多种表面的加工，这对于加工大而重的工件是特别有利的。但由于卧式铣镗床结构复杂，生产率一般又较低，故在大批量生产中加工箱体零件时多采用组合机床和专用机床。

卧式铣镗床的主要参数是主轴直径。

（2）坐标镗床

坐标镗床是指具有精密坐标定位装置的镗床，是一种用途较为广泛的精密机床。它主要用于镗削尺寸、形状及位置精度要求比较高的孔系，还能进行钻孔、扩孔、绞孔、锪端面、切槽、铣削等工作。此外，在坐标镗床上还能进行精密刻度、样板的精密划线、孔间距及直线尺寸的精密测量等。它不仅适用于在工具车间加工精密钻模、镗模及量具等，而且也适用于在生产车间成批地加工孔距精度要求较高的箱体及其他类零件。

坐标镗床有立式和卧式之分。立式坐标镗床适用于加工孔轴线与安装基面（底面）垂直的孔系和铣削顶面；卧式坐标镗床适用于加工与安装基面平行的孔系和铣削侧面。立式坐标镗床还有单柱和双柱两种形式。

立式单柱坐标镗床如图 3-39（a）所示。工件固定在工作台上，坐标位置的确定分别由工作台沿导轨纵向移动和横向移动来实现。此类形式多为中、小型坐标镗床。

立式双柱坐标镗床如图 3-39（b）所示。两个立柱、顶梁和床身呈龙门框架结构。两个坐标方向的移动，分别由主轴箱 7 沿横梁 6 的导轨做横向移动和工作台 9 沿床身 10 的导轨做纵向移动来实现。工作台和床身之间的环节比单柱式的要少，所以刚度较高。大、中型坐标镗床多采用此种布局。

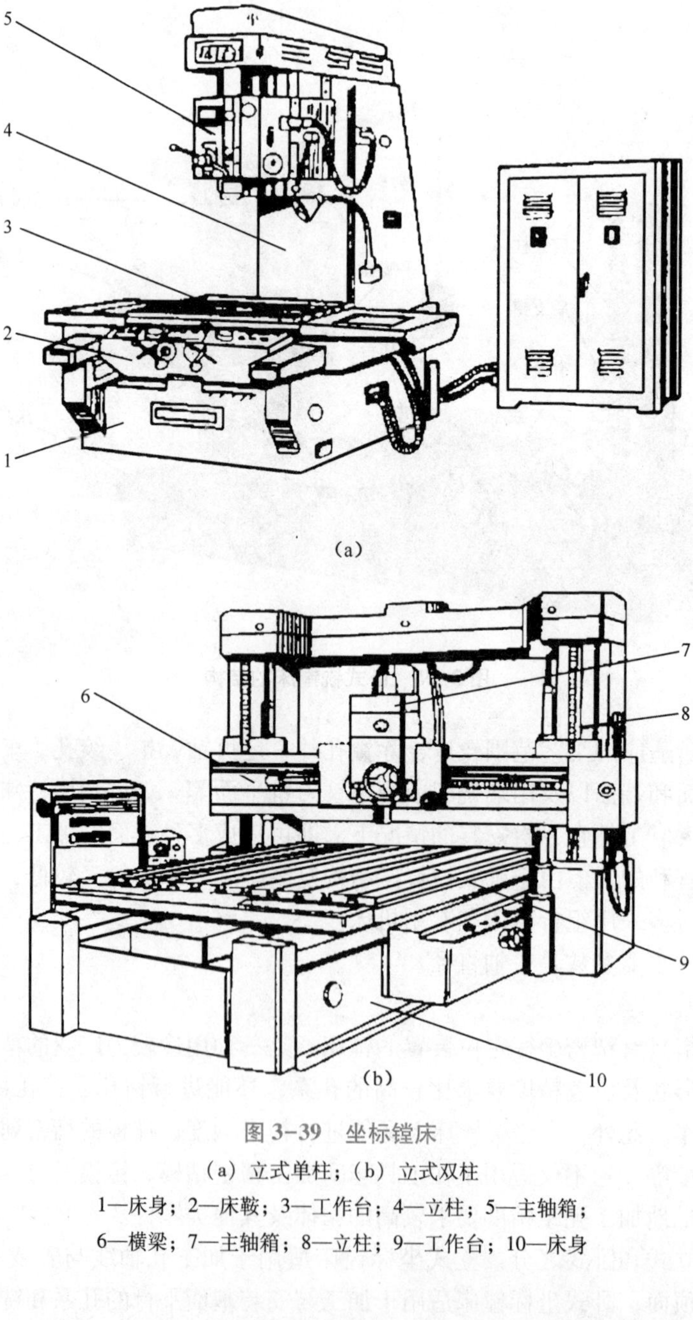

图 3-39　坐标镗床

（a）立式单柱；（b）立式双柱

1—床身；2—床鞍；3—工作台；4—立柱；5—主轴箱；

6—横梁；7—主轴箱；8—立柱；9—工作台；10—床身

三、镗刀

镗刀种类一般可分为单刃镗刀、双刃镗刀和镗刀头。

1. 单刃镗刀

单刃镗刀结构如图 3-40 所示，这种镗刀只有一个切削刃，结构简单、容易制造、对刀简便。图 3-40（a）所示为通孔镗刀，图 3-40（b）所示为盲孔镗刀。

在镗床上精镗孔时，为了便于调整镗刀尺寸，可采用微调镗刀（如图 3-41 所示）。带有精密螺纹的圆柱形镗刀头装入镗刀杆中，导向键起导向作用。带刻度的调整螺帽与镗刀头螺纹精密配合，并以镗杆的圆锥面定位。拉紧螺钉通过垫圈将镗刀头固定在镗杆孔中。镗盲孔时，镗刀头与镗杆轴线倾斜 53°8′。镗刀头上螺纹螺距为 0.5 mm，螺帽刻线为 40 格。螺帽每转 1 格，镗刀在径向的移动量为：

$$\Delta R = 0.5(\sin 53°8')/40 = 0.01\ (\text{mm})$$

镗通孔时，刀头若垂直于刀杆轴线安装，可用螺帽刻度为 50 格，当螺帽转 1 格，镗刀在径向的移动量为 $\Delta R = 0.5/50 = 0.01$（mm）。

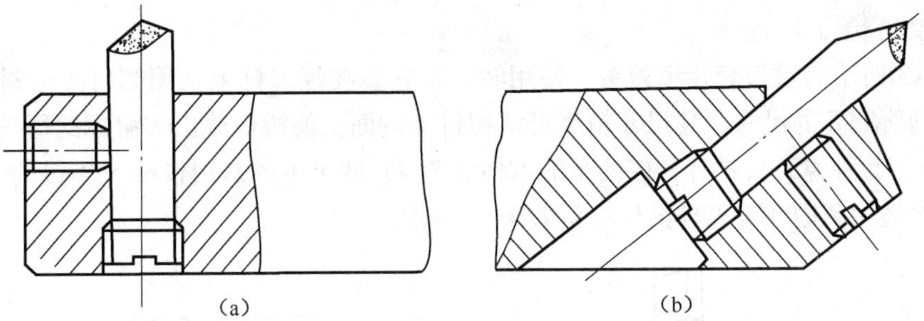

图 3-40　单刃镗刀

（a）通孔镗刀；（b）盲孔镗刀

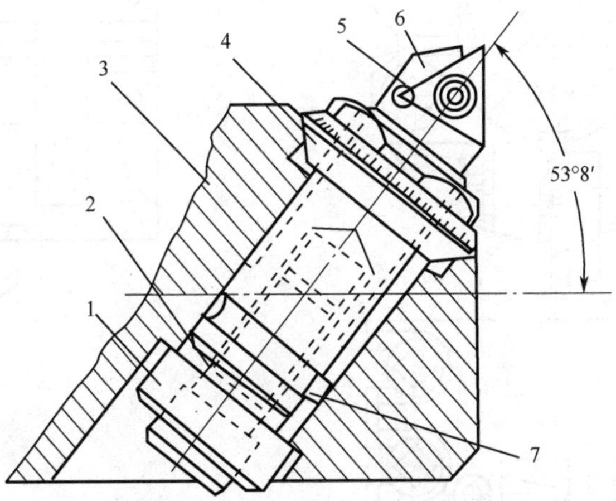

图 3-41　微调镗刀的结构

1—垫圈；2—拉紧螺钉；3—镗刀杆；4—调整螺帽；5—刀片；6—镗刀头；7—导向键

2. 双刃镗刀

双刃镗刀（如图 3-42 所示）的两个切削刃对称地分布在镗刀杆轴线的两侧，可以消除切削抗力对镗刀杆变形的影响。

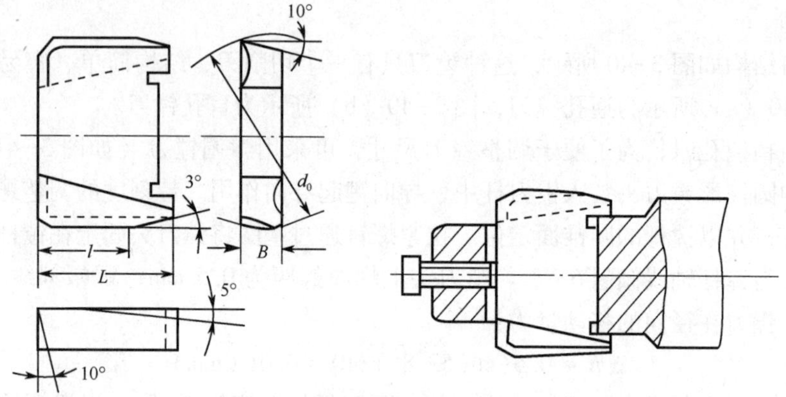

图 3-42　双刃镗刀

3. 镗刀头

（1）套装镗刀头

图 3-43 所示为双刀套装镗刀头。使用时，将它装在镗刀杆上。用螺钉 1 通过滑块 2 将镗刀调节到所需要的尺寸，其尺寸精度可从螺钉 1 端面上的游标读出，游标的每一格刻度值为 0. 05mm。此种镗刀头具有分成两半的本体 3 与 4，两半本体是用铰链 5 连接的。使用时，用螺钉 6 将镗刀紧固在镗刀杆的任一位置上。

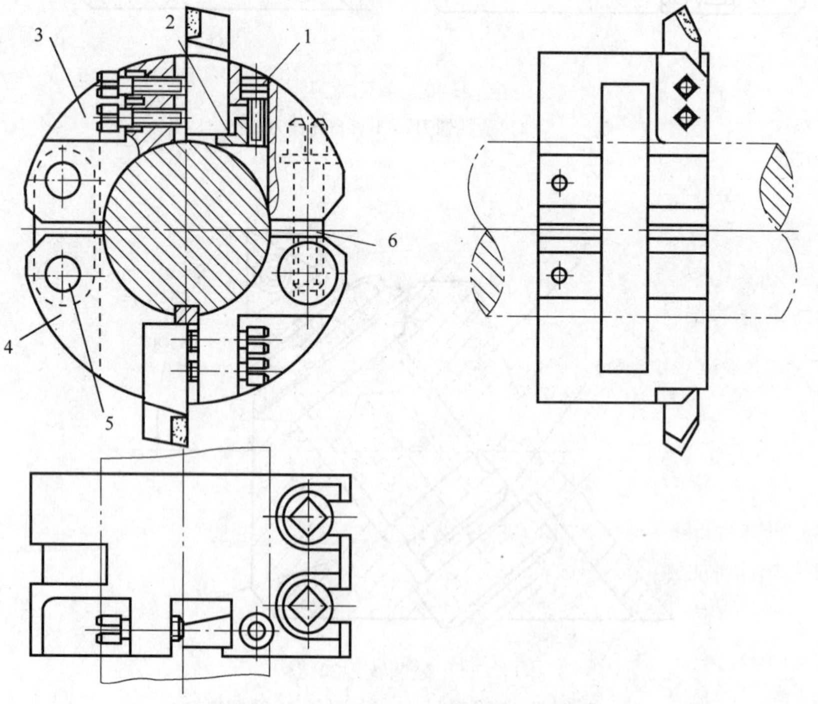

图 3-43　双刀套装镗刀头

1，6—螺钉；2—滑块；3，4—本体；5—铰链

（2）深孔镗刀头

深孔镗刀头如图 3-44 所示，其结构是前后均有导向块，前导向块 2 是由两块硬质合金组成，后导向块 4 由四块硬质合金组成，镗刀尺寸用对刀块 1 调整，其尺寸应当与镗刀头导向尺寸及导向套尺寸一致。前导向块 2 的轴向位置应在刀尖后面 2 mm 左右。刀体 5 的右端加工有内螺纹，用于与刀杆连接。

这种镗刀头的进给方式是采用推镗法和前排屑方式，改变了拉镗方法。拉镗法虽然刀杆受拉力，受力方式较好，但装夹工件与调整镗孔尺寸比较困难，因此，生产效率较低。

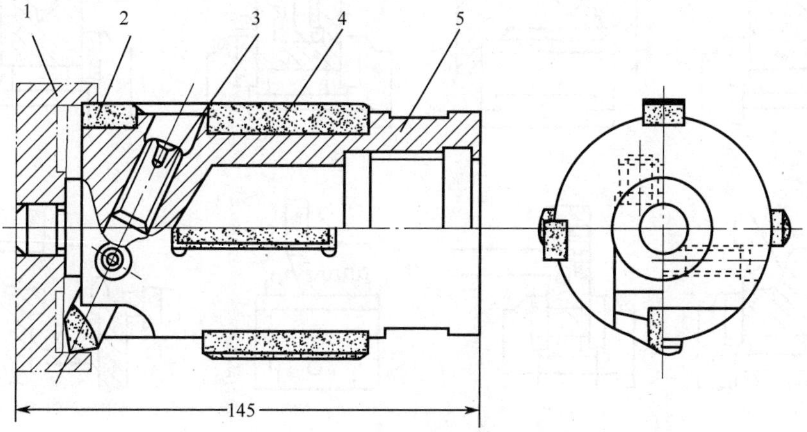

图 3-44　深孔镗刀头

1—对刀块；2—前导向块；3—调节螺钉；4—后导向块；5—刀体

任务四　刨削与拉削加工

任务目标

（1）掌握刨削加工、拉削加工的工作原理、工艺方法和工艺范围。

（2）了解刨床、拉床的结构，了解刨刀、拉刀的结构。

（3）根据工件的图纸要求，选择合适的加工方法和设备。

一、刨削加工

1. 刨削加工特点及应用

刨削是在刨床上用刨刀对工件做水平相对直线往复运动的切削加工方法。其基本工作内容有刨平面、刨垂直面、刨斜面、刨V形槽、刨燕尾槽、刨成形表面等。图 3-45 所示为刨削加工的范围。刨削加工的精度一般可达 IT10～IT8，表面粗糙度 *Ra* 可达 6. 3～1. 6 μm。

刨削时，刨刀（或工件）的往复直线运动是主运动；刨刀前进时切下切屑的行程，称为工作行程或切削行程；反向退回的行程，称为回程或返回行程。刨刀（或工件）每次退回后间歇横向移动，称为进给运动。如图 3-46 所示。由于往复运动在反向时惯性力较大，限制了主运动的速度不能太高，因此生产率较低。刨床结构简单、万能性好、价格低廉、使用方便，刨刀也简单，故在单件、小批生产及加工狭长平面时仍然广泛应用。

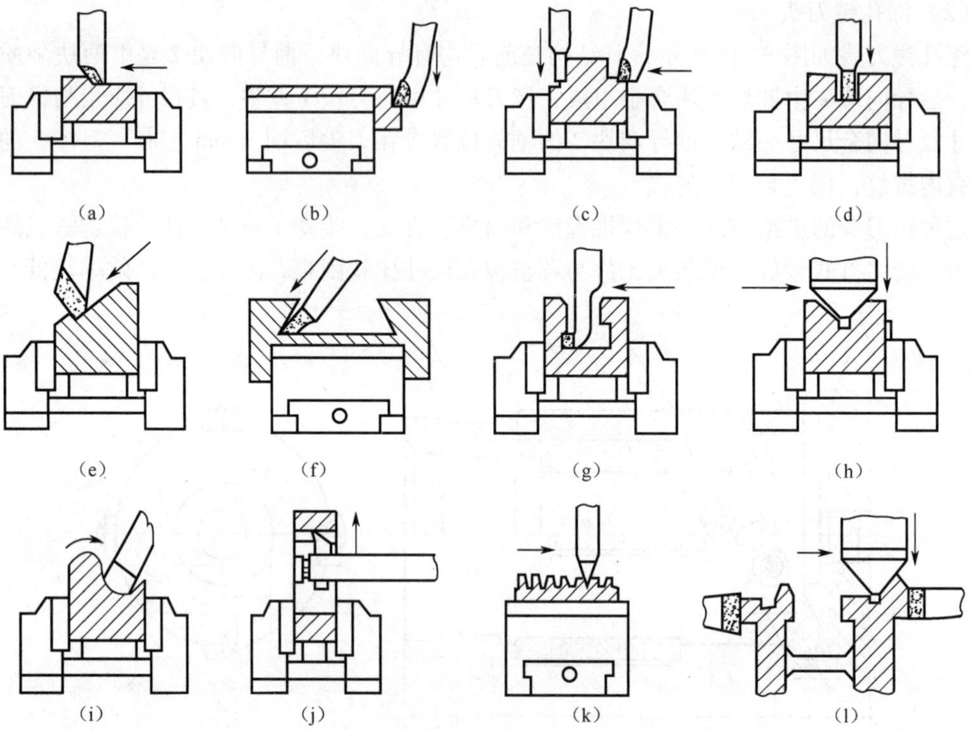

图 3-45　刨削加工的范围

(a) 刨平面；(b) 刨垂直面；；(c) 刨台阶面；(d) 刨直角沟槽；
(e) 刨斜面；(f) 刨燕尾槽；(g) 刨T形槽；(h) 刨V形槽；
(i) 刨曲面；(j) 刨孔内键槽；(k) 刨齿条；(l) 刨复合表面

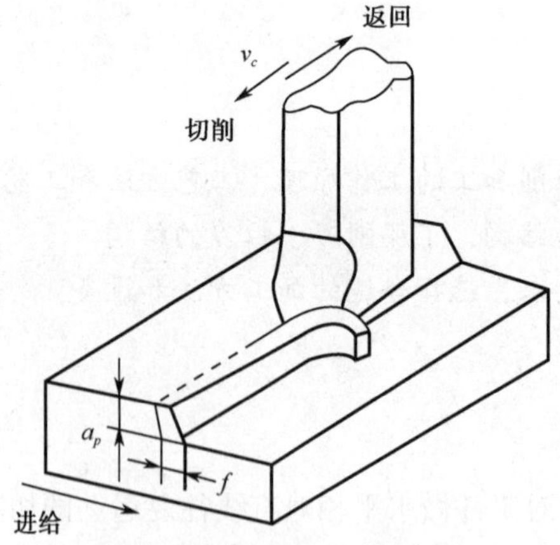

图 3-46　刨削运动和刨削用量

因为刨削是间歇切削，速度低，回程时刀具、工件能得到冷却，所以一般不加冷却液。

2. 刨床

(1) 牛头刨床

牛头刨床主要用于加工中、小型工件表面及沟槽，刨削长度一般较短，适用于单件加工或小批量生产。因刨削加工过程中有冲击和振动，较难达到很高的加工精度。B6065 牛头刨床外观如图 3-47 所示。

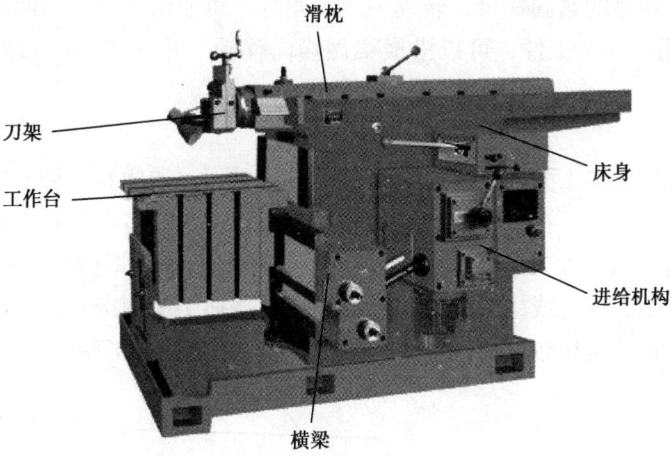

图 3-47　B6065 牛头刨床产品结构

牛头刨床主要由床身、滑枕、刀架、工作台、横梁、进刀机构和变速机构等部分组成。

① 床身。床身用于安装和连接刨床的部件，顶面有水平导轨，滑枕沿导轨做往复运动，前侧面有垂直导轨，由横梁带动工作台做升降。床身内部安装有变速机构和摆杆机构，可以调整滑枕的运动速度和行程长度。

② 滑枕。滑枕前端连接刀架，主要用于带动刨刀做直线运动。

③ 刀架。用于装夹刨刀，其结构如图 3-48 所示。

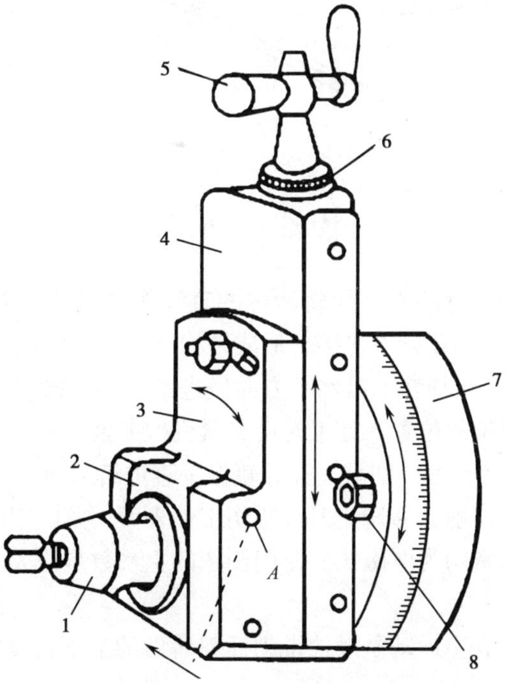

图 3-48　B6065 牛头刨床的刀架

1—刀夹；2—抬刀板；3—刀座；4—滑板座；
5—手柄；6—刻度盘；7—转盘；8—螺母

摇动刀架顶部手柄可使刀架做上下移动，通过和手柄连动的刻度盘可准确控制背吃刀量。松开滑板座与转盘的紧固螺母，转动一定的角度，可使刨刀做斜向间歇进给。

④ 工作台。用于安装工件，可以沿横梁做横向移动，并随横梁一起做升降运动，调整工件位置。

（2）龙门刨床

龙门刨床主要用于加工大型或重型零件上的各种平面、沟槽和各种导轨面。工件的长度可达十几米甚至更长，也可在工作台上一次装夹多个中、小型零件进行多件加工，还可以用多把刨刀同时刨削，从而大大提高了生产率。大型龙门刨床往往还附有铣头和磨头等部件，以便使工件在一次装夹中完成刨、铣、磨等工作。与普通牛头刨床相比，其形体大、结构复杂、刚性好，加工精度也比较高。图 3-49 所示为龙门刨床的外形图。

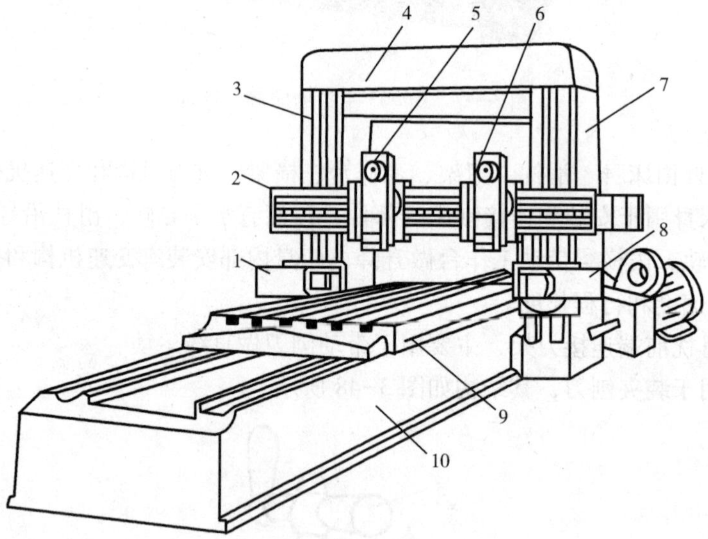

图 3-49　龙门刨床的外形

1，8—左、右侧刀架；2—横梁；3，7—左、右立柱；4—顶梁；
5，6—垂直刀架；9—工作台；10—床身

主运动是工作台 9 沿床身的水平导轨所做的直线往复运动。床身 10 的两侧固定有左、右立柱 3 和 7，两立柱顶端用顶梁 4 连接，形成结构刚性较好的龙门框架。横梁 2 上装有两个垂直刀架 5 和 6，可在横梁导轨上沿水平方向做进给运动。横梁 2 可沿左、右立柱的导轨上下移动，以调整垂直刀架的位置，加工时由夹紧机构夹紧在两个立柱上。左、右立柱上分别装有左、右侧刀架 1 和 8，可分别沿立柱导轨做垂直进给运动，以加工侧面。

刨削加工时，返程不切削，为避免刀具碰伤工件表面，龙门刨床刀架夹持刀具的部分设有返程自动让刀装置，通常均为电磁式。龙门刨床的主参数是最大刨削宽度。

（3）插床

插床又称立式刨床，其主运动是滑枕带动插刀所做的上下往复直线运动。图 3-50 所示为插床的外形。

滑枕向下移动为工作行程，向上为空行程。滑枕导轨座可以绕销轴在小范围内调整角度，以便加工倾斜的内外表面。床鞍和溜板可以分别带动工件实现横向和纵向的进给运动，

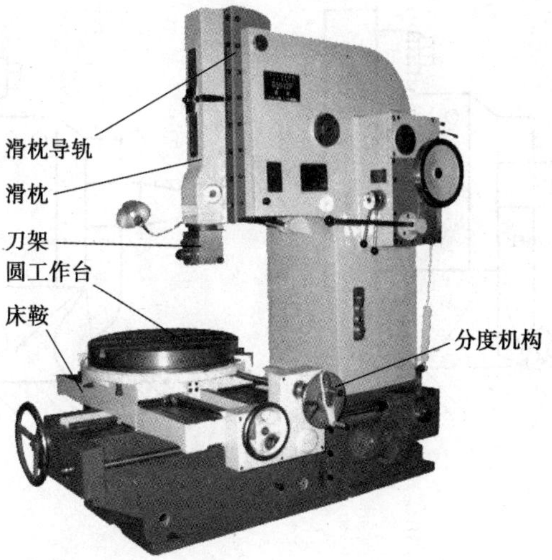

图 3-50 插床的外形

圆工作台可绕垂直轴线旋转，实现圆周进给运动或分度运动。圆工作台在各个方向上的间歇进给运动是在滑枕空行程结束后的短时间内进行的。圆工作台的分度运动由分度装置实现。插床主要用于加工工件的内部表面，如多边形孔或孔内键槽等，有时候也用于加工成型内外表面。

插床加工范围较广，加工费用也比较低，但其生产率不高，对工人的技术要求较高。因此，插床一般适用于在工具、模具、修理或试制车间等进行单件小批量生产。

3. 刨刀

常用刨刀如图 3-51 所示。由于刨削是断续切削，刨刀切入工件时受到较大的冲击力，因此，刨刀的刀杆比较粗，而且常制成弯头。弯头刨刀除能缓和冲击、避免崩刃外，在受力发生弯曲变形时还不致啃伤工件表面，如图 3-52 所示。

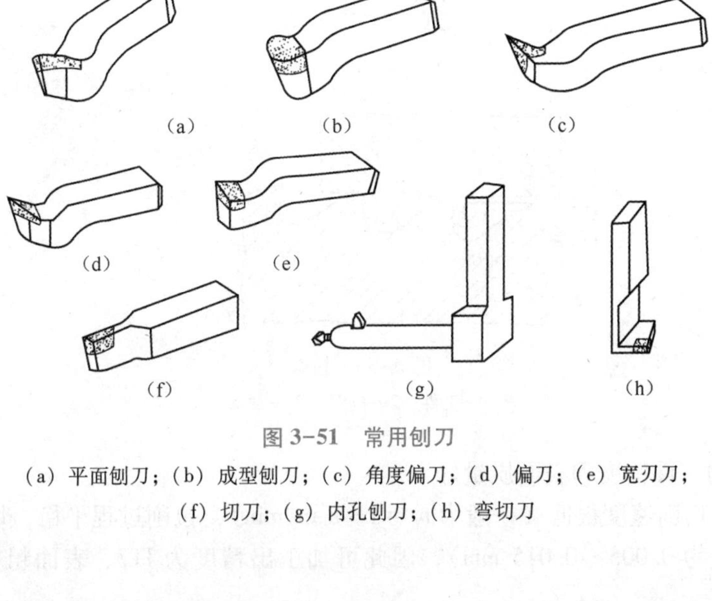

图 3-51 常用刨刀

(a) 平面刨刀；(b) 成型刨刀；(c) 角度偏刀；(d) 偏刀；(e) 宽刃刀；(f) 切刀；(g) 内孔刨刀；(h) 弯切刀

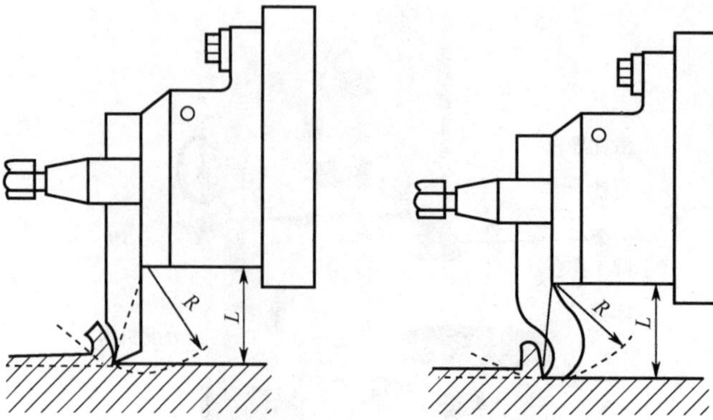

图 3-52　直头刨刀和弯头刨刀

二、拉削加工

1. 拉削加工特点

拉削是一种高生产率、高精度的加工方法。拉削时，由于拉刀的后一个（或一组）刀齿比前一个（或一组）刀齿高出一个齿升量，所以拉刀从工件预加工孔内通过时，可把多余的金属一层一层地切去，获得较高的精度和较好的表面质量。如图 3-53 所示。

拉削与其他加工方法比较，具有以下特点：

（1）生产率高

拉刀是多齿刀具，同时参加切削的齿数多，切削刃长度大，一次行程可完成粗加工、半精加工和精加工，因此生产率很高。在加工形状复杂的表面时，拉刀效果更加显著。

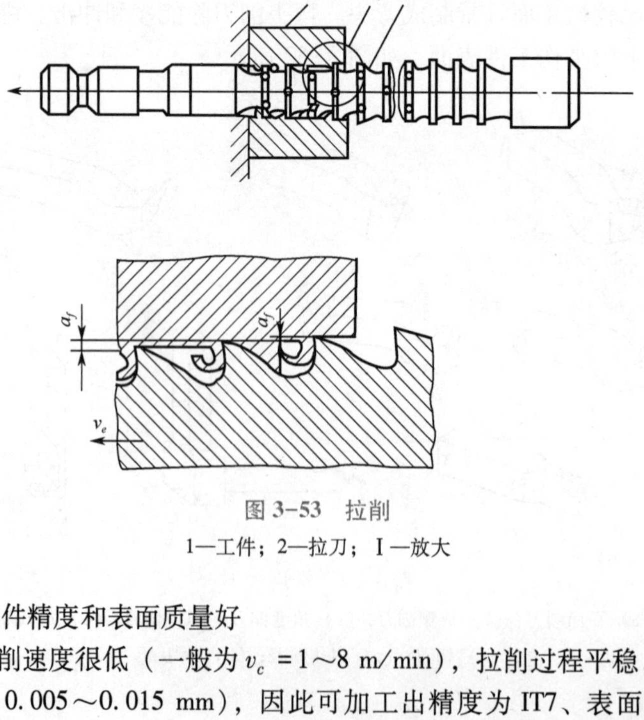

图 3-53　拉削

1—工件；2—拉刀；I—放大

（2）拉削的工件精度和表面质量好

由于拉削时切削速度很低（一般为 v_c =1～8 m/min），拉削过程平稳，切削厚度小（一般精切齿齿升量为 0.005～0.015 mm），因此可加工出精度为 IT7、表面粗糙度 *Ra* 不大于

0.8 μm的工件。

(3) 拉刀使用寿命长

由于拉削速度低，而且每个刀齿实际参加切削的时间很短，因此，切削刃磨损慢，使用寿命长。拉刀结构比较复杂。

(4) 拉削运动简单

拉削只有主运动，进给运动由拉刀的齿升量完成，所以拉床的结构很简单。

2. 拉床

拉床按其加工表面所处的位置，可分为内表面拉床（内拉床）和外表面拉床（外拉床）。按拉床的结构和布局形式，又可分为立式拉床、卧式拉床、连续式（链条式）拉床等。

3. 拉刀

(1) 拉刀的种类和应用范围

拉削在工业生产中应用很广泛，可加工不同的内外表面，因此，拉刀的种类也很多。如按加工表面的不同，拉刀可分为内拉刀和外拉刀。

内拉刀用于加工内表面。常见的有圆孔拉刀、方孔拉刀、花键拉刀和键槽拉刀等。一般内拉刀刀齿的形状都做成被加工孔的形状。如图 3-54 和图 3-56 所示。

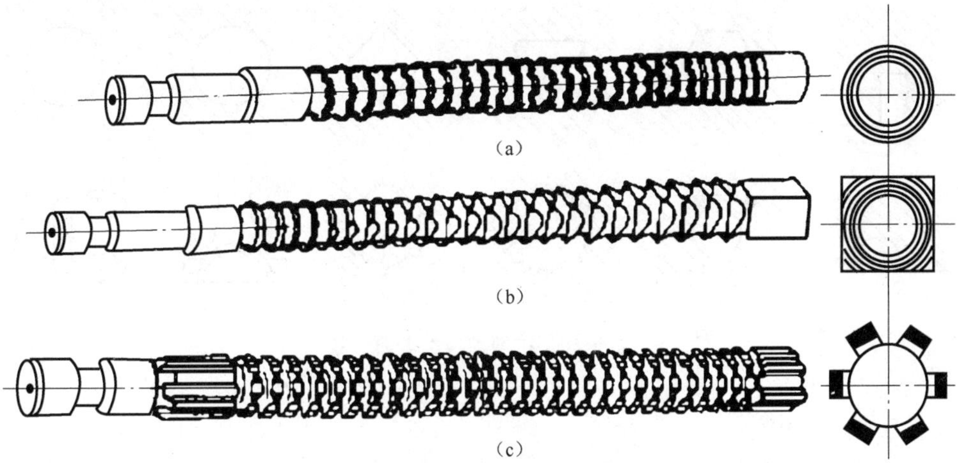

图 3-54　内拉刀

(a) 圈孔拉刀；(b) 方孔拉刀；(c) 花键拉刀

外拉刀用于加工外成形表面，如图 3-55 和图 3-56 所示。在我国，内拉刀比外拉刀应用得更普遍些。

(2) 拉刀的结构

普通圆孔拉刀的结构如图 3-57 所示。

① 柄部。供拉床夹头夹持以传递动力。

② 颈部。连接柄部与其后各部分，也是打标记的位置。

③ 过渡锥。引导拉刀能顺利进入工件的预制孔中。

④ 前导部。引导拉刀进入将要切削的正确位置，起导向和定心作用。

⑤ 切削部。承担全部余量的切除，由粗切齿、过渡齿和精切齿组成。

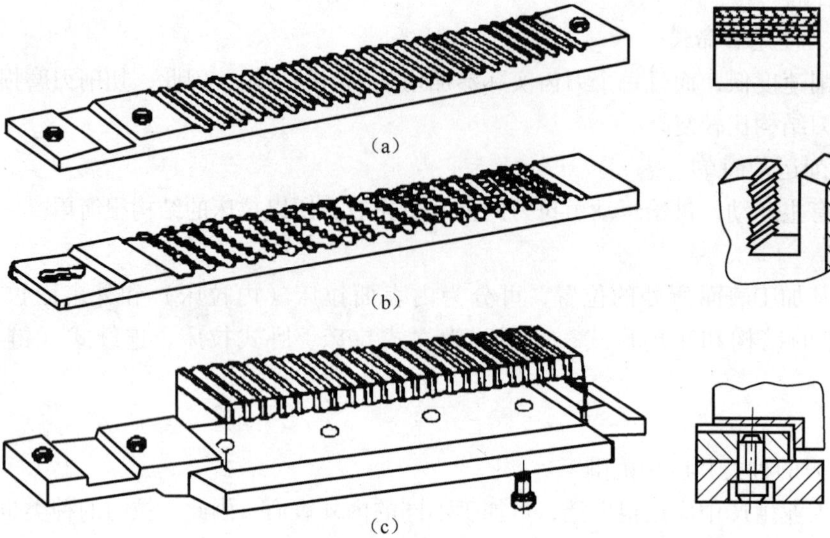

图 3-55　外拉刀

（a）平面拉刀；（b）齿槽拉刀；（c）直角拉刀

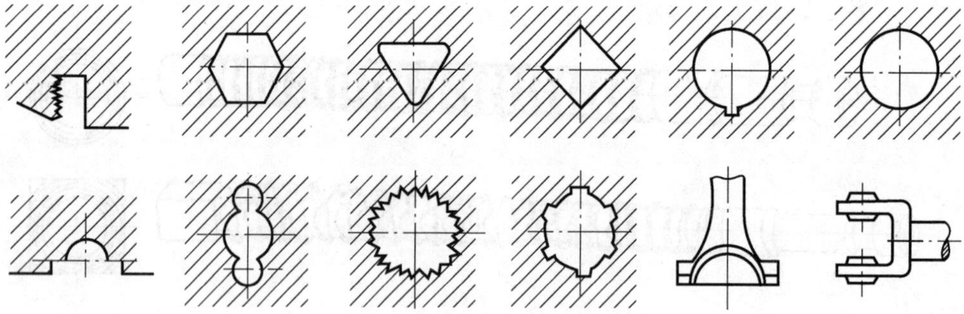

图 3-56　拉削的典型表面形状

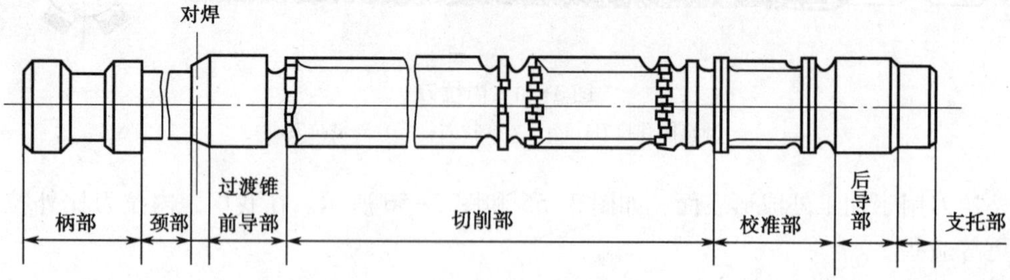

图 3-57　普通圆孔拉刀的结构

⑥ 校准部。由几个直径都相同的校准齿组成，起修光和校准作用，并作为精切齿的后备齿。

⑦ 后导部。保持拉刀最后的正确位置，防止刀齿切离工件时因工件下垂而损坏已加工表面或刀齿。

⑧ 支托部。对于长又重的拉刀，用以支撑并防止拉刀下垂。

4. 拉削方式（拉削图形）

拉刀从工件上把拉削余量切下来的顺序称为拉削方式，一般都用图形来表达，也称拉削图形。

拉削方式可以分为三大类：分层拉削方式、分块拉削方式和综合拉削方式。

（1）分层拉削方式

分层拉削方式是将拉削余量一层一层地顺序切下的一种拉削方式。其拉刀参与切削的刀刃一般较长，即切削宽度较大，齿数较多，拉刀长度较长。这种切削方式的生产率较低，不适用于拉削带硬皮的工件。分层拉削方式又可分为如下几种：

① 同廓拉削方式。按同廓拉削方式设计的拉刀，每个刀齿的廓形与被加工表面最终要求的形状相似，如图 3-58 所示。工件表面的形状与尺寸由最后一个精切齿和校准齿形成，故可获得较高的工件表面质量。

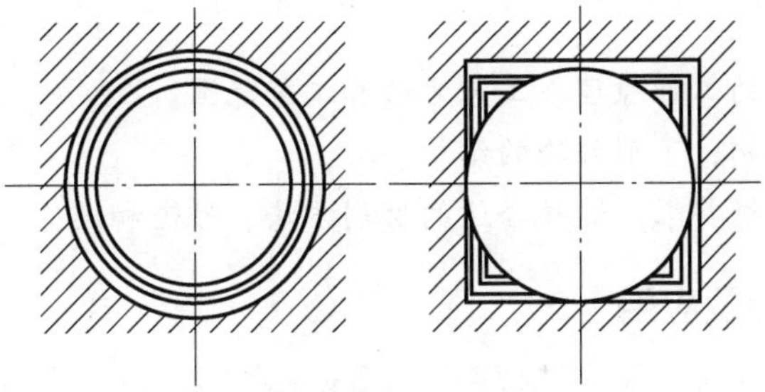

图 3-58　同廓拉削方式

② 渐成拉削方式。按此方式设计的拉刀，其刀齿廓形与被拉削表面的形状不同，被加工工件表面的形状和尺寸由各刀齿的副切削刃形成，如图 3-59 所示。对于加工复杂成形表面的工件，拉刀的制造比同廓拉削方式简单，但在工件已加工表面上可能出现副切削刃的交接痕迹，故加工出的工件表面质量较差。

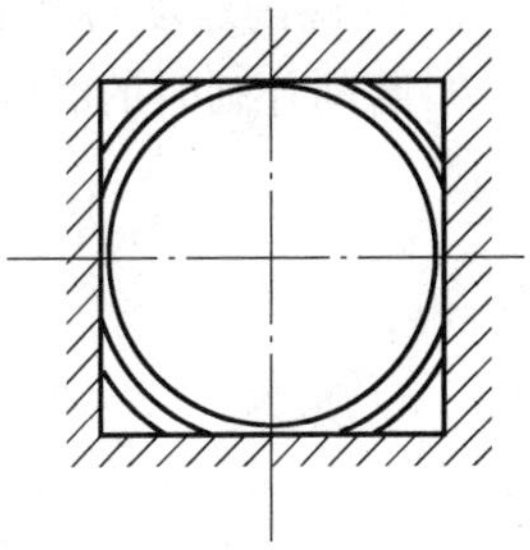

图 3-59　渐成拉削方式

（2）分块拉削方式

分块拉削方式是指工件上每一层金属是由一组尺寸相同或基本相同的刀齿切去，每个刀齿仅切去一层金属的一部分，前后刀齿的切削位置相互错开，全部余量由几组刀齿顺序切完的一种拉削方式。如图3-60所示，图 3-60 中表示的拉刀有四组切削刀齿。每组中包含三个直径相同的切削刀齿，先后切除同一层金属的黑白两部分余量。按分块拉削方式设计的拉刀称为轮切式拉刀，常用的是每组 2～4 齿。

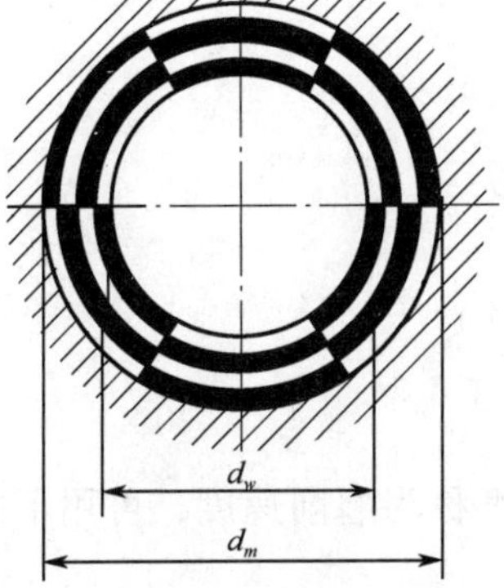

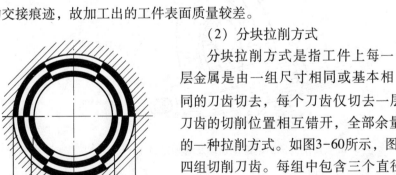

图 3-60　分块（轮切）拉削方式

分块拉削方式的优点是切削刃的长度（切削宽度）较短，允许的切削厚度较大，这样，拉刀的长度可大大缩短，也大大提高了生产率，并可直接拉削带硬皮的工件。但是，

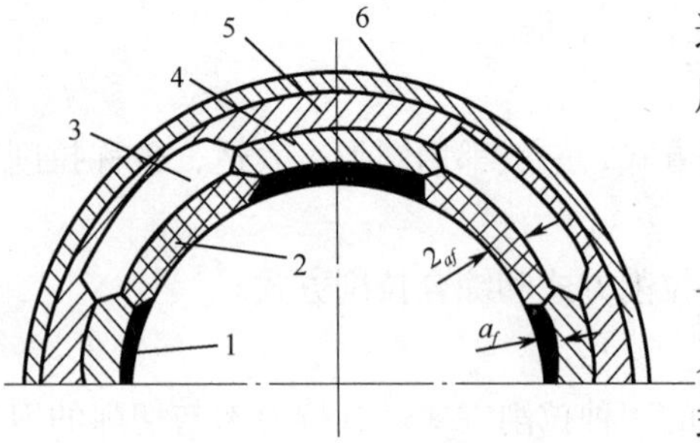

图 3-61　综合拉削方式
1，2，3，4—粗切齿和过渡齿；5，6—精切齿

这种拉刀的结构复杂、制造麻烦，拉削后工件的表面质量较差。

（3）综合拉削方式

综合拉削方式是前面两种拉削方式综合在一起的一种拉削方式，如图 3-61 所示。它集中了同廓式拉刀和轮切式拉刀的优点，即粗切齿和过渡齿制成轮切式结构，精切齿则采用同廓式结构。这样可以使拉刀长度缩短，生产率提高，又能获得较好的工件表面质量。我国生产的圆孔拉刀多采用这种结构。

任务五　磨削加工

任务目标

（1）掌握磨削加工的工作原理、工艺方法和工艺范围。

（2）了解磨床的结构，了解砂轮的结构。

（3）根据工件的图纸要求，选择合适的磨削方法、砂轮和设备。

一、磨削加工特点及应用

在磨床上用磨具（砂轮、砂带、油石、研磨剂等）对工件进行切削加工的方法称为磨削。磨削加工是零件精加工的主要方法。

1. 磨削运动与磨削用量

磨削外圆时的磨削运动和磨削用量，如图 3-62 所示。

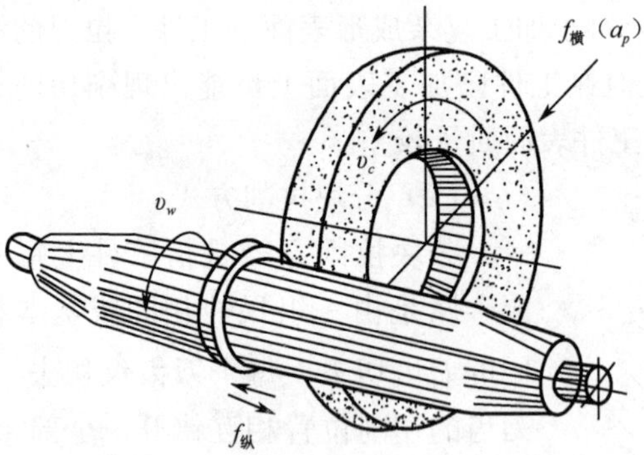

图 3-62　磨削外圆时的磨削运动及磨削用量

（1）主运动及磨削速度（v_c）

砂轮的旋转运动是主运动，砂轮外圆相对于工件的瞬时速度称为磨削速度，可用下式计算：

$$v_c = \frac{\pi d n}{1\,000 \times 60}$$

式中，d ——砂轮直径（mm）；

n ——砂轮每分钟转速（r/min）。

（2）圆周进给运动及进给速度（ v_w ）

工件的旋转运动是圆周进给运动，工件外圆处相对于砂轮的瞬时速度称为圆周进给速度，可用下式计算：

$$v_w = \frac{\pi d_w n_w}{1\ 000 \times 60}$$

式中，d_w ——工件磨削外圆直径（mm）；

n_w ——工件每分钟转速（r/min）。

（3）纵向进给运动及纵向进给量（ $f_{纵}$）

工作台带动工件所做的直线往复运动是纵向进给运动，工件每转一转时砂轮在纵向进给运动方向上相对于工件的位移称为纵向进给量，用 $f_{纵}$ 表示，单位为 mm/r。

（4）横向进给运动及横向进给量（ $f_{横}$）

砂轮沿工件径向上的移动是横向进给运动，工作台每往复行程（或单行程）一次砂轮相对工件径向上的移动距离称为横向进给量，用 $f_{横}$ 表示，其单位是 mm/行程。横向进给量实际上是砂轮每次切入工件的深度即背吃刀量，也可用 a_p 表示，单位为 mm（即每次磨削切入以毫米计的深度）。

2. 磨削特点及加工范围

磨削加工的工艺范围很广，不仅能加工内外圆柱面、锥面和平面，还能加工螺纹、花键轴、曲轴等特殊的成型面，常见的磨削加工类型如图 3-63 所示。

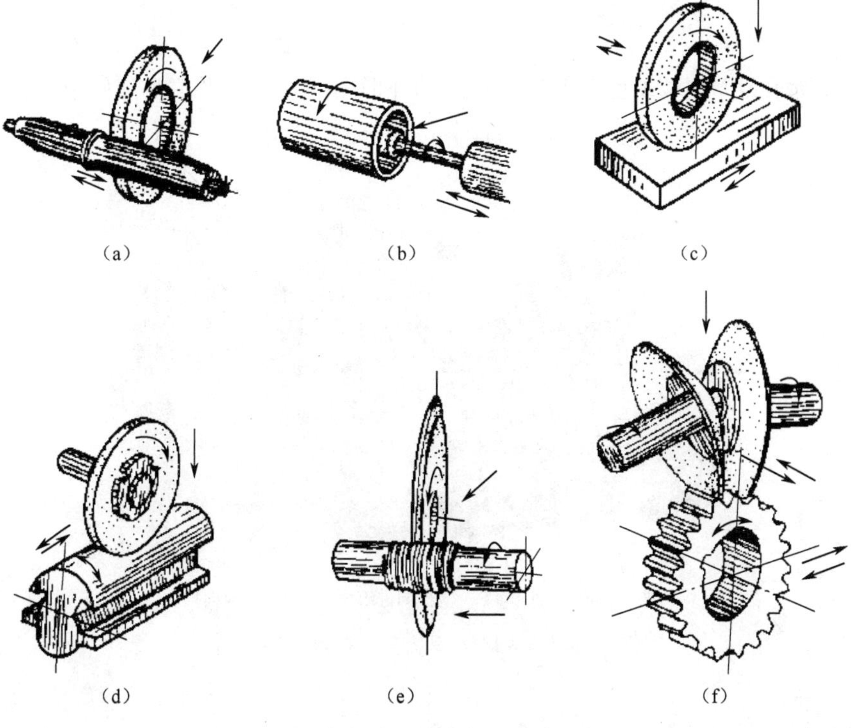

（a）　（b）　（c）　（d）　（e）　（f）

图 3-63　常见的磨削加工类型

（a）外圆磨削；（b）内圆磨削；（c）平面磨削；（d）花键磨削；（e）螺纹磨削；（f）齿形磨削

磨削加工与其他常见的切削加工方法如车、铣、刨削相比，具有以下特点：

（1）加工精度高

磨削属于多刃、微刃切削，砂轮上每个磨粒都相当于一个刃口半径很小且锋利的切削刃，能切下很薄一层金属，可以获得很高的加工精度和低的表面粗糙度。磨削所能达到的经济精度为 IT6～IT5，表面粗糙度 *Ra* 值一般为 0. 8～0. 2 μm。

（2）加工范围广，可以加工高硬度材料

磨削不但可以加工软材料，如未淬火钢、铸铁等多种金属，还可以加工一些高硬度的材料，如淬火钢、高强度合金、各种切削刀具以及硬质合金、陶瓷材料等，这些材料用一般的金属切削刀具是很难加工甚至是无法加工的。

（3）砂轮的自锐性

砂轮的自锐性使得磨粒总能以锐利的刀刃对工件连续进行切削，这是一般刀具所不具备的特点。

（4）磨削速度高、切削厚度小、径向切削力大

（5）磨削温度高

磨削时，砂轮相对工件做高速旋转，加之绝大部分磨粒以负前角工作，因而磨削时产生大量的切削热。为保证加工质量，磨削时需使用大量的冷却液。

由于以上特点，磨削主要用于对机器零件、刀具、量具等进行精加工，也就是先用其他加工方法去除大部分余量，留下很小的余量由磨削加工去除，以获得较高的精度和很小的表面粗糙度。经过淬火的零件，几乎只能用磨削来进行精加工。

二、磨床

1. 万能外圆磨床

图 3-64 所示为 M1432A 型万能外圆磨床的外形图，它由下列主要部件组成：

图 3-64　M1432A 型万能外圆磨床的外形

（1）床身

床身用于支撑和连接各部件。其上部装有工作台和砂轮架，内部装有液压传动系统。床

身上的纵向导轨供工作台移动用，横向导轨供砂轮架移动用。

（2）工作台

工作台由液压驱动，沿床身的纵向导轨做直线往复运动，使工件实现纵向进给。在工作台前侧面的 T 形槽内装有两个换向挡块，用以控制工作台自动换向，工作台也可手动。

（3）头架

头架上有主轴，主轴端部可以安装顶尖、拨盘或卡盘，以便装夹工件。主轴由单独的电动机通过带传动变速机构带动，使工件获得不同的转动速度。头架可在水平面内偏转一定的角度。

（4）砂轮架

砂轮架用来安装砂轮，并由单独的电动机通过带传动带动砂轮高速旋转。砂轮架可在床身后部的导轨上做横向移动，移动方式有自动间歇进给、手动进给、快速趋近工件和退出。砂轮架可绕垂直轴旋转某一角度。

2. 其他磨床简介

（1）普通外圆磨床

普通外圆磨床的结构与万能外圆磨床基本相同，所不同的是：

① 头架和砂轮架不能绕轴心在水平面内调整角度位置。

② 头架主轴直接固定在箱体上不能转动，工件只能用顶尖支撑进行磨削。

③ 不配置内圆磨头装置。

因此，普通外圆磨床的工艺范围较窄，但由于减少了主要部件的结构层次，故机床及头架主轴部件的刚度高，工件的旋转精度好。这种磨床适用于中批量及大批量生产磨削外圆柱面、锥度不大的外圆锥面及阶梯轴轴肩等。

（2）无心磨床

无心磨床通常指无心外圆磨床。无心磨削示意图如图 3-65 所示。

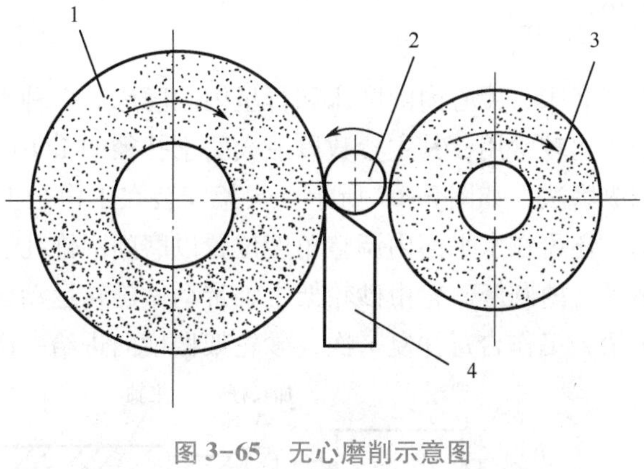

图 3-65 无心磨削示意图

1—磨削砂轮；2—工件；3—导轮；4—托板

无心磨削的特点是：工件 2 不用顶尖支撑或卡盘夹持，置于磨削砂轮 1 和导轮 3 之间，并用托板 4 支撑定位，工件中心略高于两轮中心的连线，并在导轮摩擦力作用下带动旋转。导轮为刚玉砂轮，它以树脂或橡胶为结合剂，与工件间有较大的摩擦系数，线速度在 10～50 m/min 左右，工件的线速度基本上等于导轮的线速度。磨削砂轮 1 采用一般的外圆磨砂轮，通常不变速，线速度很高，一般为 35 m/s 左右，所以在磨削砂轮与工件之间有很大的相对速度，这就是磨削工件的切削速度。

为了避免磨削出棱圆形工件，工件中心必须高于磨削砂轮和导轮的连心线。这样，就可使工件在多次转动中逐步被磨圆。

无心磨削通常有纵磨法（贯穿磨法）和横磨法（切入磨法）两种，如图 3-66 所示。

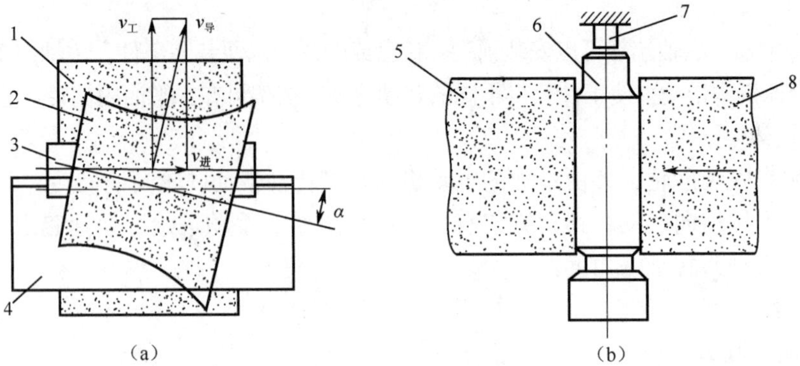

图 3-66　无心磨削的两种方法

（a）纵磨法；（b）横磨法

1—磨削砂轮；2—导轮；3—工件；4—托板；5—磨削砂轮；6—工件；7—挡块；8—导轮

图 3-66（a）所示为纵磨法，导轮轴线相对于工件轴线偏转 $\alpha=1°\sim4°$ 的角度，粗磨时取大值，精磨时取小值。此偏转角使工件获得轴向进给速度。

图 3-66（b）所示为横磨法，工件无轴向运动，导轮做横向进给运动，为了使工件在磨削时紧靠挡块，一般取偏转角 $\alpha=0.5°\sim1°$。

无心磨床适用于大批量生产中磨削细长轴以及不带中心孔的轴、套、销等零件，它的主参数以最大磨削直径表示。

（3）内圆磨床

内圆磨床有普通内圆磨床、无心内圆磨床和行星内圆磨床等多种类型，用于磨削圆柱孔和圆锥孔。普通内圆磨床比较常用，其主参数以最大磨削孔径的 1/10 表示。

内圆磨削一般采用纵磨法，如图 3-67 所示。头架安装在工作台上，可随同工作台沿床身导轨做纵向往复运动，还可在水平面内调整角度位置以磨削圆锥孔。工件装夹在头架上由主轴带动做圆周进给运动。内圆磨砂轮由砂轮架主轴带动做旋转运动，砂轮架可由手动或液压传动沿床鞍做横向进给，工作台每往复一次，砂轮架做横向进给一次。

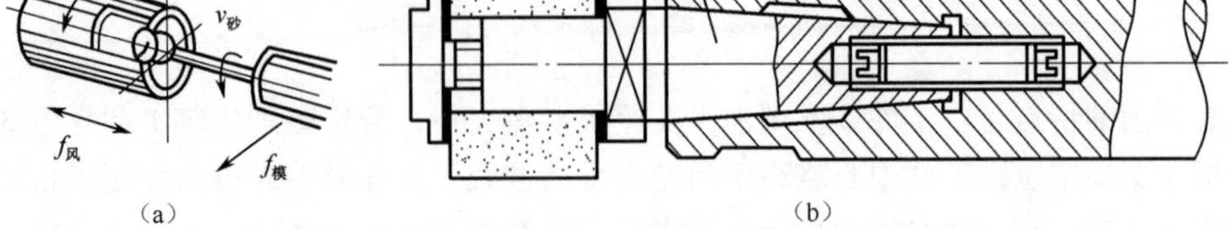

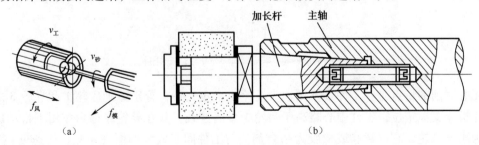

图 3-67　内圆磨削及砂轮的安装

（a）内圆磨削；（b）砂轮的安装

砂轮装在加长杆上，加长杆锥柄与主轴前端锥孔相配合，如图3-67（b）所示，可根据磨孔的不同直径和长度进行更换，砂轮的线速度通常在15～25 m/s左右，这种磨床适用于单件小批生产。

三、砂轮

1. 砂轮的特性

磨削加工最常用的磨具是砂轮。砂轮是由许多细小而坚硬的磨粒用结合剂黏结而成的多孔体，如图3-68所示，磨粒、结合剂、网状空隙构成砂轮结构的三要素。磨削时，砂轮工作面上外露的磨粒担负着切削工作。磨粒必须锋利、坚韧并能承受切削高温。

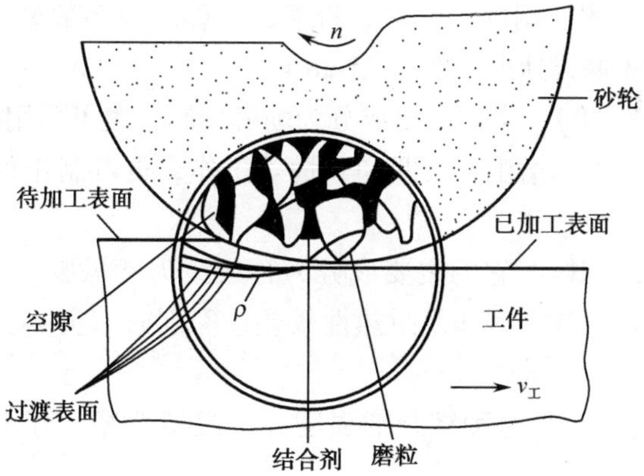

图3-68 砂轮的构造

砂轮的特性包括磨料、粒度、硬度、结合剂、组织、形状和尺寸等方面，对工件的加工质量和生产率影响很大。

（1）磨料

常用磨料（磨粒的材料）有两类：

① 刚玉类。它的主要成分是Al_2O_3，适用于磨削钢料及一般刀具。有以下几种：

a. 棕刚玉（代号A），显微硬度2 200～2 280 HV，呈棕褐色，韧性好，适于磨削碳素钢、合金钢、可锻铸铁和硬青铜等。

b. 白刚玉（代号WA），显微硬度2 200 ～2 300 HV，呈白色，硬度高，韧性稍低，适于磨削淬火钢、高速钢、高碳钢及薄壁零件。

c. 铬刚玉（代号PA），显微硬度2 000～2 200 HV，呈玫瑰红色，硬度稍低，韧性比白刚玉好，磨削表面粗糙度好，适于磨削高速钢、不锈钢等。

② 碳化硅（SiC）类，它的主要成分是碳化硅、碳化硼，硬度比氧化铝高，磨粒锋利，但韧性差。有以下几种：

a. 黑色碳化硅（代号C），显微硬度2 800～3 300 HV，呈黑色，有光泽，导热性和导电性好，适于磨削铸铁、黄铜、铝、耐火材料及非金属材料等。

b. 绿色碳化硅（代号GC），显微硬度3 280～3 400 HV，呈绿色，比黑色碳化硅硬度高，导热性好，但韧性差，适于磨削硬质合金、宝石、陶瓷和玻璃等材料。

（2）粒度

砂轮的粒度是指磨料颗粒的大小。以磨粒刚能通过的那一号筛网的网号来表示磨料的粒度，例如 46#粒度是指磨粒刚可通过每英寸长度上有 46 个孔眼的筛网。当磨粒的直径小于 40 μm 时，这种磨粒称为微粉，微粉以 W 表示，微粉粒度共有 14 级，每级用颗粒的最大尺寸（以 μm 计）来表示粒度号，例如，W20 表示微粉的颗粒尺寸在 14～20 μm。

磨粒粒度对磨削生产率和加工表面粗糙度有很大关系。一般来说，粗磨用粗粒度，精磨用细粒度。当工件材料软、塑性大且磨削面积大时，为避免堵塞砂轮，应该采用粗粒度。

（3）结合剂

结合剂是将细小的磨粒黏固成砂轮的结合物质，有以下几种：

① 陶瓷结合剂（代号 V），它是由黏土、长石、滑石、硼玻璃和硅石等陶瓷材料配成。特点是化学性质稳定、耐水、耐酸、耐热、价廉、性脆。大多数砂轮（90% 以上）都采用陶瓷结合剂。所制成砂轮的线速度一般为 35 m/s。

② 树脂结合剂（代号 B），它的主要成分为酚醛树脂，也可采用环氧树脂。这种结合剂强度高，弹性好，多用于高速磨削、切断和开槽等工作，也可制作荒磨用砂瓦等，但耐热、耐蚀性差。

③ 橡胶结合剂（代号 R），它的主要成分为合成或天然橡胶。这种结合剂的结合强度高、弹性及自锐性好，但耐酸、耐油及耐热性较差，磨削时有臭味。适用于无心磨的导轮、抛光轮及薄片砂轮等。

④ 金属结合剂（代号 J），这种结合剂强度高、成型性好，有一定韧性，但自锐性差，用于制造各种金刚石砂轮。

（4）组织

砂轮的组织是指磨粒、结合剂和气孔三者体积的比例关系，用来表示结构紧密或疏松的程度。砂轮的组织用组织号的大小表示，把磨粒在磨具中占有的体积百分数称为组织号。

（5）硬度

砂轮的硬度表示磨粒受切削力作用而脱落的难易程度。磨粒不易脱落的，称为硬砂轮；易脱落的，称为软砂轮。磨削硬材料时，砂轮的硬度应低些，反之应高些。在成型磨削和精密磨削时，砂轮的硬度应更高些。

（6）形状和尺寸

为了使用方便，在砂轮的非工作面上标有砂轮特性及形状和尺寸代号，例如：

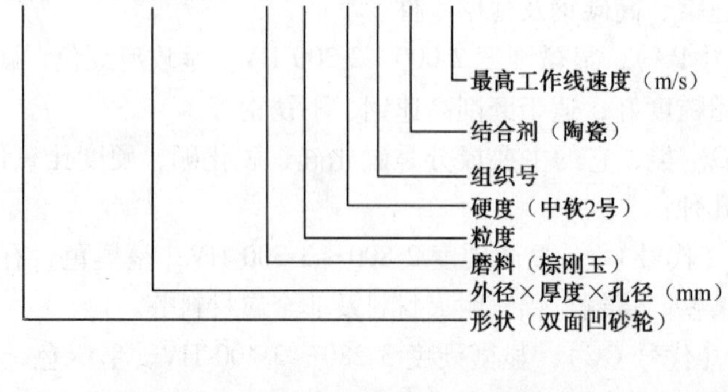

2. 砂轮选用

(1) 按工件材料及其热处理方法选择磨料

工件材料为一般钢材，选用棕刚玉；工件材料为淬火钢、高速钢，可选用白刚玉或铬刚玉；工件材料为硬质合金，可选用人造金刚石或绿色碳化硅；工件材料为铸铁、黄铜，可选用黑色碳化硅。

(2) 按工件表面粗糙度和加工精度选择粒度

细粒度的砂轮可磨出光洁的表面，粗粒度则相反，但由于其颗粒粗大，砂轮的磨削效率高，一般常用46#～80#。粗磨时选用粗粒度砂轮，精磨时选用细粒度砂轮。

(3) 砂轮硬度的选择

① 磨削很软很韧的材料时，如铜、铝、韧性黄铜、软钢等，为了避免砂轮堵塞，砂轮的硬度也应软一些。

② 工件材料硬度高，磨料易磨钝，为使磨钝的磨粒及时脱落，应选较软的砂轮；反之，软材料应选较硬的砂轮。

③ 精磨时的硬度应比粗磨时的硬度适当高一些，成型磨削为了较好地保持砂轮外形轮廓，应该用较硬的砂轮。

④ 磨断续表面时，如花键轴、有键槽的外圆等，由于撞击作用容易使磨粒脱落，因此，应选较硬的砂轮。

(4) 结合剂的选择

① 在绝大多数磨削工序中，一般采用陶瓷结合剂砂轮。

② 在荒磨和粗磨等冲击较大的工序中，为避免工件发生烧伤和变形，常用树脂结合剂。

③ 切断与开槽工序中常用树脂结合剂或橡胶结合剂。

项目驱动

一、填空题

1. 车削加工主要用来加工各种（　　）以及回转体的端面。

2. 在车床上利用工件的旋转运动和刀具的移动进行切削加工的方法，称为（　　）。其中工件的旋转运动是提供切削可能性的运动，并消耗了大量的动力，称为（　　）；刀具在机床上使工件材料层不断投入切削的运动称为（　　）。

3. 精车后工件尺寸精度可达（　　），表面粗糙度 Ra 值为（　　）μm。

4. 一般情况下，铣削时铣刀的旋转为（　　），工件的移动为（　　）。铣削可以完成对工件进行的粗加工和半精加工，其加工精度可达（　　），精铣表面粗糙度 Ra 值可达（　　）μm。

5. 铣刀旋转切入工件的方向与工件的进给方向相反时称为（　　），相同时称为（　　）。

6. 用钻头在实体材料上加工孔的方法称为（　　），用扩孔钻扩大已有孔的方法称为（　　）。

7. 钻削时，钻床主轴的旋转运动为（　　），主轴的轴向移动为进给运动。

8. 镗床是一种主要用镗刀加工有预制孔的工件的机床。通常，镗刀旋转为（　　），镗刀或工件的移动为（　　）。

9. 在磨床上用磨具（砂轮、砂带、油石、研磨剂等）对工件进行切削加工的方法称为（　　）。磨削加工是零件精加工的主要方法。

10. 齿轮的加工方法按齿轮的成型原理可分为（　　）和（　　）两大类。

二、选择题

1. 车削时切削热主要是通过（　　）和（　　）进行传导的。

A. 切削　B. 工件　C. 刀具　D. 周围介质

2. 铣削不能加工的表面是（　　）。

A. 平面　B. 沟槽　C. 各种回转表面　D. 成型面

3. 下面加工孔的哪种方法精度最高（　　）。

A. 钻孔　B. 研磨孔　C. 铰孔　D. 镗孔

4. 下列孔加工方法中，属于定尺寸刀具法的是（　　）。

A. 钻孔　B. 车孔　C. 镗孔　D. 磨孔

5. 下列哪种运动属于 M1432A 型万能外圆磨床的主运动（　　）。

A. 砂轮的旋转运动　B. 工件的旋转运动

C. 工件的纵向往复运动　D. 砂轮的横向运动

6. 机床型号的首位字母“B”表示该机床是（　　）。

A. 刨插床　B. 齿轮加工机床

C. 精密机床　D. 螺纹加工机床

7. 刨床、插床和拉床的共同特点是（　　）。

A. 主运动都是直线运动　B. 主运动都是旋转运动

C. 进给运动都是直线运动　D. 进给运动都是旋转运动

8. 卧式万能铣床的“卧式”一词指的是（　　）。

A. 机床主运动是水平的　B. 机床主轴是水平的

C. 机床工作台是水平的　D. 机床床身是低矮的

三、思考题

1. 试述车削加工的特点及应用。

2. 试述常用车床的种类和使用特点。

3. 试述常用车刀的种类和用途。

4. 试述铣削加工的特点及应用。

5. 试述常用铣床的种类和使用特点。

6. 试述常用铣刀的种类和用途。

7. 何谓顺铣和逆铣？各有什么特点？

8. 牛头刨床刨削时，刀具和工件做哪些运动？与车削相比刨削运动有何特点？

9. 麻花钻头特有的刀刃是什么？它对钻削过程有何不利影响？

10. 为什么绞孔不能纠正孔的轴线歪斜？

11. 试比较钻孔、绞孔、镗孔的加工精度、表面粗糙度、生产率及应用场合。

12. 砂轮的特性主要取决于哪些因素？

13. 简述无心外圆磨床的磨削特点。

14. 为什么磨削加工可以获得较好的加工质量?
15. 说明拉削加工的特点及其工艺范围。
16. 分析磨削运动。
17. 滚齿、插齿和剃齿加工各有什么特点?滚齿、插齿适合于加工什么齿轮?

项目四

机械加工工艺规程的编制

知识目标

（1）了解掌握机械加工工艺规程的编制方法。
（2）了解掌握零件结构工艺性分析。
（3）理解、掌握零件加工顺序和定位基准的选择。
（4）理解、掌握尺寸链的计算。

技能目标

（1）根据零件图纸，能够编制出零件加工工艺规程。
（2）根据图纸工艺，能够计算尺寸链。
（3）根据图纸能够正确分析零件结构工艺性，并提出改进方案。

任务一 基本概念

任务目标

（1）理解、掌握工艺过程中的工序、定位、装夹、工步等定义。
（2）能够理解、掌握生产类型的各种工艺特性。

一、生产过程和工艺过程

将原材料或半成品转变为成品的各有关劳动过程的总和，称为生产过程。生产过程可以分为以下几个阶段：

① 生产技术准备工作，如产品的开发和设计、工艺设计、专用工艺装备的设计和制造、各种生产资料的准备，以及生产组织等方面的准备工作。

② 毛坯制造过程，如铸造、锻造、冲压、焊接等。

③ 零件的加工过程，如机械切削加工、冲压、焊接、热处理和表面处理等。

④ 产品的装配过程，包括组装、部装、总装、调试、油漆及包装等。

⑤ 产品的辅助劳动过程，如原材料、半成品和工具的供应、运输、保管等过程。

由此可见，机械产品的生产过程是一个十分复杂的过程。在这些过程中，改变生产对象的形状、尺寸、相对位置及性质，使其成为成品或半成品的过程称为工艺过程。它是生产过程的主要部分，主要包括铸造、锻压、冲压、焊接、机械加工、热处理等。其中，采用机械加工的方法，直接改变毛坯的形状、尺寸和表面质量等，使其成为合格零件的过程，称为机械加工工艺过程。

二、机械加工工艺过程的组成

机械加工工艺过程是由一个或若干个顺次排列的工序组成的。毛坯依次通过这些工序而变为成品。因此，工序是工艺过程的基本组成部分，也是生产组织和计划的基本单元。而工序又可细分为安装、工位、工步和走刀。

1. 工序

工序是指一个（或一组）工人，在一个工作地点对同一个（或同时对几个）工件所连续完成的那一部分工艺过程。划分工序的主要依据是工作地（或设备）是否变动及工作是否连续。

工序的内容可繁可简，需根据被加工零件的批量及生产条件而定。如图 4-1 所示的阶梯轴，单件小批生产时，其加工过程的安排如表 4-1 所示；而当大批大量生产时，其加工过程的安排如表 4-2 所示。

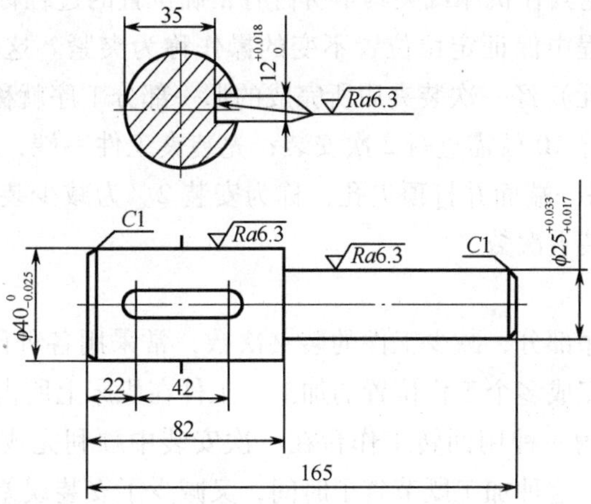

图 4-1　阶梯轴

表 4-1　阶梯轴加工工艺过程（单件小批生产）

工序号	安装	工序内容	工步	工位	设备
5		毛坯锻造			空气锤
10	2	车端面，打顶尖孔	1. 车左端面 2. 打左顶尖孔 3. 掉头车右端面 4. 打右顶尖孔	2	车床
15	2	车外圆，倒角	1. 车大端外圆及倒角 2. 调头车小端外圆及倒角	2	车床
20	1	铣键槽，去毛刺	1. 铣键槽 2. 去毛刺	1	铣床

表 4-2　阶梯轴加工工艺过程（大批大量生产）

工序号	安装	工序内容	工步	工位	设备
5		毛坯锻造			空气锤
10	1	车端面，打顶尖孔	1. 两边同时铣端面 2. 打顶尖孔	2	铣端面打顶尖孔机床
15	1	车大端外圆及倒角	1. 车大端外圆 2. 倒角	1	车床
20	1	车小端外圆及倒角	1. 车小端外圆 2. 倒角	1	车床
25	1	铣键槽	铣键槽	1	铣床
30		去毛刺	去毛刺		
35		检验			

2. 安装

工件在加工前，确定其在机床或夹具中所占有正确位置的过程称为定位。工件定位后将其固定，使其在加工过程中保证定位位置不变的操作称为夹紧。这种定位与夹紧的工艺过程，即工件（或装配单元）经一次装夹后所完成的那一部分工序就称为安装。

如表 4-1 所示，工序 10 就需进行 2 次安装；先装夹工件一端，车端面打顶尖孔称为安装 1；再调头装夹，车另一端面并打顶尖孔，称为安装 2。为减少装夹时间和装夹误差，工件在加工中应尽量减少装夹次数。

3. 工位

为了完成一定的工序部分，减少工件的装夹次数，常采用各种回转工作台、回转夹具，使工件在一次装夹后，完成多个工作位置的加工。工件在机床上所占据的每一个加工位置就称为工位。图 4-2 所示为一种用回转工作台在一次安装中顺利完成装卸工件、钻孔、扩孔和铰孔四个工位的加工。这种加工既节省了时间，又减少了安装误差。

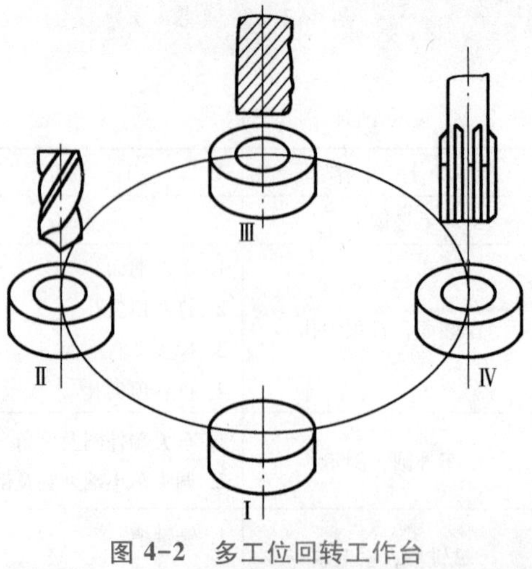

图 4-2　多工位回转工作台

工位Ⅰ—装卸工件；工位Ⅱ—钻孔；工位Ⅲ—扩孔；工位Ⅳ—铰孔

4. 工步与走力

在一个工序中，往往需要采用不同的刀具和切削用量，对不同的表面进行加工。为便于分析和描述工序的内容，工序还可以进一步划分为工步。工步是指加工表面、加工刀具和切削用量（切削速度与进给量）均不变的情况下，所连续完成的那一部分工序。一个工序可以包括一个工步或者几个工步，如表 4-1 和表 4-2并中所示。

为了简化工艺文件，对于那些连续进行的若干个相同工步，通常都看作是一个工步。例如，加工图 4-3 所示的零件，在同一工序中，连续钻四个 $\phi15$ mm 的孔，就可看作是一个工步：钻四个 $\phi15$ mm 孔。为了提高效率，用几把刀具同时加工几个表面，也可看作一个工步，称作复合工步，如图 4-4 所示。

在一个工步内，若被加工零件表面需切去的金属层很厚，需分几次切削，则每切削一次就是一次走刀。一个工步可包括一次或多次走刀。

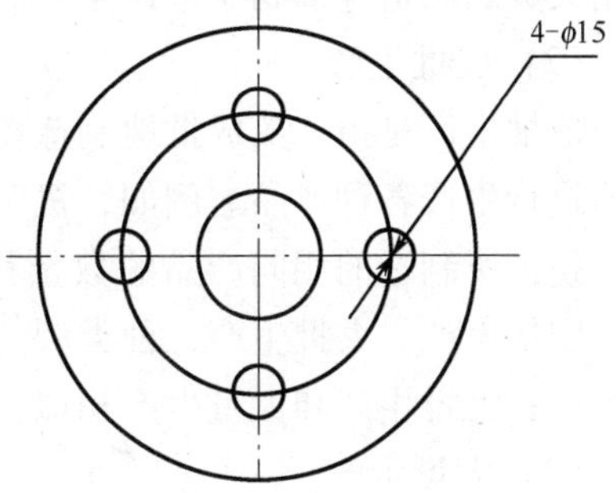

图 4-3　简化相同工步的实例

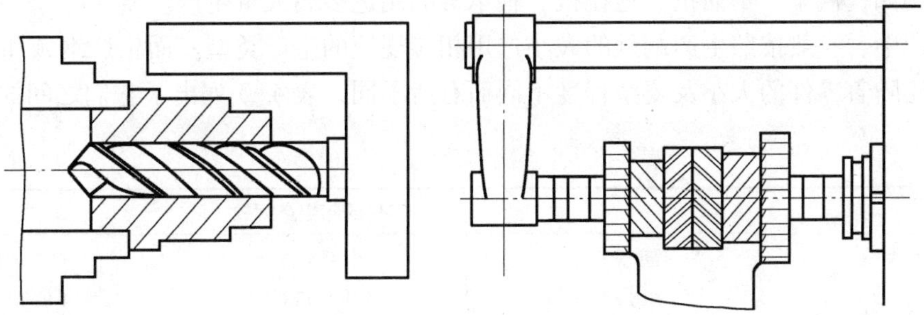

(a)　　(b)

图 4-4　复合工步实例

(a) 同时加工外圆和孔；(b) 组合铣刀铣平面

三、生产纲领与生产类型

机械制造工艺过程的安排取决于生产类型，而企业的生产类型又是由企业产品的生产纲领决定的。

1. 生产纲领

生产纲领是指企业在计划期内生产的产品产量和进度计划。计划期根据市场的需要而定。计划期经常定为一年，所以生产纲领也称年产量。

零件的生产纲领包括备品和废品的数量。可按下式计算：

$$N = Qn(1 + \alpha\% + \beta\%) \tag{4-1}$$

式中，N——零件的年产量（件/年）；

Q——产品的年产量（台/年）；

n——每台产品中，该零件的数量（件/台）；

$\alpha\%$——备品的百分率；

$\beta\%$——废品的百分率。

2. 生产类型

根据生产纲领的大小和产品品种的多少，机械制造业的生产一般可分为单件生产、成批生产和大量生产三种类型。生产类型是企业生产专业化程度的分类。

（1）单件生产

单件生产是指单件地制造一种产品或少数几个，很少重复生产。例如，新产品的试制和专用夹具的制造等都属于单件生产。

（2）成批生产

成批生产是指一次成批地制造相同的产品，每隔一定时间又重复进行生产，即分期、分批地进行生产各种产品。例如，机床、机车和电机的制造等常属于成批生产。

每批所制造的相同产品的数量称为批量。根据批量的大小，成批生产又可分为小批生产、中批生产、大批生产三种类型。在工艺上，小批生产和单件生产相似，常合称为单件小批生产；大批生产和大量生产相似，常合称为大批大量生产。

（3）大量生产

大量生产是指相同产品数量很大，大多数工作地点长期重复地进行某一零件的某一工序的加工。例如，汽车、柴油机、拖拉机、轴承等的制造多属大量生产。

在生产中，一般按照生产纲领的大小选用相应规模的生产类型。而生产纲领和生产类型的关系，还随着零件的大小及复杂程度不同而有所不同，表 4-3 列出了它们之间的关系。

表 4-3　生产纲领和生产类型的关系　件 · 年$^{-1}$

生产类型	零件的年生产纲领		
	重型零件（30 kg 以上）	中型零件（4～30 kg）	轻型零件（4 kg 以下）
单件生产	< 5	< 10	< 100
小批生产	5～100	10～200	100～500
中批生产	100～300	200～500	500～5 000
大批生产	300～1 000	500～5 000	5 000～50 000
大量生产	>1 000	>5 000	>50 000

另外，生产类型不同，产品和零件的制造工艺、所用的设备及工艺装备和生产组织的形式也就会不同。各种生产类型的工艺特征见表 4-4。

表 4-4　各生产类型的工艺特征

工艺特征 \ 生产类型项目	单件小批生产	中批生产	大批大量生产
产品数量	少	中等	大量
加工对象	经常变换	周期性变换	固定不变
机床设备及布置	采用通用设备，按机群式布置	采用通用设备及部分高效专用机床，按零件类别分工段排列	广泛采用高效专用机床，或采用自动线，按流水线排列

续表

工艺特征 生产类型项目	单件小批生产	中批生产	大批大量生产
零件互换性	配对制造，没有互换性，广泛采用钳工修配	大部分有互换性，少部分修配	全部互换，某些高精度配合件可分组选配和配制，不需钳工修配
毛坯制造及加工余量	木模手工造型或自由锻，毛坯精度低，加工余量大	部分用金属模或锻模，毛坯精度、加工余量中等	广泛采用金属模机器造型、锻模或其他高效方法，毛坯精度高，加工余量小
安装方法	划线找正	部分划线找正	不需划线找正
夹具	多采用标准附件，很少采用专用夹具，由划线试切保证尺寸	广泛采用专用夹具和特种工具，部分靠划线保证尺寸	广泛采用专用夹具和特种工具，靠夹具及定程法保证尺寸
刀具与量具	采用通用刀具与万能量具	较多采用专用刀具与专用量具	广泛采用高效率专用刀具与量具
对工人技术要求	高	中等	低
工艺文件	有简单的工艺过程卡	有工艺规程	有详细的工艺规程
生产率	低	中	高
成本	高	中	低

任务二　机械加工工艺规程编制的内容、原则、步骤

任务目标

(1) 理解、掌握机械加工工艺规程编制。

(2) 熟悉工艺规程的内容和格式。

一、工艺规程的内容、作用与格式

1. 工艺规程的内容

机械加工工艺规程是规定产品或零部件制造工艺过程和操作方法等的工艺文件。用以指导工人操作、组织生产和实施工艺管理。它一般包括下列内容：毛坯类型和材料定额；工件的加工工艺路线；所经过的车间和工段；各工序的内容要求及采用的机床和工艺装备；工件质量的检验项目及检验方法；切削用量；工时定额及工人技术等级等。

2. 工艺规程的作用

工艺规程主要有以下几方面的作用：

(1) 工艺规程是指导生产的主要技术文件

合理的工艺规程是在总结广大技术人员和工人实践经验的基础上，依据工艺理论和必要的工艺试验而制定的。它体现了一个企业或部门的智慧。生产中有了这种工艺规程，就有利

于稳定生产秩序，保证产品质量，便于计划和组织生产，充分发挥设备的利用率。实践证明，不按照科学的工艺进行生产，往往会引起产品质量的明显下降，生产效率的显著降低，甚至使生产陷入混乱状态。但是，也应注意及时地吸收国内外先进技术，对现行工艺不断改进和完善，以便更好地指导生产。

（2）工艺规程是生产组织和管理工作的基本依据

由工艺规程所涉及的内容可以看出，在生产管理中，产品投产前原材料及毛坯的供应、通用工艺装备的准备、机械负荷的调整、专用工艺装备的设计和制造、作业计划的编排、操作工人的组织以及生产成本的核算等，都是以工艺规程作为基本依据的。在设计新厂或扩建、改建旧厂时，更需要有产品的全套的工艺规程作为决定设备、人员、车间面积和投资额等的原始资料。

3. 工艺规程的格式

将工艺规程的内容，填入一定格式的卡片，即成为工艺文件。工艺文件一般有三种：

（1）机械加工工艺过程卡片

机械加工工艺过程卡片主要列出了整个零件加工所经过的工艺路线，包括毛坯制造、机械加工和热处理等。它是制定其他工艺文件的基础，也是生产技术准备、编制作业计划和组织生产的依据。

在这种卡片中，一般工序的说明不够详细，故一般不能直接指导工人操作，而多作为生产管理使用。在单件小批量生产中，通常不编制其他详细的工艺文件，而是以这种卡片指导生产，这时应编制的详细些。机械加工工艺过程卡片的格式见表 4-5。

表 4-5　机械加工工艺过程卡片

<table>
<tr><td rowspan="2">工厂</td><td rowspan="2" colspan="4">机械加工工艺过程卡片</td><td colspan="2">产品型号</td><td></td><td colspan="2">零（部）件图号</td><td></td><td colspan="2">共　页</td></tr>
<tr><td colspan="2">产品名称</td><td></td><td colspan="2">零（部）件名称</td><td></td><td colspan="2">第　页</td></tr>
<tr><td>材料牌号</td><td></td><td>毛坯种类</td><td></td><td>毛坯外形尺寸</td><td></td><td>毛坯件数</td><td></td><td>每台件数</td><td></td><td>备注</td><td colspan="2"></td></tr>
<tr><td rowspan="2">工序号</td><td rowspan="2">工序名称</td><td rowspan="2" colspan="2">工序内容</td><td rowspan="2">车间</td><td rowspan="2">工段</td><td rowspan="2">设备</td><td rowspan="2" colspan="4">工艺装备</td><td colspan="2">工时</td></tr>
<tr><td>准终</td><td>单件</td></tr>
<tr><td></td><td></td><td colspan="2"></td><td></td><td></td><td></td><td colspan="4"></td><td></td><td></td></tr>
<tr><td></td><td></td><td colspan="2"></td><td></td><td></td><td></td><td colspan="4"></td><td></td><td></td></tr>
<tr><td></td><td></td><td colspan="2"></td><td></td><td></td><td></td><td colspan="4"></td><td></td><td></td></tr>
<tr><td></td><td></td><td></td><td></td><td></td><td></td><td></td><td></td><td></td><td></td><td>编制（日期）</td><td>审核（日期）</td><td>会签（日期）</td></tr>
<tr><td>标记</td><td>处记</td><td>更改文件号</td><td>签字</td><td>日期</td><td>标记</td><td>处记</td><td>更改文件号</td><td>签字</td><td>日期</td><td></td><td></td><td></td></tr>
</table>

（2）机械加工工艺卡片

机械加工工艺卡片是以工序为单位详细说明整个工艺过程的工艺文件，用以指导生产活动的进行。广泛用于中、小批量生产。

这种卡片的内容包括：零件的材料、重量、毛坯的制造方法、各个工序的具体内容及加工要达到的精度和表面粗糙度等。机械加工工艺卡片的格式见表 4-6。

表 4-6　机械加工工艺卡片

工厂	机械加工工艺卡片	产品型号		零（部）件图号		共　页
		产品名称		零（部）件名称		第　页

材料牌号		毛坯种类		毛坯外形尺寸		毛坯件数		每台件数		备注	

工序	装夹	工步	工序内容	同时加工零件数	切削用量				设备名称及编号	工艺装备名称及编号			技术等级	工时定额	
					背吃刀量/mm	切削速度/(m · min^{-1})	每分钟转速或往复次数	进给量/(mm · r^{-1} 或 mm · 双行程$^{-1}$)		夹具	刀具	量具		单件	准终

										编制（日期）	审核（日期）	会签（日期）
标记	处记	更改文件号	签字	日期	标记	处记	更改文件号	签字	日期			

（3）机械加工工序卡片

机械加工工序卡片则更详细地说明零件的各个工序应如何进行加工的。它是以工艺卡片为依据，对每一个工序分别进行编制，列出详细的生产工步，绘制工序图，它用于大批量生产的现场操作，生产行动直接根据工序卡片进行，机械加工工序卡片的格式见表 4-7。

表 4-7　机械加工工序卡片

工厂	机械加工工序卡片	产品型号		零（部）件图号		共　页
		产品名称		零（部）件名称		第　页

材料牌号		毛坯种类		毛坯外形尺寸		每件毛坯件数	每台件数	

工序图	车间	工序号	工序名称	材料牌号
	设备名称	设备型号	设备编号	同时加工件数
	夹具编号	夹具名称	冷却液	
			工序工时	
			准终	单件

续表

工步号	工步内容	工艺装备	主轴转速/（$r \cdot min^{-1}$）	切削速度/（$m \cdot min^{-1}$）	进给量/（$mm \cdot r^{-1}$）	背吃刀量/mm	走刀次数	工时定额	
								机动	辅助

										编制（日期）	审核（日期）	会签（日期）
标记	处记	更改文件号	签字	日期	标记	处记	更改文件号	签字	日期			

二、制定工艺规程的原则、原始资料及步骤

1. 制定工艺规程的原则

制定工艺规程的原则是：在一定的生产条件下，以最少的劳动消耗、最低的费用和按规定的速度、最可靠地加工出符合图样要求的零件，同时应注意以下问题：

（1）产品质量的可靠性

工艺规程要充分考虑和采取一切确保产品质量的措施，以期能够全面、可靠和稳定地达到设计图样上所要求的精度、表面质量和其他技术要求。

（2）技术上的先进性

在制定工艺规程时，要充分利用现有设备，挖掘企业潜力，并要了解国内外本行业工艺技术的发展水平，通过必要的工艺试验，积极采用适用的先进工艺和工艺装备。

（3）经济上的合理性

在一定的生产条件下，可能会有几种工艺方案，应通过反复比较，选择经济上最合理的方案，使产品的能源、原材料消耗和成本最低。

（4）有良好的劳动条件

在制定工艺规程时，要注意保证工人在操作时有良好、安全的劳动条件，在制定工艺方案时要注意采取机械化或自动化的措施，将工人从一些繁重的体力劳动中解放出来。

2. 需要的原始资料

在制定工艺规程时，一般应具备下列原始资料：

① 产品的装配图和零件图。

② 产品验收的质量标准。

③ 产品的生产纲领。

④ 毛坯资料。工艺人员要了解毛坯车间的生产能力与技术水平、各种型材的品种规格，并对毛坯提出制造要求。

⑤ 现场设备和工艺装备。为了使制定的工艺规程切实可行，一定要考虑现场的生产条件。要深入生产实际，了解毛坯的生产能力及技术水平，了解车间设备和工艺装备的规格及

性能，熟悉工人的技术水平和专用设备、工艺装备的制造能力等。

⑥ 国内外生产技术的发展情况。结合本厂的实际情况进行推广，以便制定出先进的工艺规程。

⑦ 有关的工艺手册及图册。

3. 制定工艺规程的步骤

编制工艺规程可按下述步骤进行：

① 分析研究产品的装配图和零件图。

② 按零件批量大小确定生产类型。

③ 确定毛坯的种类和尺寸，画出毛坯的草图，作出材料预算。

④ 拟定工艺路线。这是制定工艺规程关键的一步，一般先提出几个方案，进行对比分析。

⑤ 确定各工序的加工余量，计算工序尺寸和公差。

⑥ 确定各工序的设备、刀具、夹具、量具和辅助工具。

⑦ 确定切削用量和工时定额。

⑧ 确定各主要工序的技术要求及检验方法。

⑨ 填写工艺文件。

任务三　零件的结构工艺性分析及毛坯的选择

任务目标

(1) 理解、掌握零件的结构工艺性。

(2) 根据图纸，能够正确分析零件结构工艺性。

(3) 根据零件结构，选择正确的毛坯类型。

零件图是制造零件的主要技术依据，在设计工艺路线之前，首先需要仔细进行工艺分析。着重了解零件的结构特征和主要技术要求。为了准确了解零件的功用、工作条件以及相关零件间的配合关系还应研究零件所在产品的总装图、部件装配图及验收标准。

一、零件的结构工艺性分析

由于使用场合及使用要求不同，机械零件的形状结构、几何尺寸和技术要求千差万别，具有不同的特点。但从几何角度观察不难发现，各种零件都是由一些基本面和特形面构成的，如平面、内外圆表面、圆锥面、螺旋面、渐开线齿形面等。因此，应从形体分析入手弄清零件的结构，确定构成零件的表面类型。表面类型是选择加工方法的基本依据，如平面可用铣削、磨削加工出来，内孔表面可通过钻、扩、铰、镗和磨削等方法获得。

此外，各种类型表面的不同组合，形成零件各自的结构特点。如以内外圆表面为主，既可组成轴、盘类零件，也可组成套、环类零件；对于轴而言，既可以是粗轴也可以是细长轴，而零件的结构特点不同，其加工工艺将有很大差别。

同样，功能作用完全相同而结构上却不相同的两个零件，它们的加工方法与制造成本往往也有很大差异。因此，在研究零件的结构时，还要注意审查零件的结构工艺性。零件的结构工艺性，是指零件在满足使用要求的前提下制造的可行性和经济性。零件的结构工艺性较好，则可提高生产率，降低制造成本。

表4-8列出了零件加工工艺性对比的一些实例。表中A栏表示零件工艺性不好的结构，B栏表示工艺性好的结构。如在结构工艺性分析中发现问题，工艺人员可提出修改意见。

表4-8　零件机械加工结构工艺性实例

	A. 工艺性不好的结构	B. 工艺性好的结构	说　明
1	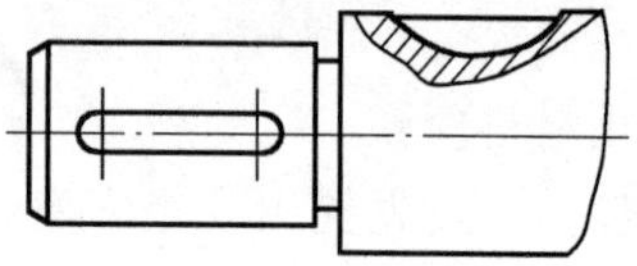	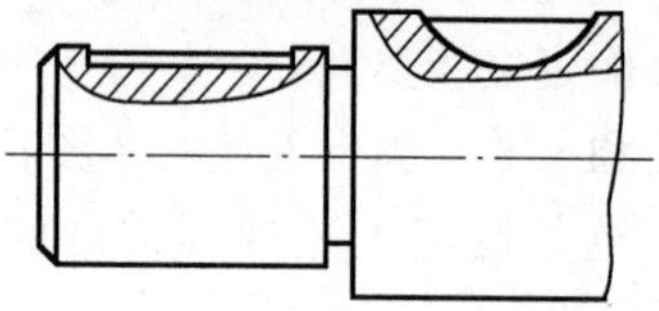	A栏图的轴因两键槽方向不一，加工时要两次装夹，改为B栏图只需装夹一次
2	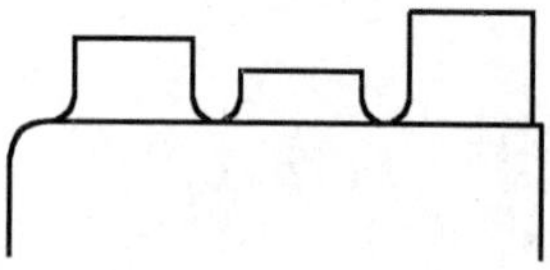	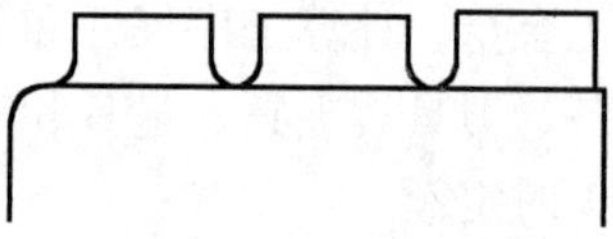	A栏图结构表面高低不平，不易加工，采用B栏图结构的形式一次走刀即可加工完毕
3	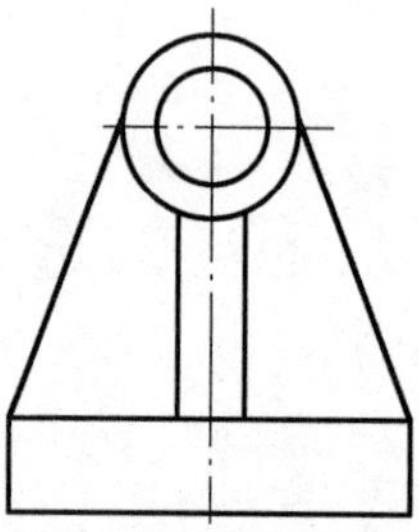	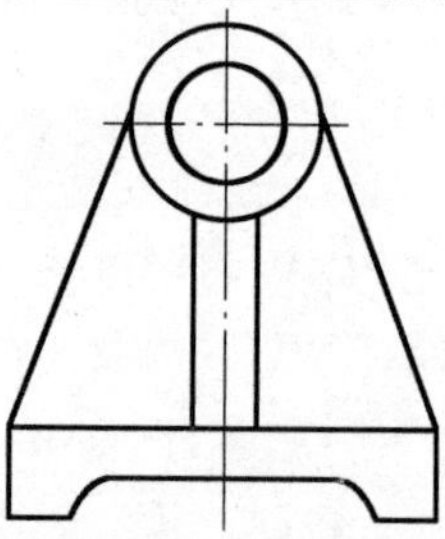	A栏图结构底面太大，加工不方便，改为B栏图，容易加工，（底面为装配基准，要求平直）
4	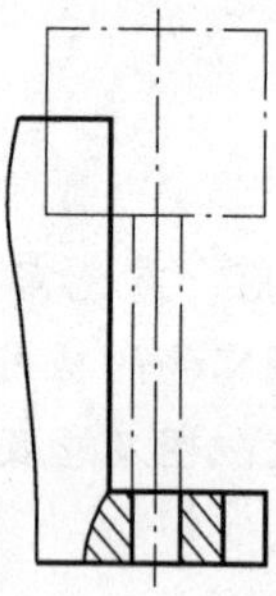	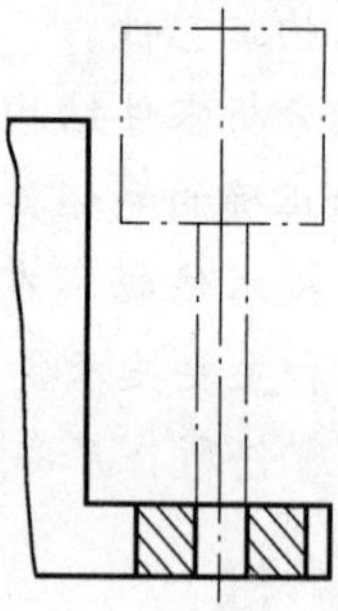	A栏图结构在加工时无法引进刀具，而钻头一开始要钻在弧面上，受侧向力而引偏，改为B栏图即可克服缺点
5	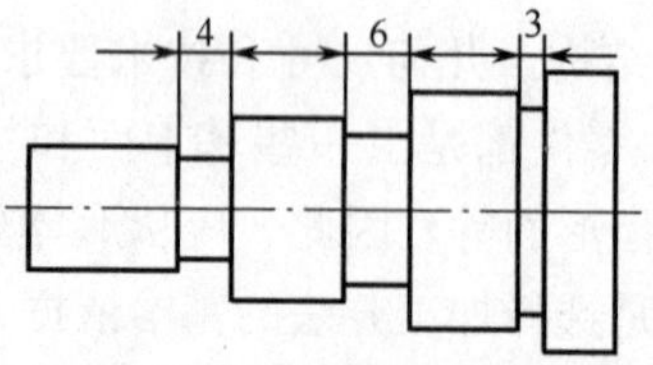	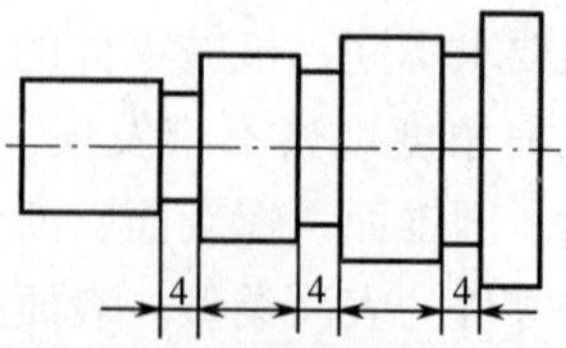	A栏结构的轴，凹槽尺寸不一，要多把切槽刀加工，改为B栏结构，只需一把切槽刀即可加工
6	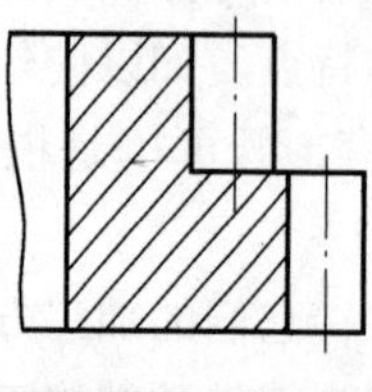	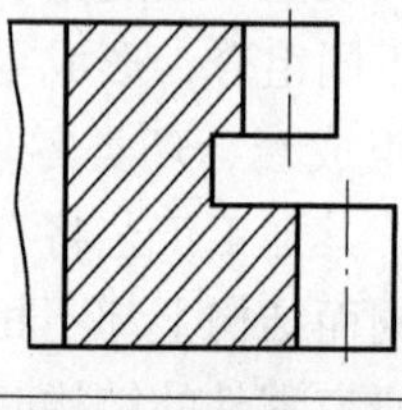	A栏结构没有退刀槽，改为B栏结构有退刀槽，保证了加工的可能性，减少刀具（砂轮）的磨损

续表

	A. 工艺性不好的结构	B. 工艺性好的结构	说　明
7	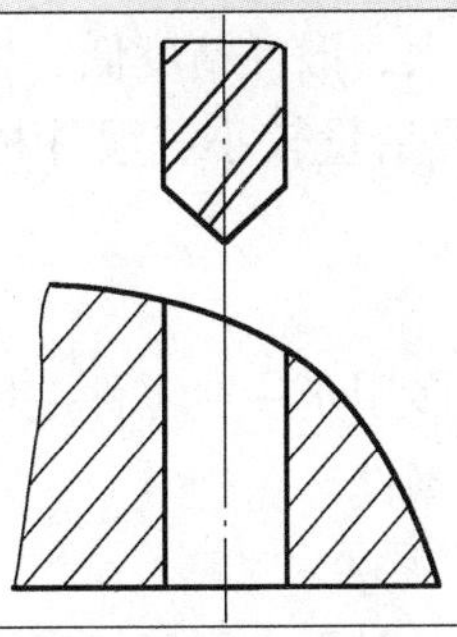	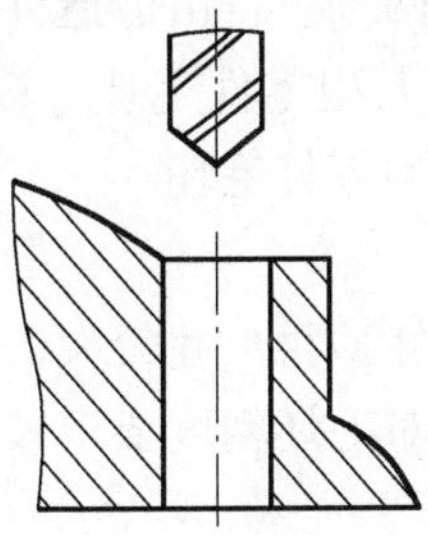	加工A栏结构上的孔，钻头容易引偏，改为B栏结构加工方便可靠
8	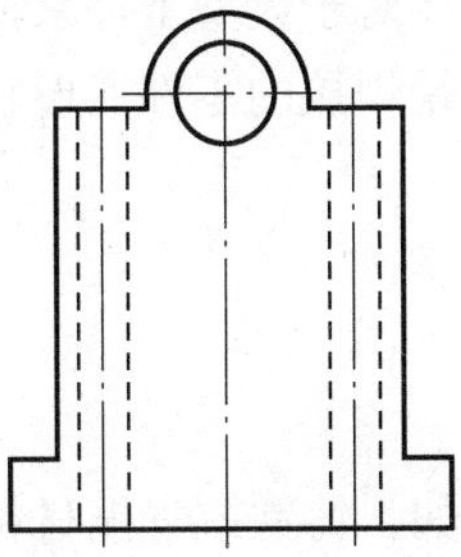	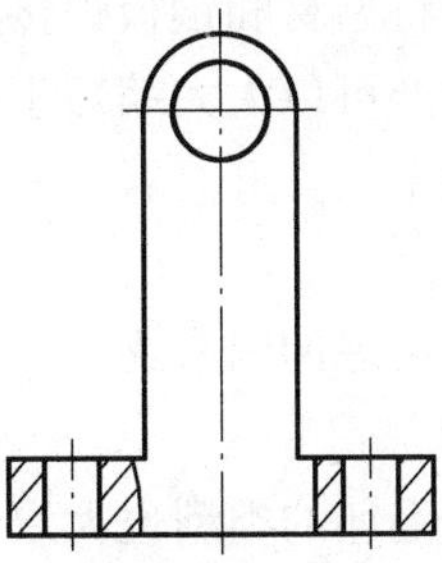	A栏图结构所设计的孔太深，不便加工，改为B栏图即便于加工，又节约材料。B栏方案还便于加工和装卸螺钉

二、零件的技术要求分析

零件的技术要求包括以下几方面：

① 各加工表面的尺寸精度和主要加工表面的形状精度。

② 主要加工表面间的相互位置精度。

③ 各表面的表面粗糙度及表面质量方面的要求。

④ 热处理及其他要求，如动平衡、配重等。

通过对零件的主要技术要求分析，可大致拟订其加工方案。例如，根据零件主要表面的加工精度和表面粗糙度要求，可初步确定为达到这些要求，需采用的最终加工方法，并由此推知相应的中间工序及粗加工工序应采用的加工方法；根据主要表面的形状尺寸和相互位置精度，可确定各加工表面的加工顺序；另外，零件的热处理要求，则对加工方法、加工余量的确定有很大的影响。

三、毛坯的选择

在制定工艺规程时，正确地选择毛坯有重大的经济意义。毛坯的种类和质量的选择。不仅影响着毛坯本身的制造工艺、设备及费用，而且对零件的加工方案、加工质量、材料消耗、生产率以及生产成本也有很大的影响。要正确选择毛坯的类型，必须首先了解毛坯的种类及其特点。

1. 毛坯的类型及特点

机械加工中常见的零件毛坯类型有：铸件、锻件、型材及型材焊接四种。

（1）铸件

常用作形状比较复杂的零件毛坯。它是由砂型铸造、金属模铸造、压力铸造、离心铸造、精密铸造等方法获得的。

（2）锻件

有自由锻造件和模锻件两种。自由锻造件的加工余量大、锻件精度低、生产率不高，适用于单件和小批生产，以及大型零件毛坯。模锻件的加置余量较小、锻件精度高、生产率高，适用于产量较大的中小型零件毛坯。

（3）型材

有热轧和冷拉两类，热轧型材尺寸较大，精度较低，多用于一般零件毛坯：冷拉型材尺寸较小，精度较高，多用于对毛坯精度要求较高的中小型零件。

（4）型材焊接件

型材焊接件是根据需要将型材和钢板焊接成零件毛坯。对于大型工件来说，焊接件简单方便，特别是单件和小批生产可以大大缩短生产周期，但是焊接的零件变形较大，需要经过时效处理后才能进行机械加工。

2. 毛坯选择的原则

在进行毛坯选择时，应考虑的因素为：

（1）零件对材料的要求

当零件的材料选定后，毛坯的类型也大致确定了。例如，铸铁或青铜材料，可选择铸造毛坯；钢材且力学性能要求高时，可选锻件。

（2）生产纲领的大小

它在很大程度上决定采用某种毛坯制造方法的经济性。当零件的产量大时，应选择精度和生产率都比较高的毛坯制造方法。虽然一次性的投资较高，但均分到每个毛坯的成本中就较少。零件的产量较少时，应选择精度和生产率较低的毛坯制造方法。

（3）零件结构形状和尺寸大小

形状复杂的毛坯，常用铸造方法；薄壁的零件，一般不能采用砂型铸造，尺寸较大的毛坯，往往不能采用模锻、压铸和精铸，常采用砂型铸造。台阶直径相差不大的钢质轴类零件，可直接选用圆棒料；台阶直径相差较大，则宜用锻件。

（4）现有生产条件

选择毛坯时，还要考虑现场毛坯制造的实际工艺水平、设备状况以及对外协作的可能性。有条件的话，应组织地区专业化生产，统一供应毛坯。

任务四　定位基准的选择

任务目标

（1）理解、掌握工艺基准、设计基准的定义。

（2）掌握定位基准的选择原则。

（3）根据零件图纸，正确选择零件加工定位基准。

制定机械加工工艺规程时，正确选择定位基准对保证零件表面的尺寸、位置精度以及加工顺序的安排、余量的合理分配均有很大影响。用夹具装夹时，定位基准的选择还会影响到夹具结构的复杂程度。因此，定位基准的选择是一个十分重要的工艺问题。

一、基准的概念与分类

基准是用来确定生产对象上几何要素间的几何关系所依据的那些点、线、面。根据作用的不同，基准可分为设计基准和工艺基准两大类。

1. 设计基准

设计基准是设计图样上所采用的基准。这是设计人员从零件的工作条件、性能、要求出发，适当考虑加工艺性而选定的。如图 4-5 所示的轴套零件，端面 B 和 C 的位置是根据端面 A 而确定的，所以端面 A 就是端面 B 和 C 的设计基准；外圆 $\phi30h6$ 的设计基准是内孔轴线 D。

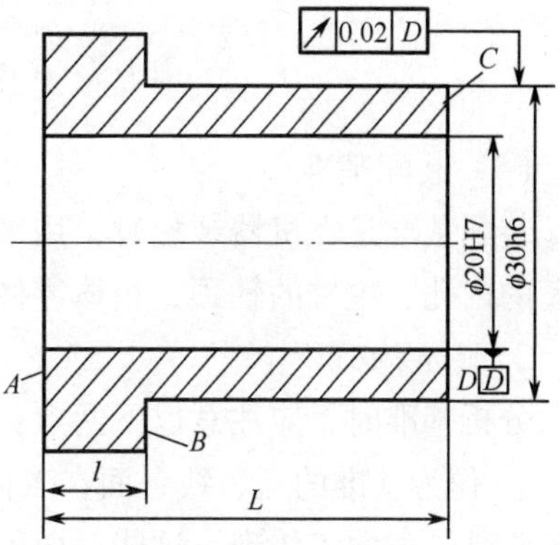

图 4-5　轴套零件

2. 工艺基准

零件在工艺过程中所采用的基准，称为工艺基准。工艺基准根据用途不同，可分为工序基准、定位基准、测量基准和装配基准。

（1）工序基准

工序基准指的是在工序图上用来确定本工序所加工表面加工后的尺寸、形状、位置的基准，即工序图上的基准。图 4-6（a）所示为钻孔的工序简图，本工序是钻 D_1 孔，保证工序尺寸 H 和 L，则本工序的工序基准分别为孔 D_2 的轴心线和端面 C。

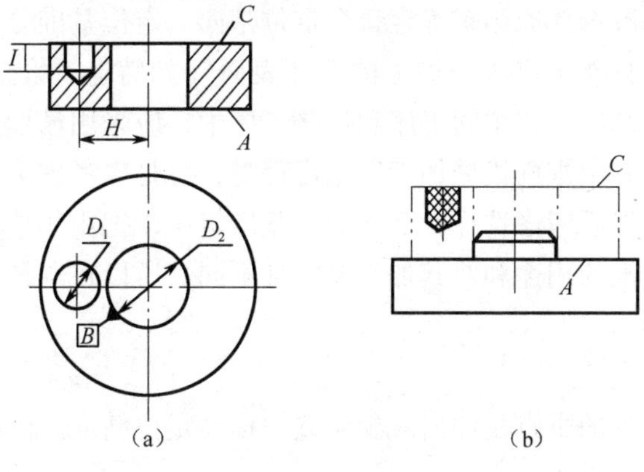

图 4-6　钻孔工序

（2）定位基准

在加工中用以确定工件在机床或夹具上的正确位置的基准，称为定位基准。

如图 4-6（b）所示，工件钻孔时装夹在钻模中，端面 A 与夹具的平面相接触，内孔 D_2 与短圆柱销相接触，从而实现了定位，故端面 A 和 D_2 的轴心线 B 为本工序的定位基准。

（3）测量基准

零件检验时，用以测量已加工表面尺寸及位置的基准，称为测量基准。如图 4-7 所示，表示了对 $C + D/2$ 的工序基准、定位基准和测量基准。

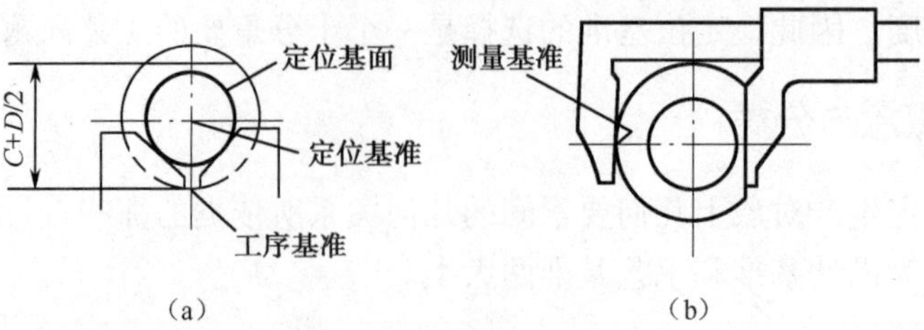

图 4-7　工序基准、定位基准和测量基准示意图

（4）装配基准

装配基准是在机器装配时，用来确定零件或部件在产品中的相对位置所采用的基准。如轴套的内孔、主轴的轴颈、箱体零件的底面等都是装配基准。

3. 基准的分析

分析基准时，应注意以下两点：

① 作为基准的点、线、面在工件上不一定存在（如球心、轴心线、中心平面等），通常由某些具体表面来体现，这些表面称为基面。例如，三爪卡盘夹持圆轴，实际定位基准是轴心线，而与卡爪接触的是外圆柱面，外圆拄面即为定位基面。又如图 4-7（a）所示，工件以外圆柱面在 V 形块上定位，定位基面是外圆柱面，而定位基准是轴心线。

② 各表面间的位置精度（如平行度、垂直度）也有基准关系。

二、定位基准的选择

在零件的加工工程中，首先应根据工件定位时所需限制的自由度个数来确定定位基面的个数，然后根据定位基准选择原则来确定每个定位基面。定位基准分为粗基准和精基准。

在最初的工序中，只能选择未经加工的毛坯表面（如铸造、锻造表面等）作为定位基准，这种基准面称为粗基准。在中间工序和最终工序中，应采用已加工过的表面作为定位基准，则称为精基准。在制定零件机械加工工艺规程时，总是先考虑选择怎样的精基准定位把工件加工到设计要求，然后考虑选择什么样的粗基准定位，把用作精基准的表面加工出来。

由于粗基准和精基准的用途和对其加工要求都不同，所以在选择粗基准和精基准时所考虑问题的侧重点也不同。

1. 精基准的选择

选择精基准时，考虑的重点是如何减少误差，提高定位精度。因此，选择精基准的原则如下：

（1）基准重合原则

为了比较容易地获得加工表面对其设计基准的相对位置精度，应选择加工表面的设计基准为定位基准。这一原则通常称为“基准重合原则”。

如图 4-8（a）所示的零件，铣槽欲保证尺寸 $b_{-\delta_b}^{\ 0}$。其工序基准为 B 面，若以 A 为定位基准保证工序尺寸，则基准不重合；如图 4-8（b）所示，刀具调整尺寸 c 一经调好不再改变，则尺寸 b 只能间接获得，其大小随着 a 尺寸的变化而变化，即引入了基准不重合误差：Δ_B（$\Delta_B = 2\delta$）；如图 4-8（c）所示，若以 B 为定位基准保证工序尺寸 b，则基准重合，尺寸 b 可直接由刀具调整尺寸保证，尺寸 a 的变化对其没有影响，即没有基准不重合误差。因此，在选择定位基准时，为了更好地保证加工精度，应尽量遵守“基准重合原则”。

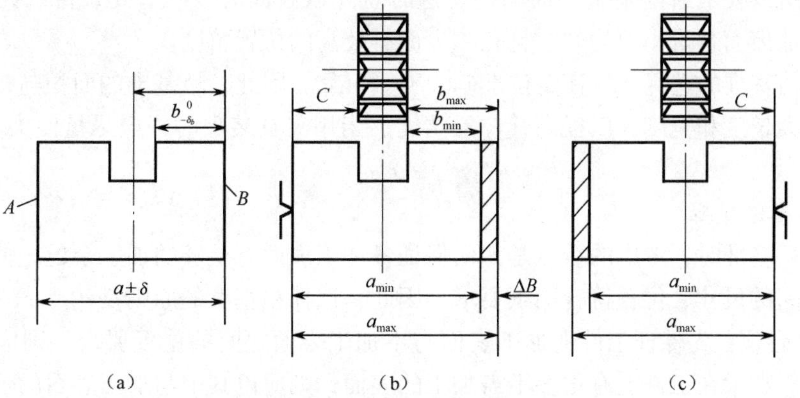

图 4-8　基准重合原则示例

（2）基准统一原则

当工件以某一组精基准定位，可以比较方便地加工其他各表面时，应尽可能在多数工序中采用此同一组精基准定位，这一原则通常称为“基准统一原则”。例如，轴类零件的大多数工序都采用顶尖孔为定位基准，既减少了安装误差，又节省了时间。

（3）自为基准原则

当某些精加工要求余量小而均匀时，应选择加工表面本身作精基准。

与其他表面之间的位置精度要求由先行工序保证，即遵循“自为基准”的原则。如图 4-9 所示，在镗连杆小头孔时就以孔本身作精基准。工件除以大孔中心和端面为定位基准外，还以被加工的小头孔中心为定位基准，用削边定位插销定位。定位以后，在小头两侧用浮动平衡夹紧装置夹紧，然后拔出定位插销，伸入镗杆对小头孔进行加工。

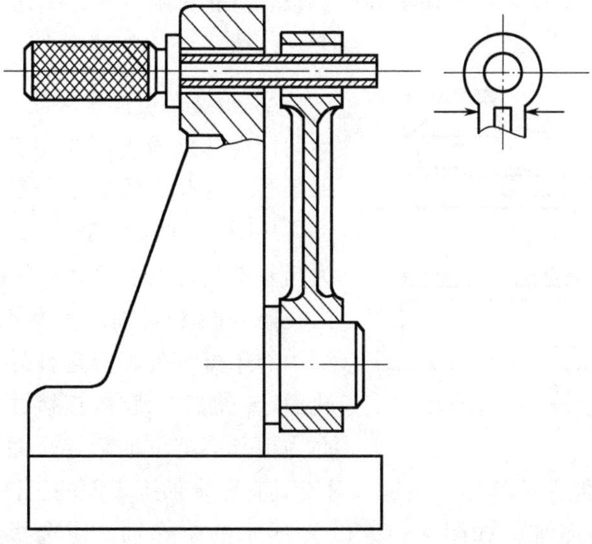

图 4-9　连杆小头孔的装夹

（4）互为基准原则

为了使加工面之间有较高的位置精度，又为了使加工余量小而均匀，可采用反复加工、互为基准的原则。例如，加工精密齿轮时，用高频淬火把齿面淬硬后需进行磨齿，因齿面淬硬层较薄，所以要求磨削余量小而均匀。这时就先以齿面为基准磨孔，再以孔为基准磨齿面，从而保证齿面余量小而均匀，且孔和齿面有较高的位置精度。

此外，精基准的选择还应使定位准确，夹紧可靠。因此，精基准的面积与被加工表面相比，应有较大长度和宽度，以提高其位置精度。当用夹具装夹时，应尽量使夹具结构简单，操作方便。

2. 粗基准的选择

在选择粗基准时，考虑的重点是如何保证各加工表面有足够的加工余量，使不加工表面与加工表面间的尺寸、位置符合图纸要求。因此，选择粗基准的原则是：

① 如果必须首先保证工件上加工表面与不加工表面之间的位置要求，则应以不加工表面作粗基准。如果在工件上有很多不需加工的表面，则应以其中与加工表面的位置精度要求较高的表面作为粗基准，以求壁厚均匀外形对称。

如图 4-10（a）所示毛坯：在铸造时内孔 2 与外圆 1 有偏心，要求加工内孔，并使内孔与外圆有较高的同轴度。在加工内孔时，应选择外圆 1 作粗基准（用三爪卡盘夹持外圆），此时虽然加工余量不均匀，但内孔与外圆同轴度较高，壁厚均匀。

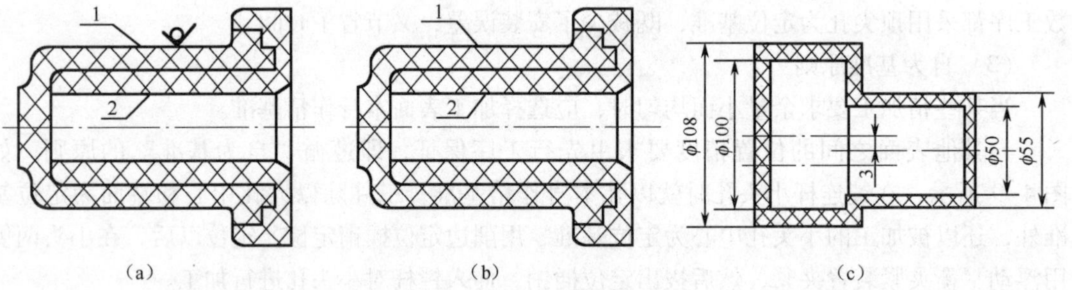

图 4-10　零件粗基准的选择

1—外圆；2—内孔

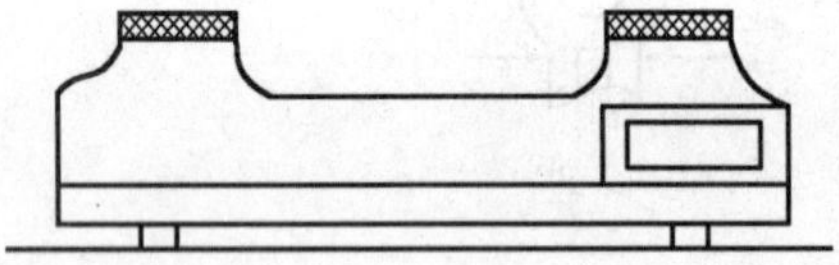

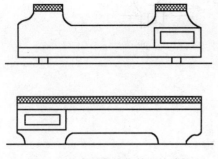

图 4-11　床身零件粗基准的选择

② 如果必须首先保证工件某重要表面的余量均匀，应选择该表面作粗基准。如图 4-10（b），如果要求内孔 2 的加工余量均匀，可用四爪卡盘夹住外圆 1，然后按内孔 2 找正（即以内孔 2 作为粗基准）。此时，加工余量均匀，但加工后的内孔与外圆不同轴，壁厚不均匀。又如图 4-11 所示的床身零件，应选择导轨面为粗基准。以导轨面定位加工床腿的连接面，然后再以床腿连接面为精基准定位加工导轨面，这样导轨面的加工余量就比较均匀，且能保证其加工质量。对于具有较多加工表面的工件，应选择加工余量较小的加工表面作为粗基准，如图 4-10（c）所示的阶梯轴，应选择 ϕ 55mm 外圆作为粗基准。

③ 作为粗基准的表面，应面积大、平整、光洁，没有浇口、冒口、坡口或飞边等缺陷，以便定位和夹紧可靠。

④ 粗基准原则上在同一尺寸方向上只能使用一次，以避免产生较大的定位误差。

上述原则常常互相矛盾，各有侧重。总之，定位基准选择原则是从生产实践中总结出来的，在保证加工精度的前提下，应使定位简单准确、夹紧可靠、加工方便、夹具结构简单。因此，必须结合具体的生产条件和生产类型来分析和运用这些原则。

任务五　工艺路线的拟定

任务目标

（1）理解、掌握机械加工工艺路线拟定的步骤。

（2）根据零件图纸，能够拟定机械加工工艺路线。

机械加工工艺规程的制定，大体上可分为两个步骤。首先，拟定零件加工的工艺路线，然后再确定每一道工序的工序尺寸、所用设备和工艺装备以及切削用量和工时定额等，这两个步骤是互相联系的，应进行综合分析和考虑。

工艺路线的拟定是制定工艺规程中最关键性的一步。工艺路线的合理与否，不但影响到零件的加工质量和效率，而且还影响到工人的劳动强度、设备投资、车间面积和生产成本等问题必须严谨对待。工艺路线的拟定，目前还没有一套普遍而完整的方法，而是采用生产实践中总结出的一些原则，结合工厂的具体情况来灵活应用的。设计者一般应提出几个方案，通过分析比较，从中选择最佳的路线。工艺路线的拟定除上面介绍的选择定位基准外，主要包括：表面加工方法及方案的选择、加工阶段的划分、加工顺序的安排、工序安排的组合以及选择设备与工艺装备等。

一、表面加工方法的选择

在拟订零件的工艺路线时，首先要确定各个表面的加工方法和加工方案。表面加工方法和方案的选择，应同时满足加工质量、生产率和经济性等方面的要求。

选择加工方法时应考虑以下因素：

（1）加工材料的性质

对于淬火钢精加工应选择磨削；对于有色金属的零件，精加工为避免磨削时堵塞砂轮，则应选择高速精细车或金刚车。

（2）零件的结构形状、尺寸大小

例如，对于IT7级精度的孔，采用镗削、铰削、拉削和磨削均可达到要求。但箱体上的孔，一般不宜选择拉孔和磨孔，而常选择镗孔和铰孔；孔径大时选择镗孔，孔径小时可选择铰孔。

（3）生产类型

即考虑生产率和经济性的问题。选择加工方法要与生产类型相适应，例如，大批大量生产时，孔可采用钻、扩、铰削，平面采用刨削、铣削。这些方法都能大幅提高生产率，取得很大的经济效益。但是，在年生产量不大的条件下，不要盲目采用高效率加工方法及专用设备，否则会因设备利用率不高，造成经济上的损失。

（4）本厂的具体生产条件

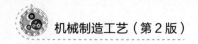

应充分利用本厂现有设备，挖掘企业潜力，发挥工人的积极性和创造性。同时，要注意设备负荷的平衡，避免设备的负荷过重而影响生产计划的完成。

此外，选择加工方法时还应考虑一些其他因素，例如，工件的形状和重量，以及表面的物理、力学性能要求等。

二、加工阶段的划分

1. 各加工阶段及其主要任务

对于加工质量要求较高的零件，工艺过程应分阶段进行。机械加工工艺过程一般可分为以下几个阶段：

（1）粗加工阶段

首先是在毛坯上要切除大部分的加工余量，留有均匀而适当的余量，为半精加工和精加工做好准备；其次还为以后的工序提供定位精基准。在此阶段中，主要问题是采取有效措施，尽可能提高生产率。

（2）半精加工阶段

半精加工阶段是为主要表面的精加工做好准备（达到一定的加工精度，保证一定的加工余量），并完成一些次要表面的最终加工（如钻孔、攻丝、铣键槽等）的阶段。

（3）精加工阶段

精加工阶段是完成各主要表面的最终加工，使零件的位置精度、尺寸精度及表面粗糙度达到图纸的要求的阶段。

（4）光整加工阶段

当零件的精度和表面质量要求很高时，则在精加工后，还要增加光整加工阶段。该阶段的主要任务是，从工件上不切除或切除极薄金属层，用以获得光洁的表面。一般不用来提高形状和位置精度。

2. 划分加工阶段的原因

（1）保证加工质量

工件划分加工阶段后，粗加工阶段因切削力和切削热引起的变形，可在后续阶段逐步得到纠正。同时各阶段的时间间隔相当于自然时效，有利于消除内应力，使工件有变形的时间，以便在下一道工序中加以修正，保证了零件的质量要求。

（2）合理使用设备

加工过程划分阶段后，粗加工可采用功率大、刚度好和精度较低的高效率机床，以提高生产率，精加工则可采用高精度机床以确保零件的精度要求，这样既充分发挥了设备的各自特点，又做到了设备的合理使用。

（3）及早发现毛坯的缺陷

在加工过程中，如发现零件表面有裂纹、气孔、夹砂、余量不足等，粗加工就可予以报废或修补，以免对报废的零件继续进行精加工而浪费工时和其他制造费用。精加工表面安排在后面，还可保证其不受损伤。

并非所有工件都如上述一样划分加工阶段，在应用时要灵活掌握。例如，对那些加工质量要求不高、刚性好或毛坯精度高、加工余量小的工件，就可以少划分几个阶段或不划分阶段；有些刚性好的重型工件，由于装夹及运输很费时，也常在一次装夹中完成全部粗精加工。此时，为了弥补不分阶段带来的缺陷，在粗加工之后，松开夹紧机构，让工件有变形的可能，然后用较小的夹紧力重新夹紧工件，继续完成精加工。

三、工序的集中与分散

在安排工序时，还应考虑工序中所含加工内容的多少。在每道工序中所安排的加工内容多，则一个零件的加工只集中在少数几道工序里完成，这时工艺路线短、工序数目少，称为工序集中；在每一道工序中所安排的加工内容少，则一个零件的加工分散在很多工序里完成，这时工艺路线长、工序数目多，称为工序分散。工序集中与工序分散是确定工序数目的两种不同原则，它和设备类型的选择有密切的关系。例如，采用立式多工位回转工作台组合机床、加工中心和柔性生产线加工产品，都属于工序集中。

1. 工序集中的特点

① 采用高效专用设备及工艺装备，生产率高。

② 工件一次安装可以完成多个表面的加工。这样可以较好地保证这些表面间的位置精度，同时可以减少安装工件的次数和辅助时间，并减少工件在机床之间的搬运次数，有利于缩短生产周期。

③ 可以减少机床的数量，并相应地减少操作工人、节省车间面积、简化生产计划和生产组织工作。

④ 因采用结构复杂的专用设备及工艺装备使投资大，调整和维修不方便、生产准备工作量大，转换新产品比较费时。

2. 工序分散的特点

① 机床设备及工艺设备比较简单，调整维修容易，生产准备工作量少，能较快地更换产品。

② 生产工人易于掌握生产技术，对工人的技术水平要求也较低。

③ 设备数量多，操作工人多，生产面积大。

工序集中和工序分散各有利弊，应根据生产类型、现有生产条件和技术要求等综合分析后选用。单件小批生产采用工序集中，而大批大量生产则可以集中，也可以分散。对于重型零件，工序应当集中；对于刚性差且精度高的精密工件，工序应适当分散。目前的发展趋势是工序集中。

四、加工顺序的安排

一个零件往往有多个表面需要加工，这些表面不仅本身有一定的尺寸精度要求，而且，各个表面间还有一定的位置要求。为了达到这些精度要求，各表面的加工顺序就不能随意安排，而必须遵循下面的几个原则：

1. “基面先行”的原则

工件的精基准表面应安排在起始工序中先进行加工，以便尽快为后续工序的加工提供精基准，即先基准后其他。如加工轴类零件时，应先加工中心孔；加工齿轮应先加工端面和内孔；对于一般零件，因平面尺寸较大、定位稳定可靠，常用作精基准，也宜先加工。

2. “先粗后精”的原则

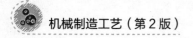

即先安排粗加工，中间安排半精加工，最后安排精加工或光整加工。

3. “先主后次”的原则

即先安排主要表面的加工，后安排次要表面的加工。主要表面指装配表面、工作表面等；次要表面包括键槽、孔等。

4. “先面后孔”的原则

即先加工平面，以便为孔的加工提供稳定可靠的精基准，也可以改善孔的加工条件。例如，箱体、支架和连杆等零件，应先加工平面后加工孔。

五、热处理工序的安排

机械零件常用的热处理工艺有：退火、正火、调质、时效、淬火、回火、渗碳及氮化等。热处理工艺的安排主要取决于零件的材料和热处理的目的。一般可分为：

1. 预备热处理

安排在机械加工之前，主要目的是改善切削加工性能，消除毛坯制造时的内应力，为最终热处理做准备。主要包括退火、正火、时效和调质处理等。

例如，含碳量大于 0.7% 的碳钢和合金钢，为了降低硬度而便于切削，常采用退火处理；含碳量低于 0.3% 的低碳钢和低合金钢，为避免硬度过低切削时粘刀，常采用正火处理以提高硬度。退火处理和正火处理常安排在毛坯制造之后，粗加工之前。

调质处理即淬火后的高温回火，能得到均匀细致的索氏体组织，为以后表面淬火和氮化处理时减少变形作好组织准备，调质处理常安排在粗加工之后和半精加工之前。

时效处理主要用于消除毛坯制造和机械加工中产生的内应力。对于形状复杂的铸件，一般在粗加工后安排一次时效处理；但对于高精度的复杂铸件，应安排两次时效处理，即在半精加工后再安排一次。

2. 最终热处理

最终热处理包括各种淬火、回火、渗碳淬火和氮化处理等。这类热处理的目的，主要是提高零件材料的硬度和耐磨性，常安排在精加工前后。

淬火处理分为整体淬火和表面淬火两种，其中表面淬火应用较多。

渗碳淬火处理适用于低碳钢和低合金钢，其目的是使零件表层含碳量增加，获得很高的硬度和耐磨性，而心部仍保持较高的强度、韧性及塑性。由于渗碳淬火变形大，且渗碳层深度一般为 0.5～2 mm，所以，渗碳淬火应在半精加工和精加工之间进行。

氮化处理是通过氮原子的渗入使表层获得含氮化合物，以提高零件硬度、耐磨性、抗疲劳强度和抗腐蚀性。由于渗氮温度低、工件变形小、渗氮层较薄，因此，渗氮工序应尽量靠后安排，以减少渗氮时的变形。渗氮前需安排一道消除应力工序。

六、辅助工序的安排

辅助工序较多包括检验、去毛刺、倒棱、倒圆、清洗、去磁、涂防锈油等。辅助工序也是必要的工序，如安排不当，将会给后续工序和装配带来困难，影响产品质量。

检验工序是主要的辅助工序，它对保证产品质量和防止产生废品起到重要作用。除了在每道工序中操作者自检外，还必须在下列情况下单独地安排检验工序：

① 粗加工阶段结束之后。

② 关键工序前后。

③ 零件从一个车间转到另一个车间前后。

④ 零件全部加工结束之后。

有些特殊的检验如探伤等检查工件内部质量，一般都安排在精加工阶段。

七、机床、工艺装备的选择

1. 机床的选择

确定了工序集中或分散的原则后，基本上也确定了设备的类型。如工序集中时，可选择高效、多刀、多轴机床；若采用工序分散原则，可选用简单通用的机床。

在选择机床时应注意以下几点：

① 机床的主要规格尺寸应与加工零件的外形轮廓尺寸相适应，即小零件应选小的机床，大零件应选大的机床，使设备合理使用。

② 机床的精度应与工序要求的加工精度相适应，即加工高精度的零件应选择高精度的机床，在缺乏精密设备时，可通过设备改装，以粗代精。

③ 机床的生产率与加工零件的生产纲领相适应，即单件小批量选择通用设备，大批大量选择专用设备。

④ 机床的选择应结合现场的实际情况，即现有设备的实际精度、类型及规格状况、设备负荷的平衡状况以及操作者的实际水平等。

2. 工艺装备的选择

工艺装备包括夹具、刀具、模具和量具等。

（1）夹具的选择

一般而言，单件小批量生产应尽量选择通用夹具，如各种卡盘、平口钳、回转台等。大批大量生产应尽量选择高生产率的气、液传动的专用夹具，也可选择成组夹具。夹具的精度应与加工精度相适应。

（2）刀具的选择

一般情况下采用标准刀具，必要时也可采用各种高生产率的复合刀具，以及一些专用刀具。刀具的类型、规格及精度等级应符合加工要求。

（3）量具的选择

单件小批量生产应选择通用量具，如游标卡尺和百分尺等；大批大量生产应选择各种量规和设计一些高生产率的专用量具。量具的精度必须与加工精度相适应。

任务六　加工余量的确定

任务目标

（1）能够正确计算零件加工余量。

（2）能够正确计算工序尺寸。

在机械加工工艺过程中，工序加工应达到的尺寸称为工序尺寸。工序尺寸的正确确定不仅和零件图纸上的设计尺寸有关，而且还与各工序的加工余量有密切的关系。

一、加工余量的基本概念

加工余量是指加工过程中，从加工表面切去的金属层厚度。加工余量可分为工序加工余量和总加工余量。

工序加工余量是指某一表面在一道工序中所切除的金属层厚度，它取决于同一表面相邻工序前、后工序的尺寸之差，如图 4-12 所示。

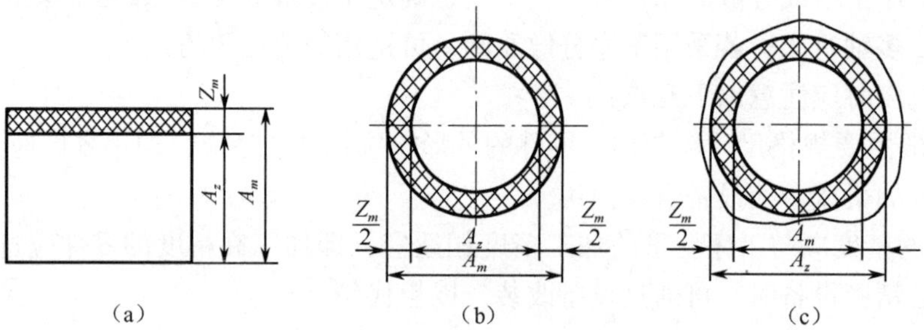

图 4-12　加工余量

对于外表面：

$$Z_m = A_m - A_z \text{（如图 4-12（a）所示）} \tag{4-2}$$

式中，Z_m ——本道工序的加工余量；

A_m ——上道工序的工序尺寸；

A_z ——本道工序的工序尺寸。

上述表面（平面）的加工余量为非对称的单边加工余量，对于旋转表面（外圆和孔）的加工余量是双边加工余量，即以直径方向计算，实际切削的金属层厚度为加工余量的一半。

对于轴：

$$Z_m = A_m - A_z \text{（如图 4-12（b）所示）}$$

对于孔：

$$Z_m = A_z - A_m \text{（如图 4-12（c）所示）}$$

式中，Z_m ——直径上的加工余量；

A_m ——上道工序的加工表面的直径；

A_z ——本道工序的加工表面的直径。

总加工余量是指零件从毛坯变成为成品的整个加工过程中，某一表面所被切除的金属层的总厚度。显然总加工余量等于各工序加工余量之和，如图 4-13 所示，即：

$$Z_0 = Z_1 + Z_2 + Z_3 + \cdots + Z_n$$

$$Z_0 = \sum_{i=1}^{n} Z_i \tag{4-3}$$

式中，Z_0——总加工余量；

Z_i ——第 i 道工序的工序加工余量；

n——该表面总共加工的工序（或工步）数。

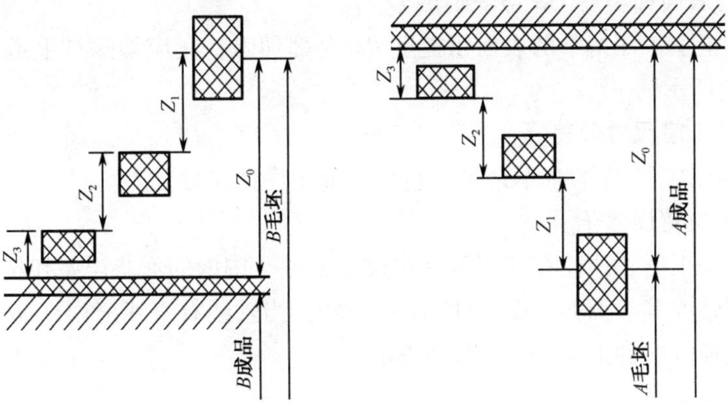

图 4-13　加工总余量和工序余量的关系

（a）被包容面（轴）；（b）包容面（孔）

Z_0—毛坯加工余量；Z_1—粗加工余量；Z_2—精加工余量；Z_3—最终加工余量

由于毛坯制造和各个工序尺寸都不可避免地存在误差，因而无论是总加工余量，还是工序加工余量都是个变动值，出现了最小加工余量和最大加工余量，它们之间的关系如图 4-14 所示。为了便于加工，工序尺寸都按“入体原则”标注，即包容面的工序尺寸取下偏差为零，被包容面的工序尺寸取上偏差为零，毛坯尺寸偏差则双向布置。

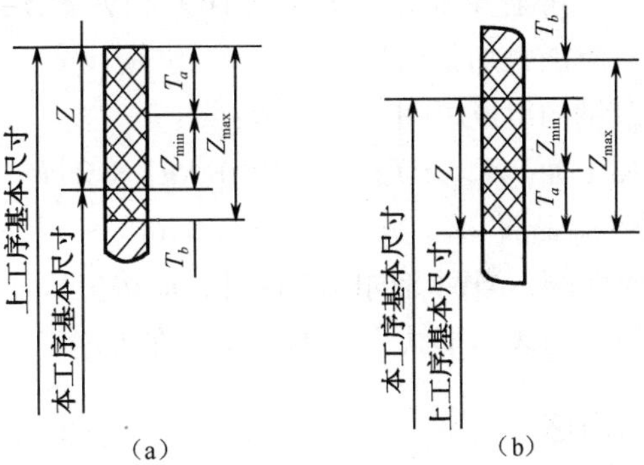

图 4-14　加工总余量和工序余量的关系

（a）被包容面（轴）；（b）包容面（孔）

二、影响加工余量的因素

加工余量的大小对零件的加工质量和生产率均有较大的影响。加工余量过大，不仅增加了机械加工的劳动量，降低了生产率，而且增加了材料、工具和电力的消耗，提高了加工本。但是，加工余量过小，又不能保证消除前工序的各种误差和表面缺陷，甚至产生废品。因此，应当合理地确定加工余量。

由前已知，零件加工表面的总加工余量等于各工序加工余量之和，而工序加工余量又是由最小加工余量和前道工序的工序尺寸公差所构成。由此可见，为正确地确定加工余量的大小，必须先分析影响最小工序加工余量的因素。

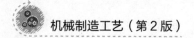

影响工序加工余量的因素可归纳为以下几项：

1. 前工序的表面粗糙度 Ra 与缺陷层 D_a

本工序必须把上工序留下的表面粗糙度 Ra 全部切除，还应切除被上道工序破坏的缺陷层 D_a 如图 4-15 所示。

2. 前工序的工序尺寸公差 T_a

由图 4-14 可知，工序的基本余量中包括了前工序的尺寸公差。

3. 前工序的位置误差 P_a

上一道工序加工后，往往存在不包括在尺寸公差范围内的形状误差和位置误差，如直线度、垂直度、同轴度等。例如，图 4-16 所示小轴，当轴线有直线度误差 ω 时，需在本工序中纠正，因而直径方向的加工余量应增加 2ω 。

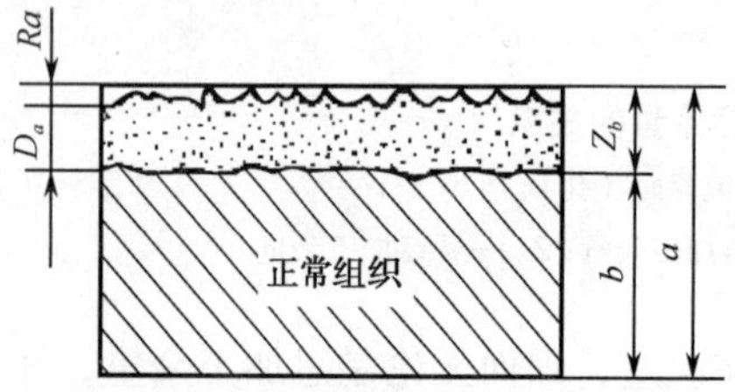

图 4-15　表面粗糙度与缺陷层

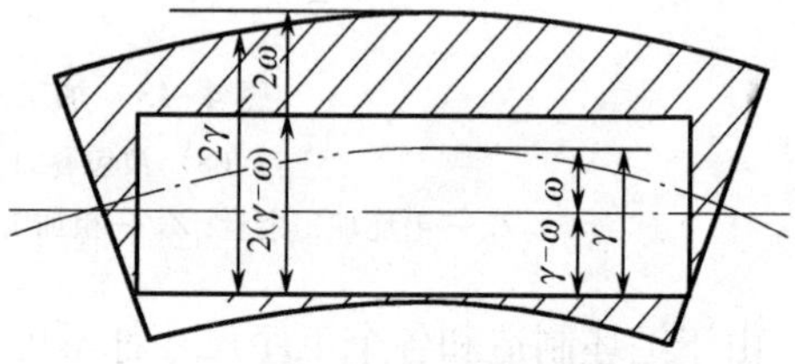

图 4-16　形状误差与加工余量的关系

4. 本工序工件的安装误差 E_b

工件在本工序装夹中，不可避免地存在着定位误差和夹紧误差，致使工序尺寸发生变化。考虑这项误差的影响，应加大加工余量。

综上所述，工序加工余量的组成可用下式表示：

$$（对称加工面）Z_m \geqslant T_a + 2(D_a + Ra) + 2|P_a + E_b| \tag{4-4}$$

$$（非对称加工面）Z_m \geqslant T_a + (D_a + Ra) + |P_a + E_b| \tag{4-5}$$

其中，$\boldsymbol{P}_a$ 和 $\boldsymbol{E}_b$ 都是有方向性的，当两者同时存在时，应按矢量加法合成。对不同的零件和不同的工序，上述误差的数值与表达形式也各不相同，在决定工序加工余量时应区别对待。

三、确定加工余量的方法

1. 经验估计法

此方法是根据工艺人员的实践经验来确定加工余量的。为了防止加工余量不够而产生废品，所估计的加工余量一般偏大，此方法常用于单件小批生产。

2. 查表修正法

此方法是以工厂生产实践和试验研究积累的有关加工余量的资料数据为基础，并结合实际加工情况进行修整来确定加工余量的方法，应用比较广泛。在查表时，应注意，表中数据是公称值，对称表面的加工余量是双边的，非对称面的加工余量是单边的。

3. 分析计算法

此方法是根据一定的试验资料和计算公式，对影响加工余量的各项因素进行分析和综合计算来确定加工余量的方法。这种方法确定的加工余量最经济合理，但必须积累比较全面的资料，目前应用尚少。

任务七　工艺尺寸链

任务目标

(1) 理解、掌握尺寸链计算公式和计算过程。

(2) 根据图纸工艺要求，正确计算出零件加工工序尺寸及公差。

在零件的机械加工工艺过程中，各工序的工序尺寸及工序余量在不断变化，其中一些工艺尺寸在零件图上往往不标出或不存在，需要在制定工艺规程时确定。而这些不断变化的工序尺寸之间又存在一定的联系，需要应用尺寸链理论去分析它们之间的内在联系，掌握它们的变化规律，正确地计算出各工序的工序尺寸及其公差。

一、尺寸链的基本概念

1. 工艺尺寸链的定义

以图 4-17 所示主轴箱箱体镗孔为例，孔的设计基准为箱体底面 2，在用调整法加工孔时（其他表面均已加工完成），为了使工件定位可靠和夹具结构简单，常选用箱体顶面 5 作为定位基准，按尺寸 A 对刀镗孔，间接保证尺寸 $B(A_0)$。这样，尺寸 A、$B(A_0)$、C 就形成一个封闭图形。这种由相互联系的尺寸按一定的顺序首尾相接排列成的尺寸封闭图形就定义为尺寸链。由单个零件在工艺过程中的有关工艺尺寸所形成的尺寸链，就称为工艺尺寸链。尺寸链也可以从零件图中抽出来，画成图 4-18 所示的形式。

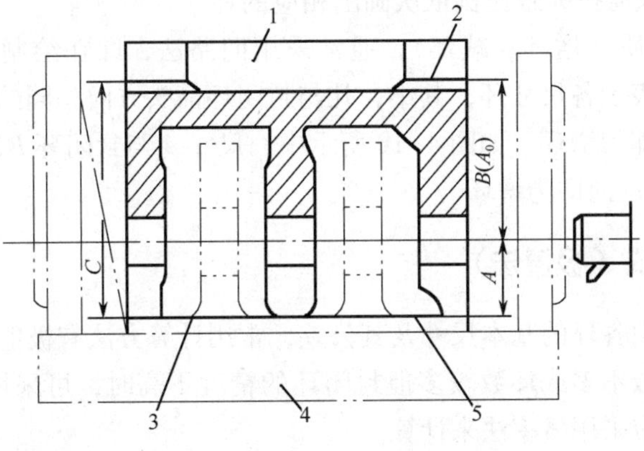

图 4-17　主轴箱加工中的尺寸链

1—主轴箱；2—孔的设计基准；3—导向支撑；4—镗模；5—定位基准

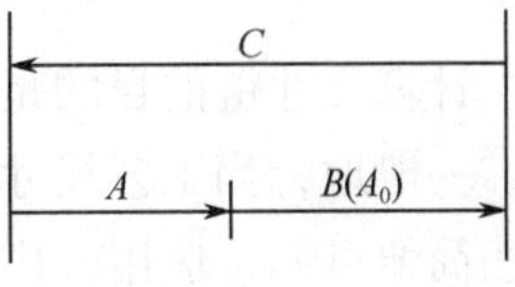

图 4-18　尺寸链图概念

2. 工艺尺寸链的特征

由前文对主轴箱箱体镗孔加工的分析可知，尺寸 A 和 C 是在加工过程中直接获得的，而尺寸 $B(A_0)$ 是间接保证的。由此可见工艺尺寸链的主要特征如下：

（1）封闭性

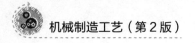

尺寸链必须是一组有关尺寸首尾相接所形成的尺寸封闭图形。不封闭就不成为尺寸链，尺寸封闭图形中应包含一个间接保证的尺寸和若干对其有影响的直接获得的尺寸。

（2）关联性

某一个尺寸及精度的变化必将影响其他尺寸和精度的变化，也就是说，它们的尺寸和精度互相联系、互相影响。

3. 尺寸链的组成

组成尺寸链的各个尺寸称为尺寸链的环。图 4-18 中的尺寸 A 、B 、C 都是尺寸链的环。这些环又可分为两大类。

（1）封闭环

根据尺寸链的封闭性，最终被间接保证精度的那个环称为封闭环（ A_0 表示）。图 4-18 中尺寸 $B(A_0)$ 是封闭环。

（2）组成环

尺寸链中对封闭环有影响的全部环，其中任一环的变化必然引起封闭环的变动。图 4-18 中尺寸 A 和 C 均是组成环。在组成环中，又分增环和减环。

① 增环。尺寸链的组成环中，由于该环的变动引起封闭环同向变动。同向变动是指该环增大时，封闭环也增大；该环减小时，封闭环也减小。图 4-18 中尺寸 C 是增环。

② 减环。尺寸链的组成环中，由于该环的变动引起封闭环的反向变动。反向变动是指该环增大时，封闭环减小；该环减小时，封闭环增大。图 4-18 中尺寸 A 是减环。

4. 工艺尺寸链图的作法

为了便于分析和解算工艺尺寸链，应画出工艺尺寸链图。画尺寸链图时，可将尺寸链中各相应的环用尺寸或符号标注在零件图上（如图 4-17 所示），也可单独表示出来（如图 4-18 所示），单独表示时只需按大致比例依次画出相应的环。

为了能迅速判别组成环的性质（增环、减环），通常采用回路法，即在绘制尺寸链图时，用首尾相接的单向箭头顺序表示各尺寸环，其中，凡与封闭环箭头方向相同的环即为减环，与封闭环箭头方向相反的环即为增环。如图 4-18 所示中，尺寸 A 与封闭环 $B(A_0)$ 同向为减环，尺寸 C 与封闭环 $B(A_0)$ 反向即为增环。

二、尺寸链的基本计算公式（极值法）

计算尺寸链的目的是求出链中各环的基本尺寸及其公差，常用计算方法有极值法和概率法。一般地，当工艺尺寸链的环数不多或环数较多但封闭环的精度不高时，可采用极值法，此法简便可靠，应用较广；否则应采用概率法来计算。

另外，在计算尺寸链时，还有两种情况，一是已知组成环求封闭环，这多用于验算、审核计算和设计的正确性，称为“尺寸链的正计算”；二是已知封闭环求组成环，称为“尺寸链的反计算”，工序尺寸的计算就属于这种情况。

下面主要讨论用极值法计算尺寸链的具体问题。特将尺寸链计算公式中常用符号名称列表，见表 4-9。

表 4-9　尺寸链计算公式中常用符号

环名	最大尺寸	基本尺寸	最小尺寸	上偏差	下偏差	公差	中间尺寸
封闭环	$A_{0\max}$	A_0	$A_{0\min}$	ESA_0	EIA_0	TA_0	A_{0M}
增环	$A_{z\max}$	A_z	$A_{z\min}$	ESA_z	EIA_z	TA_z	A_{zM}
减环	$A_{j\max}$	A_j	$A_{j\min}$	ESA_j	EIA_j	TA_j	A_{jM}

1. 封闭环的基本尺寸

根据尺寸链的封闭性，封闭环的基本尺寸等于各增环基本尺寸之和减去各减环基本尺寸之和，即：

$$A_0 = \sum_{z=1}^{m} A_z - \sum_{j=m+1}^{n-1} A_j \tag{4-6}$$

式中，n——包括封闭环在内的尺寸链总环数；

m——增环数。

2. 封闭环的极限尺寸

封闭环的最大尺寸等于所有增环的最大尺寸之和减去所有减环最小尺寸之和，即：

$$A_{0\max} = \sum_{z=1}^{m} A_{z\max} - \sum_{j=m+1}^{n-1} A_{j\min} \tag{4-7}$$

同理，封闭环的最小尺寸等于所有增环的最小尺寸之和减去所有减环最大尺寸之和。即：

$$A_{0\min} = \sum_{z=1}^{m} A_{z\min} - \sum_{j=m+1}^{n-1} A_{j\max} \tag{4-8}$$

3. 封闭环的上偏差与下偏差

封闭环的上偏差等于所有增环上偏差之和减去所有减环下偏差之和，即：

$$ESA_0 = \sum_{z=1}^{m} ESA_z - \sum_{j=m+1}^{n-1} EIA_j \tag{4-9}$$

同理，封闭环的下偏差等于所有增环下偏差之和减去所有减环上偏差之和，即：

$$EIA_0 = \sum_{z=1}^{m} EIA_z - \sum_{j=m+1}^{n-1} ESA_j \tag{4-10}$$

4. 封闭环的中间尺寸

封闭环的中间尺寸等于所有增环的中间尺寸之和减去所有减环的中间尺寸之和，即：

$$A_{0M} = \sum_{z=1}^{m} A_{zM} - \sum_{j=m+1}^{n-1} A_{jM} \tag{4-11}$$

5. 封闭环的公差

$$TA_0 = \sum_{i=1}^{n-1} TA_i \tag{4-12}$$

由式（4-12）可知，封闭环的公差比任一组成环的公差都大。因此，在工艺尺寸链中，一般选最不重要的环作为封闭环。

三、工艺尺寸链的建立

工艺尺寸链的计算并不复杂，但在工艺尺寸链的建立中，封闭环的确定和组成环的查找，对初学者来说常常感到比较困难，甚至还会弄错，下面分别予以讨论。

1. 封闭环的确定

在建立工艺尺寸链时，首先要正确地确定封闭环：如果封闭环确定错了，整个尺寸链的解也将是错误的。封闭环的基本属性是“派生”，它是随着别的组成环的变化而变化的。封闭环的这一属性，在工艺尺寸链中表现为尺寸的间接获得，即封闭环的尺寸是由其他环的尺寸确立后间接形成（或保证）的。在多数情况下，封闭环可能是零件设计尺寸中的一个尺寸，或者是加工余量。

2. 组成环的查找

在封闭环确定之后，从封闭环两端面起，分别循着邻近加工尺寸查找出该尺寸的另一端面，再顺着找别的端面，查找它邻近加工尺寸的另一端面，直至两边会合为止。此时，形成的全封闭的图形即是所建的尺寸链。注意形成这一尺寸链要使组成环环数达到最少，且一个尺寸链只能含有一个封闭环。

3. 尺寸链的特征

从工艺尺寸链简图我们可以看出尺寸链有以下两个主要特征：

（1）封闭性

封闭性是尺寸链的很重要的特征，即由一个封闭环和若干个组成环构成的工艺尺寸链中各环的排列呈封闭形式。不封闭就不成为尺寸链。

（2）关联性

关联性是指尺寸链的各环之间是相互关联的，即封闭环受各组成环的变动影响。

四、工序尺寸及其公差的确定

正确地分析和计算工艺尺寸链是编制工艺规程的重要环节，而应用工艺尺寸链确定工序尺寸和公差是工艺尺寸链应解决的主要问题。计算尺寸链的步骤一般是：

① 画尺寸链图。

② 确定封闭环、增环和减环。

③ 进行尺寸链计算。

工序尺寸及其公差的确定，与工序加工余量的大小、工序尺寸的标注以及定位基准的选择和变换有着密切的联系。

1. 工序基准与设计基准重合时工序尺寸及其公差的确定

加工精度和表面粗糙度要求较高的表面，往往都要经过多次加工才能达到设计要求，这时，各工序的工序尺寸及其公差的计算步骤为：先确定各工序的基本余量，再由最后一道工序开始逐一向前推算工序基本尺寸，直到推算到毛坯基本尺寸。各工序公差按各工序的加工经济精度确定，并按“入体原则”确定上、下偏差。

例 4-1 某法兰盘零件上有一个孔，孔径 $\phi100^{+0.035}_{0}$ mm，表面粗糙度 $Ra0.8$ μm 。工艺上考虑需经过粗镗、精镗和细镗加工。试计算各工序的工序尺寸及其公差。

解：从《机械加工工艺人员手册》中查出各工序的基本加工余量如下：

细镗余量：0. 8 mm；

精镗余量：2. 2 mm；

粗镗余量：5 mm。

各工序的工序尺寸计算如下：

细镗后孔径应达到图纸规定尺寸，故细镗工序尺寸即图纸上的尺寸。即：

$$D = \phi100^{+0.035}_{0}\ \text{mm}$$

精镗后的孔径基本尺寸为：

$$D_1 = 100 - 0.8 = 99.2\ (\text{mm})$$

粗镗后的孔径基本尺寸为：

$$D_2 = 99.2 - 2.2 = 97\ (\text{mm})$$

毛坯孔径基本尺寸为：

$$D_3 = 97 - 5 = 92\ (\text{mm})$$

根据手册中各种加工方法能达到的经济精度给各工序尺寸确定公差如下：

细镗前精镗取 IT 9 级公差，查表得：

$$T_1 = 0.087\ \text{mm}$$

粗镗孔取 IT 12 公差，查表得：$T_2 = 0.35\text{mm}$

毛坯公差：

$$T_3 = \pm 1.2\ \text{mm}$$

毛坯的总余量：

$$Z_0 = 5 + 2.2 + 0.8 = 8\ (\text{mm})$$

按规定各工序尺寸的公差应取“入体”方向，则各工序尺寸及其公差如图 4-19 所示。

2. 基准不重合时的工序尺寸计算

(1) 定位基准与设计基准不重合时的工序尺寸计算

当采用调整法加工一批零件，若所选的定位基准与设计基准不重合，那么，该加工表面的设计尺寸就不能由加工直接得到，这时，就需要进行有关的工序尺寸计算，以保证设计尺寸的精度要求。

例 4-2　如图 4-20 (a) 所示轴套零件，在车床上已加工好外圆、内孔及各表面，现需在铣床上以端面 A 定位铣出表面 C，保证尺寸 $20^{\ 0}_{-0.2}$ mm，试计算铣此缺口时的工序尺寸。

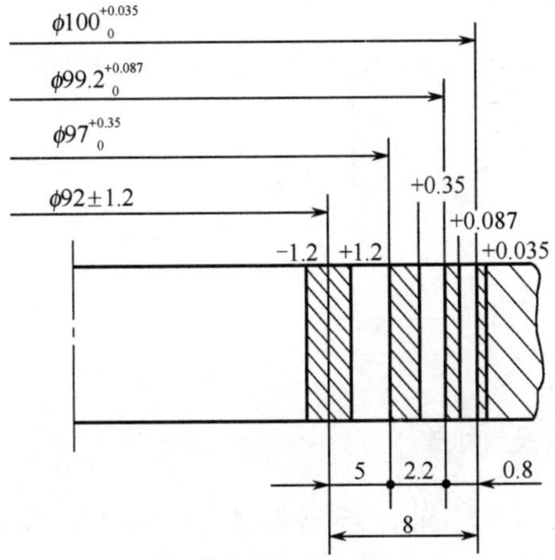

图 4-19　工序尺寸及公差

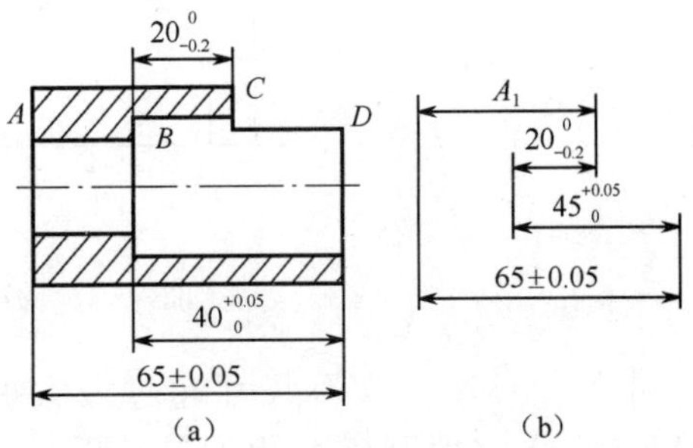

图 4-20　定位基准与设计基准不重合的尺寸换算

分析：表面 C 的位置尺寸是由表面 B 标注的。表面 B 即为表面 C 的设计基准，而铣缺口的定位基准为 A 面，故定位基准与设计基准不重合，需进行工艺尺寸链换算。工序尺寸，如图 4-20（b）所示。在加工中尺寸 $20_{-0.2}^{\ 0}$ mm，是间接获得的，故为封闭环，其余为组成环。

解：① 确定封闭环，建立尺寸链，如图 4-20（b）所示。

② 确定增减环，按画箭头方法可迅速判断 A_1 为增环，60 ± 0.05 mm 为减环。

③ 计算：

因为
$$20 = A_1 + 40 - 65$$
所以
$$A_1 = 45\ \text{mm}$$

又根据偏差计算公式：

上偏差：
$$0 = ESA_1 + 0.05 - (-0.05)$$
$$ESA_1 = -0.1\ \text{mm}$$
下偏差：
$$-0.2 = EIA_1 + 0 - 0.05$$
$$EIA_1 = -0.15\ \text{mm}$$
所以，工序尺寸：
$$A_1 = 45_{-0.15}^{-0.1}\ \text{mm 或 } A_1 = 44.9_{-0.05}\ \text{mm}$$

（2）测量基准与设计基准不重合时的工序尺寸计算

在加工或检查零件的某个表面时，有时不便按设计基准直接进行测量，就要选择另一个合适的表面作为测量基准，以间接保证设计尺寸，为此，需要进行有关工序尺寸的计算。

例 4-3 如图 4-21 所示零件，要求在顶面铣直角槽，并保证槽深为 $25_{+0.05}^{+0.4}$ mm（设计尺寸），若尺寸 $A_1 = 60_{\ 0}^{+0.2}$ mm 在上道工序中已经获得，本工序铣槽时由于槽深不便测量，便直接以 1 面定位保证尺寸 A_2，求测量尺寸 A_2 应为多少？并进行假废品分析。

解：① 根据加工过程可得工艺尺寸链如图 4-21（b）所示，其中 A_0 为封闭环。

根据尺寸链计算公式得：

测量尺寸：
$$A_2 = 35_{-0.2}^{-0.05}\ \text{mm}$$

② 假废品分析 在按上述测量尺寸 $A_2 = 35_{-0.2}^{-0.05}$ mm 测量工件时，A_2 的实际尺寸若小于最小极限尺寸 34.8 mm，测得 A_2 为 34.8 − 0.2 = 34.6（mm），将认为该工序零件为废品。但通常检验人员还需测量另一个组成环尺寸 A_1，如果 A_1 刚巧加工到最小极限尺寸 60 mm，此时，A_0 的实际尺寸为 60 − 34.6 = 25.4（mm），仍然合格。

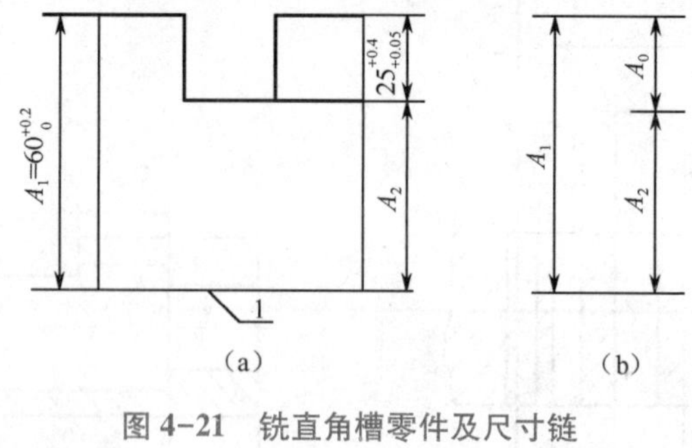

图 4-21 铣直角槽零件及尺寸链

同理，当 A_2 的实际尺寸超过最大极限尺寸 34.95 mm，若测得 A_2 为 34.95 + 0.2 = 35.15（mm），此时刚巧 A_1 也加工到最大极限尺寸 60.2 mm，A_0 的实际尺寸为 60.2 − 35.15 = 25.05（mm），仍然合格。

通过上述讨论，可以看出在实际加工中，如果换算后的测量尺寸被测出超差，但只要它的超出量小于另一组成环的公差，则有可能是假废品，应对零件进行复检，即逐一尺寸进行测量并计算出零件的实际尺寸，由此来判断零件合格与否。

例 4-4　图 4-22 所示轴承座零件，除 B 面外，其他尺寸均已加工完毕，加工 B 面时为便于测量，以表面 A 为定位和测量基准，保证尺寸 $90^{+0.4}_{0}$ mm，求工序尺寸应为多少？

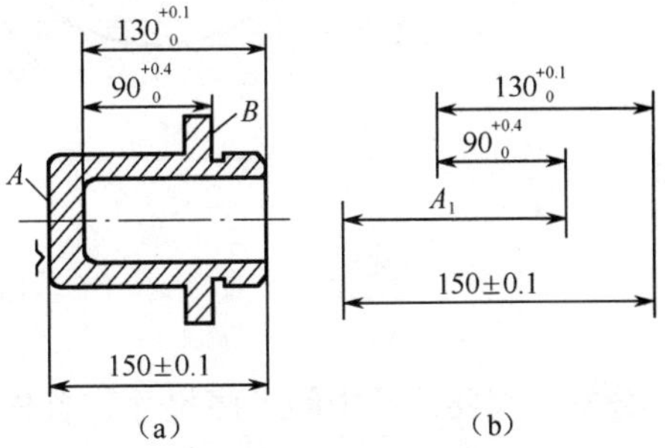

图 4-22　轴承座尺寸链

分析：图示尺寸 $90^{+0.4}_{0}$ mm 不便测量，于是改为测量 A 到 B 间的尺寸 A_1，直接控制工序尺寸 A_1，以间接保证设计尺寸 $90^{+0.4}_{0}$ mm，为此，必须求出工序尺寸 A_1。

解：① 建立尺寸链如图 4-22，确定封闭环尺寸为 $90^{+0.4}_{0}$ mm。

② 确定增减环：增环尺寸为 $130^{+0.1}_{0}$ mm、A_1，减环尺寸为 150 ±0.1 mm。

③ 计算：

因为
$$A_0 = \sum A_z - \sum A_j$$
$$90 = 130 + A_1 - 150$$
所以
$$A_1 = 110 \text{ mm}$$
因为
$$ESA_0 = \sum ESA_z - \sum ELA_j$$
$$0.4 = 0.1 + ESA_1 - (-0.1)$$
所以
$$ESA_1 = 0.2$$
因为
$$EIA_0 = \sum EIA_z - \sum ESA_j$$
$$0 = 0 + ELA_1 - 0.1$$
所以
$$ELA_1 = 0.1 \text{ mm}$$
所以工序尺寸：$A_1 = 110^{+0.2}_{+0.1}$ mm，根据“入体原则”，$A_1 = 110.2_{-0.1}$ mm。

(3) 零件加工过程中的中间工序尺寸计算

在零件的机械加工过程中，凡与前后工序尺寸有关的工序尺寸属中间工序尺寸。

在零件加工中，有的加工表面的测量基面或定位基面尚需继续加工，当加工这样的基面时，不仅要保证本工序对该加工基面的一些精度要求，而且同时还要保证另道工序的加工要求。此时，也需要进行工艺尺寸链换算。

例 4-5　图 4-23 为一齿轮内孔及键槽加工的简图。内孔及键槽的加工顺序如下：

① 精镗孔至 $\phi 84.8^{+0.07}_{0}$ mm。

② 插键槽至尺寸 A（通过工艺计算确定）。

③ 热处理。

④ 磨内孔至 $\phi 85^{+0.035}_{0}$ mm，同时间接保证键槽深度 $90.4^{+0.20}_{0}$ mm 的要求。

要求计算中间工序尺寸 A 的大小。

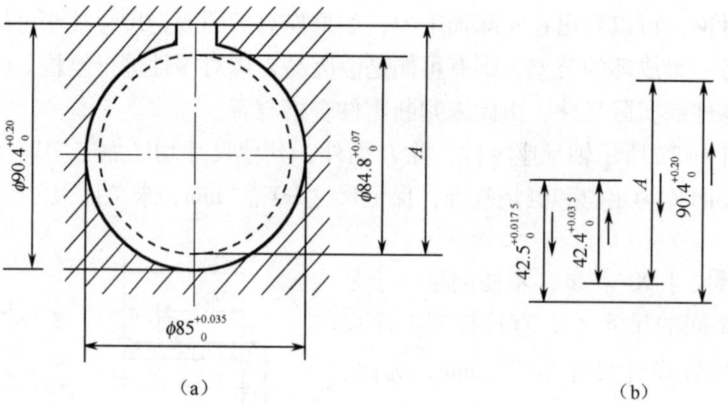

图 4-23　内孔及键槽加工

分析：现要计算中间工序尺寸，首先分析工艺过程及图 4-23（a）所示各尺寸的属性。图 4-23 中尺寸 $\phi 84.8^{+0.07}_{0}$ mm 是前工序镗孔直接获得的尺寸，图中尺寸 $\phi 85^{+0.035}_{0}$ mm 是在磨孔工序时直接获得的尺寸，图中尺寸 A 则是要求在本工序加工中直接保证的尺寸，图中剩下的尺寸 $90.4^{+0.20}_{0}$ mm 则是将在磨孔工序中间接形成的尺寸，所以是尺寸链中的封闭环。

解：① 确定封闭环为尺寸 $90.4^{+0.20}_{0}$ mm，并建立尺寸链。查找方法是，从封闭环两端面 B 、C 开始，依次寻找组成环，相会合形成图 4-23（b）所示的工艺尺寸链。

② 确定增、减环，尺寸 $42.5^{+0.0175}_{0}$ mm、A 为增环，尺寸 $42.4^{+0.035}_{0}$ 为减环。

③ 计算：

因为

$$A_0 = \sum A_z - \sum A_j$$

$$90.4 = A + 42.5 - 42.4$$

所以

$$A = 90.3 \text{ mm}$$

上偏差：

因为

$$0.20 = ESA + 0.0175 - 0$$

$$ESA = 0.182\,5 \text{ mm}$$

下偏差：

因为

$$EIA_0 = \sum EIA_z - \sum ESA_j$$

$$0 = ELA + 0 - 0.035$$

所以

$$ELA = 0.035 \text{ mm}$$

工序尺寸：

$$A = 90.3^{+0.183}_{+0.035} \text{ mm}$$

注意：ⓐ 此类题建立尺寸链时，尺寸可在半径方向上统一；

ⓑ 半径的尺寸公差，为其直径公差的一半。

（4）保证渗氮渗碳层深度的计算

有些零件的表面要求渗氮或渗碳，在零件图上还规定了渗层厚度，这就需要计算有关工序尺寸，以确定渗氮或渗碳的渗层厚度，从而保证零件图所规定的渗层厚度。

例 4-6　如图 4-24 所示为偏心零件，表面 A 要求渗碳处理，渗碳层深度规定为 0.5～0.8 mm。零件上与此有关的加工过程如下：

① 精车 A 面，保证尺寸 $\phi 26.2_{-0.1}^{0}$ mm。

② 渗碳处理，控制渗碳层深度为 H_1。

③ 精磨 A 面，保证尺寸 $\phi 25.8_{-0.016}^{0}$ mm，并保证磨后零件表面所留的渗碳深度达到规定的要求。试确定 H_1 的数值。

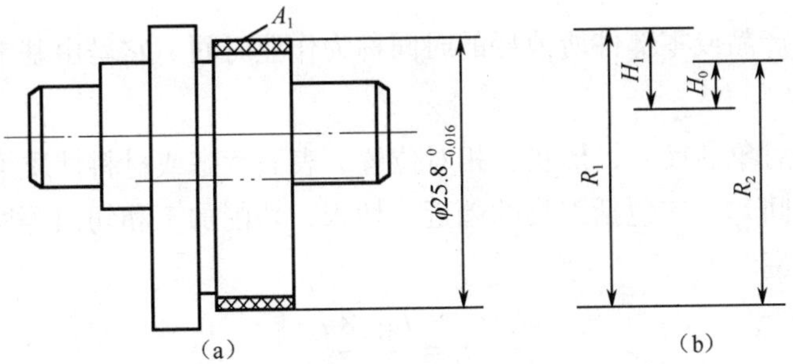

图 4-24　偏心零件渗碳层工序尺寸的转换

分析：根据工艺过程，可以建立与加工过程有关的尺寸链，如图 4-24（b）所示。在尺寸链中，$R_1 = 13.1_{-0.005}^{0}$ mm，$R_2 = 12.9_{-0.008}^{0}$ mm，$H_0 = 0.5_{0}^{+0.3}$ mm，其中 H_0 为经过磨削加工后，零件上渗碳层的深度，是最后间接获得的尺寸，因而是尺寸链的封闭环。

解：（1）建立尺寸链，确定封闭环为尺寸 H_0。

（2）确定增减环。增环为 R_2，H_1，减环为 R_1。

（3）计算：

$$H_0 = R_2 + H_1 - R_1$$

$$H_1 = 0.7 \text{ mm}$$

上偏差：

$$0.3 = 0 + ESH_1 - (-0.05)$$

$$ESH_1 = 0.25 \text{ mm}$$

下偏差：

$$0 = -0.008 + EIH_1 - 0$$

$$EIH_1 = 0.008 \text{ mm}$$

因此，尺寸：

$$H_1 = 0.7_{+0.008}^{+0.25} \text{ mm}$$

任务八　时间定额与生产效率

任务目标

（1）了解、掌握生产定额的计算方法。

（2）了解影响生产效率的因素和提高生产效率的措施。

（3）理解零件工艺方案的经济性分析。

一、时间定额的估算

在一定生产条件下，规定生产一件产品或完成一道工序所需要的时间，称为时间定额。合理的时间定额能促进工人的生产技能和技术熟练程度的不断提高，能调动工人的积极性，从而不断促进生产向前发展和不断提高生产效率。时间定额是安排生产计划和成本核算的主要依据，在设计新厂时，又是计算设备数量、布置车间、计算工人数量的依据。

为了合理确定时间定额和探讨提高生产效率的工艺途径，必须了解单件生产时间及其组成。一般将完成零件一个工序的时间称为单件时间，它包括以下组成部分。

1. 作业时间 t_z

直接用于制造产品或零部件所消耗的时间称为作业时间。它是由基本时间 t_j 和辅助时间 t_f 组成的。

直接改变生产对象的尺寸、形状、相对位置、表面状态或材料性质等工艺过程所消耗的时间，称为基本时间 t_j。它包括刀具的趋近、切入、切削加工和切出等所消耗的时间。

以外圆车削为例。

$$t_j = \frac{L_{计} \times i}{n \times f} \tag{4-13}$$

式中，t_j——基本时间（min）；

$L_{计}$——工作行程长度（它包括刀具切入、切出长度，mm）；

i——走刀次数；

n——工件转速（r/min）；

f——刀具进给量（mm/r）。

为实现工艺过程所必须进行的各种辅助动作所消耗的时间，称为辅助时间 t_f。如装卸工件、启动和停开机床、改变切削用量、测量工件等所消耗的时间。

2. 布置工作地时间 t_p

为使加工正常进行，工人管理工作地（如更换刀具、润滑机床、清理切屑、收拾工具等）所消耗的时间称为布置工作地时间。t_p 很难精确估计，一般按作业时间 t_z 的百分数 α（2%～7%）来计算。

3. 休息与生理需要时间 t_x

指工人在工作时间内为恢复体力和满足生理上的需要所消耗的时间，也按作业时间的百分数 β（一般取2%）来计算。

所有上述时间的总和称为单件时间 $t_{单件}$，即：

$$t_{单件} = t_z + t_p + t_x = (1 + \alpha + \beta)\ t_z = (1 + \alpha + \beta)\ (t_j + t_f) \tag{4-14}$$

4. 生产准备与终结时间 t_{zj}

工人为了生产一批产品或零部件，进行准备和结束工作所消耗的时间，称为生产准备与终结时间。

在成批生产中，每加工一批工件的开始和终了时，需要一定时间完成以下工作：加工一批工件开始时，需熟悉工艺文件，领取毛坯、刀具、量具，安装刀具、夹具，调整机床等；在加工一批工件终结时，还要拆下并归还工艺装备，送交成品等，准备与终结对一批零件只需要一次，零件批量 m 越大，分摊到每个工件上的准备与终结时间越小。为此，成批生产时的单件时间定额为：

$$t_{定额} = t_{单件} + t_{zj}/m = (1 + \alpha + \beta)\ (t_j + t_f) + t_{zj}/m \tag{4-15}$$

大批生产（零件批量 m 很大）时，t_{zj}/m 可忽略不计，这时的单件时间定额为：

$$t_{定额}=(1+\alpha+\beta)(t_j+t_f)=t_{单件} \tag{4-16}$$

大量生产时，每个工作地始终完成某一固定工作，由于数量 m 很大，所以在计算单件工时中不计入准备和终结时间。

二、提高劳动生产效率的途径

在制定工艺规程时，必须妥善处理劳动生产效率与经济性问题。机械制造工艺规程的优劣，是以经济效果的好坏为判别标准的，也就是说要力求机械制造的产品优质、高产、低成本。

劳动生产效率，是指一个工人在单位时间内生产出的合格产品的数量，也可用完成单件产品或单个工序所耗费的劳动时间来表示。机械加工的经济性，则是研究如何用最少的消耗来生产出合格的机械产品。

提高劳动生产效率不单纯与机械加工技术有关，而且还与产品设计、生产组织与管理工作有关，是个系统工程的问题。这里主要讨论与机械加工工艺有关的提高劳动生产效率的途径。

合理地利用高生产效率的机床和工艺装备，采用先进的工艺方法，进而达到缩减各个工件的单件时间，是提高生产效率的根本途径。

1. 缩减单件工时定额

生产类型不同，组成单件工时的各类时间所占比重不同。例如，据统计，在小批生产中，就切削加工过程来说，工件在机床上实际切削、磨削的时间占 30% 左右，而消耗在装卸、定位、测量和换刀等辅助时间占 70%。因此，要提高生产效率，必须首先降低占单件生产时间中比重较大的部分，现分述如下。

（1）缩减基本时间

① 提高切削用量。增大切削速度、进给量和切削深度，都可以缩减基本时间，从而减少单件工时时间这是机械加工中广泛采用的提高劳动生产效率的有效方法。

提高切削用量会使工艺系统的弹性变形加大、切削温度升高、刀具磨损增大以及增加振动，从而影响加工精度和表面质量，因此，切削用量的增加受到了限制。采用先进刀具和优化刀具参数、改进机床、提高刀具刚度和机床的驱动功率，可以突破切削用量增加受到的限制。

目前硬质合金的车削速度可达 200 m/min，近年来出现的聚晶金刚石和聚晶立方氮化硼新型刀具材料，其切削速度可达 900 m/min。

磨削的发展趋势是高速磨削和强力磨削，目前采用的磨削速度达 60 m/s，国外已生产出全封闭的磨削速度达 90～120 m/s 的高速磨床。采用缓进给强力磨削，磨削深度可达 6～12 mm，最大可达 37 mm，国外已用磨削代替铣削或刨削来进行粗加工。

② 缩减工作行程长度。工件上需要进行加工的长度一般已由零件设计图纸所决定，但实际加工中，仍可以采取措施设法缩短切削行程。

采用多刀或复合刀具加工可以大大缩减工作行程长度，或使切削行程长度部分或全步重合，从而减少基本时间。例如，用几把刀具同时切削同一表面（如图 4-4 所示），改纵向进给为横向进给（宽砂轮做切入磨削等）。

③ 采用多件加工，如图 4-25 所示，共有三种形式。

a. 顺序多件加工，如图4-25（a）所示滚齿等加工中，工件按走刀方向顺序地装夹并加工，这样可以缩减刀具的切入和切出时间，从而提高生产效率。

b. 平行多件加工，如图4-25（b）所示铣削等加工中，工件平行排列，一次走刀可以同时加工多个工件，而每个工件的基本加工时间只是原来的1/n。

c. 平行顺序加工，如图4-25（c）平面磨削中，它是上述两种形式的综合，这种情况缩短基本时间的效果更加明显。

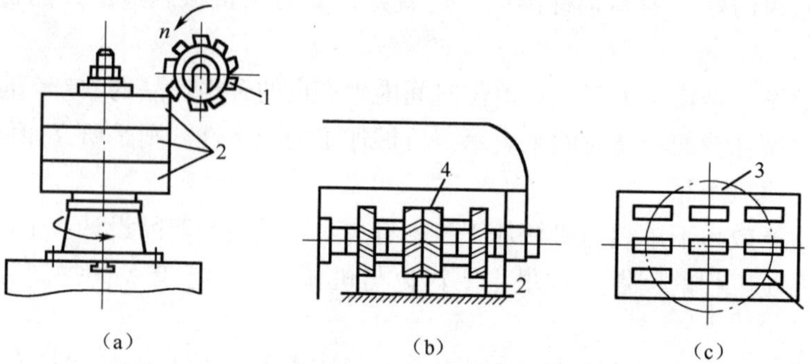

图4-25　多件加工示意图

（a）顺序多件加工；（b）平行多件加工；（c）平行顺序加工

1—滚刀；2—工件；3—砂轮；4—铣刀

（2）缩减辅助时间

缩短辅助时间的方法主要是要实现机械化和自动化，直接缩减辅助时间或使辅助时间与基本时间重合。具体措施有：

① 直接缩减辅助时间。

a. 采用先进夹具。在大批量生产中采用气动、液动、多件、高效夹具。对于中小批生产，由于受到专用夹具制造成本的限制，可设法采用组合夹具，如果采用成组加工工艺，也可对多品种中小批生产的工件采用高效的成组夹具。

b. 采用各种辅助工具，可以减少更换和装夹刀具的时间。

c. 采用主动测量装置或数字显示装置，可以减少加工过程中的测量时间。在各类机床上配备主动测量装置和数字显示装置，把加工过程中工件尺寸的变化情况连续显示出来，工人可以根据主动测量装置和数显装置显示的数据控制机床，节省了停机测量的辅助时间。

② 将辅助时间与基本时间重合。

a. 采用可换夹具或可换工作台交替进行工作。例如，在多刀半自动车床或外圆磨床上加工以心轴定位的工件时，可采用两根同样的心轴，用一个心轴对一个工件加工时，另一个心轴对另一个工件进行装卸。

b. 采用多工位夹具，如图4-2所示，在立式钻床上采用多工位夹具工作的例子就是将工位Ⅰ处装卸工件的辅助时间与工位Ⅱ处钻孔、Ⅲ处扩孔、Ⅳ处铰孔的基本时间完全重合。

c. 采用连续加工，连续加工可显著提高生产效率。在大量生产和成批生产中铣削平面和磨削平面时得到广泛的应用。例如，图4-26所示立式连续回转工作台铣床加工的实例。机床有两根主轴顺次进行粗铣削、精铣削，装卸工件时机床不停机，因此辅助时间与基本时间完全重合。

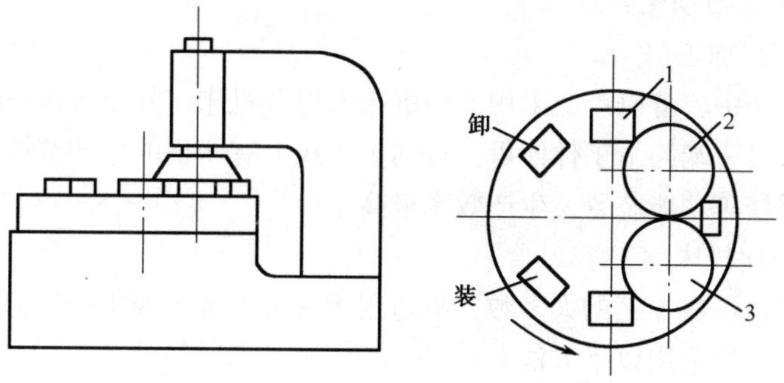

图 4-26　立式连续回转工作台铣床

1—工件；2—精铣刀；3—粗铣刀

（3）缩减布置工作地时间

布置工作地时间中，主要是消耗在更换刀具和调整刀具的工作上。因此，缩短布置工地时间的主要途径是，缩短刀具的调整时间和每次更换刀具的时间，或者提高砂轮和刀具的耐用度，在实际中使用不重磨刀片、专用对刀样板和自动换刀装置等。

（4）缩减准备和终结时间

缩减准备和终结时间的主要方法是增加零件的生产批量和减少调整机床、刀具和夹具的时间。

① 夹具和刀具调整通用化。目前多品种、中小批量生产中，应用相似性原理，采用成形工艺，应用成组夹具对相似零件组的同一工序加工时，成组夹具只要少许调整就可以适应相似零件组同一工序中每一工件的加工要求，这样大大缩短了准备和终结时间。

② 采用可换刀架和刀夹。例如，转塔车床可配备备用转塔刀架，事先按加工对象调整好，当更换加工对象时，把事先调整好的转塔刀架换上，用较少的准备和终结时间就可进行加工。

③ 采用刀具的微调和快调机构。在多刀加工时，调整刀具特别费时，常常在刀夹尾部装上微调机构，这样可以大大减少调整时间。

④ 减少夹具在机床上安装找正时间。如在夹具体上设计定位键等措施。

⑤ 采用准备、终结时间极少的先进加工设备。

2. 采用先进的工艺方法

采用先进的工艺方法是一种提高劳动生产效率的有效工艺途径，主要有以下几个方面：

① 先进的毛坯制造方法。

② 少切削、无切削新工艺。如采用冷挤、冷轧等方法，不仅能提高生产效率，而且工件的表面质量和精度能明显改善。例如，用冷挤齿轮替代剃齿，生产效率提高 4 倍，表面粗糙度 Ra 值能稳定地达到 0.8～0.4 um。

③ 采用特种加工。对特硬、特脆、特韧材料及其复杂型面的加工，常采用特种加工方法。例如，用电火花加工锻模、用线切割加工冲模等均可节省大量的钳工劳动，提高生产效率。

④ 改进加工方法。在大批量生产中，以拉削替代铣削、镗削，以粗磨代替铣削，在成

批生产中，以精刨、精磨代替刮研等。

3. 提高机械加工自动化程度

（1）自动生产线加工

在大批大量生产中，可以广泛采用专用机床或组合机床，并组成生产线，操作者只要在自动线一端上料，另一端卸下工件即可。自动生产线上有严格的生产节拍和重要工序的自动监测、故障停机报警等功能装置，生产效率极高。

（2）高效自动化机床加工

中小批量生产占机械加工的大多数，不适用于在自动生产线生产。为了提高这部分加工的劳动生产效率，一般采用以下方法。

① 自动机和简易程控、简易数控机床加工。对于小型的中小批生产，采用液压或电气控制自动机，如各类型的自动、半自动磨床，插销板式半自动液压仿形车床以及用单片机或单板机改造的简易数控机床等进行加工。

② 采用数控机床和数控加工中心。

③ 采用成组工艺。

（3）FMS 加工

FMS 是柔性加工生产线，对应于大批大量生产的自动线（刚性线）而言，它适于中小批量的生产，是目前国内外正在研究、开发和推广的先进制造方法，有很高的生产效率。也像大批生产自动线一样，在柔性线的一端安装毛坯，在另一端卸下零件或成品。所不同的是，当被加工对象改变时，该系统仅通过调整控制程序，不需改变机床设备等即可适应其他件的加工生产，是未来机械制造的发展方向。

三、工艺方案的经济性分析

制定机械加工工艺规程时，在满足加工质量的前提下，要特别注重其经济性。一般情况下，满足同一质量要求的加工方案可以有多种，这些方案中，必然有一个是经济性最好的方案。所谓经济性好，就是指在机械加工中能用最低的成本制造出合格的产品，这样，就需要对不同的工艺方案进行技术经济分析，从技术上和生产成本等方面进行比较。

制造一个零件（或产品）所消耗的费用总和叫生产成本。生产成本可分为两类费用：一类是与工艺过程直接有关的费用，称为工艺成本。工艺成本约占生产成本的 70% ～75% 。另一类是与工艺过程没有直接关系的费用，如行政人员的开支、厂房折旧费、取暖费等。对工艺方案进行经济性分析时，只需对前一类费用（工艺成本）进行分析。

1. 工艺成本的组成与计算

工艺成本由变动费用（V）和固定费用（S）组成。变动费用是与年产量有关并与之成正比费用。它包括材料费、人工费、机床电费、设备维修费和刀具消耗费等。固定费用是与年产量变化没有直接关系的费用，一般包括专用机床折旧、夹具、量具、辅具等费用。

工艺成本可表示为：

$$E = S + VN \tag{4-17}$$

式中，E——全厂或某一道工序全年的工艺成本（元/年）；

S——固定费用（元/年）；

V——变动费用（元/件）；

N——年产量（件/年）。

单件工艺成本或工序成本可表示为：

$$E_d = E/N = S/N + V \tag{4-18}$$

式中，E_d——单件工艺成本或某一个工序的工序成本（元/件）。

根据上述工艺成本的两个公式，可以进行不同工艺方案的经济性分析比较。应当指出，在进行经济分析时，还应全面考虑改善劳动条件，提高劳动生产效率，以及促进生产技术提高等问题。

全年工艺成本与年产量的关系如图 4-27 所示，E 与 N 呈线性关系，说明年工艺成本随着年产量的变化而成正比地变化。

单件工艺成本与年产量是双曲线的关系，如图 4-28 所示。在曲线的左段，N 值很小，设备负荷低，E_d 就高，如 N 略有变化时，E_d 将有较大的变化。在曲线的右段，N 值很大，多采用专用设备（S 较大、V 较小），且 S/N 值小，故 E_d 较小，N 值的变化对 E_d 影响很小。以上分析表明，当 S 值一定时（主要是指专用工装设备费用），就应该有一个相适应的零件年产量。所以，在单件小批生产时，因 S/N 值占的比例大，就不适合使用专用工装设备（以降低 S 值）；在大批量生产时，因 S/N 值占的比例小，最好采用专用工装设备（同时减小 V 值）。

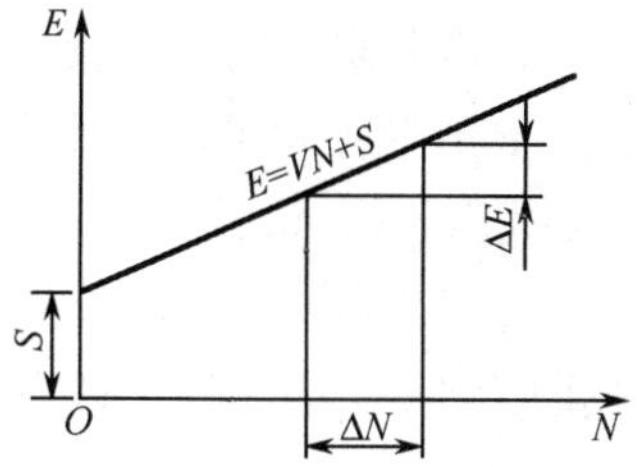

图 4-27　全年工艺成本与年产量的关系

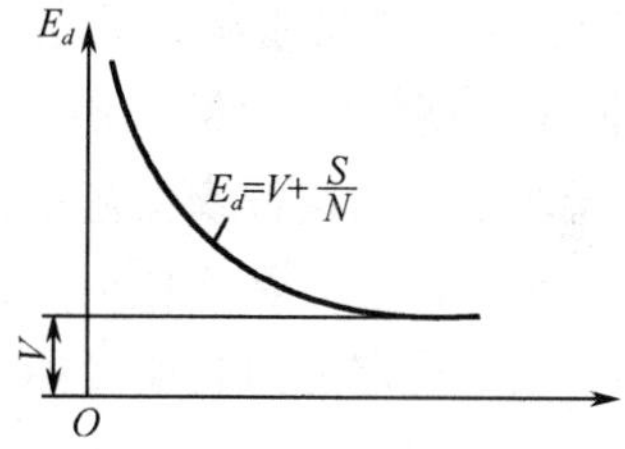

图 4-28　单件工艺成本与年产量的关系

2. 不同工艺方案的经济性比较

对不同工艺方案的经济性进行比较时，有两种情况。

① 当各工艺方案的基本投资相近，或都使用现有设备、工装条件时，可比较其工艺成本。如果方案 1 的不变费用为 S_1，可变费用为 V_1；方案 2 的不变费用为 S_2，可变费用为 V_2，如图 4-29（a）所示，工艺方案的优劣与年产量 N 有关。图 4-29（a）说明，不论 N 为何值，方案 2 的经济性总优于方案 1；图 4-29（b）说明，当 $N < N_k$ 乃时，方案 2 优于方案 1，当 $N > N_k$ 时，方案 1 优于方案 2，此时 $N_k = \dfrac{S_1 - S_2}{V_2 - V_1}$；图 4-29（c）说明，$N < N_k$ 时，方案 1 优于方案 2，当 $N > N_k$ 时，方案 2 优于方案 1，此时 $N_k = \dfrac{S_2 - S_1}{V_1 - V_2}$。

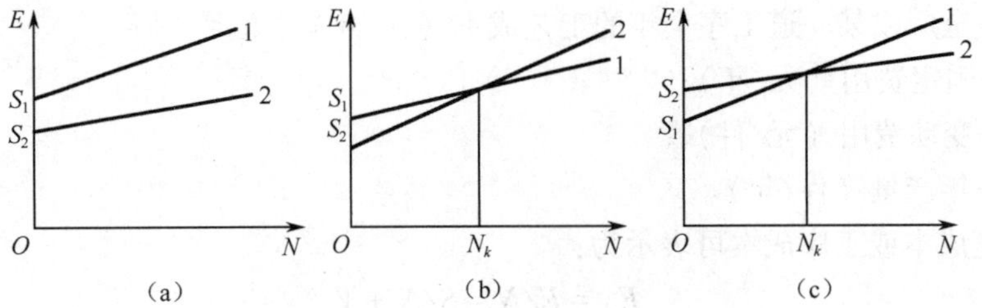

图 4-29　两种工艺方案的经济性对比

② 如果两种工艺方案的基本投资相差较大时，则应比较不同方案的基本投资差额的回收期。例如，方案 1 采用了高生产效率而价格较贵的机床和工艺装备，基本投资大，但工艺成本低；方案 2 采用生产效率较低而价格也较低的机床和工艺装备，基本投资小，但工艺成本高。二者收益如何，需要用回收期来衡量。基本投资差额回收期可用下式表示。

$$\tau = \frac{k_1 - k_2}{E_1 - E_2} = \frac{\Delta k}{\Delta E}$$

式中，τ—— 回收期（年）；

k_1、k_2——方案 1、方案 2 的基本投资（元）；

E_1、E_2——方案 1、方案 2 的全年工艺成本（元/年）；

Δk——基本投资差额（元）；

ΔE——全年工艺成本差额（元/年）。

所以，回收期限就是指方案 1 比方案 2 多花费的投资，需要多长时间才能由于工艺成本的降低而收回来的期限。显然，τ 越小，则经济效益越好。τ 至少应满足以下要求：

a. 应小于所采用的设备或工艺装备的使用年限；

b. 应小于生产产品更新换代年限；

c. 应小于国家规定的回收期。如新普通机床的回收期为 4～6 年，新夹具为 2～3 年。

项目驱动

一、填空题

1. 将原材料或半成品转变为成品的各有关劳动过程的总和，称为（　　）。

2. 在这些过程中，改变生产对象的形状、尺寸、相对位置及性质，使其成为成品或半成品的过程称为（　　）。

3. 机械加工工艺过程是由一个或若干个顺次排列的（　　）组成的。毛坯依次通过这些工序而变为成品。

4. 工件在加工前，确定其在机床或夹具中所占有正确位置的过程称为（　　）。工件定位后将其固定，使其在加工过程中保证定位位置不变的操作称为（　　）。这种定位与夹紧的工艺过程，即工件（或装配单元）经一次装夹后所完成的那一部分工序就称为（　　）。

5. 机械加工工艺规程是规定产品或零部件制造工艺过程和操作方法等的（　　）。

6. 机械加工中常见的零件毛坯类型有：（　　）、（　　）、（　　）及型材焊接四种。

7. 基准是用来确定生产对象上几何要素间的几何关系所依据的那些点、线、面。根据作用的不同，基准可分为（　　）和（　　）两大类。

8. 零件在工艺过程中所采用的基准，称为工艺基准。工艺基准根据用途不同，可分为（　　）、（　　）、（　　）和装配基准。

9. 根据尺寸链的封闭性，最终被间接保证精度的那个环称为（　　）。

10. 在一定生产条件下，规定生产一件产品或完成一道工序所需要的时间，称为（　　）。

二、思考及综合题

1. 什么是机械加工工艺过程和机械加工工艺规程？工艺规程在生产中起什么作用？

2. 试述工序、工步、走刀、安装、工位、定位的概念。

3. 试述设计基准、定位基准、工序基准、测量基准的概念，并举例说明。

4. 编制机械加工工艺规程的原则与步骤有哪些？

5. 什么是粗基准和精基准？试述其选择原则。

6. 机械加工为什么要划分加工阶段？各加工阶段的作用是什么？

7. 举例说明在机械加工工艺过程中，如何合理安排热处理工序位置？

8. 毛坯类型有哪几种？选择毛坯类型应考虑哪些因素？

9. 题 9 图所示端盖零件加工时的设计基准和定位基准是哪些？

10. 如题 10 图所示 *A*、*B*、*C* 面，$\phi 10^{+0.027}$mm 及 $\phi 30^{+0.033}$mm 孔均已加工。试分析加工 $\phi 12^{+0.018}$mm 孔时，选用哪些表面定位最合理？为什么？

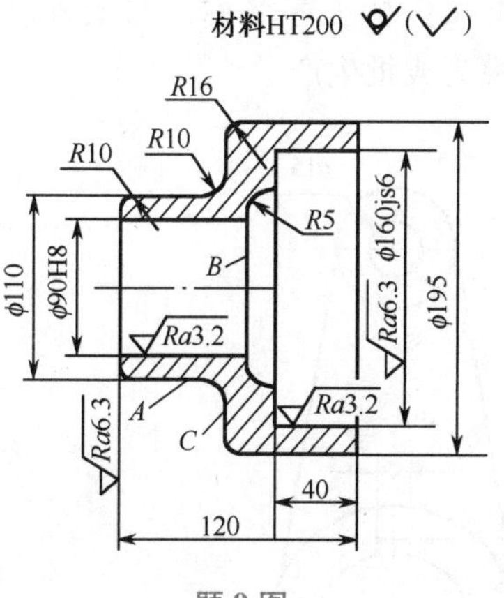

题 9 图

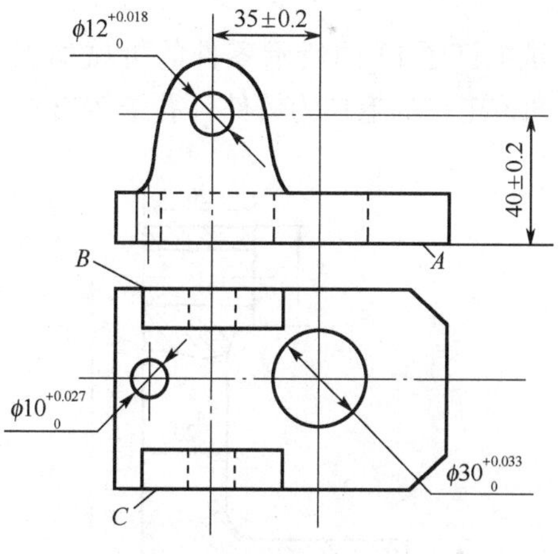

题 10 图

11. 如题 11 图所示零件，在加工过程中将 *A* 面放在机床工作台上加工 *B*、*C*、*D*、*E*、*F* 表面，在装配焊接 *A* 面与其他零件连接。试说明：

（1）*A* 面是哪些表面的尺寸和相互位置的设计基准？

（2）哪个表面是装配基准和定位基准？

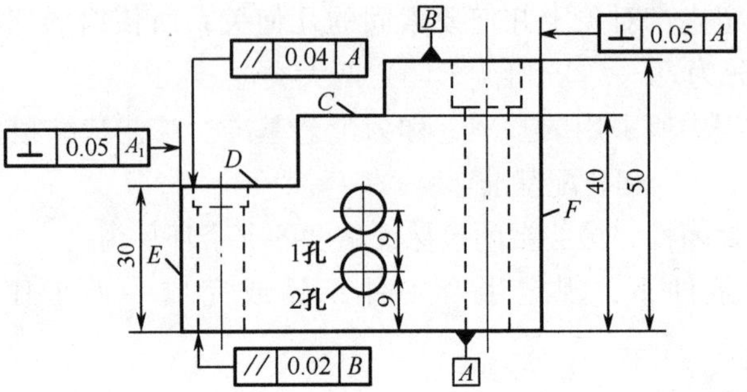

题 11 图

12. 如题 12 图所示为箱体零件图及工序图，试在图中指出：

（1）平面 2 的设计基准、定位基准及测量基准；

（2）孔 4 的设计基准、定位基准及测量基准。

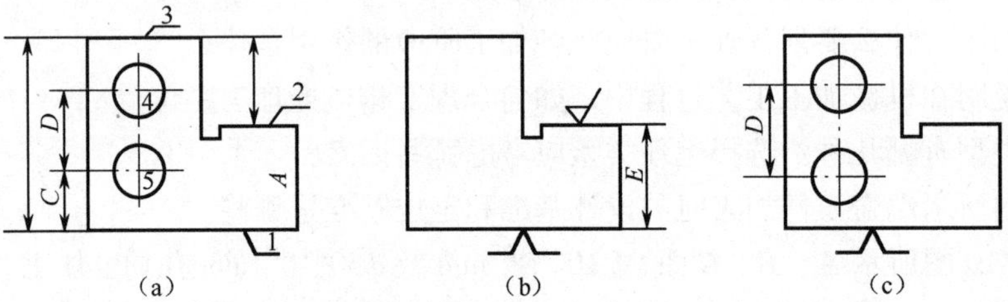

题 12 图

13. 试拟订题 13 图所示零件的机械加工工艺路线（包括工序名称、加工方法定位基准）。已知该工件的毛坯为铸件（孔未铸出），生产规模为成批生产。

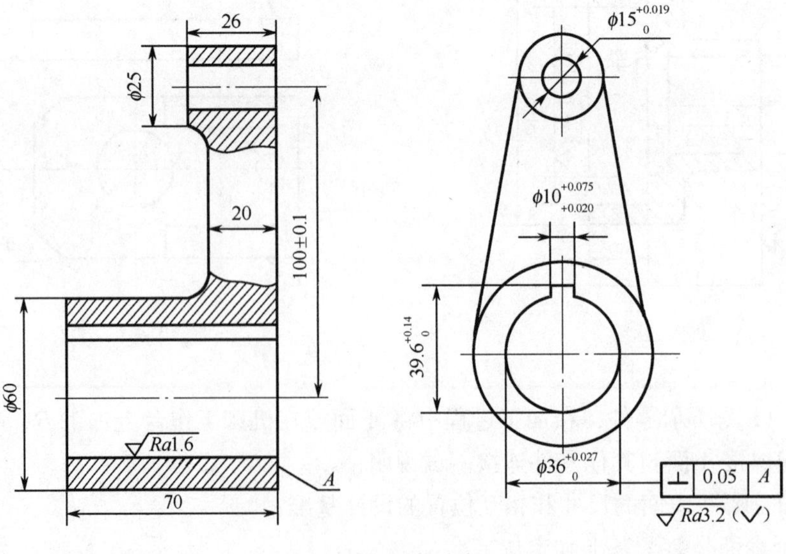

题 13 图

14. 现大量生产一种直径为 $\phi35_{-0.013}^{\ 0}$ mm，长 200 mm，表面粗糙度 Ra 为 0.2 μm 的小轴，毛坯为热轧棒料，经过粗车、精车、淬火、粗磨、精磨达到图纸要求。现给出各工序加工余量及工序尺寸公差如题 14 表所示。毛坯的尺寸公差为 1.5 mm。试计算工序尺寸，标注尺寸公差，并计算精磨工序的最大余量和最小余量。

题 14 表　　mm

工序名称	加工余量	工序尺寸公差	工序名称	加工余量	工序尺寸公差
粗车	3.00	0.210	粗磨	0.40	0.033
精车	1.10	0.052	精磨	0.10	0.013

15. 题 15 图（a）所示为轴套类零件图，题 15 图（b）所示为车削工序图，题 15 图（c）所示为钻孔时三种定位方案的加工简图。钻孔时为保证尺寸 10 mm ±0.1 mm，试计算三种定位方案的工序尺寸及其公差。

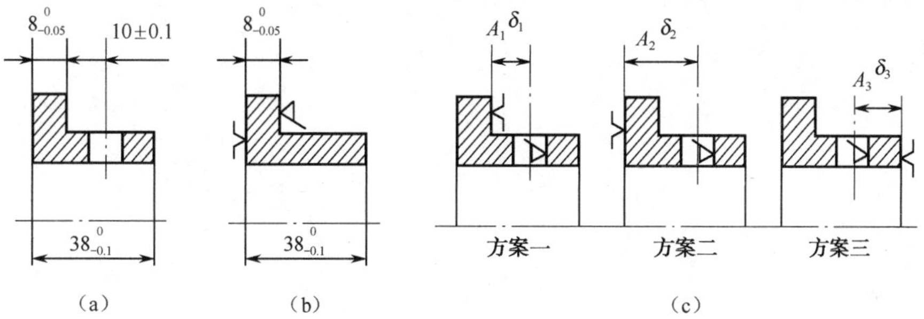

题 15 图

（a）零件图；（b）车外圆及端面；（c）钻孔

16. 题 16 图所示轴的部分工艺为：车外圆至 $\phi30.5_{-0.1}^{\ 0}$ mm，铣键槽深度为 H，热处理，磨外圆至 $\phi30_{+0.015}^{+0.036}$ mm。设磨后外圆与车后外圆的同轴度公差为 $\phi0.05$ mm，求保证键槽深度为 $\phi4.2$ mm 的铣键槽深度 H。

17. 设一零件，材料为 2Cr13，其内孔的加工顺序为：

① 车内孔 $\phi31.8_{\ 0}^{+0.14}$ mm；

② 碳氮共渗，要求工艺碳氮共渗层深度为 t；

③ 磨内孔 $\phi32_{+0.010}^{+0.036}$ mm。

要求保证碳氮共渗层深度为 0.1～0.3 mm。试求碳氮共渗工序的碳氮共渗层深度 t 及其公差。

18. 题 18 图所示零件除 ϕ25H7 mm 孔外，其他表面均已加工，试求：当以 A 面为定位基准加工 ϕ25H7 mm 孔时的工序尺寸及偏差。

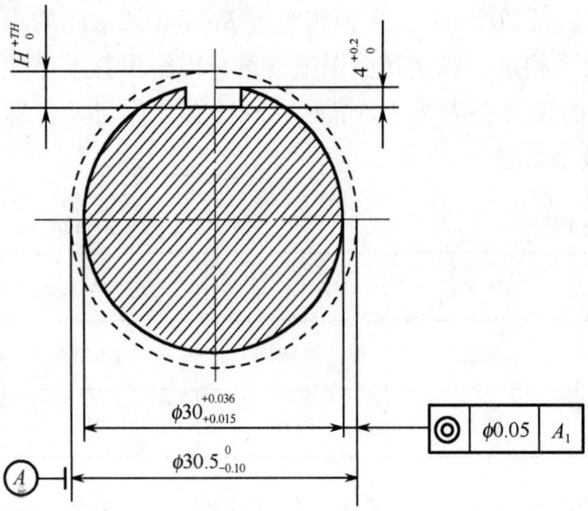

题 16 图

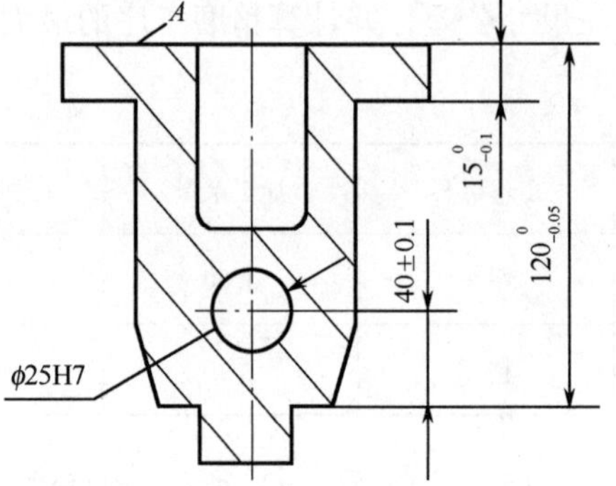

题 18 图

19. 什么叫时间定额？单件时间定额包括哪些方面？

20. 提高机械加工生产效率的工艺措施有哪些？

项目五

典型零件的加工

知识目标

(1) 了解、掌握典型零件的工艺规程编制过程。
(2) 理解、掌握典型零件工艺分析过程。

技能目标

(1) 能够根据零件图纸，编制零件工艺规程。
(2) 能够设计、选择合适的工艺装备。
(3) 能够解决工艺过程中发生的简单质量问题。

任务一　轴类零件加工

任务目标

(1) 理解、掌握轴类零件的技术要求、结构特点和加工方法。
(2) 了解轴类零件加工使用的各种工艺装备和测量工具。
(3) 了解轴类零件加工过程中发生的质量问题和解决办法。

一、概述

1. 轴类零件的功用与结构特点

轴类零件是机器中的主要零件之一，其功用是支撑传动件和传递扭矩。轴的结构特点是长度大于直径的回转体。轴的加工表面主要为内外圆柱面、圆锥面、螺纹、花键、沟槽等。图5-1所示为几种典型结构形状的轴。图5-1 (a)、图5-1 (b)、图5-1 (c)、图5-1 (d)、图5-1 (e) 所示的结构较为常见，图5-1 (f)、图5-1 (g)、图5-1 (h)、图5-1 (i)所示为比较复杂的轴。若按轴的长度和直径的比例来分，又可分为刚性轴($L/d \leq 12$)和挠性轴 ($L/d>12$) 两类。

2. 轴类零件的技术要求

以图5-2所示的车床主轴为例，轴类零件的主要表面是轴颈，与轴承配合的表面称为支撑轴颈，其精度要求最高；与传动件（如齿轮）配合的表面称为配合轴颈。除此之外，主轴前端的平面、短锥及内锥孔，也是要求较高的表面。

（1）尺寸精度

车床主轴属于精度要求较高的零件，其支撑轴颈的尺寸精度要求最高，通常为IT5～IT6，其余轴颈的尺寸精度一般为IT7～IT9。

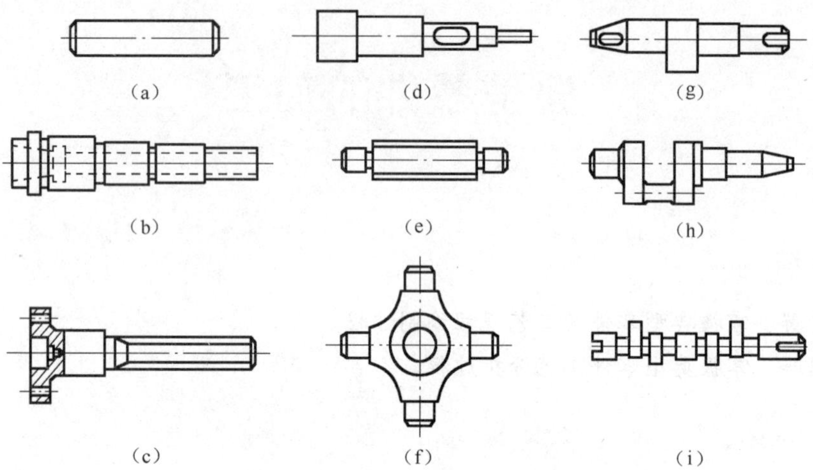

图5-1　轴的种类

（a）光轴；（b）空心轴；（c）半轴；（d）阶梯轴；（e）花键轴；（f）十字轴；（g）偏心轴；（h）曲轴；（i）凸轮轴

（2）形状精度

支撑轴颈的形状精度会直接影响主轴的回转精度，所以圆度要求较高，圆度公差为0.005 mm，其余轴颈的形状精度低于支撑轴颈，如无特殊要求，一般应控制在尺寸公差的二分之一以内。

（3）位置精度

轴类零件的位置精度主要是保证配合轴颈相对支撑轴颈的同轴度。为便于检验，常采用径向圆跳动公差，它既包含被测要素与基准要素的位置误差，也包含被测要素本身的形状误差。在图5-2所示中，配合轴颈对支撑轴颈的径向圆跳动公差为0.005 mm；*C*面对支撑轴颈的圆跳动公差为0.008 mm（高精度主轴的这两项跳动公差达0.005～0.001 mm）。另外，主轴零件还有前端内锥孔对支撑轴颈的径向圆跳动公差为0.005 mm、*D*面对支撑轴颈的端面圆跳动公差为0.008 mm。

（4）表面粗糙度

支撑轴颈和重要工作表面的粗糙度要求最高，*Ra*达0.8～0.4 μm，配合轴颈和其他表面一般为*Ra*1.6～0.8 μm。

3. 轴类零件的材料、毛坯及热处理

（1）轴类零件的材料

轴类零件最常用的材料为45钢，根据要求采用不同的热处理（如正火、调质、淬火等），以获得需要的力学性能。45钢的缺点是淬透性较差，淬火后易形成较大的内应力。对于中等精度且转速较高的轴，可选用40Cr等合金结构钢。这类钢淬火时用油冷却，这样热处理后的内应力小，并且有良好的韧性。精度较高的轴，可选用轴承钢GCr15和弹簧钢65Mn等，这类材料经调质和表面处理后，具有较高的耐磨性和抗疲劳强度，缺点是韧性较差。对于高转速、重载荷等条件下工作的轴，选用 20CrMnTi、20Cr 等低碳合金钢，经渗碳淬火，使表层具有很高的硬度和耐磨性，而心部又有较高的强度和韧性，缺点是渗碳淬火的变形较大。对于高精度、高转速的主轴，需选日 38CrMoAlA 专用渗氮钢，调质后再经渗氮处理，因渗氮处理的温度较低且不需要淬火。热处理变形很小，心部的强度和表层的硬度、耐磨性、抗疲劳强度都很好，加工后轴的精度稳定性好。

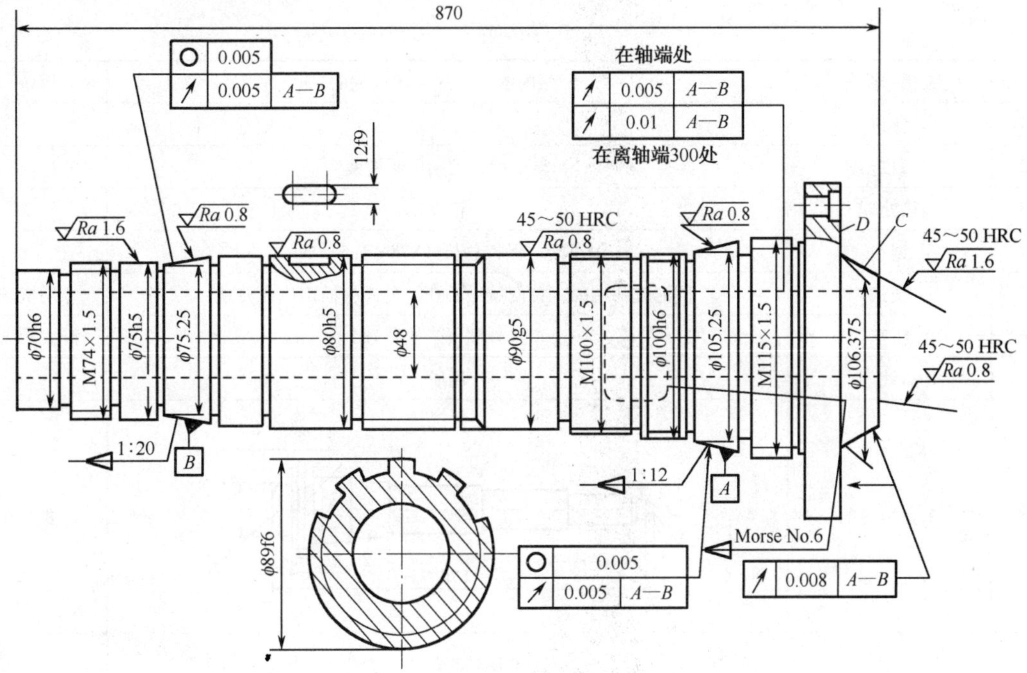

图 5-2　车床主轴零件简图

（2）轴类零件的毛坯

轴类零件最常用的毛坯是圆棒料和锻件。除强度要求较高或轴颈尺寸相差较大的轴用锻件外，其余轴一般采用棒料。锻件中，对于中、小批量生产，结构简单的轴，采用自由锻，大批量生产时，采用模锻。

（3）轴类零件的热处理

轴类零件的热处理取决于轴的材料、毛坯形式、性能和精度要求等。锻造毛坯在机械加工之前，均需进行正火或退火（高碳钢和高碳合金钢）处理，以使钢的晶粒细化（或球化），消除锻造后的内应力，降低毛坯的硬度，改善切削加工性能。调质是轴类零件最常用的热处理工艺，调质既可获得良好的综合力学性能，又可作为后续表面热处理的预备热处理。调质处理一般安排在粗加工后、半精加工之前，主要为消除粗加工所产生的残余内应力。另外，经调质后的工件硬度比较适合于半精加工。对于加工余量很小的轴，调质也可安排在粗加工之前。局部淬火、表面淬火及渗碳淬火等热处理一般安排在半精加工之后、精加工之前。对于精度较高的轴，在局部淬火或粗磨后，为了保持加工后尺寸的稳定，需进行低温时效处理（在 160℃ 油中进行长时间的低温时效），以消除磨削所产生的内应力、淬火内应力和残余奥氏体。

通常，轴的精度越高，为保证其精度的稳定性，其材料及热处理要求也愈高，需要进行的热处理次数越多。

二、主轴的加工工艺分析

1. 主轴的加工工艺过程

图 5-2 所示的车床主轴零件，该轴材料为 45 钢，其结构有台阶、螺纹、花键、圆锥等表面，而且是空心轴，精度要求比较高。其大批生产时的工艺过程如表 5-1 所示。

表 5-1　主轴的加工工艺过程

序号	工序名称	工序内容（工序简图或说明）	设备
1	备料		
2	锻造	自由锻，大端用胎模锻	
3	热处理	正火	
4	锯头	锯小端，保持总长（878± 1.5）mm	
5	铣钻	同时铣两端面，钻两端中心孔（外圆柱面定位并夹紧）	专用机床
6	粗车	车各外圆（一夹一顶）	卧式车床
7	热处理	调质	
8	车大端各部	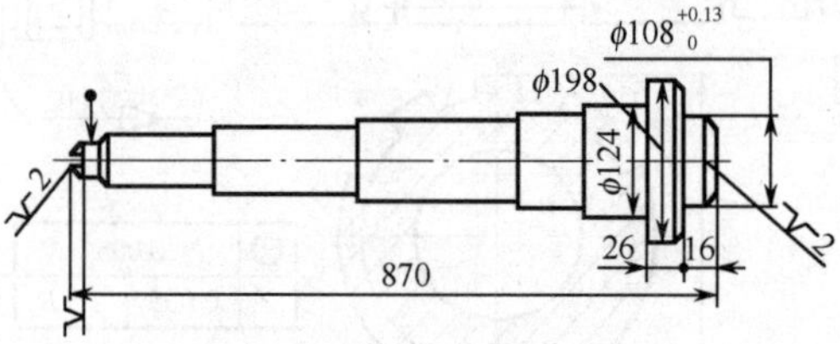	卧式车床
9	仿形车小端各部	车小端各部 定位顶尖孔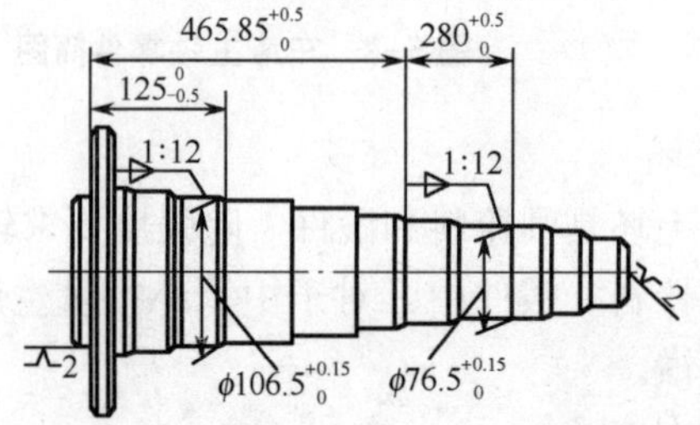	仿形车床
10	钻	在大端钻 φ48 mm 导向孔（一夹一托）	卧式车床
11	钻	钻 φ48 mm 深孔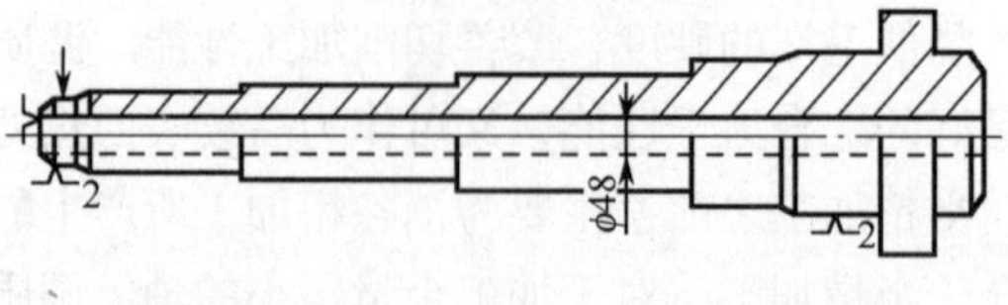	深孔钻床
12	车小端内锥孔（工艺用）	车小端内锥孔（工艺用），定位支撑轴颈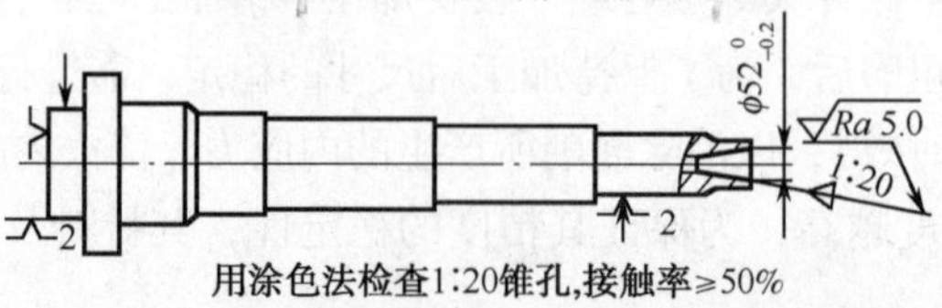用涂色法检查1:20锥孔,接触率≥50%	卧式车床

续表

序号	工序名称	工序内容（工序简图或说明）	设备
13	车大端锥孔	先车 $\phi56$ 内槽，再车锥孔、外短锥及端面 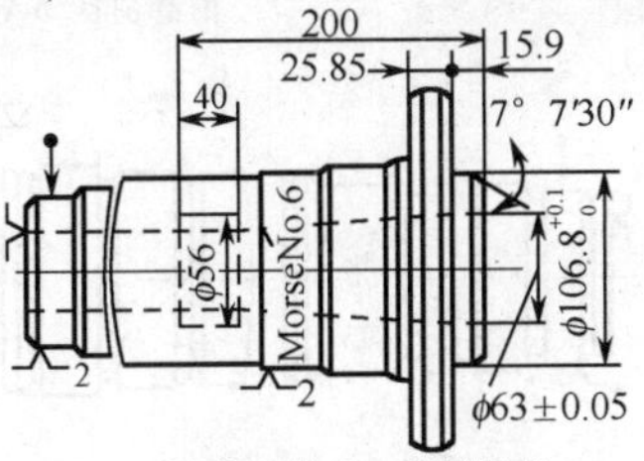 （锥孔配莫氏6号锥堵用）	卧式车床
14	钻	钻大端面各孔（用钻模） 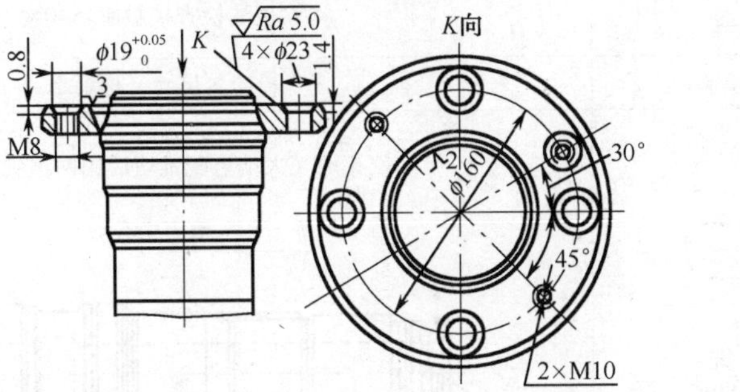 	摇臂钻床
15	热处理	$\phi90g5$，短锥及莫氏 6 号锥孔，高频感应淬火 52HRC	高频淬火设备
16	精车	精车小端各外圆并切槽（两端配锥堵后用两顶尖装夹） 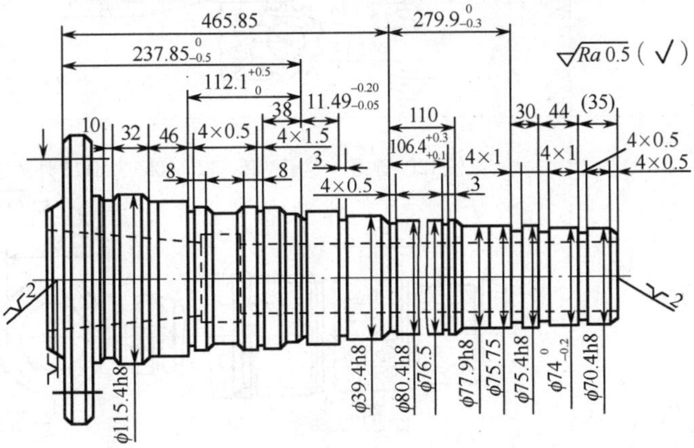 	数控车床
17	检验	检验	
18	研磨	修研中心	卧式车床
19	粗磨外圆	粗磨 $\phi75h5$、$\phi90g5$、$\phi105h5$ 外圆 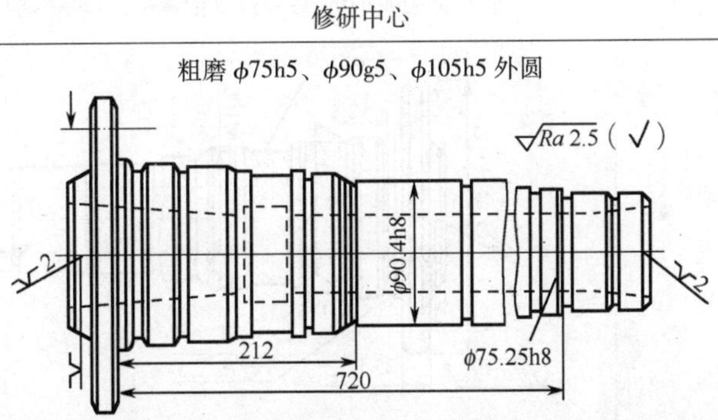 	外圆磨床

续表

序号	工序名称	工序内容（工序简图或说明）	设备
20	粗磨莫氏 6 号锥孔	粗磨莫氏 6 号锥孔 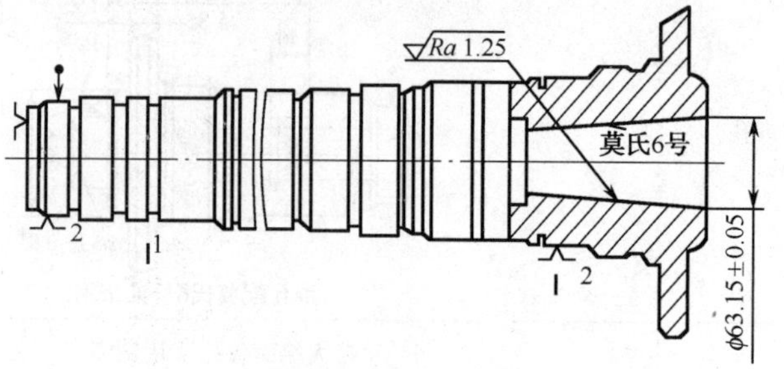 涂色法检查接触率≥40%	内圆磨床
21	检验	检验各尺寸及接触率	
22	铣 φ89f6	铣花键（大端再配锥堵后用两顶尖装夹） 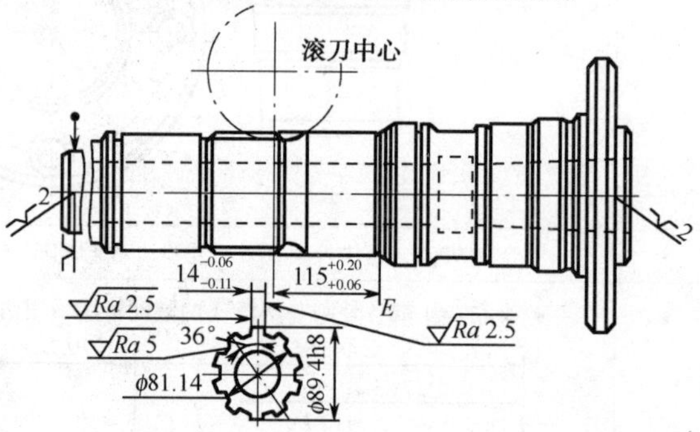 	花键铣床
23	铣键槽	铣 12f9 键槽（专用夹具，以 φ80h5、M115 外圆定位） 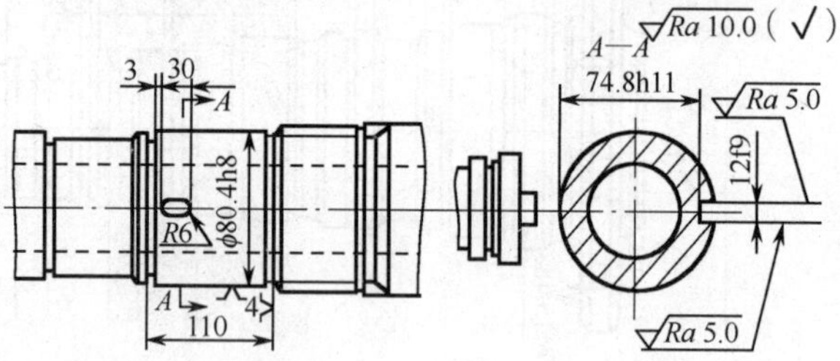 	立式铣床
24	车螺纹	车大端内侧面和三段螺纹（配螺母）（两锥堵顶尖装夹） 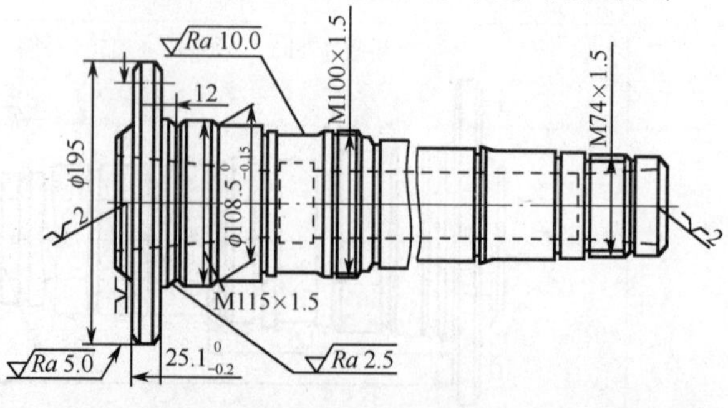 	卧式车床

续表

序号	工序名称	工序内容（工序简图或说明）	设备
25	研磨	修研中心	卧式车床
26	精磨各外圆柱面至尺寸	精磨各外圆及 *E* 、*F* 端面，锥堵顶尖孔定位 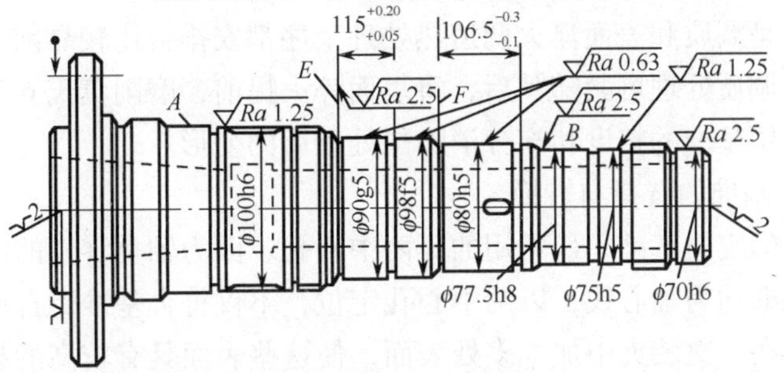	外圆磨床
27	粗磨外圆锥面	粗磨两处1 ：12外圆锥面，锥堵顶尖孔定位 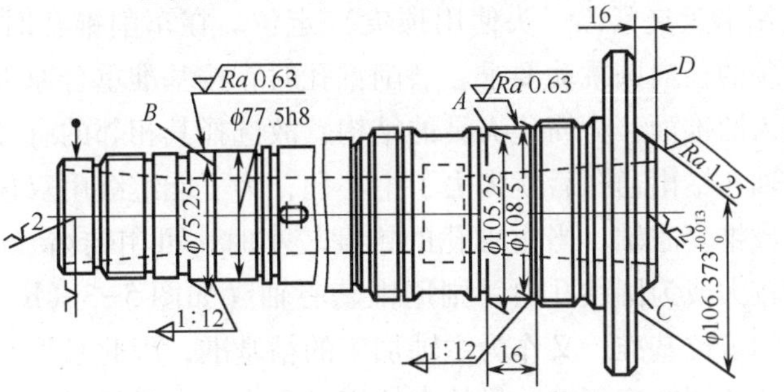	专用磨床
28	精磨外圆锥面	粗磨两处1 ：12外圆锥面，靠磨大端面 *D* 锥堵顶尖孔定位 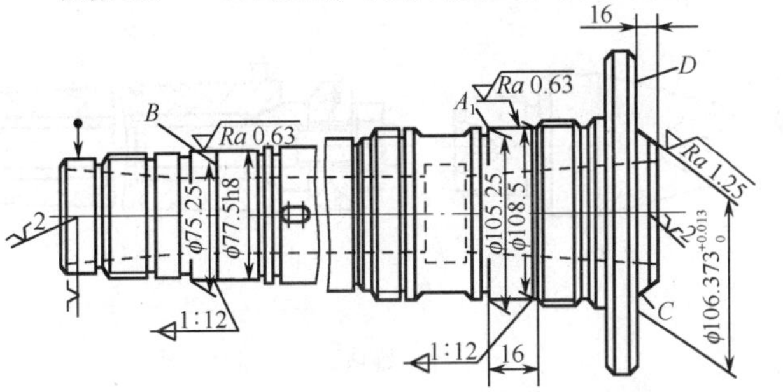	专用磨床
29	精磨莫氏 6 号内锥孔	精磨大端莫氏 6 号内锥孔（卸锥堵，涂色法检查接触率≥70%）前支撑轴颈及 ϕ75h5 外圆 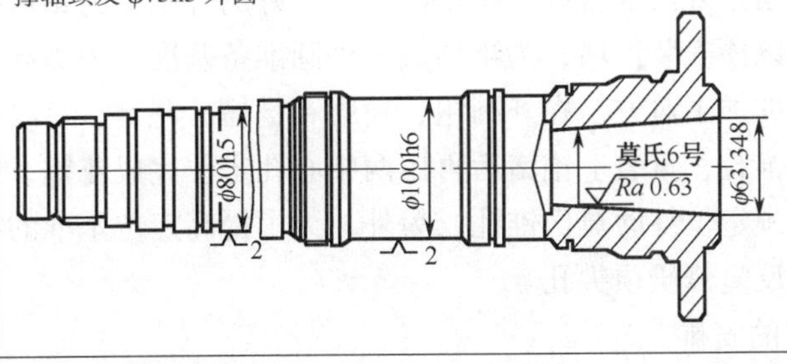	专用磨床
30	钳工	去锐边倒角毛刺	
31	检验	按图纸要求全面检验，定位前支撑轴颈及 ϕ75h5 外圆	专用检具

2. 主轴加工的工艺特点

(1) 加工阶段的划分

分析表5-1的加工工艺过程，可以将加工过程分为4个阶段：工序1～4为毛坯准备阶段；工序5～14为粗加工阶段；工序16～24为半精加工阶段；工序25～28为精加工阶段。较具特殊性的是调质和表面淬火两道热处理工序都安排得比较靠前，这是因为工序6切除了大部分余量，调质处理可紧随其后，将表面淬火提前，磨削莫氏6号锥孔后再进行精车，则是为了提高定位基准的精度和充分消除热处理后的变形。

(2) 定位基准的选择与转换

轴类零件的定位基准，最常用的是两中心孔。因为轴类零件的内、外圆表面、螺纹、键槽等的设计基准均为轴心线，以两中心孔定位，不仅符合基准重合原则，同时符合基准统一原则，还能够在一次装夹中加工多处表面，使这些表面具有较高的相对位置精度。因此，只要有可能，总是尽量采用中心孔作为定位基准。但有时为了提高零件的装夹刚度，也采用一夹一顶（一头用卡盘夹紧，一头使用顶尖）定位。在车削锥孔时，用外圆定位是为了保证锥孔对支撑轴颈的径向圆跳动要求。磨削锥孔时，按基准重合原则，应选支撑轴颈定位，但由于支撑轴颈为圆锥面，为简化夹具的结构，故选择其相邻的有较高精度的圆柱表面定位。

由于空心轴在钻出通孔后就失去了中心孔，为了能继续用双顶尖定位，一般都采用带有中心孔的锥堵或锥套心轴。当主轴孔的锥度较小时，可用锥堵（如图5-3（a）所示）；当主轴孔的锥度较大或为圆柱孔时，则用锥套心轴（如图5-3（b）所示）。堵的中心孔既是锥堵本身制造的定位基准，又作为主轴加工的精基准，因此必须有较高的精度，其中心孔与圆锥面要有较高的同轴度要求。另外在使用过程中，应尽量减少锥堵的装拆次数，以减少安装误差。

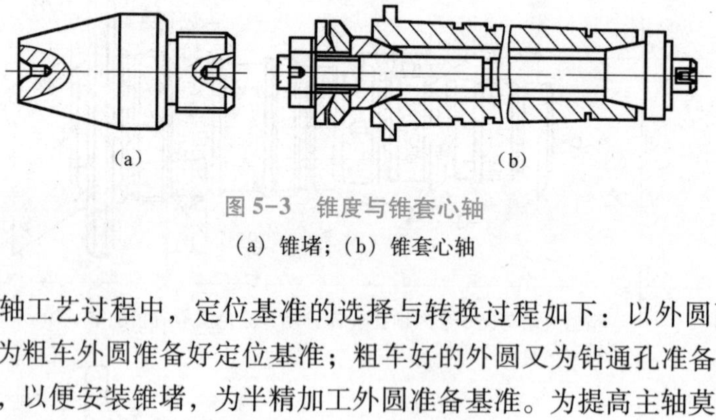

图5-3　锥度与锥套心轴

（a）锥堵；（b）锥套心轴

在表5-1主轴工艺过程中，定位基准的选择与转换过程如下：以外圆面为粗基准，铣端面钻中心孔，为粗车外圆准备好定位基准；粗车好的外圆又为钻通孔准备了定位基准；之后加工前后锥孔，以便安装锥堵，为半精加工外圆准备基准。为提高主轴莫氏锥孔与外圆的同轴度，可互为基准加工对方。在外圆粗、精磨和键槽、花键、螺纹加工前先拆下锥堵，用外圆定位粗磨莫氏锥孔，重装上锥堵后再用两中心孔定位完成花键、螺纹及外圆的加工，最后，用精磨好的轴颈定位终磨莫氏锥孔。另外，为了提高定位基准的精度和消除高频淬火产生的变形，安排了反复修研顶尖孔。

(3) 加工顺序的安排

在安排主轴的加工工序时，应以支撑轴颈和内锥孔的加工作为主线，其他表面的加工穿插进行，按先粗后精的顺序，逐步达到零件要求的精度。具体的工序安排还应注意：

①“基准先行”。前一工序应为后工序准备基准。首道加工工序是加工中心孔，为粗车外圆准备好基准，后续的工序也应如此，如表 5-1 中工序 11 钻通孔，之后加工两端锥孔并配锥堵，接着用锥堵中心孔定位钻大端轴向孔；工序 20 磨削莫氏锥孔，将基准精度提高后作为加工花键、螺纹和外圆各表面的精基准；精加工后的外圆表面又作为莫氏锥孔终磨的精基准。由此可以看出，整个工艺过程是贯穿“基准先行”原则的。

② 先大端后小端。安排外圆各表面的加工顺序时，一般先加工大端外圆，再加工小端外圆，避免一开始就降低工件的刚度。

③ 钻孔工序的安排。钻通孔属于粗加工，应靠前，但钻孔后定位用的中心孔消失，不便定位。所以，深孔加工应安排在外圆粗车或半精车之后，这时就有较精确的轴颈定位（搭中心架用），避免使用锥堵。另外，钻孔要安排在调质之后进行，因为调质处理引起的工件变形较大（孔歪斜），而钻通孔无后续工序纠正这种歪斜变形，主轴孔的歪斜将影响加工时棒料的通过。钻孔不能安排在外圆精加工之后，因为钻孔加工是粗加工，发热量大，会破坏外圆的加工精度。

④ 次要表面的安排。主轴上的键槽、花键、螺纹、横向孔等都属于次要表面，它们一般都安排在外圆的精车或粗磨之后加工。因为如果在精车前就铣出键槽和花键，精车外圆时因断续切削而产生振动，既影响加工质量，又容易损坏刀具。另外，键槽的深度也难以控制。但是也不宜放在外圆表面精磨之后，避免破坏主要表面已获得的精度。

主轴上的螺纹是配上螺母后用来调整轴承间隙或对轴承预紧的，要求螺母的端面与主轴轴线垂直，否则会使轴承歪斜产生回转误差，另外会使主轴承受弯曲应力。这类螺纹的要求较高，若安排在淬火前加工，会因淬火而产生变形甚至开裂。因此，螺纹加工必须安排在局部淬火之后，且其定位基准应与精磨外圆的定位基准相同，以保证其与外圆的同轴度要求。对于高精度主轴上需要淬硬的螺纹，则必须在外圆精磨后直接用螺纹磨床磨出。

（4）主轴加工中的几个工艺问题

① 主轴外圆的车削。

轴类零件的结构特点是阶梯多、槽多、精度要求较高，它的粗加工和半精加工都采用车削。在小批量生产时，多在卧式车床上加工，生产效率低。大批量生产时，常采用多刀加工或液压仿形加工。

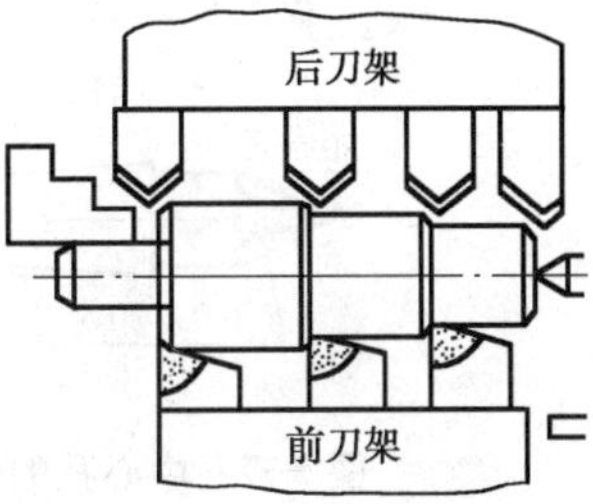

图 5-4　多刀加工示意图

多刀加工如图 5-4 所示，一般在半自动车床上进行。多刀复合加工走刀距离缩短、调整轴向尺寸辅助时间减少，可提高生产率。但调整刀具花费时间较多，而且切削力大，要求机床的功率和刚度也大。

图 5-5 所示是液压仿形车削的示意图。床鞍纵向进给，通过触头随样件 4 的形状移动，由液压随动阀 5 使油缸 6 驱动中滑板 1 跟随触头动作，从而车出工件的外圆轮廓。此时，切削各阶梯无须调整，生产效率高，质量较稳定。由于液压仿形系统具有通用性，加工对象变化时，更换样件就可适应加工，所以这种方法多用于中、小批量生产。

目前生产中用数控车床加工多阶梯轴，不仅切削过程可自动进行，加工精度也高于液压仿形（一般为±0.01 mm），而且只要改变数控程序和刀具即可适应加工对象的变化，所以对大、小批量的生产均适用。车削加工中心则更具有复合加工能力及自动换刀装置，可采用工序高度集中的方式加工。例如，车完各外圆后，就可换切槽刀加工沟槽，还可以更换铣刀铣键槽或平面、钻孔、攻螺纹等，除中心孔加工和磨削外，其余大部分表面都有可能在一次装夹中完成，使零件的生产周期大为缩短。

② 中心孔的作用与修研方法实践证明，中心孔的质量对轴类零件外圆的加工有很大影响。作为定位基准，除了中心孔的位置会影响定位精度外，中心孔本身的圆度误差将直接反映到工件上去。图 5-6 所示为磨削外圆时中心孔不圆对工件的影响。受磨削力的作用，工件始终被推向一侧，砂轮与顶尖保持不变的距离为 a，因此，工件外圆的形状就取决于中心孔的形状。

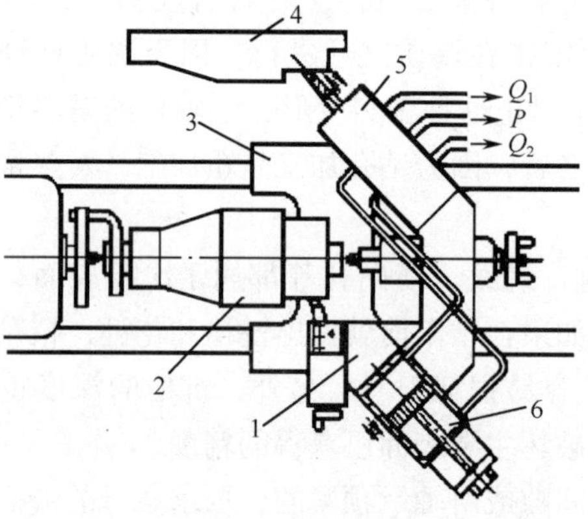

图 5-5　液压仿形车削

1—中滑板；2—工件；3—床鞍；4—样件；5—随动阀；6—油缸

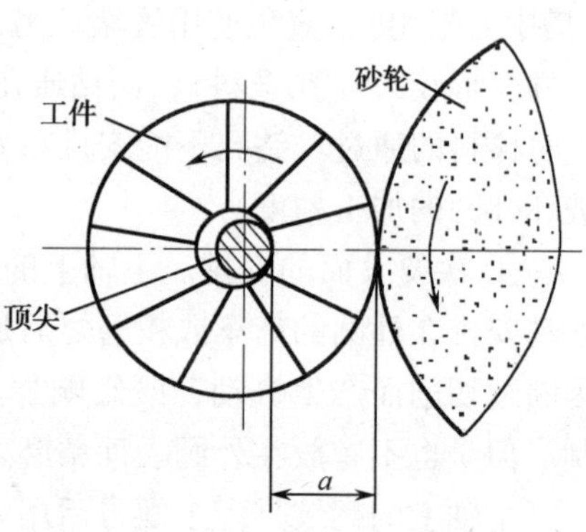

图 5-6　中心孔对磨削外圆的影响

为了提高外圆表面的加工质量，修研中心孔是重要手段之一。轴的精度要求越高，需要修研中心孔的次数就越多。

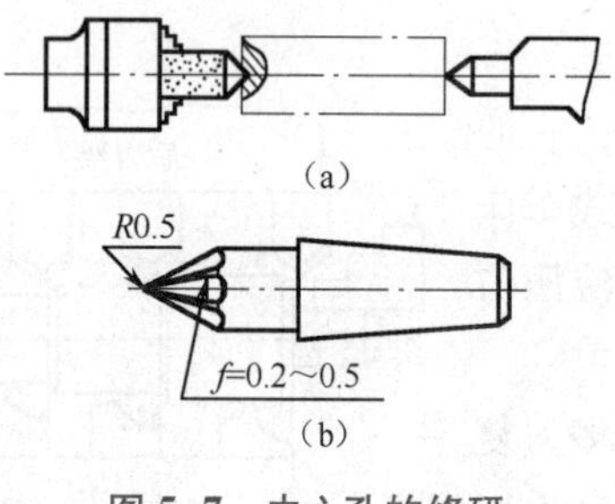

图 5-7　中心孔的修研

(a) 用油石修研中心孔；(b) 硬质合金顶尖

常用的中心孔修研方法如图 5-7 所示。图 5-7（a）是用铸铁、油石或橡胶砂轮做成顶尖状作为研具，然后再用尾架顶尖将工作夹持在研具与顶尖之间，在中心孔里加入少许润滑油，在卡盘高速转动时，手持工件缓缓转动。该方法修研中心孔的质量好、效率高、应用较多，缺点是研具要经常修正。另一种方法是用硬质合金制成锥面上带槽和刃带的顶尖（如图 5-7（b）所示）修研，通过刃带对中心孔的切削和挤压作用提高中心孔的精度。这种方法生产率高，但质量稍差。

③ 主轴莫氏锥孔的磨削。主轴锥孔对主轴支撑轴颈的径向圆跳动公差，是机床的主要精度指标之一，因此，磨削是关键工序。磨削主轴锥孔的专用夹具如图 5-8 所示。夹具由底座、支架及浮动夹头三部分组成。支架 6 固定在底座上，工件轴颈放在支架内的 V 形体上定位，其轴线必须与磨头中心等高，否则磨出的锥孔会产生双曲线误差。后端的浮动夹头锥柄 2 装在磨床头架主轴锥孔内，工件尾部插入弹性套 5 内夹紧，用弹簧 8 将夹头外壳 9 连同工件轴向左拉，通过钢球 4 压向带有硬质合金的锥柄 2 端面，限制工件的轴向窜动。这

样，工件轴的定位精度将不受内圆磨床头架轴回转精度的影响。

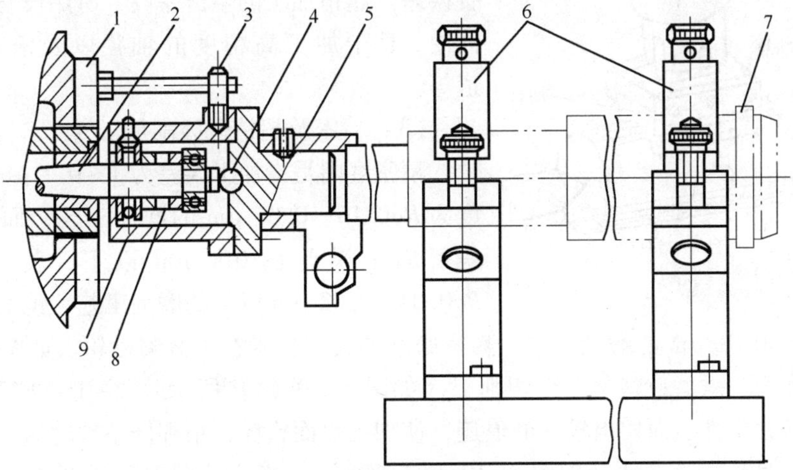

图 5-8　磨削主轴锥孔夹具

1—拨盘；2—锥柄；3—拨削；4—钢球；5—弹性套；6—支架；7—工件；8—弹簧；9—夹头外壳

3. 外圆表面的精密加工

当外圆的精度在 IT5 以上，或表面粗糙度为 *Ra*0.2 μm 以下时，需要在精加工之后再安排精密加工或超精密加工。精密加工的主要方法有：

（1）研磨

研磨是在研具和工件之间放入研磨剂，施加一定的作用力并给予复杂的相对运动，通过磨粒和研磨液对工件表面的机械、化学作用，从工件表面切除一层极薄的金属而完成光整加工。研磨剂由磨粒加上煤油等调制而成，有时还加入化学活性物质，如硬脂酸或油酸等，可与工件表面的氧化膜产生化学作用，使被研磨表面软化，提高研磨效果。

研具材料应比工件软，常用铸铁、青铜等制成，其形状与工件形状相适应。研磨外圆时，研具为弹性套。手工研磨时，将工件装在车床卡盘或顶尖上，由主轴带动低速旋转，手持研具做往复直线运动。手工研磨简单、方便，但工作量大、生产率低，研磨质量与工人技术水平有关，一般适用于单件、小批生产。机械研磨在研磨机上进行，适于批量生产。

研磨的尺寸一般可达到 IT6～IT4 级形状精度（圆度为 0.003～0.001 mm），表面粗糙度为 *Ra*0.1～0.08 μm。因研磨余量极小（一般为 0.005～0.003 mm），又没有强制的运动约束，故不能提高工件的位置精度。

（2）超精加工

超精加工是用细粒度的油石，以较小的压力（约 1.5 MPa）作用在工件表面上，并做 3 种运动（如图 5-9所示）：工件低速转动、装在磨头上的油石沿工件轴向进给和高速往复振动。因此，磨粒在工件表面留下近似正弦曲线的复杂轨迹。在加工的初期，由于工件表面粗糙，只有少数的凸峰与油石接触，比压大，切削作用强烈；随着凸峰逐渐磨平，接触面积增大，比压降低，切削作用逐渐减弱，而摩擦抛光作用渐强；到最后，工件与油石之间形成液体摩擦的油膜，切削作用停止，完全是抛光作用。

超精加工可获得表面粗糙度 *Ra* 值为 0.08～0.01 μm，其加工余量为 0.005～0.025 mm，

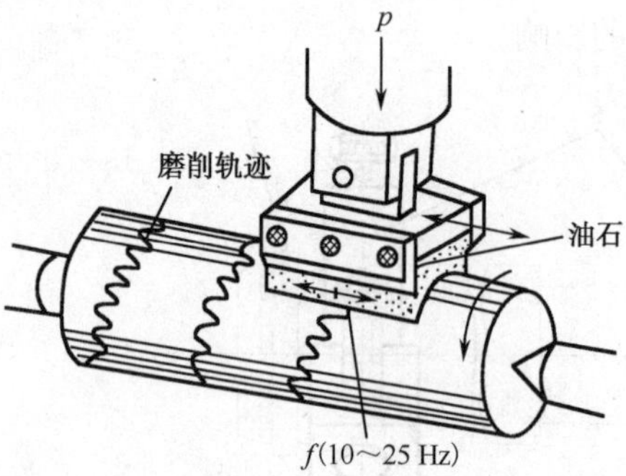

图 5-9　超精加工

但是它只能磨平工件表面的凸峰，不能纠正形状和位置误差。超精加工的生产率高，所用设备简单、操作简便，适于加工高精度的轴径以及滚动轴承的滚道等。

（3）精密及超精密磨削加工

精密磨削是指加工误差为1～0.1 μm，表面粗糙度为Ra0.16～0.06 μm的磨削工艺；而超精密磨削是指加工误差在0.1 μm以下，表面粗糙度为Ra0.04～0.02 μm以下的磨削工艺；镜面磨削则是表面粗糙度达Ra0.01 μm的磨削工艺。精密磨削的关键技术在于修整砂轮。如图5-10所示，普通砂轮表面每一颗磨粒就是一个切削刃（如图5-10（a）所示），由于这些磨粒不等高，较突出的磨粒在工件表面切出较深的痕迹，使加工表面粗糙。精细修整砂轮后，使磨粒形成更细的微刃，且具有等高性（如图5-10（b）所示）。当这种微刃达到半钝化状态时（如图5-10（c）所示），磨削的切削作用降低，但在压力作用下，能产生摩擦抛光作用，使工件获得很细的表面粗糙度。

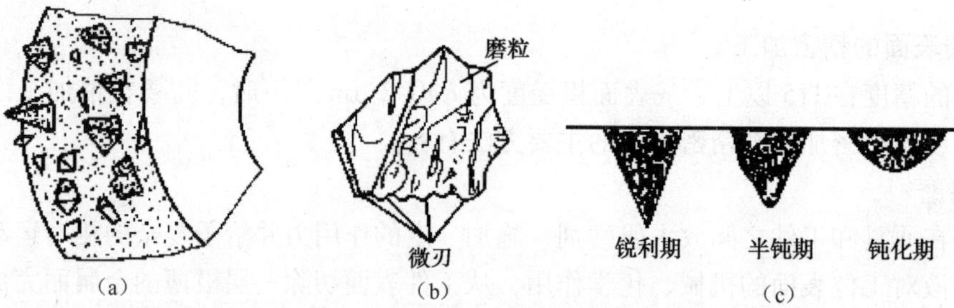

图 5-10　磨粒的微粒性和等高性

（a）砂轮磨粒；（b）微刃；（c）微刃的变化

超精密磨削采用人造金刚石、立方氮化硼等超硬磨料，用等高的微刃进行超微量切削；镜面磨削的特点是用半钝化的微刃对工件表面进行摩擦、挤压和抛光作用形成镜面，最后进行反复多次的无火花清磨。

任务二　套类零件加工

任务目标

（1）理解、掌握套类零件的技术要求、结构特点和加工方法。

（2）了解套类零件加工使用的各种工艺装备和测量方法。

（3）了解套类零件加工过程中发生的质量问题和解决办法。

一、概述

1. 套类零件的功用与结构特点

套类零件在机械产品中的应用很广，其主要作用是支撑运动轴，如轴承、钻套、镗套、气缸套、液压缸等，其结构如图 5-11 所示。

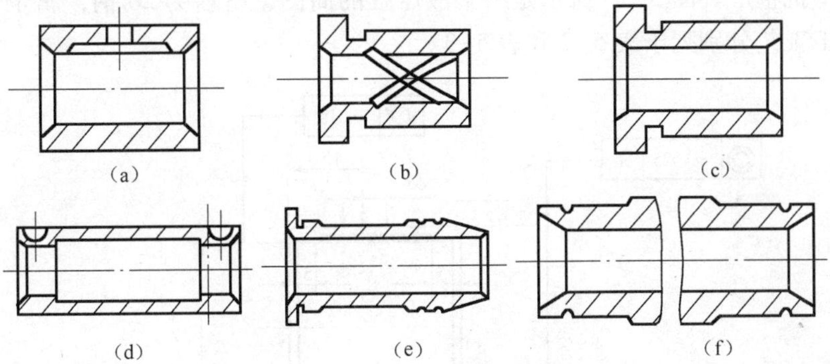

图 5-11　套筒零件示例

(a) 滑动轴承；(b) 轴承衬套；(c) 钻套；(d) 轴承衬套；(e) 气缸套；(f) 液压缸

套类零件的结构特点是：长度大于直径；主要由同轴度要求较高的内外旋转表面组成；零件壁的厚度较薄、易变形等。

2. 套类零件的技术要求

(1) 孔的要求

孔是套类零件起支撑和导向作用最主要的表面，通常与运动着的轴、刀具或活塞等相配合。孔的直径尺寸公差一般为 IT7 级，精密轴套为 IT6 级。孔的形状精度一般控制在孔径公差之内，精密套筒应控制在孔径公差的 1/2～1/3 以内，或更严格。孔的表面粗糙度 *Ra* 值一般在 3. 2～0. 2 μm 范围内，要求特别高而超出此范围的，需要采用精密加工工艺。

对于气缸和液压缸等零件，由于与其相配的活塞上有密封圈，故其尺寸精度要求不高，通常为 IT9 级，为保证密封性和相对运动的特性，孔的形状精度和表面粗糙度要求却很高。

(2) 外圆面的要求

外圆是套筒的支撑面，常以过盈配合或过渡配合装入箱体或机架。外径尺寸公差为 IT6～IT7级，形状精度控制在外径公差以内，表面粗糙度 *Ra* 值一般为 3. 2～0. 4 μm。

(3) 位置精度要求

孔的位置精度有孔与外圆的同轴度以及端面对孔、外圆的垂直度，一般为 0. 01～0. 05 mm。孔的位置精度是套类零件加工时要重点考虑和保证的。

3. 套类零件的材料与毛坯

套类零件一般用钢、铸铁、青铜或黄铜等制成，有些滑动轴承采用双金属结构，即以离心铸造法在钢或铸铁壁上浇注巴氏合金等轴承合金材料，既保证基体有一定的强度，又使工作表面具有减摩性，并节省了贵重的有色金属。

套筒的毛坯选择与其材料、结构、尺寸及生产批量有关。孔径小的套筒，一般选择热轧钢或冷拉棒料，也可采用实心铸件。孔径大的套筒，常选择无缝钢管或带孔的铸件或锻件。

大批量生产时，采用冷挤压和粉末冶金等工艺，可节约材料和提高生产率。

二、套类零件加工工艺分析

1. 套类零件加工工艺过程

长套筒和短套筒的装夹及加工方法有很大差别，图 5-12 所示为一个短衬套，材料为铸造锡青铜，中批生产。图 5-13 所示是一个液压缸的简图，材料为 20 钢，属于长套筒零件。两工件的加工工艺分别列于表 5-2 和表 5-3。

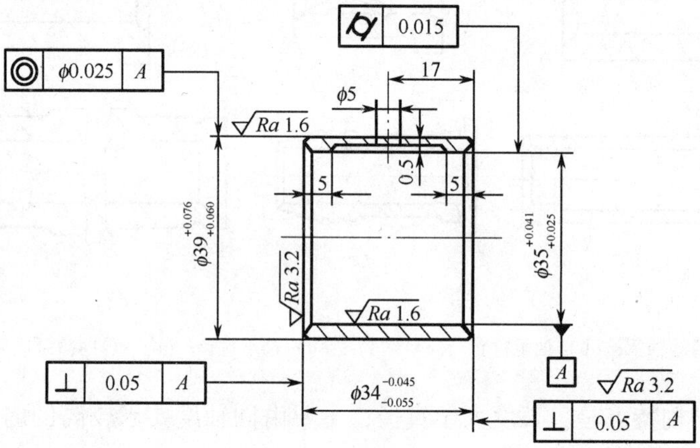

图 5-12　衬套简图

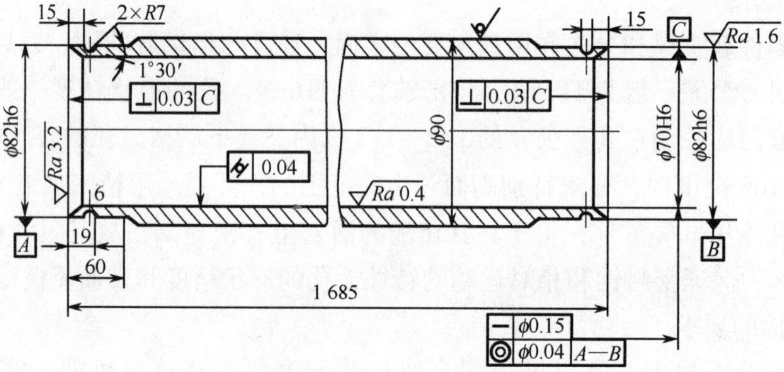

图 5-13　液压缸简图

表 5-2　衬套加工工艺过程

序号	工序名	工序内容	定位夹紧	设备
1	铸	铸毛坯（五件合一）		
2	车	粗车外圆	梅花顶尖、顶尖	卧式车床
3	车	粗镗内孔	夹外圆	卧式车床
4	车	车端面，精镗内孔至要求，精车外圆至要求，倒角切断	夹一端外圆	卧式车床
5	车	车另一端面，倒角	夹外圆、端面	卧式车床

续表

序号	工序名	工序内容	定位夹紧	设备
6	刮	开润滑油槽	夹外圆、端面	专用机床
5	钻	钻油孔	孔、端面、油槽	立式钻床
8	钳	去毛刺		
9	检验	检验入库		

表 5-3　液压缸加工工艺尺寸

序号	工序名	工序内容	定位夹紧	设备
1	配料	无缝钢管切断		锯床
2	车	1. 车 $\phi82$ 到 $\phi88$，M88 螺纹（工艺用）	一夹一顶	卧式车床
		2. 车端面、倒角	一夹一托	
		3. 调头车 $\phi82$ 外圆到 $\phi84$	一夹一顶	
		4. 车端面、倒角	一夹一托	
3	深孔镗	1. 半精镗孔至 $\phi68$	一端用 M88× 1.5 螺纹固定，另一端搭中心架	卧式镗床
		2. 精镗孔至 $\phi69.85$		
		3. 精铰（或浮动镗）至 $\phi70\pm0.02$		
4	滚压孔	用滚压头滚压孔	同上	卧式车床
5	车	1. 车去工艺螺纹至 $\phi82$，车 $R5$ 槽	一夹（软爪）一顶	卧式车床
		2. 镗内锥孔及车端面	一夹（软爪）一托	
		3. 调头车 $\phi82$，车 $R5$ 槽	一夹（软爪）一顶	
		4. 镗内锥孔及车端面	一夹（软爪）一托	

2. 套类零件加工的工艺特点

（1）保证套类零件内外圆同轴度的方法

①“一刀下”，即在一次装夹中完成内、外圆柱面和端面的终加工。这时工件内外圆的同轴度及端面与内孔的垂直度主要取决于机床的几何精度，而机床的几何精度较高，因此，工件的位置精度高。但“一刀下”的加工，一般只适合于小型套类零件的车削加工。

② 先外圆后内孔，即先终加工外圆，然后以外圆为精基准最后加工孔。采用这种方法保证位置精度的关键，是必须采用定心精度高的夹具，如弹性膜片卡盘、液性塑料定心夹具及经过就地修磨的三爪自定心卡盘或就地车削的软爪等。

③ 先内孔后外圆。先终加工内孔，再以孔为精基准终加工外圆。这种方法由于所用的夹具（心轴）结构简单、定心精度高而得到广泛应用。

与短套筒不同，加工长套筒外圆时，一般以两端顶或一夹一顶（一头夹紧、一头用尾架顶尖顶）定位，而加工内孔时，采用一夹一托（一头夹紧、一头用中心架托）。位置精度要求高时，要互为基准反复多次加工，与空心主轴的工艺过程有类似之处。

（2）防止加工中套筒变形的措施

套筒零件壁较薄，加工中常因夹紧力、切削力、内应力和切削热等因素的影响而产生变形。因此，在工艺上要注意以下问题。

① 粗精分开。为了减少切削力和切削热的影响，粗、精加工应分开进行，使粗加工时产生的变形在精加工中得到纠正。

② 尽量减少夹紧力的影响。套筒零件径向的刚度最差，按通常的径向夹紧很容易产生变形，因此，可使用宽爪卡盘或通过过渡套、弹簧套等来夹紧工件（如图 5－14（a)、图 5-14（b)所示)，刚性特别差的或精度高的套筒一般不宜用径向夹紧，可在端部设计凸台结构，采用轴向夹紧或用工艺螺纹夹紧（如图 5-14（c）所示)。

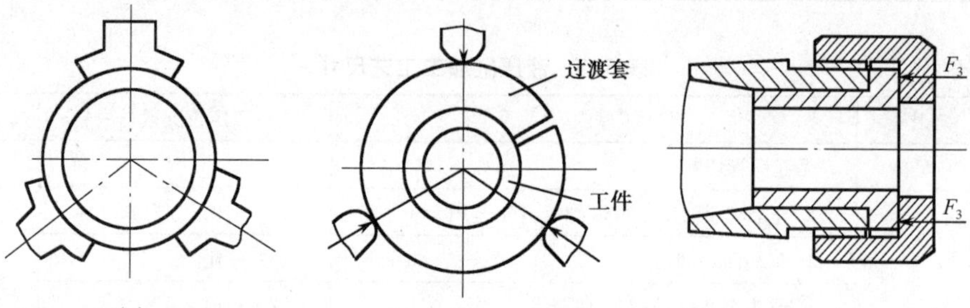

图 5-14　薄壁套筒

（a）宽爪卡盘；（b）用过渡套加紧；（c）轴向夹紧

③ 减少热处理变形的影响。一般将热处理安排在粗、精加工之间，使热处理变形在精加工中得到纠正。

（3）套筒孔加工的几种工艺方法

① 深孔加工。一般将孔的长度 L 与直径 D 之比 $L/D>5$ 的孔称为深孔。深孔加工时因刀具刚性差使孔的轴线易歪斜，并且因刀具的散热差、排屑难，给加工带来困难。为此，深孔加工一般采用工件旋转的方式来减轻轴线歪斜问题，并采用强制冷却和排屑。

深孔钻削：深孔钻削是深孔加工的基本方法，单件小批生产时，常采用接长的麻花钻在卧式车床上进行。为了排屑和冷却刀具，钻孔每进给一小段距离就要退出一次。钻头的频繁进退既会影响钻孔效率，又会增加劳动强度。

在成批生产中的深孔钻削，常采用深孔钻头在深孔钻床上进行。

深孔镗削：经过钻削的深孔，当需要进一步提高精度和减小表面粗糙度值时，还可进行深孔镗削。深孔镗仍在深孔钻床上进行。

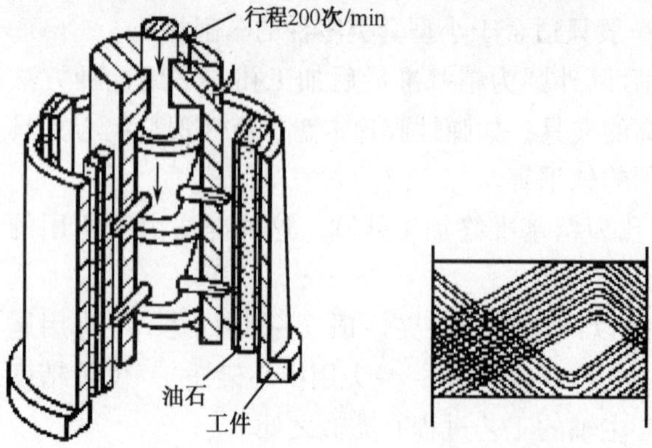

图 5-15　珩磨原理

（a）珩磨原理图；（b）珩磨的切削痕迹

② 孔的珩磨。珩磨属于孔的光整加工方法之一，其工作原理如图 5-15 所示。珩磨所用的磨具是由几块粒度细的磨料（油石）组成的珩磨头。珩磨头的油石有 3 种运动（如图 5-15（a)所示)，即旋转运动、往复直线运动、加压力的径向运动。旋转和往复直线运动是珩磨的主体运动，这种运动使油石的磨粒在孔表面上的切削轨迹成为交叉而不重复的网纹（如图 5-15（b）所示)，珩磨过程中油石逐步径向加压，当珩到要求的孔径时，压力

为零，珩磨停止。

珩磨在精磨孔之后进行，油石与孔壁接触面积大，磨粒的切削负荷很小，切削速度又远比普通磨削低，所以发热小，不易烧伤孔的表面，并能获得很高的形状精度。珩磨的公差尺寸精度可达 IT6 级，圆度和圆柱度可达 0.003～0.005 mm，表面粗糙度为 *Ra*0.4～0.05 μm，甚至可达 *Ra*0.01 μm 的镜面，其交叉网纹表面有利于贮存润滑液，这尤其适用于各种发动机的气缸内孔。

③ 孔的滚压。在精镗孔的基础上进行滚压加工，精度可控制在 0.01 mm 内，表面粗糙度值 *Ra*0.2 μm 或更小，工件表面因加工硬化而提高了耐磨性，生产效率高。

任务三　箱体类零件加工

任务目标

（1）理解、掌握箱体类零件的技术要求、结构特点和加工方法。

（2）了解箱体类零件加工使用的各种工艺装备和测量方法。

（3）了解箱体类零件加工过程中发生的质量问题和解决办法。

一、概述

1. 箱体零件的功用与结构特点

箱体是机器的基础件，其功用是将轴、轴承、齿轮等传动件按一定的相互关系连接成一个整体，并实现预定的运动。因此，箱体的加工质量将直接影响机器的性能、精度和使用寿命。箱体零件的结构一般都比较复杂，呈封闭或半封闭形，且壁薄、厚不均匀。箱体上面大都孔多，其尺寸、形状和相互位置精度要求都比较高。

2. 箱体零件的主要技术要求

（1）孔的精度

支撑孔是箱体上的重要表面，为保证轴的回转精度和支撑刚度，应提高孔与轴承配合精度，其尺寸公差为 IT6～IT7，形状误差不应超过孔径尺寸公差的一半，严格的可另行规定。

（2）孔与孔的位置精度

同轴线上各孔不同轴或孔与端面不垂直，装配后会使轴歪斜，造成轴回转时的径向圆跳动和轴向窜动，加剧轴承的磨损。同轴线上支撑孔的同轴度一般为 ϕ0.01～0.03 mm。各平行孔之间轴线的不平行，则会影响齿轮的啮合质量。支撑孔之间的平行度为 0.03～0.06 mm，中心距公差一般为±(0.02～0.08)mm。

（3）孔和平面的位置精度

各支撑孔与装配基面间的距离尺寸及相互位置精度也是影响机器与设备的使用性能和工作精度的重要因素。一般支撑孔与装配基面间的平行度为 0.03～0.1 mm。

（4）主要平面的精度

箱体装配基面、定位基面的平面度与表面粗糙度直接影响箱体安装时的位置精度及加工中的定位精度，影响机器的接触精度和有关的使用性能。其平面度一般为 0.02～0.1 mm。主要平面间的平行度、垂直度为 300:(0.02～0.1)mm。

（5）表面粗糙度

重要孔和主要平面的表面粗糙度会影响结合面的配合性质或接触刚度，一般要求主要轴孔的表面粗糙度为 *Ra*0. 8～0. 4 μm，装配基面或定位基面为 *Ra*3. 2～0. 8 μm，其余各表面为 *Ra*12. 5～1. 6 μm。

3. 箱体的材料及毛坯

箱体的材料一般采用铸铁，或选用 HT150～350，常用 HT200，因为箱体零件形状比较复杂，而铸铁容易成形，且具有良好的切削性、吸振性和耐磨性。结构小而负荷大的箱体可采用铸钢件，其成本将比灰铸铁件高出许多。一般的箱体铸件为消除内应力要进行一次时效处理，重要铸件要增加一次时效，以进一步提高箱体加工精度的稳定性。铸铁毛坯在单件小批生产时，一般采用木模手工造型，毛坯精度较低，余量大；在大批量生产时，通常采用金属模机器造型，毛坯精度较高，加工余量可适当减小。单件小批生产孔径大于 50 mm、成批生产大于 30 mm 的孔，一般都铸出底孔，以减少加工余量。铝合金箱体常用压铸制造，毛坯精度很高、余量很小。

二、箱体加工的工艺过程

箱体的结构复杂，形式多样，其主要加工面为孔和平面。因此，应主要围绕这些加工面和具体结构的特点来制定工艺过程。下面就车床主轴箱的加工过程分析其工艺特点。

1. 主轴箱的加工工艺过程

图 5-16 所示为某车床主轴箱简图，材料为 HT200，大批生产时的工艺过程见表 5-4。

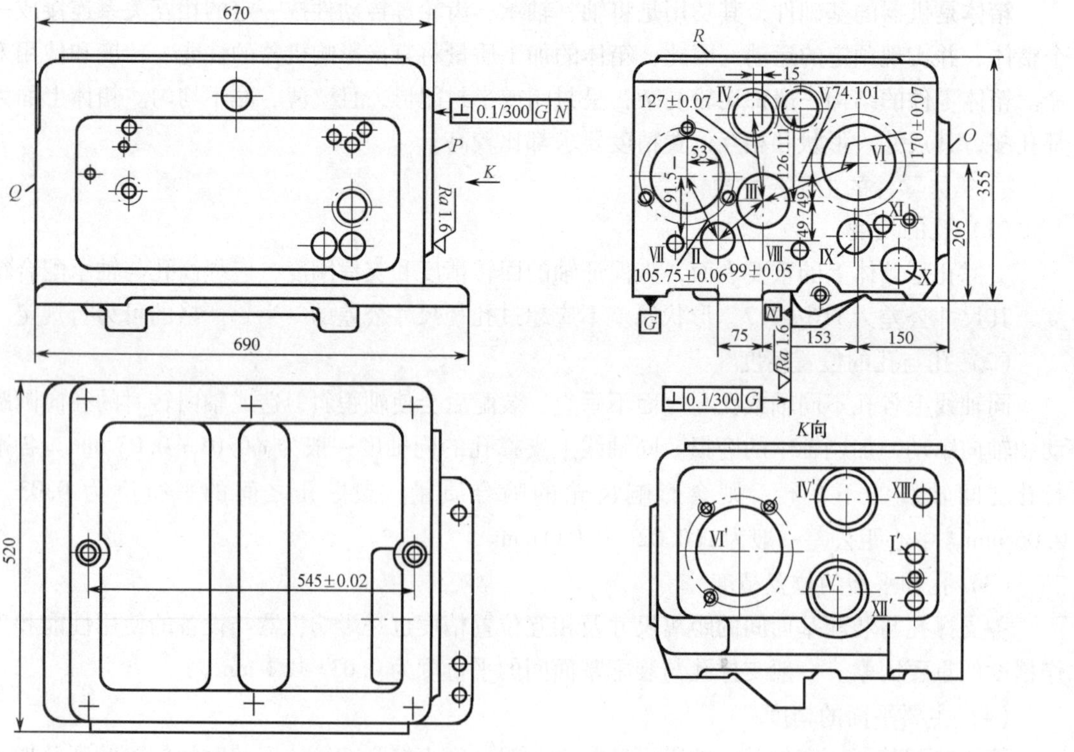

（a）

图 5-16　车床主轴箱箱体简图

（a）外形图

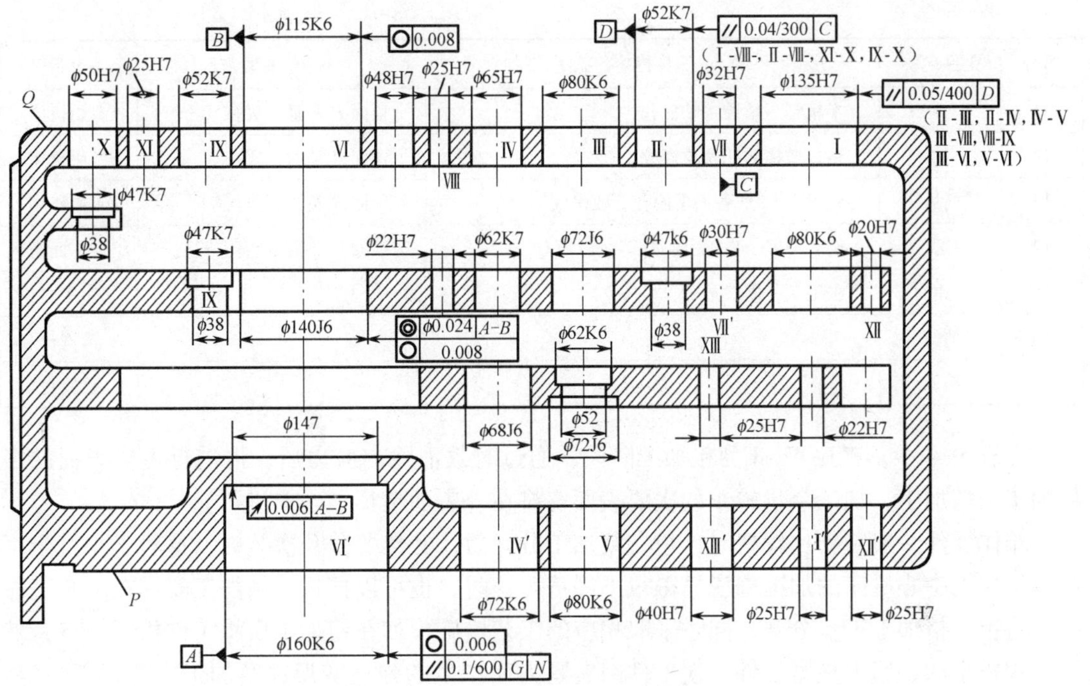

（b）

图 5-16　车床主轴箱箱体简图（续）

（b）纵向孔系展开图

2. 主轴箱加工的工艺特点

（1）加工阶段的划分

箱体零件的结构复杂，壁厚不均匀，并存有铸造内应力。箱体零件不仅有较高的精度要求，还要求加工精度的稳定性好。因此，拟订箱体加工工艺时，要划分加工阶段，以减少内应力和热变形对加工精度的影响。划分阶段后还能及时发现毛坯缺陷，采取措施，以避免更大浪费。

表 5-4　车床主轴箱箱体大批生产工艺过程

序号	工序名称	工序内容	定位夹紧	设备
1	铸造			
2	热处理	人工时效		
3	漆底漆			
4	铣	粗铣顶面 *R*	Ⅵ、Ⅰ轴铸孔	立式铣床
5	钻	钻、扩、铰顶面 *R* 上两工艺孔，加工其他紧固孔	端面 *R*、Ⅵ 轴孔、内壁一端	摇臂钻床
6	铣	粗铣 *G*、*N*、0、*P* 及 *Q* 面	顶面 *R* 及两工艺孔	龙门铣床
7	磨	磨顶面 R	*G* 面及 *Q* 面	平面磨床
8	镗	粗镗纵向孔系	顶面 *R* 及两工艺孔	组合机床
9	热处理	人工时效		
10	镗	精镗各纵向孔	顶面 *R* 及两工艺孔	组合机床

续表

序号	工序名称	工序内容	定位夹紧	设备
11	镗	半精镗、精镗主轴三孔	顶面 *R* 及Ⅲ、Ⅵ孔	专用机床
12	钻	钻、铰横向孔及攻螺纹	顶面 *R* 及两工艺孔	专用机床
13	钻	钻 *G*、*P*、*Q* 各面上的孔、攻螺纹	顶面 *R* 及两工艺孔	专用机床
14	磨	磨底面 *G*、*N*；侧面 *O*；端面 *P*、*Q*	顶面 *R* 及两工艺孔	组合平面磨床
15	钳	去毛刺、修锐边		钳工台
16	清洗			清洗机
17	检验			检验台

在表5-4中，工序4～8为粗加工阶段，通过时效消除内应力后，再进行主要表面的半精加工和精加工，加工余量较小的次要表面安排在外表面精加工之前进行。

箱体零件一般装夹比较费时，粗、精加工分开后，必然要分几次装夹，这对于小批量生产或用加工中心机床的加工来说显得很不经济。这时，也可以把粗、精加工安排在一个工序内，将粗、精加工工步分开，同时采取相应的工艺措施，如在粗加工后将工件松开一点，然后再用较小的夹紧力夹紧工件，使工件因夹紧力而产生的弹性变形在精加工之前得以恢复；减少切削用量、增加走刀次数、减少切削力和切削热的影响等。

（2）加工顺序为“先面后孔”

安排箱体零件的加工顺序时，要遵循“先面后孔”的原则，以较精确的平面定位来加工孔。其理由为：一是孔比平面难加工，先加工面就为加工孔提供了稳定可靠的基准，还能使孔的加工余量均匀；二是加工平面时切除了孔端面上的不平和夹砂等缺陷，减少了刀具的引偏和崩刃。

（3）箱体加工定位基准的选择

箱体的加工工艺随生产批量的不同有很大差异，定位基准的选择也不相同。

① 粗基准的选择。当批量较大时，应先以箱体毛坯的主要支撑孔作为粗基准，直接在夹具上定位。采用的夹具如图5-17所示。

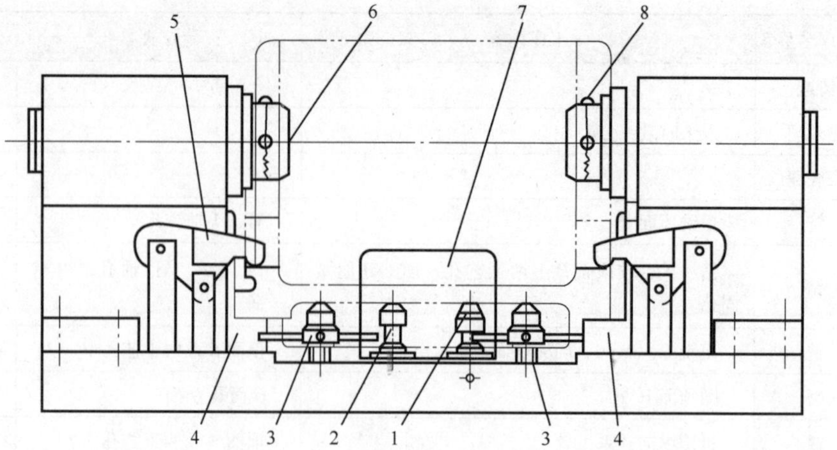

图5-17　以主轴孔为粗基准铣顶面的夹具

1，4—预定位支撑；2—辅助支撑；3—可调支撑；5—压块；6—短轴；7—侧支撑；8—活动支柱工件先放在预定位支撑 1、4 上，箱体侧面紧靠侧支撑 7，操纵液压手柄控制两短轴 6 插入主轴孔两端，两短轴 6 上各有 3 个活动短柱 8，分别顶在主轴孔的毛面上，实现了主轴孔的预定位，同时工件被抬起，脱离了预定位支撑。为了限制工件绕两短轴转动的自由度，需调节两可调支撑 3（位于前部），并用校正板校正Ⅰ轴孔的位置，将辅助支撑 2（位于后部）调整到与箱体底面接触，再将液压控制的两压块 5 伸入两端孔内压紧工件，完成工件的装夹。

如果箱体零件是单件小批生产，由于毛坯的精度较低，不宜直接用夹具定位装夹，而常采用划线找正装夹。

② 精基准的选择。大批量生产时，在大多数工序中，以顶面及两个工艺孔作为定位基准，符合“基准统一”的原则，这时箱体口朝下（如图 5-18 所示），其优点是采用了统一的定位基准，各工序夹具结构类似，夹具设计简单；当工件两壁的孔跨距大，需要增加中间导向支撑时，支撑架可以很方便地固定在夹具体上。这种定位方式的缺点是基准不重合，由于箱体顶面不是设计基准，存在基准不重合误差，精度不易保证；另外，由于箱口朝下，加工时无法观察加工情况和测量加工尺寸，也不便调整刀具。

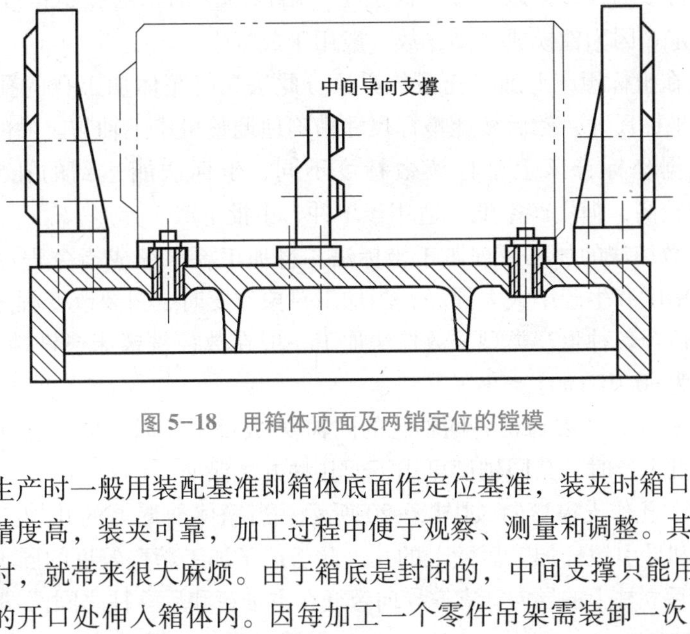

图 5-18　用箱体顶面及两销定位的镗模

单件、小批生产时一般用装配基准即箱体底面作定位基准，装夹时箱口朝上，其优点是基准重合，定位精度高，装夹可靠，加工过程中便于观察、测量和调整。其缺点是当需要增加中间导向支撑时，就带来很大麻烦。由于箱底是封闭的，中间支撑只能用图 5-19 所示的吊架从箱体顶面的开口处伸入箱体内。因每加工一个零件吊架需装卸一次，所需辅助时间多，且吊架的刚性差，制造和安装精度也不可能很高，影响了箱体的加工质量和生产率。

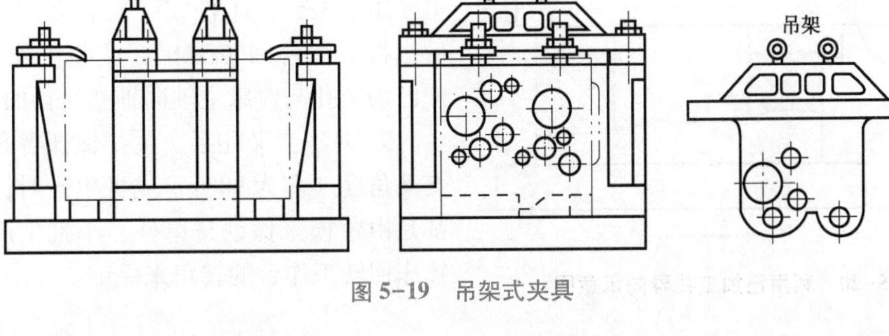

图 5-19　吊架式夹具

（4）箱体的孔系加工

箱体上一系列有相互位置精度要求的孔称为孔系。孔系可分为平行孔系、同轴孔系和交叉孔系。保证孔系的位置精度是箱体加工的关键。由于箱体的结构特点，孔系的加工方法大多采用镗孔。

① 对于平行孔系，主要保证各孔轴线的平行度和孔距精度。根据箱体的生产批量和精度要求的不同，有以下几种加工方法。

a. 找正法。这是靠工人在通用机床（镗床、铣床）上利用辅助工具来找正要加工孔的正确位置的加工方法。加工前按照图纸要求在箱体毛坯上划出各孔的加工位置线，然后按划好的线调整加工。此法划线和找正时间较长，生产率低，加工出来的孔距精度也一般在0.5～1 mm左右。若再结合试切法，经过几次测量、调整，可达到较高的孔距精度，但加工时间较长。

用样板或块规找正有可能获得较高的孔距精度，但对操作者的技术要求很高，所需的辅助时间也较多。找正法所需设备简单，适于单件、小批生产。

b. 镗模法。镗模法是用镗床夹具来加工的方法。使用镗模来加工孔系，孔的位置精度完全由镗模决定，与机床的精度无关，加工时的刚性好，生产率高。在大批量生产时，还可在组合机床上进行多轴、多刀以及多方向加工。用镗模法加工的孔距精度在 0.1 mm 左右，加工质量比较稳定。因为镗模成本高，故一般用于成批生产。

c. 坐标法。在坐标镗床上加工孔系的方法。此法先将箱体加工孔的孔距尺寸换算成为两个互相垂直的坐标尺寸，然后按此坐标尺寸精确地调整机床主轴与工件的相对位置，加工出平行孔系。根据坐标镗床上坐标读数精度不同，坐标法能达到的孔距精度在 0.05～0.005 mm，精度较高，但生产率低，适用于单件、小批生产。

d. 数控法。数控法的加工原理源于坐标法。将加工要求编成指令程序，由数控系统按指令完成加工，精度和生产率大大提高，当加工对象改变时，只要改变程序，即可令机床按新的程序工作，适合各种生产类型。数控法加工一般在数控铣镗床或铣镗加工中心上进行，能保证孔距精度为±0.01 mm。

② 对于同轴孔系，主要保证各同轴孔的同轴度 成批生产时，同轴度几乎都是由镗模来保证，单件、小批生产时，其同轴度可用下面几种方法保证。

a. 利用已加工孔作支撑导向 如图 5-20 所示，当箱体前壁上的孔加工好后，在孔内装一导向套，支撑和导引镗杆加工后壁上的孔。此法适于加工箱壁较近的同轴孔。

b. 利用镗床后立柱上的导向套支撑导向镗杆在主轴箱和后立柱之间两端支撑，刚性提高，但镗杆要长，调整麻烦，只适用于大型箱体加工。

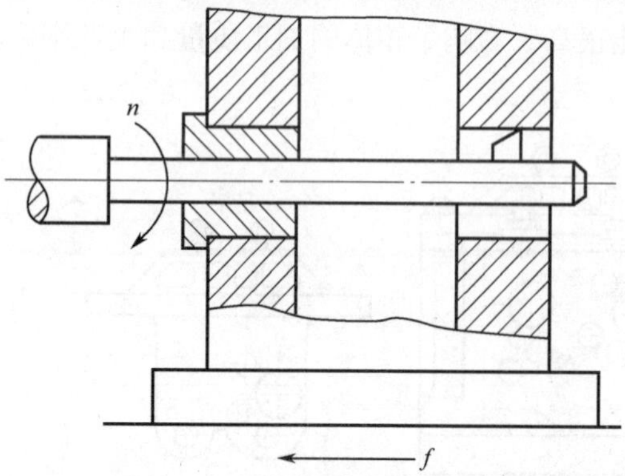

图 5-20　利用已加工孔导向示意图

c. 采用调头镗。当箱体壁相距较远时，可采用调头镗。工件在一次装夹，镗好一端后，将工作台回转 180°，调整工作台位置，使已加工孔与镗床主轴同轴然后再加工孔。

③ 对于交叉孔系，主要保证各孔轴线的交叉角度（多为90°）。成批生产时，交叉角都是由镗模来保证，单件、小批生产时，用镗床回转工作台的转角来保证。

项目驱动

思考题

1. 常用轴类零件的材料主要有哪些？各用于什么场合？对于不同的材料，在加工的各个阶段应安排哪些合适的热处理工序？对于精度要求很高的主轴，在材料选择和热处理工序安排上有何特点？

2. 主轴的结构特点和技术要求有哪些？为什么要对其进行分析？它对制定工艺过程起什么作用？

3. 为什么轴类零件的定位基准多选用中心孔？若工件是空心的，如何实现加工过程中的定位？

4. 在拟订 CA6140 车床主轴主要面的加工顺序时，有以下四种加工方案：

（1）钻深孔—外表面粗加工—锥孔粗加工—外表面精加工—锥孔精加工；

（2）外表面粗加工—钻深孔—外表面精加工—锥孔粗加工—锥孔精加工；

（3）锥孔粗加工—钻深孔—锥孔粗加工—锥孔精加工—外表面精加工；

（4）外表面粗加工—钻深孔—锥孔粗加工—外表面精加工—锥孔精加工。

试分析比较各方案特点，并说明哪一种方案为最佳方案。

5. 在主轴加工工艺过程中，热处理工序是怎样安排的？

6. 主轴上的花键、键槽、螺纹等次要表面，是如何安排其加工顺序的？为什么？

7. 在主轴加工工艺过程中，如何体现“基准统一”“基准重合”“互为基准”原则的？它们在保证主轴的精度要求中起什么重要作用？

8. 主轴上重要表面相互位置精度怎样检验？

9. 试编写题 9 图所示丝杆轴的机械加工工艺过程。

材料：40Cr；热处理：长度 165；生产类型：中批生产。

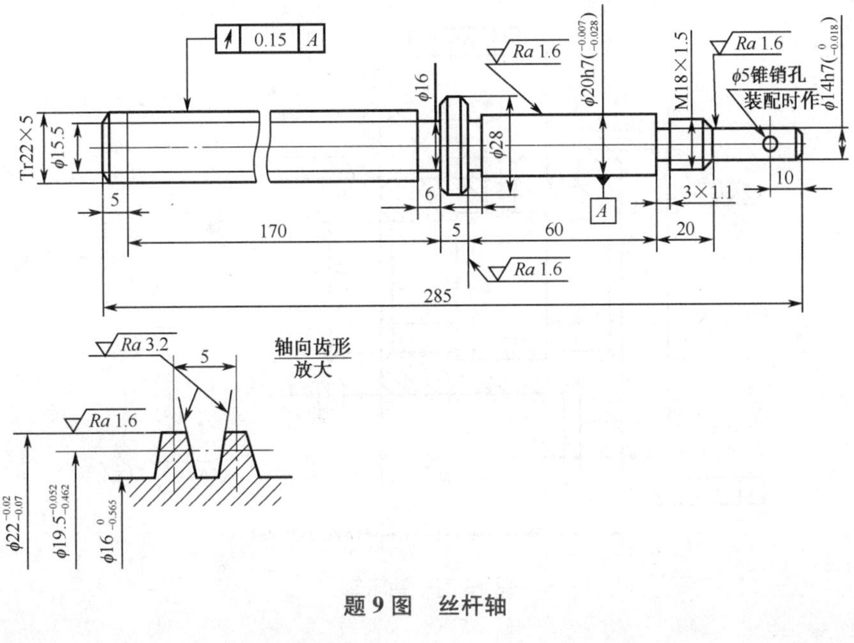

题 9 图　丝杆轴

10. 题10图所示为传动轴，按照图样规定的技术要求，试拟订其工艺过程。

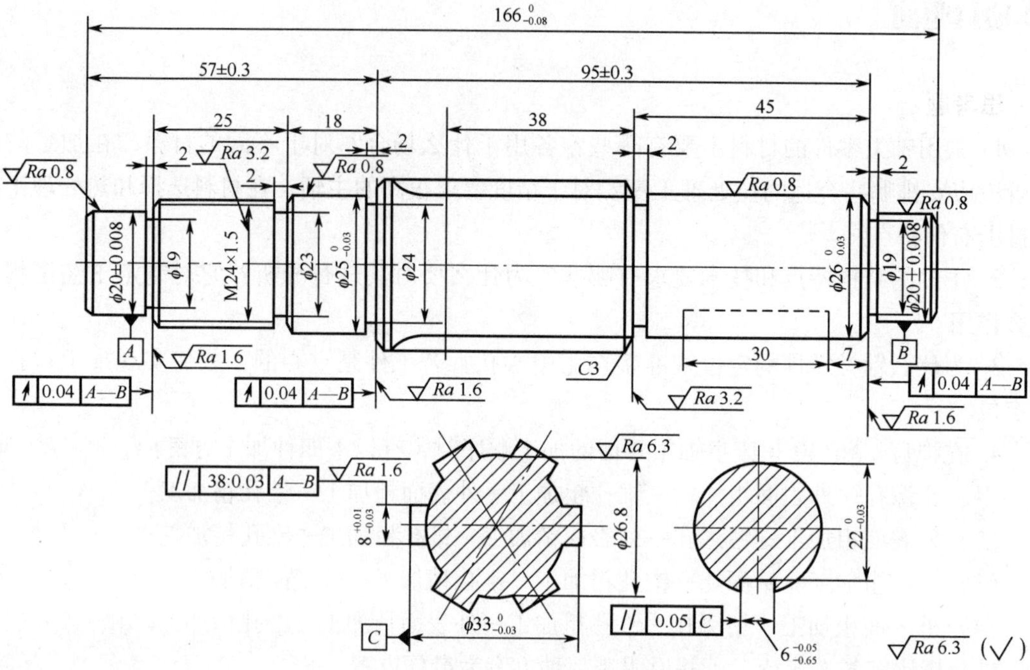

题10图　传动轴零件图

11. 套筒类零件的毛坯常选用哪些材料？毛坯的选择有哪些特点？

12. 保证套筒类零件的相互位置有哪些方法？试举例说明这些方法的特点和适用性？

13. 加工薄壁类套筒类零件时，工艺上有哪些技术难点？采用哪些措施来解决？

14. 试分析短套、长套的装夹方式和加工工艺过程有何不同？应注意哪些问题？

15. 试编写题15图所示轴承套的机械加工工艺过程。

材料：ZQS6-6-3；生产类型：中批生产。

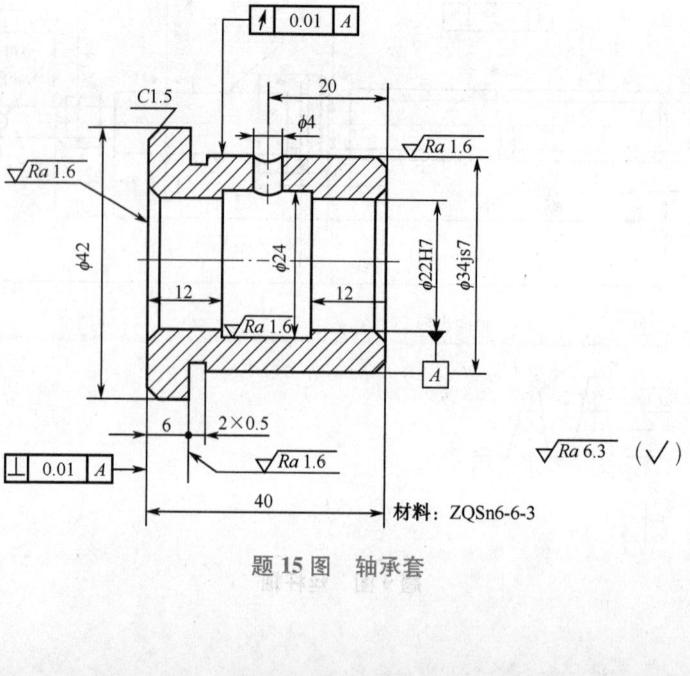

题15图　轴承套

16. 题16图所示为套类零件图，按照图样规定的技术要求，试拟订其机械加工工艺过程。

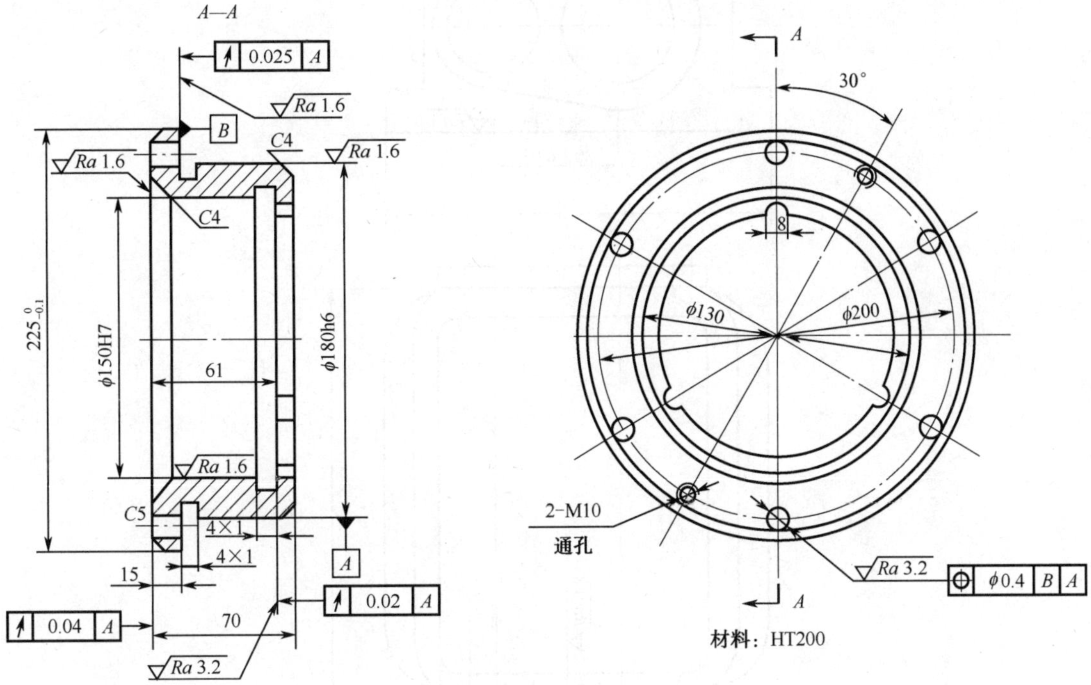

题16图　套类零件图

17. 请说明箱体零件的功用和主要工作表面。

18. 箱体零件在加工中的定位基准应怎样选择?

19. 箱体零件加工顺序应怎样安排?

20. 箱体零件的热处理工序应怎样安排?

21. 箱体零件的检验有哪些项目?

22. 箱体零件的结构特点及主要技术要求是什么? 这些技术要求对箱体零件在机器中的作用有何影响?

23. 试比较箱体加工采用的两种精基准一面两孔或箱体底面组合定位的优缺点及适应的场合。

24. 在箱体加工中是否需要安排热处理工序，它起什么作用? 安排在工艺过程的哪个阶段比较合适?

25. 试分析不同生产批量箱体平面加工方法和孔系加工方法的选择?

26. 孔系加工方法有哪些? 试举例说明各种加工方法的特点及适用的范围。

27. 在加工箱体孔时，用浮动镗刀镗孔有什么好处? 它能否提高孔的相互位置精度? 为什么?

28. 试试编写题28图所示箱体的机械加工工艺过程。

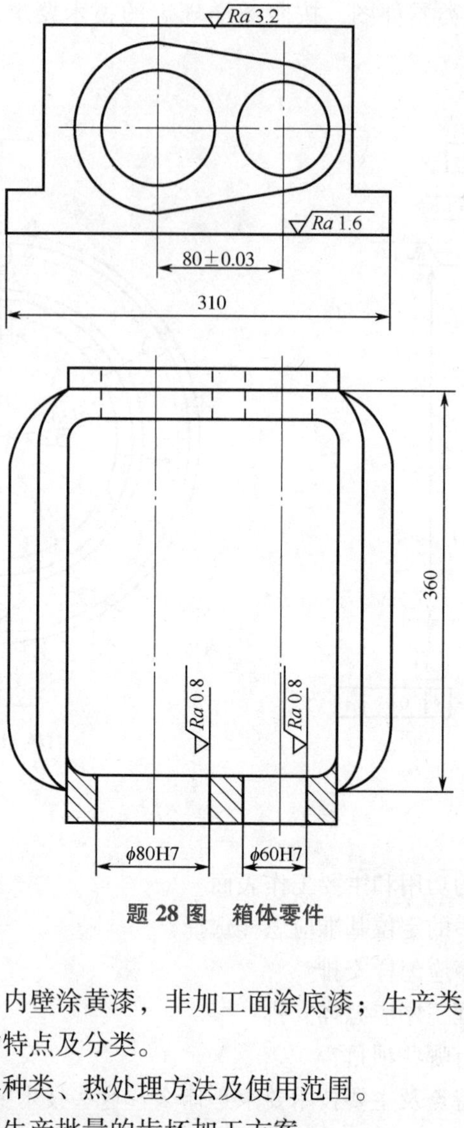

题 28 图　箱体零件

材料：HT200；要求：内壁涂黄漆，非加工面涂底漆；生产类型：成批生产。

29. 齿轮的功用、结构特点及分类。

30. 试说明齿轮的材料种类、热处理方法及使用范围。

31. 试述盘类齿轮不同生产批量的齿坯加工方案。

32. 齿轮典型的加工工艺大致可分为几个阶段？

33. 盘类齿轮的齿形加工的精基准应如何选择？各有什么特点和适用范围？精基准的修正有何方案？

34. 不同精度的齿轮，应如何选择加工方案？

35. 试编制题 35 图所示的双联齿轮的机械加工工艺过程。

材料：40Cr；热处理：齿部 5132。

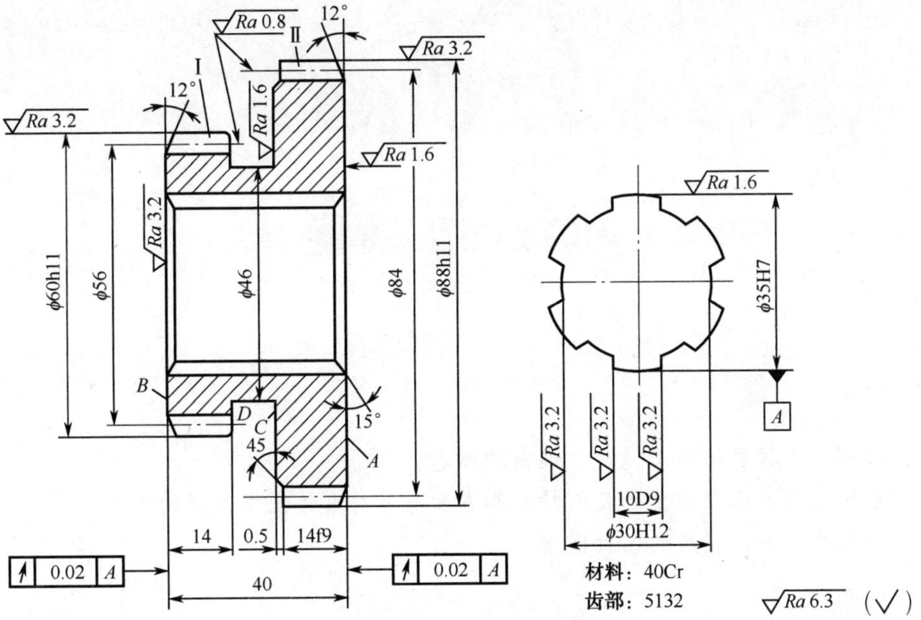

Ra 0.8
12°
Ⅱ
Ra 3.2
Ⅰ
12°
Ra 1.6
Ra 3.2
Ra 1.6
Ra 3.2
ϕ60h11
ϕ56
ϕ46
ϕ84
ϕ88h11
B
D
C
45
15°
A
14
0.5
14f9
0.02 A
0.02 A
40
Ra 1.6
ϕ35H7
A
Ra 3.2
Ra 3.2
Ra 3.2
10D9
ϕ30H12
材料：40Cr
齿部：5132
Ra 6.3 （√）

题 35 图　双联齿轮

项目六

机械加工质量

知识目标

(1) 理解、掌握机械加工精度、误差的概念。
(2) 理解掌握表面粗糙度的几何特征和表面质量对零件使用性能的影响。
(3) 理解影响加工精度的各种因素。

技能目标

(1) 能够根据产品质量，分析出影响精度和表面质量的原因，并提出改进措施。
(2) 能够对产品进行各种技术要求的检测。

任务一　机械加工质量概论

任务目标

(1) 理解、掌握机械加工精度、误差概念。
(2) 理解、掌握影响精度的原因。

一、加工精度的基本概念

加工精度是指零件加工后的实际几何参数（尺寸、形状和位置）与理想几何参数的符合程度。实际零件加工不可能做得与理想零件完全一致，总会有大小不同的偏差；零件加工后的实际几何参数对理想几何参数的偏离程度，称为加工误差。加工误差的大小反映了加工精度的高低，误差越大加工精度就越低；反之，加工精度越高。若零件的加工误差在图纸规定的公差范围内则该零件合格，否则为不合格。

加工精度包括三个方面：

① 尺寸精度，指加工后零件的实际尺寸与零件的设计尺寸相符合的程度。
② 形状精度，指零件加工后表面的实际几何形状与理想的几何形状相符合的程度。
③ 位置精度，指加工后零件有关表面之间的实际位置与理想位置相符合的程度。

二、获得加工精度的方法

1. 获得尺寸精度的方法

(1) 试切法

通过试切—测量—调整—再试切，反复进行到被加工尺寸达到要求为止的加工方法。试切法达到的精度可能很高，由于需要多次调整、试切、测量、计算，因此，比较费时，效率低，且依赖技工水平，所以只适用于单件小批生产。

（2）调整法

预先用样板、样件或根据试切工件来调整好刀具和工件在机床上的相对位置，然后加工一批工件，在加工这一批工件的过程中，不再调整，也不试切，即可保证达到被加工尺寸的要求。调整法比试切法的加工精度稳定性好，并有较高的生产率，因此，适用于成批及大量生产。

（3）定尺寸刀具法

用一定形状和尺寸的刀具（或组合刀具）来保证零件被加工部位的形状精度和尺寸精度。定尺寸刀具法的加工精度，取决于刀具的精度和磨损，几乎和工人的技术水平无关，生产率较高，在各类型生产中广泛应用。

（4）自动获得尺寸法

这种方法是由测量装置，进给装置和控制系统等组成的自动控制加工系统，在加工系统中一旦工件达到要求的尺寸时，能自动停止加工，具体方法有两种：自动测量，自动停止；数字控制。如在数控机床上加工时，将数控加工程序输入到 CNC 装置中，由 CNC 装置发出的指令信号，通过伺服驱动机构使机床工作，检测装置进行自动测量和比较，输出反馈信号使工作台补充位移，最终达到零件规定的形状和尺寸精度。

2. 获得形状精度的方法

工件在加工时，其形状精度的获得方法有以下三种：

（1）轨迹法

依靠刀具运动轨迹来获得所需要工件形状的一种方法。如利用工件的回转和车刀按靠模做的曲线运动来车削成形表面等。

（2）成形法

为了提高生产率，简化机床结构，通常采用成形刀具来代替通用刀具。

此时，机床的某些成形运动就被成形刀具的刃形所代替。如用成形车刀车曲面。成形法是使用成形刀具加工，获得工件表面的方法。

（3）展成法

在加工时刀具和工件做展成运动，在展成运动过程中，刀刃包络出被加工表面的形状，称为展成法（范成法、滚切法）。如滚齿时，滚刀与工件保持一定的速比关系，而工件的齿形则是由一系列刀齿的包络线所形成的。

3. 获得位置精度的方法

获得位置精度的方法有两种：一是根据工件加工过的表面进行找正的方法；二是用夹具安装工件，工件的位置精度由夹具来保证。

三、影响加工精度的原始误差

在机械加工中，机床、夹具、工件和刀具构成了一个完整的系统，称为工艺系统。由于工艺系统本身的结构和状态、操作过程以及加工过程中的物理现象而产生刀具和工件之间的相对位置关系发生偏移所产生的误差称为原始误差，从而影响零件的加工精度。一部分原始误差与切削过程有关；一部分原始误差与工艺系统本身的初始状态有关。这两部分误差又受环境条件、操作者技术水平等因素的影响。

1. 与工艺系统本身的初始状态有关的原始误差

（1）原理误差

加工方法原理上存在的误差。

（2）工艺系统几何误差

工艺系统几何误差可归纳为两类：

① 工件与刀具的相对位置在静态下已存在的误差，如刀具和夹具的制造误差，调整误差以及安装误差。

② 工件与刀具的相对位置在运动状态下已存在的误差，如机床的主轴回转运动误差，导轨的导向误差，传动链的传动误差等。

2. 与切削过程有关的原始误差

① 工艺系统力效应引起的变形，如工艺系统受力变形、工件内应力引起的变形及振动等。

② 工艺系统热效应引起的变形，如机床、夹具、工件的热变形等。

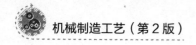

四、加工原理误差

加工原理误差是由于采用了近似的加工运动方式或者近似的刀具轮廓而产生的误差。因为它在加工原理上存在误差，因此称为原理误差。原理误差应在允许范围内。

1. 采用近似的加工运动造成的误差

在许多场合，为了得到要求的工件表面，必须在工件与刀具的相对运动之间建立一定的联系。从理论上讲，应采用完全准确的运动联系。但是，采用完全准确的加工原理有时使机床或夹具极为复杂，导致制造困难，反而难以达到较高的精度，有时甚至是不可能做到的。

如在车削或者是磨削模数螺纹时，由于其导程 $t=\pi m$ 式中有 π 这个无理数因子，在用配换齿轮来得到导程数值时，就存在原理误差。

2. 采用近似的刀具轮廓造成的误差

用成形刀具加工复杂的曲面时，要使刀具刃口做得完全符合理论曲线的轮廓，有时非常困难，往往采用圆弧、直线等简单近似的线型代替理论曲线。如用滚刀滚切渐开线齿轮时，为了滚刀的制造方便，多采用阿基米德蜗杆或法向直廓基本蜗杆来代替渐开线蜗杆，从而产生了加工原理误差。

五、机床的几何误差

机床是工艺系统中重要的组成部分，加工中刀具相对于工件的成形运动一般都是通过机床完成的，因此，机床的制造误差、安装误差、使用中的磨损都直接影响工件的加工精度。

这里着重分析对工件加工精度影响较大的主轴回转运动误差、导轨导向误差和传动链传动误差。

1. 主轴回转运动误差

机床主轴是装夹工件或刀具的基准，并将运动和动力传给工件或刀具，主轴回转误差将直接影响被加工工件的精度。

（1）主轴回转精度的概念

主轴回转时，在理想状态下，主轴回转轴线在空间的位置是稳定不变的，但是，由于主轴、轴承、箱体的制造和安装误差以及受静力、动力作用引起的变形、温升热变形等，主轴回转轴线任一瞬时都在变化（漂移），通常以各瞬时回转轴线的平均位置作为平均轴线来代替理想轴线。主轴回转精度是指主轴的实际回转轴线与平均回转轴线相符合的程度，它们的差异就称为主轴回转运动误差。主轴回转运动误差可分解为径向圆跳动、轴向窜动和角度摆动三种基本形式。如图 6-1 所示。

（2）影响主轴回转精度的主要因素

实践和理论分析表明，影响主轴回转精度主要因素有主轴的误差、轴承的误差、床头箱体主轴孔的误差以及与轴承配合零件的误差等。当采用滑动轴承时，影响主轴回转精度的因素有主轴颈和轴瓦内孔的圆度误差以及轴颈和轴瓦内孔的配合精度。

对于镗床类机床，因为切削力方向是变化的，轴瓦的内孔总是与主轴颈的某一固定部分接触。因而，轴瓦内孔的圆度误差对主轴回转精度影响较大，主轴轴颈的圆度误差对主轴回转精度影响较小，如图 6-2（a）所示。

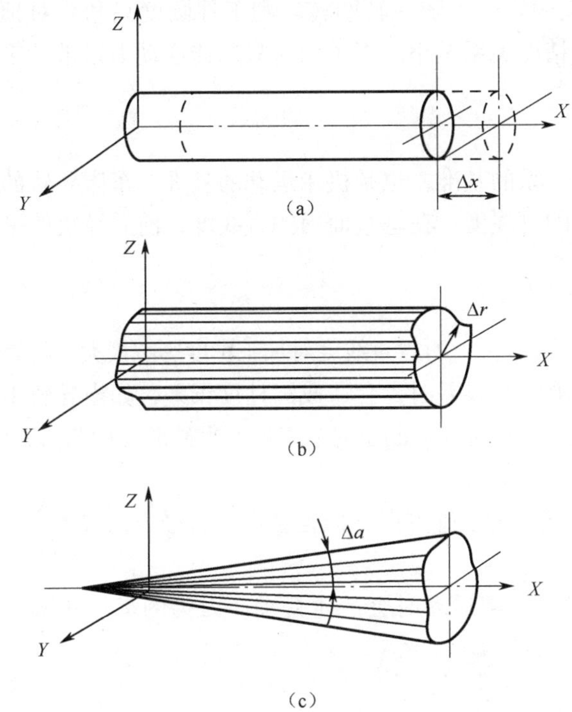

图 6-1　主轴回转运动误差

（a）轴向窜动；（b）径向圆跳动；（c）角度摆动

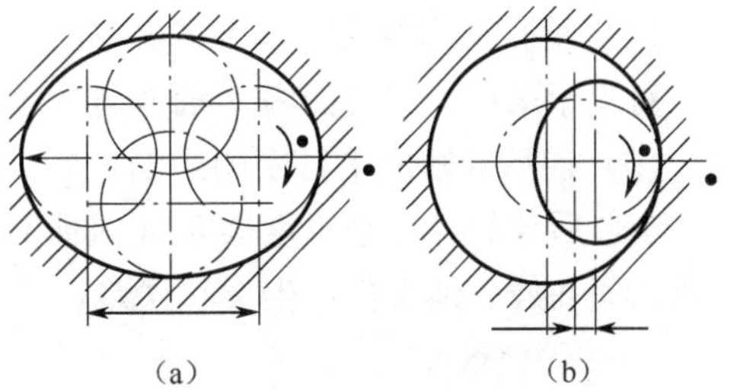

图 6-2　滑动轴承对主轴回转精度的影响

（a）镗床类；（b）车床类

对于车床类机床，轴瓦内孔的圆度误差对加工误差影响很小。因为切削力方向不变，回转的主轴轴颈总是与轴瓦内孔的某固定部分接触，因而轴瓦内孔的圆度误差对主轴回转运动误差影响几乎为零，如图 6-2（b）所示。

采用滚动轴承的主轴部分影响主轴回转精度的因素很多，如内圈与主轴颈的配合精度，外圈与箱体孔配合精度，外圈、内圈滚道的圆度误差，内圈孔与滚道的同轴度，以及滚动体的形状精度和尺寸精度。

床头箱体的轴承孔不圆，使外圈滚道变形；主轴轴颈不圆，使轴承内圈滚道变形，都会产生主轴回转误差。主轴前后轴颈之间、床头箱体的前后轴承孔之间存在同轴度误差，会使滚动轴承内外圈相对倾斜，使主轴产生径向跳动和端面跳动。此外，锁紧螺母端面的跳动等也影响主轴的回转精度。

（3）提高主轴回转精度的措施

① 提高主轴、箱体的制造精度。主轴回转精度只有 20% 决定于轴承精度，而 80% 取决于主轴和箱体的精度和装配质量。

② 高速主轴部件要进行动平衡，以消除激振力。

③ 滚动轴承采用预紧。轴向施加适当的预加载荷（约为径向载荷的 20%～30%）、消除轴承间隙，使滚动体产生微量弹性变形，可提高刚度、回转精度和使用寿命。

④ 采用多油楔动压轴承（限于高速轴承）。

⑤ 采用静压轴承。静压轴承由于是纯液体摩擦，摩擦系数为 0. 000 5。因此，摩擦阻力较小，可以均化主轴颈与轴瓦的制造误差，具有很高的回转精度。

⑥ 采用固定顶尖结构。如果磨床前顶尖固定，不随主轴回转，则工件圆度只和一对顶尖及工件顶尖孔的精度有关，而与主轴回转精度关系很小。主轴回转只起传递动力以带动工件转动的作用。

2. 导轨导向误差

导轨是机床上确定各机床部件相对位置关系的基准，也是机床运动的基准。车床导轨的精度要求主要有以下三个方面：在水平面内的直线度；在垂直面内的直线度；前后导轨的平行度（扭曲）。

（1）水平面内导轨直线度的影响

由于车床的误差敏感方向在水平面（Y 轴方向），所以直线度对加工精度影响极大。导轨误差为 ΔY，引起尺寸误差 $\Delta d=2\Delta Y$。当导轨形状有误差时，会造成圆柱度误差，如当导轨中部向前凸出时，工件产生鞍形（中凹形）；当导轨中部向后凸出时，工件产生鼓形（中凸形）。

（2）垂直面内导轨直线度的影响

对车床来说，垂直面内（轴方向）不是误差的敏感方向，但也会产生直径方向误差。

（3）前后导轨的平行度的影响

当前后导轨存在平行度误差（扭曲）时，刀架运动时会产生摆动，刀尖的运动轨迹是一条空间曲线，使工件产生形状误差。

3. 传动链误差

传动链误差是指传动链始末两端传动元件间相对运动的误差，一般用传动链末端元件的转角误差来衡量。传动机构越多、传动线路越长，传动误差就越大。若要减小这一误差，除了提高传动机构的制造精度和安装精度外，还可以采用缩短传动路线或附加校正装置。

六、刀具、夹具的制造误差及磨损

一般刀具（车刀、镗刀及铣刀等）的制造误差，对加工精度没有直接的影响。

定尺寸刀具（如钻头、铰刀、拉刀及槽铣刀等）的尺寸误差直接影响被加工零件的尺寸精度，同时刀具的工作条件，如机床主轴的跳动或刀具安装不当引起的径向或端面跳动等，都会影响加工面的尺寸。

成形刀（成形刀、成形铣刀以及齿轮滚刀等）的误差主要影响被加工面的形状精度。

夹具的制造误差一般指定位元件、导向元件及夹具等零件的加工和装配误差。这些误差对被加工零件的精度影响较大。所以在设计和制造夹具时，凡影响零件加工精度的尺寸都应该控制得较严。

刀具的磨损会直接影响刀具相对被加工表面的位置，造成被加工零件的尺寸误差；夹具的磨损会引起工件的定位误差。所以，在加工工程中，上述两种磨损均应引起足够的重视。

七、工艺系统受力变形引起的加工误差

工艺系统在切削力、传动力、惯性力、夹紧力以及重力的作用下，产生相应的变形和振动，将会破坏刀具和工件之间的成形运动的位置关系和速度关系，影响切削运动的稳定性，从而产生各种加工误差和表面粗糙度。

1. 切削过程中受力点位置变化引起的加工误差

切削过程中，工艺系统的刚度随切削力着力点位置的变化而变化，会引起系统变形误差，使零件产生加工误差。

① 在两顶尖间车削粗而短的光轴时，由于刚度较大，在切削力作用下的变形，相对机床、夹具和刀具的变形要小得多，故可忽略不计，此时，工艺系统的总变形完全取决于机床头、尾架（包括顶尖）和刀架（包括刀具）的变形。工件产生的误差为双曲线圆柱度误差。

② 在两顶尖车削细长轴时，由于工件细长、刚度小，在切削力作用下，其变形大大超过机床、夹具和刀具的变形。因此，机床、夹具结合刀具承受力可忽略不计，工艺系统的变形完全取决于工件的变形。工件产生腰鼓形圆柱度误差如图 6-3 所示。

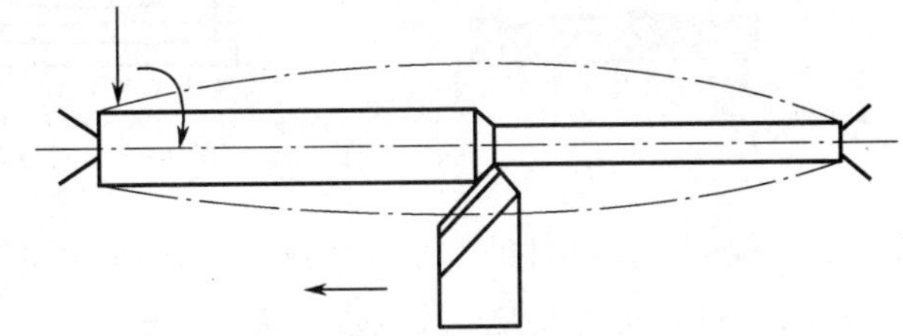

图 6-3　腰鼓形圆柱度误差

2. 切削力大小变化引起的加工误差—复映误差

工件的毛坯外形虽然具有粗略的零件形状，但它在尺寸、形状以及表面层材料硬度上都有较大的误差。毛坯的这些误差在加工时使切削深度不断发生变化，从而导致切削力的变化，进而引起工艺系统产生相应的变形，使得零件在加工后还保留与毛坯表面类似的形状或尺寸误差，当然工件表面残留的误差比毛坯表面误差要小得多。这种现象称为“误差复映规律”，所引起的加工误差称为“复映误差”。

除切削力外，传动力、惯性力、夹紧力等其他作用力也会使工艺系统的变形发生变化，从而引起加工误差，影响加工质量。

3. 减小工艺系统受力变形的措施

减小工艺系统受力变形，不仅可以提高零件的加工精度，而且有利于提高生产率。因此，生产中必须采取有力措施，减小工艺系统受力变形。

(1) 提高工艺系统各部分的刚度

① 提高工件加工时的刚度。有些工件因其自身刚度很差，加工中将产生变形而引起加工误差，因此，必须设法提高工件自身刚度。

例如车削细长轴时，为提高细长轴刚度，可采用如下措施：

a. 减小工件支撑长度 L，为此常采用跟刀架或中心架及其他支撑架。

b. 减小工件所受背向力，通常可采取增大前角 γ_0、主偏角 κ_γ 选为 90°以及适当减小进给量 f 和切削深度 a_p 等措施减小 F_p。

c. 采用反向走刀法，使工件从原来的轴向受压变为轴向受拉。

② 提高工件安装时的夹紧刚度。对薄壁件，夹紧时应选择适当的夹紧方法和夹紧部位，否则会产生很大的形状误差。

如图 6-4 所示的薄壁工件，由于工件本身有形状误差，用电磁吸盘吸紧时，工件产生弹性变形，磨削后松开工件，应弹性恢复工件表面仍有形状误差（翘曲）。解决办法是在工件和电磁吸盘之间垫入一薄橡皮（0.5 mm 以下）。当吸紧时，橡皮被压缩，工件变形减小，经几次反复磨削逐渐修正工件的翘曲，将工件磨平。

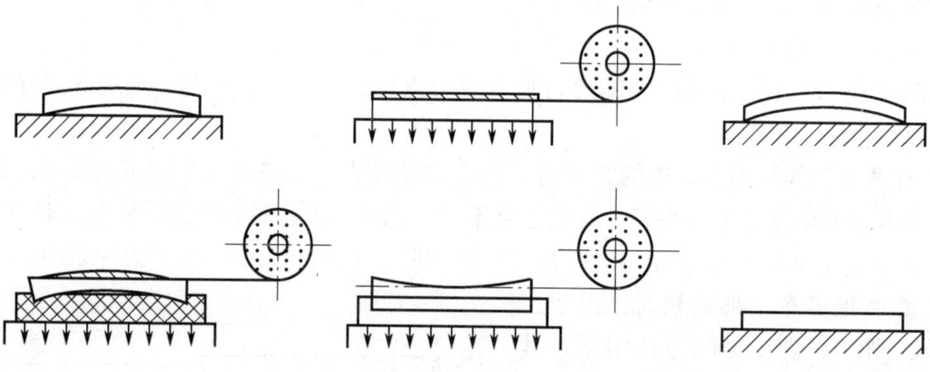

图 6-4　薄壁工件

③ 提高机床部件的刚度。机床部件的刚度在工艺系统中占有很大的比重，在机械加工时常用一些辅助装置提高其刚度。如图 6-5（a）所示为六角车床上提高刀架刚度的装置。该装置的导向加强杆与辅助支撑套或装于主轴孔内的导套配合，从而使刀架刚度大大提高，如图 6-5（b）所示。

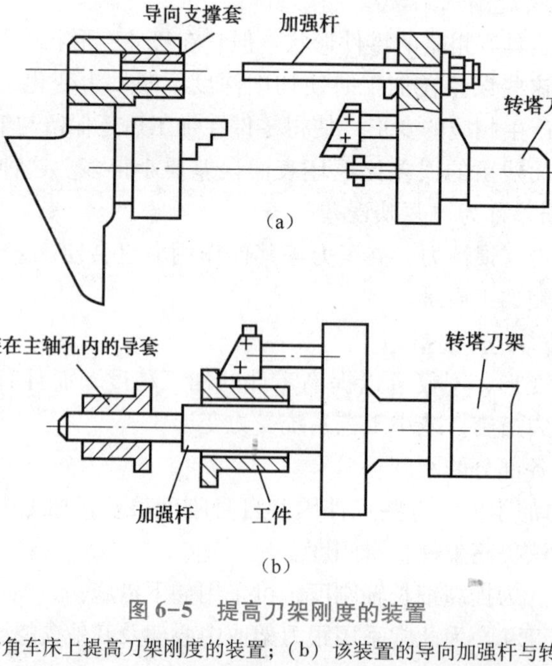

图 6-5　提高刀架刚度的装置

（a）六角车床上提高刀架刚度的装置；（b）该装置的导向加强杆与转塔刀架

（2）提高接触刚度

由于部件的接触刚度远远低于实体零件本身的刚度，因此，提高接触刚度是提高工艺系统刚度的关键，常用的方法有：改善工艺系统主要接触面的配合质量，如机床导轨副、锥体与锥孔、顶尖与顶尖等配合采用刮研与研磨，以提高配合表面的形状精度，降低表面粗糙度。

预加载荷。由于配合表面的接触刚度随所受载荷的增大而不断增大，所以对机床部件的各配合表面施加预紧载荷不仅可以消除配合间隙，而且还可以使接触表面之间产生预变形，从而大大提高接触刚度。例如，为了提高主轴部件刚度，常常对机床主轴轴承进行预紧等。

八、工艺系统受热变形引起的加工误差

机械加工中，工艺系统在各种热源的作用下产生一定的热变形。由于工艺系统热源分布的不均匀性及各环节结构、材料的不同，使工艺系统各部分的变形产生差异，从而破坏了刀具与工件的准确位置及运动关系，产生加工误差。尤其对于精密加工，热变形引起的加工误差占总加工误差的一半以上，因此，在近代精密自动化加工中，控制热变形对精加工的影响已成为一项重要的任务和研究任务。

1. 工艺系统的热源

加工过程中，工艺系统的热源主要有两大类：内部热源和外部热源。

（1）内部热源

内部热源主要来自切削过程，它包括：

① 切削热。切削过程中，切削金属层的弹性、塑性变形及刀具、工件、切屑间摩擦消耗的能量绝大多数转化为切削热。这些热能量以不同的比例传给工件、刀具、切屑及周围的介质。

② 摩擦热。机床中的各种运动副，如导轨副、齿轮副、丝杠螺母副、蜗轮蜗杆副、摩擦离合器等，在相对运动时因摩擦而产生热量。机床的各种动力源如液压系统、电动机、马达等，工作时也要产生能量损耗而发热，这些热量是机床热变形的主要热源。

③ 派生热源。切削中的部分切削热由切屑、切削液传给机床床身，摩擦热由润滑油传给机床各处，从而使机床床身热变形，这部分热源称为派生热源。

（2）外部热源

外部热源主要来自外部环境。

① 环境温度。一般来说，工作地周围环境随气温而变化，而且不同位置处的温度也各不相同，这种环境温度的差异有时也会影响加工精度。如加工大型精密件往往需要较长时间（有时甚至需要几个昼夜）。由于昼夜温差使工艺系统热变形不均匀，从而产生加工误差。

② 热辐射。来自阳光、照明灯、暖气设备及人体等。

2. 工艺系统的热平衡

工艺系统受各种热源的影响，其温度会逐渐升高，与此同时，它们也通过各种传热方式向周围散发热量。当单位时间内传入和散发的热量相等时，则认为工艺系统达到了热平衡。图 6-6 所示为一般机床工作时的温度和时间曲线，由图 6-6 可知，机床开动后温度缓慢升高，经过一段时间（2～6 h）后，温升才逐渐趋于稳定，这一段时间，称为预热阶段。当机床温度达到稳定值后，则被认为处于热平衡阶段，此时温度场处于稳定，其热变形也就趋于

稳定，处于稳定温度场时引起的加工误差是有规律的。当机床处于平衡之前的预热期，温度随时间而升高，其热变形将随温度的升高而变化，故对加工精度影响比较大。因此，精密及大型工件应在工艺系统达到热平衡后进行加工。

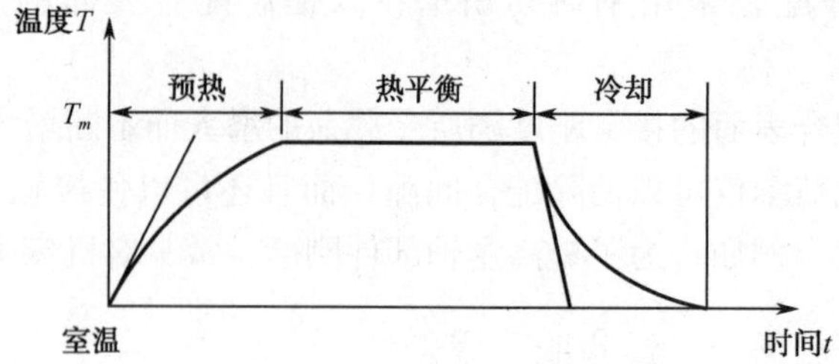

图 6-6　温度和时间曲线

3. 机床热变形引起的加工误差

由于机床的结构使工作条件差别很大，因此，引起热变形的主要热源也不大相同，大致分为以下三种：

① 主要热源来自机床的主传动系统，如普通机床、六角机床、铣床、卧式镗床、坐标镗床等。

② 主要热源来自机床导轨的摩擦，如龙门刨床、立式车床等。

③ 主要热源来自液压系统，如各种液压机床。

热源的热量，一部分传给周围的介质，一部分传给热源近处的机床零部件和刀具，以致产生热变形，影响加工精度。由于机床各部分的体积较大，热容量也大，因而机床热变形进行缓慢（车床主轴箱温升一般不高于 60 ℃）。实践表明，车床部件中受热最多变形最大的是主轴箱，其他部分如刀架、尾座等温升不高，热变形较小。

如图 6-7 所示的虚线表示车床的热变形。可以看出，车床主轴前轴承的温升最高。对加工精度影响最大的因素是主轴轴线的抬高和倾斜。实践表明主轴抬高是主轴轴承温度升高而引起主轴箱变形的结果，它约占总抬高量的 70%；由机床热变形所引起的抬高量一般小于 30%。影响主轴倾斜的主要原因是机床的受热弯曲，它约占总倾斜量的 75%，主轴前后轴承的温差所引起的主轴倾斜只占 25%。

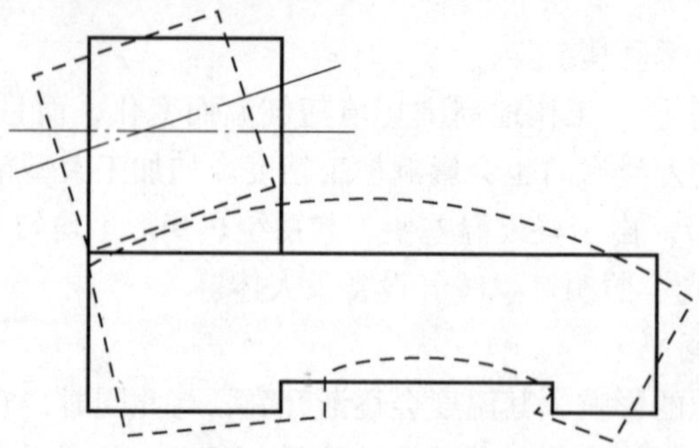

图 6-7　车床的热变形

4. 刀具热变形及对加工精度的影响

切削过程中，一部分切削热传给刀具，尽管这部分热量很少（高速车削时只占 1% ～

2%）但由于刀具体积较小，热容量较小，所以刀具切削部分的温升仍较高。例如高速钢车刀的工作表面温度可达 500 ℃～600 ℃，刀具的热伸长量可达 0.03～0.04 mm；从而产生加工误差，影响加工精度。

（1）刀具连续工作时的热变形引起的加工误差

当刀具连续工作时，如车削长轴或在立式车床车大端面，传给刀具的切削热随时间不断增加，刀具产生热变形而逐渐伸长，工件产生圆度误差或平面度误差。

（2）刀具间歇工作

当采用调整法加工一批短轴零件时，由于每个工件切削时间较短，刀具的受热与冷却间歇进行，故刀具的热伸长比较缓慢。

总的来说，刀具能够迅速达到热平衡，刀具的磨损又能与刀具的受热伸长进行部分补偿，故刀具热变形对加工质量影响并不显著。

5. 工件热变形引起的加工误差

（1）工件均匀受热

当加工比较简单的轴、套、盘类零件的内外圆表面时，切削热比较均匀地传给工件，工件产生均匀热变形。加工盘类零件或较短的轴套类零件，由于加工行程较短，可以近似认为沿工件轴向方向的温升相等。因此，加工出的工件只产生径向尺寸误差而不产生形位误差，若工件精度要求不高，则可忽略热变形的影响。对于较长工件（如长轴）的加工，开始走刀时，工件温升较低，变形较小。随着切削的进行，工件温升逐渐升高，直径逐渐增大，因此，工件表面被切去的金属层厚度越来越大，冷却后不仅会产生径向尺寸误差，而且还会产生圆柱度误差。若该长轴工件用两顶尖装夹，且后顶尖固定锁紧，则加工中工件的轴向热伸长使工件产生弯曲并可能引起切削不稳。因此，加工长轴时，工人经常车一刀后转一下后顶尖，再车下一刀，或后顶尖改用弹簧顶尖，目的是消除工件热应力和弯曲变形。

对于轴向精度要求较高的工件（如精密丝杠），其热变形引起的伸长将产生螺距误差。因此，加工精密丝杠时必须采用有效冷却措施，减少工件过热伸长。

（2）工件不均匀受热

当工件进行铣、刨、磨等平面的加工时，工件单侧受热，上下表面温升不等，从而导致工件向上凸起，中间切去的材料较多。冷却后被加工表面呈凹形，这种现象对于加工薄片零件尤为突出。为了减小工件不均匀变形对加工精度的影响，应采取有效冷却措施，减小切削表面温升。

6. 控制温度变化，均衡温度场

由于工艺系统温度变化引起工艺系统热变形变化，进而产生加工误差，并且具有随机性，因此，必须采取措施控制工艺系统温度变化，保持温度稳定，使热变形产生的加工误差其有规律性，便于采取相应措施给予补偿。对于床身较长的导轨磨床，为了均衡导轨面的热伸长，可利用机床润滑系统回油的余热来提高床身下部的温度，使床身上下表面的温差减小，变形均匀。

九、工件残余应力引起的误差

1. 基本概念

残余应力也称内应力，是指当外部荷载去掉以后仍残留在工件内部的应力。残余应力是

由于金属内部组织发生了不均匀体积变化而产生的，其外界因素来自热加工和冷加工。

具有内应力的工件是处在一种不稳定状态之中，它内部的组织有强烈的恢复到没有内应力稳定状态的倾向，即使在常温下工件的内部组织也不断发生变化，直到内应力完全消失为止。在这工过程中，工件的形状逐渐改变（如翘曲变形）从而丧失其原有精度。如果把存在内应力的工件装配到机器中，则会因其在使用中的变形而破坏整台机器的精度。

2. 残余应力产生的原因

（1）毛坯制造中产生的残余应力

在铸、锻、焊及热处理等加工过程中，由于工件各部分热胀冷缩不均匀以及金相组织转变时的体积变化使毛坯内部产生了相当大的残余应力。毛坯的结构越复杂，各部分壁厚越不均匀，散热条件差别越大，毛坯内部产生的残余应力也越大。具有残余应力的毛坯在短时间内还看不出有什么变化，残余应力暂时处于相对平衡的状态，但当切去一层金属后，就打破了这种平衡，残余应力重新分布，工件就明显地出现了变形。

（2）冷校直产生的残余应力

一些刚度较差、容易变形的工件（如丝杠等），通常采用冷校直的办法修正其变形。如图6-8（a）所示，当工件中部受到载荷 F 的作用时，工件内部产生应力，其轴心线以上产生压应力，轴心线以下产生拉压力（如图6-8（b）所示），而且两条虚线之间为弹性变形区，虚线之外为塑性变形区。等去掉外力后，工件的弹性恢复受到塑性变形区的阻碍，致使残余应力重新分布（如图6-8（c）所示）。由此可见，工件经冷校直后内部产生残余应力，处于不稳定状态，若再进行切削加工，工件将重新发生弯曲。

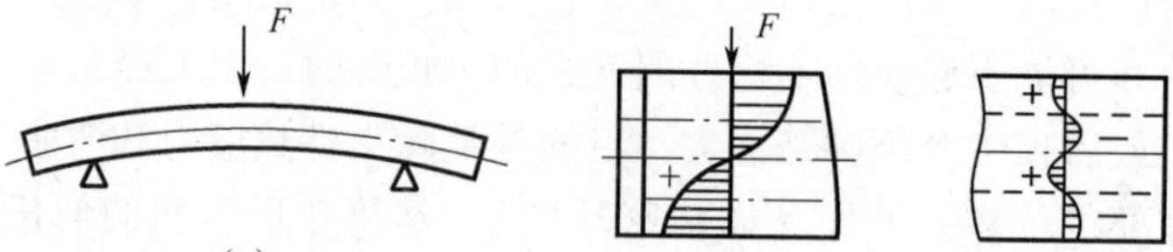

图6-8　冷校直产生的残余应力

（a）应力产生；（b）拉压力；（c）残余应力重新分布

（3）切削加工中产生的残余应力

工件切削加工时，在各种力和热的作用下，其各部分将产生不同程度的塑性变形及金相组织变化，从而产生残余应力，引起工件变形。

实践证明，在加工过程中切去表面一层金属后，会引起残余应力的重新分布，变形最为剧烈。因此，粗加工后，应将被夹紧的工件松开使之有时间使残余应力重新分布，否则，在继续加工时，工件处于弹性应力状态下，而在加工完成后，必然要逐渐产生变形，致使破坏最终工序所得到的精度。因而机械加工中常采用粗精加工分开以消除残余应力对加工精度的影响。

3. 减少或消除残余应力的措施

（1）采取时效处理

自然时效处理，主要是在毛坯制造之后，或粗、精加工之间，让工件停留一段时间，利用温度的自然变化，经过多次热胀冷缩，使工件的晶体内部或晶界之间产生微观滑移，从而达到减少或消除残余应力的目的。这种过程对大型精密件（如床身、箱体等）需要很长时间，往往会影响产品的制造周期，所以除特别精密件外，一般较少采用。

人工时效处理，这是目前使用最广的一种方法。它是将工件放在炉内加热到一定温度，使工件金属原子获得大量热能来加速它的运动，并保温一段时间达到原子组织重新排列，再随炉冷却，以达到消除残余应力的目的。这种方法对大型件就需要一套很大的设备，其投资和能源消耗都较大。

振动时效处理，这是消除内应力、减小变形以及保持工件尺寸稳定的一种新方法，可用于铸造件、锻件、焊接件以及有色金属件等。它是以激振的形式将机械能加到含有大量残余应力的工件内部，引起工件金属内部晶格错位蠕变，使金属的结构状态稳定，以减少和消除工件的内应力。操作时，将激振器牢固地夹持在工件的适当位置上，根据工件的固有频率调节激振器的频率，直到达到共振状态，再根据工件尺寸及残余应力调整激振力，使工件在一定的振动强度下，保持几分钟甚至十几分钟的振动，这种处理措施不需庞大的设备，经济简便、效率高。

（2）合理安排工艺路线

对于精密零件，粗、精加工分开。对于大型零件，由于粗、精加工一般安排在一个工序内进行，故粗加工后先将工件松开，使其自由变形，再以较小的夹紧力夹紧工件进行精加工。对于焊接件焊接前，工件必须经过预热以减小温差，减小残余应力。

（3）合理设计零件结构

设计零件结构时，应注意简化零件结构、提高其刚度、减小壁厚差，如果是焊接结构时，则应使焊缝均匀，以减小残余应力。

十、提高加工精度的工艺措施

提高加工精度的方法，大致可概括为以下几种：减小误差法、误差补偿法、误差分组法、误差转移法、就地加工法以及误差平均法等。

1. 减少误差法

这种方法是生产中应用较广的一种方法，它是在查明产生加工误差的主要原因之后，设法消除或减少误差。例如，细长轴的车削，现在采用“大走刀反走向车削法”，基本消除了轴向切削力引起的弯曲变形。若辅之以弹簧顶尖，则可进一步消除热变形引起的热伸长的危害。

2. 误差补偿法

误差补偿法是指人为地制造一种新的误差，去抵消工艺系统固有的原始误差。当原始误差是负值时误差就取正值，反之，取负值，尽量使两者大小相等，方向相反。或者利用一种原始误差去抵消另一种原始误差，也是尽量使两者大小相等，方向相反，从而达到减少加工误差，提高加工精度的目的。例如，用预加载荷法精加工磨床床身导轨，借以补偿装配后受部件自重而引起的变形。

磨床床身是一个狭长的结构，刚度较差，虽然在加工时床身导轨的各项精度都能达到，但装上横向进给机构、操纵箱以后，往往发现导轨精度超差，这是因为这些部件的自重引起床身变形的缘故。为此，某些磨床厂在加工床身导轨时采用“配重”代替部件重量，或者先将该部件装好再磨削的办法，使加工、装配和使用条件一致，以保持导轨高的精度。

3. 误差分组法

在加工中，由于上道工序“毛坯”误差的存在，造成了本工序的加工误差，由于工件材料性能改变，或者上道工序的工艺改变（如毛坯精化后，把原来的切削加工工序取消），引起毛坯误差发生较大的变化，这种毛坯误差的变化，对本工序的影响主要有两种情况：

① 复映误差，引起本工序误差。

② 定位误差扩大，引起本工序误差。

解决这个问题，最好是采用分组调整均分误差的办法。这种办法的实质就是把毛坯按误差的大小分为 n 组，每组毛坯的误差就缩小为原来的 $1/n$。然后按各组分别调整加工。

例如，某厂生产 Y750W 齿轮，剃齿时发现工件定位孔的配合问题。配合间隙大了，剃后的工件产生较大的几何偏心，反映在齿圈径向跳动超差，同时剃齿时也容易产生振动，引起齿面坡度，使齿轮工作时噪声较大。因此，必须设法限制配合间隙，保证工件孔和心轴间的同轴度要求。由于工件孔已是 IT6 级精度，不宜再提高，为此，采用了多挡尺寸的心轴，对工件孔进行分组选配减少由于间隙而产生的定位误差，从而提高了加工精度。

4. 误差转移法

误差转移法实质上是转移工艺系统的几何误差、受力变形和热变形等。

误差转移的实例很多。如当机床精度达不到零件加工要求时，常常不是一味提高机床精度，而是在工艺上或夹具上想办法，创造条件，使机床的几何误差转移到不影响加工精度的方面上去。如磨削主轴锥孔保证其和轴颈的同轴度，不是靠机床主轴的回转精度来保证，而是靠夹具保证。当机床主轴与工件主轴之间用浮动连接以后，机床主轴的原始误差就被转移掉了。在箱体的孔系加工中，介绍过坐标法在普通镗床上保证孔系的加工精度，其要点就是采用了精密量棒、内径千分尺和百分表等进行精密定位，这样，镗床上因丝杠、刻度盘和刻度尺而产生的误差就不会反映到工件的定位精度上去了。

5. 就地加工法

在加工和装配中有些精度问题，牵涉很多零、部件间的相互关系，相当复杂。如果单纯地依靠提高零、部件本身精度来满足设计要求，有时不仅困难，甚至不可能达到。此时，若采用就地加工法，就可能很方便地解决了这种难题。

例如，六角车床制造中，转塔上六个安装刀架的大孔，其轴心线必须保证主轴旋转中心线重合，而六个面必须和主轴中心线垂直。如果把转塔作为单独零件，加工出这些表面后再装配，因包含了很复杂的尺寸链关系，要想达到上述两项要求是很困难的。因而实际生产中采用了就地加工法，这些表面在装配前不进行精加工，等它装配到机床上以后，再加工六个大孔及端面。

6. 误差平均法

对配合精度要求很高的轴和孔，常采用研磨方法来达到。研具本身并不要求具有高精度，但它却能在和工件相对运动过程中对工件进行微量切削，最终达到很高精度。这种工件和研具表面间的相对摩擦和磨损的过程也是误差不断减少的过程，此即称为误差平均法。如内燃机进排气阀门座的配合的最终加工，船用气、液阀座间配合的最终加工，常采用误差平均法消除配合间隙。

利用误差平均法制造精密零件，在机械行业中由来已久，在没有精密机床的时代，用“三块平板合研”的误差平均法刮研制造出号称原始平面的精密平板，平面度大约几个微米。像平板一类的"基准"工具，如直尺、角度尺、角规尺、多棱体、分度盘及标准丝杠等高精度量具和工具，当今还采用误差平均法来制造。

任务二　机械加工表面质量

任务目标

（1）理解、掌握机械加工表面质量的概念。

（2）理解表面质量对零件使用性能的影响。

一、表面质量的基本概念

机械加工表面质量，是指零件在机械加工后表面层的微观几何形状误差和物理、化学及力学性能。机械加工后的表面，由于加工方法原理的近似性和加工表面是通过弹性、塑性变形而形成的，不可能是理想的光滑表面，总存在一定的微观几何形状偏差。表面层材料在加工时受到切削力、切削热及其他因素的影响，使原有的内部组织结构和物理、化学及力学性能均发生了变化。这些都会对加工表面质量造成一定的影响。下面主要讨论对机械加工表面质量有重要影响的两个方面：加工表面的几何特征和表面层物理力学性能的变化。

1. 加工表面的几何特征

加工表面的几何特征主要包括表面粗糙度和表面波度。

（1）表面粗糙度

表面粗糙度是指已加工表面的微观几何形状误差。我国现行的表面粗糙度标准是GB/T 1031—2009。表面粗糙度指标有 *Ra*、*Rz*、*Ry*，并优先选用 *Ra*。表面粗糙度通常是由机械加工中切削刀具的运动轨迹所形成，如图 6-9（a）所示。

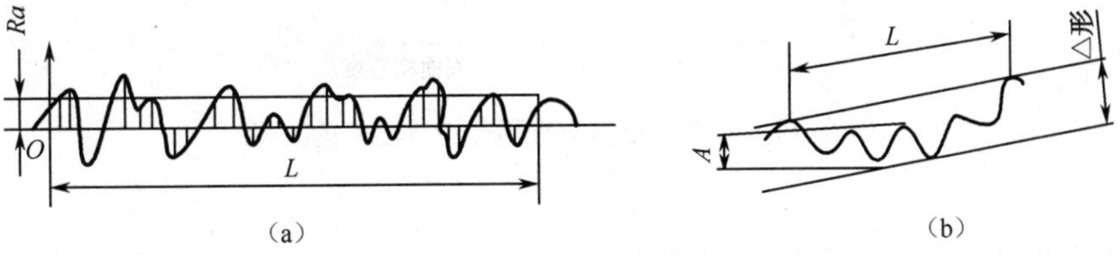

图 6-9　表面粗糙度与波度

（a）表面粗糙度；（b）表面波度

（2）表面波度

表面波度是介于宏观几何形状误差（△ 形）与表面粗糙度之间的周期性几何形状误差。图 6-9（b）中 *A* 表示波度的高度。表面波度通常是由于加工过程中工艺系统的低频振动所造成。

一般情况下，波距/波高<50 为表面粗糙度，波距/波高≥50～1 000 时为表面波度，波距/波高≥1 000 时为宏观的形状误差。

2. 表面层物理力学性能

表面层物理力学性能的变化主要是指下面三个方面：

① 表面层加工硬化。

② 表面层的金相组织的变化。

③ 表面层残余应力。

二、表面质量对零件使用性能的影响

1. 表面质量对零件耐磨性的影响

（1）表面粗糙度对零件耐磨性的影响

零件的耐磨性主要与摩擦副的材料、热处理状态、表面质量和使用条件有关。在其他条件相同的情况下，零件的表面质量对零件的耐磨性有重要影响。

当摩擦副的两个接触表面存在表面粗糙度时，只是在两个接触表面的凸峰处接触，实际接触面积远小于理论接触面积，相互接触的凸峰受到非常大的单位应力，导致实际接触处产生弹塑性变形和凸峰之间的剪切破坏，使零件表面在使用初期产生严重磨损。

表面粗糙度对零件表面初期磨损的影响很大。一般情况下，表面粗糙度值越小，其耐磨性就越好。但表面粗糙度值太小，润滑油不易储存，接触面之间容易发生分子黏结，磨损反而增加。因此，接触面的粗糙度有一个最佳值，其值与零件的工作条件有关。工作载荷增大时，初期磨损量增大，表面粗糙度最佳值随之增大。如图 6-10 所示为初期磨损量与表面粗糙度之间的关系。

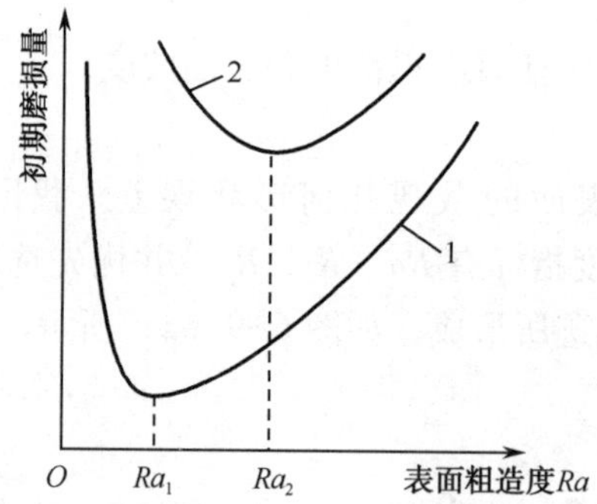

图 6-10　初期磨损量与表面粗糙度之间的关系

1 一轻负载；2 一重负载

（2）表面层加工硬化对零件耐磨性的影响

表面层的加工硬化使零件表面层金属的显微硬度提高，故一般可使耐磨性提高。但也不是加工硬化程度越高，耐磨性就越高。过度的加工硬化将引起表面层金属脆性增大、组织疏松，甚至出现裂纹和表层金属的剥落，从而使耐磨性下降。

2. 表面质量对零件疲劳强度的影响

金属受交变应力作用后产生的疲劳破坏往往起源于零件表面和表面冷硬层，因此，零件的表面质量对零件疲劳强度影响很大。

（1）表面粗糙度对零件疲劳强度的影响

在交变载荷作用下，表面粗糙度的凹谷部位容易引起应力集中，产生疲劳裂纹。表面粗糙度值越大，表面的纹痕越深，纹底半径越小，抗疲劳破坏的能力就越差。实验表明，减小表面粗糙度值可以使零件的疲劳强度有所提高。

（2）残余应力、加工硬化对零件疲劳强度的影响

残余应力对零件疲劳强度的影响很大。表面层存在的残余拉应力将使疲劳裂纹扩大，加速疲劳破坏，而表面层存在的残余压应力能够阻止疲劳裂纹的扩展，延缓疲劳破坏的产生。

加工硬化可以在零件表面形成硬化层，使其硬度强度提高，可以防止裂纹产生并阻止已有裂纹的扩展，从而使零件的疲劳强度提高。但表面层硬化程度过高，会导致表面层的塑性过低，反而易于产生裂纹，使零件的疲劳强度降低。因此，零件的硬化程度应控制在一定的范围之内。如果加工硬化时伴随有残余压应力的产生，能进一步提高零件的疲劳强度。

3. 表面质量对零件耐蚀性的影响

零件的耐蚀性在很大程度上取决于表面粗糙度，表面粗糙度值越大，则凹谷中聚积的腐蚀性物质就越多，渗透与腐蚀作用越强烈，表面的抗蚀性就越差。

表面层的残余拉应力会产生应力腐蚀开裂，降低零件的耐蚀性，而残余压应力则能防止应力腐蚀开裂。

4. 表面质量对配合质量的影响

表面粗糙度值的大小会影响配合表面的配合质量。粗糙度值大的表面由于其初期耐磨性差，初期磨损量较大。对于间隙配合，使间隙增大，破坏了要求的配合性质。对于过盈配合，装配过程中一部分表面凸峰被挤平，实际过盈量减小，减小了配合件间的连接强度，使配合的可靠性降低。

5. 表面质量对其他性能的影响

表面质量对零件的接触刚度、结合面的导热性、导电性、导磁性、密封性、光的反射与吸收、气体和液体的流动阻力均有一定程度的影响。

由以上分析可以看出，表面质量对零件的使用性能有重大影响。提高表面质量对保证零件的使用性能、提高零件寿命是很重要的。

三、影响表面粗糙度的因素

机械加工中，表面粗糙度产生的主要原因：一是加工过程中切削刃在已加工表面上留下的残留面积—几何因素，二是切削过程中产生的塑性变形及工艺系统的振动等物理因素。

1. 切削加工中影响表面粗糙度的因素

（1）刀具几何形状及切削运动的影响

刀具相对于工件做进给运动时，在加工表面留下了切削层残留面积，从而产生表面粗糙度。残留面积的形状是刀具几何形状的复映，残留面积的高度 H 受刀具的几何角度和切削用量大小的影响。如图 6-11 所示。

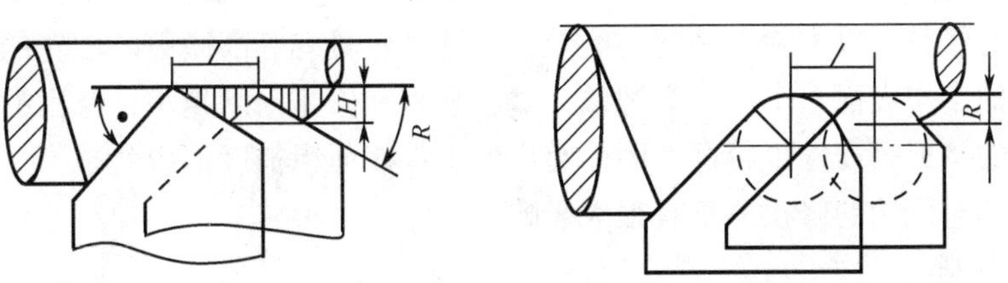

图 6-11 刀具几何形状和切削运动对表面粗糙度的影响

减小进给量f、主偏角κ_{γ}、副偏角κ_{γ}'以及增大刀尖圆弧半径γ_{ε}，均可减小残留面积的高度。

此外，适当增大刀具的前角以减小切削时塑性变形的程度，合理选择切削液和提高刀具刃磨质量以减小切削时的塑性变形，抑制积屑瘤、鳞刺的生成，这些措施也能有效地减小表面粗糙度值。

（2）工件材料性质的影响

工件材料的力学性能对切削过程中的切削变形有重要影响。

加工工塑性材料时，由于刀具对加工表面的挤压和摩擦，使之产生了较大的塑性变形，加之刀具迫使切屑与工件分离时的撕裂作用，使表面粗糙度值加大。工件材料韧性越好，金属的塑性变形越大，加工表面就越粗糙。

加工脆性材料时，塑性变形很小，会形成崩碎切屑，由于切屑的崩碎而在加工表面留下许多麻点，会使表面粗糙值增大。

背吃刀量对表面粗糙度影响不明显，一般可忽略。但当a_p<0.02～0.03 mm时，由于刀刃有一定的圆弧半径，使正常切削不能维持，刀刃仅与工件发生挤压与摩擦，从而使表面恶化。因此，加工时，不能选用过小的背吃刀量。

2. 磨削加工中影响表面粗糙度的因素

磨削加工是由砂轮的微刃切削形成的加工表面，单位面积上刻痕越多，且刻痕细密均匀，则表面粗糙度越细。影响磨削表面粗糙度的主要因素有：

（1）磨削用量

砂轮速度v_s对表面粗糙度影响较大，v_s大时，参与切削的磨粒数增多，可以增加工件单位面积上的刻痕数，同时塑性变形减小，因而表面粗糙度减小。高速切削时塑性变形减小是因为高速下塑性变形的传播速度小于磨削速度，材料来不及变形所致。

磨削深度与进给速度增大时，将使工件表面塑性变形加剧，因而使表面粗糙度值增大。

为了提高磨削效率，通常在开始磨削时采用较大的磨削深度，而后采用小的磨削深度或光磨，以减小表面粗糙度值。

（2）砂轮

砂轮的粒度越细，则砂轮工作表面单位面积上的磨粒数越多，因而在工件上的刀痕也越密而细，所以粗糙度值越小。但是粗粒度的砂轮如果经过精细修整，在磨粒上车出微刃后，也能加工出粗糙度值小的表面。

砂轮硬度应适宜，砂轮的硬度太大，磨粒钝化后不容易脱落，工件表面受到强烈的摩擦和挤压，加剧了塑性变形，使表面粗糙度值增大甚至产生表面烧伤。砂轮太软则磨粒易脱落，会产生不均匀磨损现象，影响表面粗糙度。因此，砂轮的硬度应适中。

砂轮应及时修整，以去除已钝化的磨粒，保证砂轮具有等高微刃。砂轮的修整是用金刚石笔尖在砂轮的工作表面上车出一道螺纹，修整导程和修正深度越小，修出的磨粒的微刃数量越多，修出的微刃等高性也越好，因而磨出的工件表面粗糙度值也就越小。修整用的金刚石笔尖是否锋利对砂轮的修正质量有很大影响。

（3）工件材料

一般来讲，太硬、太软、韧性大的材料都不易磨光。太硬的材料使磨粒易钝，磨削时的塑性变形和摩擦加剧，使表面粗糙度增大，且表面易烧伤甚至产生裂纹而使零件报废。铝、铜合金等较软的材料，由于塑性大，在磨削时磨屑易堵塞砂轮，使表面粗糙度增大。韧性大导热性差的耐热合金易使砂粒早期崩落，使砂轮表面不平，导致磨削表面粗糙度值增大。

（4）切削液

磨削时切削温度高，热的作用占主导地位，因此，切削液的作用十分重要：采用切削液可以降低磨削区温度，减少烧伤，冲去脱落的磨粒和切屑，可以避免划伤工件，从而降低表面粗糙度。但必须合理选择冷却方法和切削液。

四、影响加工表面层物理力学性能的因素

在切削加工中，工件由于受到切削力和切削热的作用，使表面层金属的物理力学性能产生变化，最主要的变化是表面层金属显微硬度的变化、金相组织的变化和残余应力的产生。磨削加工时所产生的塑性变形和切削热比刀刃切削时更为严重。下面主要讨论加工表面层上述三方面的变化而导致的表面层物理力学性能的变化。

1. 加工表面的加工硬化

机械加工过程中表面层的金属因受到切削力的作用而产生塑性变形，使晶格扭曲、畸变，晶粒间产生剪切滑移，晶粒被拉长和纤维化，甚至破碎，这些都会使表面层金属的硬度和强度提高，这种现象称为加工硬化（或称为冷作硬化或强化）。表面层金属产生加工硬化，会增大金属变形的阻力，减小金属的塑性，金属的物理性质也会发生变化。

加工硬化后的金属处于高能位的不稳定状态，只要一有可能，金属的不稳定状态就要向比较稳定的状态转化，这种现象称为弱化（或回复现象）。弱化作用的大小取决于温度的高低、温度持续时间的长短和加工硬化程度的大小。由于金属在机械加工过程中同时受到力和热的作用，因此，加工后表层金属的最后性质取决于加工硬化和弱化综合作用的结果。

2. 影响加工硬化的主要因素

（1）刀具

刀具的刃口圆角和后刀面的磨损对表面层的加工硬化有很大影响。刀具刃口圆弧半径 γ_ε 较大时，对表层金属的挤压作用增强，塑性变形加剧，导致加工硬化增强。刀具后刀面磨损 V_B 增大，后刀面与被加工表面的摩擦加剧，塑性变形增大，导致加工硬化增强。但当后刀面的磨损超过一定值时，摩擦热急剧增大，从而使得硬化的表面得以回复，所以显微硬度并不继续随 V_B 的增大而增大。

（2）切削用量

在切削用量中，影响较大的是切削速度和进给量。切削速度增大，则表面层的硬化程度和深度都有所减小。这是由于一方面切削速度增大会使温度增高，有助于加工硬化的回复；另一方面由于切削速度的增大，刀具与工件的作用时间缩短，使塑性变形扩展深度减小。但切削速度高于 100 m/min 时，由于切削热在工件表面层上的作用时间缩短使回复作用降低，将使加工硬化程度增加。进给量增大，切削力也增大，表层金属的塑性变形加剧，加工硬化程度增加。

（3）工件材料

工件材料的塑性越大，切削加工中的塑性变形就越大，加工硬化现象就越严重。碳钢中含碳量越高，强度越高，其加工硬化程度越小。有色金属熔点较低，容易回复，故加工硬化程度要比结构钢小得多。

3. 表面层材料金相组织的变化

金相组织的变化主要受温度的影响。磨削时由于磨削温度较高，极易引起表面层的金相组织的变化和表面的氧化，严重时会造成工件报废。

（1）磨削烧伤

当被磨削工件表面层温度达到相变温度以上时，表层金属发生金相组织的变化，使表层金属强度和硬度发生变化，并伴有残余应力产生，甚至出现微观裂纹，这种现象称为磨削烧伤。

（2）回火烧伤

如果磨削区的温度未超过淬火钢的相变温度，但已超过马氏体的转变温度，工件表层金属的回火马氏体组织将转变成硬度较低的回火组织（索氏体或托氏体），这种烧伤称为回火烧伤。

（3）淬火烧伤

如果磨削区温度超过了相变温度，再加上切削液的急冷作用，表层金属发生二次淬火，使表层金属出现二次淬火马氏体组织，其硬度比原来的回火马氏体的高，在它的下层，因冷却较慢，出现了硬度比原先的回火马氏体低的回火组织（索氏体或托氏体），这种烧伤称为淬火烧伤。

（4）退火烧伤

如果磨削区温度超过了相变温度，而磨削区域又无切削液进入，表层金属将产生退火组织，表面硬度将急剧下降，这种烧伤称为退火烧伤。

五、防止磨削烧伤的途径

磨削热是造成磨削烧伤的根源，故防止和抑制磨削烧伤有两个途径：一是尽可能地减少磨削热的产生；二是改善冷却条件，尽量使产生的热量少传入工件。

1. 正确选择砂轮

一般选择砂轮时，应考虑砂轮的自锐能力（即磨粒磨钝后自动破碎产生新的锋利磨粒或自动从砂轮上脱落的能力）。同时磨削时砂轮应不致产生黏屑堵塞现象。硬度太高的砂轮由于自锐性能不好，磨粒磨钝后使磨削力增大，摩擦加剧，产生的磨削热较大，容易产生烧伤，故当工件材料的硬度较高时选用软砂轮较好。立方氮化硼砂轮其磨拉的硬度和强度虽然低于金刚石，但其热稳定性好，且与铁元素的化学惰性高，磨削钢件时不产生黏屑，磨削力小，磨削热也较低，能磨出较高的表面质量。因此立方氮化硼砂轮是一种很好的磨料，适用范围也很广。

砂轮的结合剂也会影响磨削表面质量。选用具有一定弹性的橡胶结合剂或树脂结合剂砂轮磨削工件时，当由于某种原因而导致磨削力增大时，结合剂的弹性能够使砂轮做一定的径向退让，从而使磨削深度自动减小，以缓和磨削力突增而引起的烧伤。另外，为了减少砂轮与工件之间的摩擦热，将砂轮的气孔内浸入某种润滑物质，如石蜡、锡等，对降低磨削区的温度、防止工件烧伤也能收到良好的效果。

2. 合理选择切削用量

磨削用量的选择应在保证表面质量的前提下尽量不影响生产率和表面粗糙度。

磨削深度增加时，温度随之升高，易产生烧伤，故磨削深度不能选得太大。一般在生产中常在精磨时逐渐减少磨深，以便逐渐减小热变质层，并能逐步去除前一次磨削形成的热变质层，最后再进行若干次无进给磨削，这样可有效地避免表面层的热烧伤。

工件的纵向进给量增大，砂轮与工件的表面接触时间相对减少，因而热的作用时间较短，散热条件得到改善，不易产生磨削烧伤。为了弥补纵向进给量增大而导致表面粗糙的缺陷，可采用宽砂轮磨削。

工件线速度增大时磨削区温度会上升，但热的作用时间却减少了。因此，为了减少烧伤而同时又能保持高的生产率，应选择较大的工件线速度和较小的磨削深度，同时为了弥补工件线速度增大而导致表面粗糙度值增大的缺陷，一般在提高工件速度的同时应提高砂轮的速度。

3. 改善冷却条件

现有的冷却方法由于切削液不易进入到磨削区域内往往冷却效果很差。由于高速旋转的砂轮表面上产生的强大气流层阻隔了切削液进入磨削区，大量的切削液常常是喷注在已经离开磨削区的已加工表面上，此时磨削热量已进入工件表面造成了热损伤，所以改进冷却方法、提高冷却效果是非常必要的。具体改进措施有：

采用高压大流量切削液，不但能增强冷却作用，而且还能对砂轮表面进行冲洗，使其空隙不易被切屑堵塞。为了减轻高速旋转砂轮表面的高压附着气流的作用，可以加装空气挡板，使冷却液能顺利地喷注到磨削区，这对于高速磨削尤为必要。

采用内冷却法。其砂轮是多孔隙渗水的，切削液被引入砂轮中心孔后靠离心力的作用被甩出，从而使切削液可以直接冷却磨削区，起到有效的冷却作用。由于冷却时有大量喷雾，机床应加防护罩。使用内冷却的切削液必须经过仔细过滤，以防止堵塞砂轮空隙。这一方法的缺点是操作者看不到磨削区的火花，在精密磨削时不能判断试切时的吃刀量，很不方便。

影响磨削烧伤的因素除了上面所述以外，还受工件材料的影响。工件材料硬度越高，磨削热量越多。但材料过软，易堵塞砂轮，使砂轮失去切削作用，反而使加工表面温度急剧上升。工件强度越高，磨削时消耗的功率越多，发热量也越多。工件材料韧性越大，磨削力越大，发热越多。导热性能较差的材料，如耐热钢、轴承钢、高速钢、不锈钢等，在磨削时都容易产生烧伤。

4. 加工表面的残余应力

表面层残余应力主要是因为在切削加工过程中工件受到切削力和切削热的作用，在表面层金属和基体金属之间发生了不均匀的体积变化而引起的。

项目驱动

一、填空题

1. 加工精度是指零件加工后的实际几何参数（尺寸、形状和位置）与理想几何参数的（　　）。

2. 在机械加工中，机床、夹具、工件和刀具构成了一个完整的系统，称为（　　）。由于工艺系统本身的结构和状态、操作过程以及加工过程中的物理现象而产生刀具和工件之间的相对位置关系发生偏移所产生的误差称为（　　）。

3. 加工过程中，工艺系统的热源主要有两大类：（　　）和（　　）。

4. （　　）是指当外部荷载去掉以后仍残留在工件内部的应力。

二、思考题

1. 叙述加工精度的概念。
2. 什么是工艺系统？什么是原始误差？
3. 机床几何误差有哪几项？
4. 工艺系统受力变形对加工精度有何影响？如何消除？
5. 工艺系统受热变形对加工精度有何影响？如何消除？
6. 什么是残余应力？产生的原因是什么？如何消除残余应力？
7. 表面质量主要包含哪些内容?，它对产品使用性能有何影响？
8. 提高加工精度的工艺措施有哪些？
9. 在切削加工中，减小工件表面粗糙度的工艺措施有哪些？
10. 在磨削加工中，有哪几种烧伤？造成工件表面烧伤的原因是什么？应如何防止？
11. 什么是误差复映规律？如何消除？

项目七

CAPP 技术

知识目标

（1）了解、掌握典型零件的 CAPP 发展过程和应用前景。

（2）理解、掌握典型 JLBM-1 分类编码系统的基本结构。

技能目标

（1）能够根据零件图纸，编制零件工艺规程，填写工艺过程卡、工序卡、检验卡等。

（2）能够选择设计、选择合适的机械加工工艺装备。

（3）能够根据 JLBM-1 分类编码系统对零件进行成组编码。

任务一　认识 CAPP

任务目标

（1）理解、掌握 CAPP 的概念

（2）理解、掌握 CAPP 对工艺规程编制的发展趋势。

（3）理解、掌握 CAD、CAPP、CAM、CIMS、PDM 的含义以及它们之间的关系。

一、CAPP 的含义

计算机辅助工艺规程设计（Computer Aided Process Planning，CAPP），是指借助计算机软硬件技术和支撑环境，利用计算机进行数值计算、逻辑判断和推理等来辅助工艺设计人员，以系统、科学的方法制定零件从毛坯到成品的整个机械加工工艺过程，即工艺规程。

CAPP 是将企业产品设计数据转换为产品制造数据的一种技术，从 20 世纪 60 年代末诞生以来，其研究开发工作一直在国内外蓬勃发展，而且逐渐引起人们的重视。具体来说，CAPP 就是利用计算机信息处理和信息管理的优势，采用先进的信息处理技术和智能技术，帮助工艺设计人员完成工艺设计中的各项任务，如选择定位基准、拟订零件加工工艺路线、确定各工序的加工余量、计算工艺尺寸和公差、选择加工设备和工艺装置、确定切削用量、确定重要工序的质量检测项目和检测方法、计算工时定额、编写各类工艺文件等，最后生成产品生产所需的各种工艺文件和数控加工编程、生产计划制定与作业计划制定所需的相关数据信息，以作为数控加工程序的编制、生产管理与运行控制系统执行的基础信息。

CAD/CAM 向集成化、智能化方向的发展及并行模式的出现都对 CAPP 提出了新的要求，因此，产生了 CAPP 的广义概念，即 CAPP 的一头向生产规划最佳化及作业计划最佳化发展，以作为物料需求计划（Material Requirement Planning，MRP）的一个重要组成部分；而另一头则向自动生成数控指令扩展。

借助于 CAPP 系统，可以解决手工工艺设计效率低、一致性差、质量不稳定、不易优化等问题。智能化的 CAPP 系统可以继承和学习工艺专家的经验和知识，用于指导工艺设计，在一定程度上可以弥补技术熟练、具有丰富生产经验的工艺专家数量不足的缺憾。所以，自 CAPP 诞生以来，一直受到工业界和学术界的广泛重视，国际生产工程科学院（CIRP）、美国机械工程师协会（ASME）等组织的重要学术会议均把 CAPP 研究作为重要的议题。CAPP 是将产品设计信息转换为各种加工制造、管理信息的关键环节，是连接 CAD、CAM 的桥梁，是智能制造企业信息化建设的信息中枢，是支撑 CIMS（Computer Integrated Manufacturing System）的核心单元技术，其作用和意义重大。

二、CAPP 的发展历程

CAPP 系统的研究和发展经历了较为漫长曲折的过程。自从 1965 年 Niebel 首次提出 CAPP 思想，迄今已有 50 多年，CAPP 领域的研究得到了极大的发展，经历了检索式、派生式、创成式、混合式、专家系统、开发工具（平台）等不同的发展阶段，并涌现了一大批 CAPP 原型系统和商品化的 CAPP 系统。世界上最早研究和开发 CAPP 的国家是挪威，即从 20 世纪 60 年代后期就开始研究开发 CAPP。1969 年，挪威发表了第一个 CAPP 系统——AutoPROS（自动工艺规程设计系统），它根据成组技术原理，利用零件的相似性去检索和修改标准工艺过程，从而形成相应零件的工艺规程。AutoPROS 系统的出现，引起了世界各国的普遍重视。1976 年，美国的 CAM-I 公司也研制出了自己的 CAPP 系统，它是一种可在微机上运行的结构简单的小型程序系统，其工作原理也基于成组技术原理。到目前为止，已研制出很多 CAPP 系统，而且有不少系统已投入生产实践。在已应用的 CAPP 系统中，针对回转类零件的 CAPP 应用比较成熟，而且多应用于单件小批量生产类型。

早期的 CAPP 系统为检索式 CAPP（Retrieval CAPP）系统。它事先将设计好的零件加工工艺规程存储在计算机中，在编制零件工艺规程时，根据零件图号或名称等检索出存有的工艺规程，从而获得工艺设计内容。这类 CAPP 系统的自动决策能力差，但最易建立，简单实用，对于现行工艺规程比较稳定的企业比较实用。检索式 CAPP 系统主要用于已经标准化的工艺设计。

随着成组技术（GT）的推广应用，变异式或派生式 CAPP（Variant CAPP）系统得到了开发和应用。派生式 CAPP 系统以成组技术为基础，按零件结构和工艺的相似性，将零件划分为零件族，并给每一族的零件制定优化的加工方案和典型工艺过程。挪威早期推出的 AutoPROS 系统、美国麦克唐纳·道格拉斯公司（McDonnell-Douglas Corporation）开发的 CAPP—CAM—I 系统、英国曼彻斯特大学开发的 AutoCAP 系统等都是典型的派生式 CAPP 系统，其实质上是根据零件编码检索出标准工艺，并在此基础上进行编辑修改，系统构建容易，有利于实现工艺设计的标准化和规格化，而且有较为成熟的理论基础（如成组技术等），故开发、维护方便。变异设计的思想与实际手工工艺设计的思路比较接近，故此类系统比较实用，发展较快，取得了一定的经济效益。

20 世纪 70 年代中后期，美国普渡大学的 Wysk 博士，在其博士论文中首次提出了基于工艺决策逻辑与算法的创成式 CAPP（Generative CAPP）系统的概念，并开发出了第一个创成式 CAPP 系统原型 APPAS（Automated Process Planning And Selection）系统，CAPP 的研究进入了一个新的阶段。创成式 CAPP 系统能根据输入的零件信息，通过逻辑推理、公式和算法等，做出工艺决策，从而自动地生成零件的工艺规程。创成式 CAPP 系统是较为理想的系统模型，但由于制造过程的离散性、产品的多样性和复杂性、制造环境的差异性、系统状态的模糊性、工艺设计本身的经验性等因素，使得工艺过程的设计成为相当复杂的决策过程，实现有一定适应面的、工艺完全自动生成的创成式 CAPP 系统具有一当的难度。已有的系统多是针对特定的零件类型（以回转体为主）、特定的制造环境的专用系统。

鉴于创成式 CAPP 系统设计开发中的困难，研究人员提出了混合式 CAPP（Hybrid CAPP）系统，它融合了派生式和创成式两类 CAPP 系统的特点。混合式 CAPP 系统常采用派生的方法，首先生成零件的典型加工顺序，然后再根据零件信息并采用逻辑推理决策的方式生成零件的工序内容，最后再采用人机交互式编辑修改工艺规程。目前，混合式的 CAPP 系统应用较为广泛。进入 20 世纪 80 年代，研究人员探讨将人工智能（AI）技术、专家系统技术应用于 CAPP 系统中，促进了以知识基（Knowledge-based）和智能化为特征的 CAPP 专家系统的研制。CAPP 专家系统与创成式 CAPP 系统的主要区别在于工艺设计过程的决策方式不同。创成式 CAPP 是基于“逻辑算法+决策表”进行决策，CAPP 专家系统则以“逻辑推理+知识”为核心，更强调工艺设计系统中工艺知识的表达、处理机制以及决策过程的自动化。1981 年，法国的 Descotte 等人开发的 GARI 系统是第一个利用人工智能技术开发的 CAPP 系统原型，该系统采用产生式规则来存储加工知识，并可完成加工方法选择和工序排序等工作。目前，已有数百套 CAPP 专家系统问世，其中较为著名的是日本东京大学开发的 TOM 系统，英国 UMIST 大学开发的 XCUT 系统及扩充后的 XPLAN 系统等。

20 世纪 80 年代中后期，随着 CIM 概念的提出和 CIMS 在制造领域的推广应用，面向新的制造环境的集成化、智能化及功能更完备的 CAPP 系统成为新的研究热点，进而涌现出集成化的 CAPP 系统，如德国阿亨工业大学 Eversheim 教授等开发的 AutoTAP 系统；美国普渡大学的 H. P. Wang 与 Wysk 在 CAD/CAM 和 APPAS 系统的基础上，经扩充推出的 TIPPS（Totally Integrated Process Planning System）系统以及清华大学开发的 THCAPP 系统等都是早期集成化的 CAPP 系统的典范。

进入 20 世纪 90 年代，随着产品设计方式的改进、企业生产环境的变化及计算机技术的进步与发展，CAPP 系统的体系结构、功能、领域适应性、扩充维护性和实用性等成为新的研究热点。例如，基于并行环境的 CAPP 系统、可重构式 CAPP 系统、CAPP 系统开发工具、面向对象的 CAPP 系统、CAPP 与 PPS 集成为 CAPP 体系结构研究的热点。人工神经网络（ANN）技术、模糊综合评判方法、基因算法等理论和方法也已应用于 CAPP 的知识表达和工艺决策中。与此同时，CAPP 系统的研究对象也从传统的回转体、箱体类零件扩大到焊接、铸造、冲压等领域中，极大地丰富了 CAPP 的研究内涵。

在国外，经过十多年的努力，特别是以美国、法国为代表的西方制造厂商，如 Boeing、Airbus 等著名公司在工艺与过程管理集成及优化方面，开发和集成了大量的 CAPP 工程应用软件和制造数据管理软件，建立了各类工程数据库、材料库、设计和制造特征数据库、典型工艺库、典型零件库等，初步解决了产品技术准备阶段的信息集成与共享问题（如 CAD/

CAPP/CAM 集成），制定了相应的企业标准规范，并成功地应用于新型飞机的研制和型号技术改造中，大大提高了设计质量、缩短了研制周期、降低了开发成本。

我国对 CAPP 的研究始于 20 世纪 80 年代初，虽然起步较晚，但发展很快，特别是在国家 863/CIMS 计划的支持和指导下，近年来 CAPP 技术已取得了很大的成绩，出现了大量的学术性和实用性的各类 CAPP 系统。在国内得到一定程度应用的 CAPP 系统有华中理工大学的开目 CAPP，浙江大学的 GS-CAPP，清华大学的 THCAPP，以及在企业和高校得到广泛应用的北京数码大方科技有限公司开发的 CAXA CAPP 软件等。

同国外 CAPP 软件比较，国内的软件符合国际 CAPP 技术发展的潮流，且在知识处理与智能化方面具有自己的特色。其主要经历了以下四个阶段的发展历程：

（1）第一代产品

1982-1995 年期间——基于智能化和专家系统思想开发的 CAPP 系统。此类 CAPP 系统片面强调工艺设计的自动化，但因工艺设计的特点决定了自动化的 CAPP 系统存在很大的局限性，无法满足企业对通用 CAPP 系统平台的需求。

（2）第二代产品

1995 年至今——基于低端数据库（FoxPro 等）开发的 CAPP 系统。这类 CAPP 软件已经注意到 CAPP 需要以工艺数据为对象解决企业的工艺设计问题，不再以卡片（一般的解决途径是采用 CAD 技术，是一个文件系统）为基础。但因开发技术所限，很难做到“所见即所得”，系统的实用性很差。因此，工艺卡片的生成是由程序来完成的或是在 CAD 中生成的。这类 CAPP 软件具备了数据库系统的特点，符合工艺数据管理的要求。但因为不是交互式设计方式，所以，不能作为平台类软件。这类 CAPP 软件实用性不强，推广和使用受到了很大的限制。

（3）第三代产品

1996 年至今——基于 AutoCAD 或自主图形平台开发的 CAPP 系统。为了解决基于 FoxPro 等低端数据库的 CAPP 系统实用性差的缺点，一些 CAD 软件公司采用 CAD 技术开发了一些 CAPP 系统，它解决了实用性问题，却忽视了最根本的问题，即工艺是以相关的数据为对象的，而不是以卡片（图形数据）为对象的。此类 CAPP 系统是基于文件系统的 CAD 技术开发的，特别是自主 CAD 平台软件，文件格式采用了非标准的自定义格式，信息的交换存在严重的问题。

（4）第四代产品

1998 年至今——综合式平台类 CAPP 系统。此类系统完全基于数据库，采用交互式设计方式满足实用化要求，同时注重数据的管理与集成，它集中了第二、第三两代系统的优点，是国内外 CAPP 学者公认的最佳开发模式，开放的体系结构同时满足了特定企业、特定专业的智能化专家系统二次开发的需要。

三、CAPP 的现状

目前我国开发应用的 CAPP 系统按其工作原理可以分为以下五大类：交互式 CAPP 系统、派生式或变异式 CAPP 系统、创成式 CAPP 系统、综合式 CAPP 系统和 CAPP 专家系统。企业所用的真正起到 CAPP 作用的系统大多为变异式 CAPP 系统和在创成式与变异式这两种类型基础上开发出的综合式 CAPP 系统，交互式和智能式 CAPP 系统在少数企业也有应用。下面分别介绍各系统的特点及具体应用情况。

1. 变异式 CAPP 系统（在国内企业应用比较普遍）

无锡机床厂、杭州汽轮机厂、成都飞机工业（集团）有限责任公司等单位采用的都是该类 CAPP 系统，其中以杭州汽轮机厂使用效果最佳。首先，该厂所有工艺人员均用 CAPP 系统编制工艺，包括校对、审核全部在计算机上进行，不存在手工编写工艺的现象，确保 CAPP 应用持续不断地坚持下去。其次，该厂的基础工作相当出色，各种工艺技术标准全部进机上网，各种物料资料全部编码建库。第三，该厂产品特殊，零件种类不多，分类成组比较简单，相似性零件所占比例较大。该厂采用的是典型的检索式 CAPP 系统，工艺库被划分为标准工艺库和用户工艺库，零件由 11 位编码分类，新零件编制工艺时既可按编码由标准工艺库检索出同组零件的标准工艺，也可按编码从用户工艺库中检索出已存在的同组零件工艺，必要时也可根据零件名称、编制者姓名、编制日期等，从用户工艺库中检索出所要查看、借用的工艺。根据当前零件图样，对检索出的工艺内容进行必要的修改后，即可按新零件代号存入用户工艺库中，由于该厂产品系列程度高，检索出的工艺一般稍加修改或不需修改可直接使用。对于极个别改动大或检索不出同组工艺的零件的工艺编制，可选用系统内的标准工艺术语进行工艺编程。该厂工装刀具都已编程入库，编制工艺时可根据编码选用。值得一提的是，该厂根据本厂零件系列，对一些机壳、叶片等典型零件的标准工时库，零件工艺检索编制完成后，通过人机对话，输入必要的零件参数（或通过计算机网络由 CAD 系统直接调入），计算机即可自动查表给出该零件各工序的工时定额。

无锡机床厂的 CAPP 思路也很好，他们首先把零件按功能分成十几个大类，每大类内的零件再按工艺特征分组。每组零件有一个简单的四位编码，由每组选出一个具有代表性的零件，在该零件上增加一些必要的同组内其他零件具有而该零件所没有的元素，把这样组成的一个复合零件作为该组的典型零件，再将此典型零件的工艺存入标准工艺库，作为该组零件的标准工艺。编制新零件工艺时，首先根据零件的功能和工艺特征确定组编码，然后根据所在零件组，通过人机问答的形式，输入该零件所包含的可选元素，由计算机在该组典型工艺基础上自动取舍合成该零件的工艺，再经工艺员审核确认或修改后存入用户工艺库。

2. 创成式 CAPP 系统

西安交通大学为秦川机床厂开发的用于动力转向液压泵工艺编制的 CAPP 系统，技术水平相对较高，该系统主要由以下模块组成：

（1）控制模块

控制模块的主要任务是协调各模块的运行，采用人机交互窗口，实现人机之间的信息交流，控制零件的信息获取方式。

（2）零件信息输入模块

零件信息既可以通过与 CAD 系统的集成直接获得，也可通过人机对话交互输入。

（3）工艺设计模块

工艺设计模块进行加工工艺流程的决策，产生工艺过程卡，供加工及生产管理部门使用。

（4）工序决策模块

工序决策模块的主要任务是生成工序卡，对工序间的尺寸进行计算，并生成工序图。

（5）工步决策模块

工步决策模块对工步内容进行设计，包括确定切削用量，提供形成数控（NC）加工控制指令所需的刀位文件。

（6）NC 加工指令生成模块

NC 加工指令生成模块，依据工步决策模块提供的刀位文件，调用 NC 代码库中适应于具体机床的 NC 指令系统代码，产生 NC 加工控制指令。

（7）输出模块

可输出工艺流程卡、工序图及其他文档，输出也可从现有工艺文件库中调出各类工艺文件，利用编辑工具对现有工艺文件进行修改得到所需的工艺文件。

（8）加工过程动态仿真

对所产生的加工过程进行模拟，检查工艺的正确性。

该系统的局限性在于只能解决动力转向油泵的工艺编制，若要推广应用，需针对不同种类的零件组分别开发，系统开发工作量太大。

3. 综合式 CAPP 系统

鉴于上述两种系统特点，人们在以上两种系统的基础上发展了 CAPP 系统的设计方法，将其进行了综合与发展，从实际出发并及时应用其他学科的最新发展成果，产生了多种类型的 CAPP 系统，如综合式、交互式、智能式等 CAPP 系统。综合式 CAPP 系统也称半创成式 CAPP 系统，它将变异式与创成式结合起来，利用变异式及创成式两者的优势，在系统开发过程中，将工艺设计过程中一些成熟的、变化少的内容用变异式原理设计，将经验性强，变化大的工艺内容用创成式原理进行决策，避免了变异式系统的局限性和创成式系统的高难度。我国发展的 CAPP 系统多为这种系统。

沈阳第一机床厂的 CAPP 系统是典型的综合式 CAPP 系统，系统包括：SI-CAPC、SI-CAPRP、SI-ZPT、CAPP，该系统是吸收了国内开发 CAPP 的经验开发成功的，其简介如下：

（1）SI-CAPC 系统（计算机辅助零件编码）

SI-CAPC 系统是三套系统的基础，该系统的应用目标是企业的全部技术和生产活动。该系统信息设置完整，用途广泛，不同的技术部门和管理部门都可以根据业务的需要，从零件编码获取有价值的信息。

（2）SI-CAPRP 系统（计算机辅助零件的工艺路线编制）

SL-CAPRP 系统是在 SI-CAPC 系统的基础上，为解决该厂零部件专业化生产和成组加工制造环境下零件工艺路线编制的一致性和正确性而研究开发的。该系统将先进的专家系统理论和方法应用于零件工艺路线编制这一具体的工程技术实践中，该系统的应用目标为该厂品种线各成组加工车间的全部零部件。本系统与前期开发的 SI-CAPC 系统能实现数据共享，在编码分类基础上，快速而准确地自动生成零件的工艺路线。

（3）SI-ZPTCAPP 系统（计算机辅助轴、盘、套零件工艺规程编制）

SI-ZPTCAPP 系统是在先期开发的两套系统的基础上开发研制的。该系统是以专家的理论和方法为指导，开发专家式的计算机辅助工艺规程设计系统，其工作原理是计算机模拟专家设计工艺规程的一般思维的过程，依据设计工艺规程决策推理，并结合工厂的实际情况，最后设计完整的工艺规程。

（4）SI-CAPP2000 系统

SI-CAPP2000 系统是在以上三套系统的基础上扩充完善的，该系统包括材料定额系统，交互式的电气工艺、装配工艺、热加工工艺系统，数据统计分析工艺文件管理，工艺资源管理，工艺数据汇总，报表预览输出系统，从而形成了比较完整的 CAPP 系统。

目前该系统已在工艺设计中进行应用，通过运行情况可以看到，零件可编码率为 100%；零件可分类率为 99.8%，正确率为 95%；工艺路线编制率为 100%，正确率为 95%；工艺规程可编制率为 95%，正确率为 75%；达到并超过了预期的经济和技术指标。

4. 其他类型 CAPP 系统

（1）交互式 CAPP

上海第二纺织机械厂应用的即是交互式 CAPP 系统，该系统以人机交互为主要的工作方式，使用人员在系统的提示引导下，回答工艺设计中的问题，对工艺过程进行决策。该系统通用性强，但不同工艺人员编制的工艺文件一致性差。

（2）利用交互式 CAPP 平台自行开发的专用系统

东方锅炉厂的 CAPP 系统是利用 HTCAPP（交互 CAPP）平台自主开发的，大量的工作是东方锅炉既懂工艺又懂计算机的人员完成的。一套工艺的生成需要的相关知识较多，逻辑推理复杂，需要开发人员具有丰富的工艺知识与一定的计算机技术知识，要把工艺技术和计算机技术结合起来。由于企业的工艺技术在不断变化，企业只有培养懂工艺的计算机人才，才能适应 CAPP 应用的需要。

通过以上介绍可知，目前开发及应用的 CAPP 系统都必须建立在工艺标准化、规范化的基础上，如图 7-1 所示是 CAPP 系统开发分析示意图。

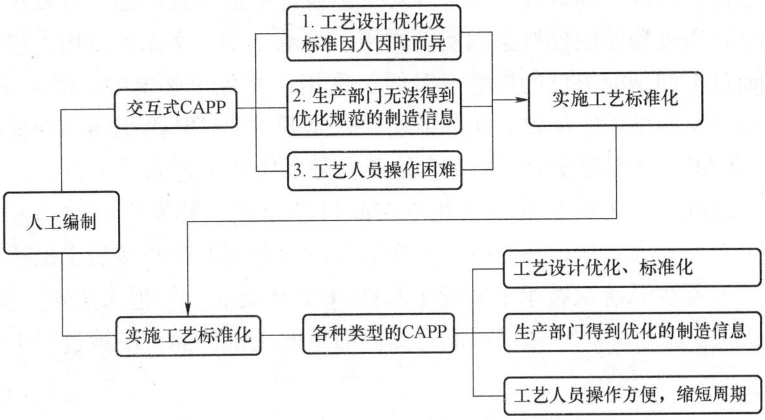

图 7-1　CAPP 系统开发分析示意图

纵观 CAPP 发展的历程，可以看到 CAPP 的研究开发始终围绕着两方面的需要而展开：一是不断完善自身在发展中出现的不足；二是不断满足新的制造技术、制造模式对其提出的新的要求。国内外高等院校和研究机构发表了数以千计的研究论文，取得了不少的研究成果，极大地推动了 CAPP 的发展，部分研究成果已经应用于具体实际，取得了较好的社会效益和经济效益。但不可否认的是，从总体上看，CAPP 的应用和工程化的问题，至今并没有得到很好的解决，这与层出不穷的新技术、新方法、新概念很不相称。CAPP 的研究仍然面临着许多问题，其应用的广度和深度与企业的实际需求还相差较远。

工艺设计受诸多因素的影响和制约，其个性很强，不同的生产类型、制造资源环境等都影响工艺设计的结果。在一个企业行之有效的工艺计划也许并不适用于另一个企业，对一个企业而言，随着新材料的出现、设备的更新，工艺也会跟着发生变化，因此很难有一个通用的 CAPP 系统可以满足所有企业的所有需求。

传统的 CAPP 系统及其构造方法，存在着以下的不足：

（a）CAPP 系统的体系结构缺乏柔性、适应性。传统的 CAPP 系统绝大多数是针对特定产品零件和特定制造环境开发的。当零件的种类和制造环境发生变化时，系统需要重新设计和构造。

（b）CAPP 系统开放性差，大多是封闭系统，不支持用户的修改和二次开发。

（c）CAPP 系统可重用性差，存在大量低水平的重复工作。传统的 CAPP 系统绝大多数采用结构化程序分析方法和结构化设计方法，使 CAPP 系统的可维护性差、可重用性差、继承性差。大多数的 CAPP 系统的开发完全从零开始，功能模块存在大量的低水平的重复工作起点低，系统研制周期长，效率低。

（d）开发人员对 CAPP 系统的实用性、产业化重视不够，忽略对 CAPP 系统中的人机工程技术的研究。

由于忽略了从客户使用的角度验证 CAPP 的功能实用性、完备性，使大多数的 CAPP 系统为实验室产品或原型产品，无法真正在企业中应用。随着网络、数据库技术的应用，原有单机模式的 CAPP 已不能满足实际需求，针对工艺设计个性很强的特点以及上述传统 CAPP 系统的不足，研究和开发 CAPP 工具系统是解决问题、迎接挑战的一条有效的途径。工艺设计虽然“因厂而异”，但也遵循一些公共的规范，有规律可循。将工艺设计中的共性提取出来，创建系统总体结构框架和设计模型；针对工艺设计中的个性问题，开发可重用、可维护的功能组件对象，通过功能组件对象的实例重用、继承重用、多态性重用，提高系统的开放性和灵活性；通过不同功能组件的拼装、升级、重用，避免不必要的、低水平的重复开发，实现 CAPP 系统开发和维护的高效。实践证明，这是开发 CAPP 系统的一种很有效的方法。

长期以来，CAPP 系统开发的目标一直是开发可以代替工艺人员的自动化系统，而不是辅助系统，过分强调了工艺决策的自动化。在此目标指导下开发出的“自动化”CAPP 系统，虽然融入了人类专家的知识和经验，但在运行时通常需要用户按规定描述方法交互输入零件信息（尽管有不少系统从技术上实现了 CAD/CAPP 集成，但远未达到工程化），然后由系统进行自动决策。这种 CAPP 系统一般只提供简单的人机界面，决策过程中很少考虑人的有效参与。

四、CAPP 的应用和发展趋势

1. CAPP 的应用趋势

随着企业信息化在制造企业中的深化，“甩图板”工程已经取得实效，CAPP 系统的应用开始大规模铺开，经过近几年的发展，CAPP 的应用逐渐呈现出以下趋势：

（1）CAPP 注重与 CAD/CAM 系统的集成

自 20 世纪 80 年代中后期开始，CAD、CAM 的单元技术日趋成熟，随着机械制造业向 CIMS 或 IMS（Intelligent Manufacturing System）发展，CAD/CAM 集成化的要求是亟待解决的问题，CAD/CAM 集成系统实际上是 CAD/CAPP/CAM 集成系统。CAPP 从 CAD 系统中获取零件的特征信息、工艺信息并从工程数据库中获取企业的生产条件、资源情况及企业工人技术水平等信息，从而进行工艺设计，形成工艺流程卡、工序卡及 NC 加工控制指令，在 CAD、CAM 中起纽带作用。

（2）CAPP 成为基础信息化的重要组成部分，市场应用急剧增加

现在制造企业实施信息化比以前更成熟、更理性，基础信息化是企业信息化的基础工作和源泉，是实施企业级管理软件系统的前提，已被大多数企业所接受。工艺设计作为生产制造的关键环节，CAPP 的应用急剧增加，市场需求旺盛，成为“甩图板”工程之后的又一个基础工程，简称为“甩钢笔”工程。

（3）行业 CAPP 系统需求明显增加

个性化服务成为企业信息化的重要服务方式，工艺设计作为生产中最活跃的因素，具有更多的可变性和个性，企业在应用大量通用 CAPP 平台的过程中，逐渐发现通用平台的不足，迫切需要针对行业特点开发行业 CAPP 系统。

2. CAPP 的发展趋势

随着国家对制造业信息化政策的制定和落实、制造技术的进展以及近年来商品化 CAPP 系统的普及应用，对 CAPP 系统提出了更高的要求。在这样的形势下，CAPP 技术和系统的发展呈现以下趋势：

（1）知识化、智能化

CAPP 系统不会停留在以解决事务性、管理性工作为主的阶段。基于知识的 CAPP 系统除了作为工艺设计的辅助工具，还有将工艺专家的经验和知识积累起来并加以充分利用的任务。在知识化的基础上，CAPP 系统应从实际出发，在工序、特征形体层面或在全过程提供备选的工艺方案，并根据操作者的工作记录进行各种层次的自学习、自适应。

（2）工具化、工程化

各企业的工艺环境、管理模式千差万别，CAPP 既要适应各企业的具体情况，又要控制针对具体企业的实施工作量以及提高通用性，这就需要加强 CAPP 系统的工具化和工程化。将 CAPP 系统的功能分解成一个个相对独立的工具，用户或软件公司的实施服务人员根据企业具体情况输入数据和知识，形成面向特定的制造和管理环境的 CAPP 系统；用户可以在实施服务人员指导下进行二次开发。

（3）集成化、网络化

CAPP 是 CAD 与 CAM 之间的桥梁，是 CAQ（计算机辅助质量管理）、PDM（产品数据管理）及 ERP（企业资源规划）的重要产品信息来源，同时也需要由 CAD 提供产品设计模型的特征信息。这些系统的发展可以相对不平衡，但必须在并行工程思想的指导下实现 CAPP 与 CAD、CAM 等系统的全面集成，发挥 CAPP 在整个生产活动中的信息中枢和功能调节作用，包括与产品设计实现双向的信息交换与传送；与生产计划调度系统实现有效集成；与质量控制系统建立内在联系。网络化是现代系统集成应用的必然要求，CAPP 对内进行各种角色、工种的并行工艺设计，对外与 CAD 的双向数据交换，与 CAQ、CAM、PDM 等的集成应用都需要网络技术支撑，才能实现企业级乃至更大范围的信息化。

（4）交互式、渐进式

CAPP 系统是用来帮助而不是取代工艺设计人员的，实用、通用的 CAPP 工具系统不宜

追求完全的自动化。操作者要有足够的工艺知识和判断能力，关键决策要由操作者做出。决策、判断对具有足够工艺判断能力的工艺人员来说并不是很困难、烦琐的工作，但对计算机而言可能难以胜任。知识库及其使用法则需要逐步建立、验证、完善，商品化的、基于知识的 CAPP 工具系统需要有目标、有计划的渐进式发展。

（5）其他

也有学者根据多年 CAPP 开发和实践的经验提出了其他观点，如中国工程院院士李培根教授认为，CAPP 的研究应深入到制造业底层，着重解决微观的工艺设计问题。他认为未来 CAPP 发展的趋势有以下三个方面：

（a）定量化 CAPP

注重解决微观工艺问题 CAPP 研究可以分为三个层次：① 宏观层包括工艺设计信息管理、工艺设计流程及系统集成等；② 中观层包括工艺方案评价、工艺路线决策、工艺设计等：③ 微观层包括公差确定、工序图生成及切削用量确定等。宏观层关注的对象往往是整个企业或者系统，注重系统模型的建立；中观层关注的是产品或者零部件，注重工艺路线与工艺方法的确定；微观层关注的则是以工序为单位的具体的工艺问题，注重工艺参数的确定。前两者研究的问题往往是定性的，而后者需要定量化。

（b）基于三维模型的 CAPP

与 CAD/CAM 一体化在当前的制造信息系统中，CAD/CAM 通常是建立在系统的信息平台的基础上（例如三维设计软件）。由于 CAPP 缺乏通用性，因而是专门的、单独运行的系统；信息集成往往是通过中间文件进行的；随着产品更新换代的加快，产品设计与工艺设计的并行化要求越来越高，这种方式已经越来越不适应产品开发的要求。因此，研究与开发基于三维模型的 CAPP 系统，使 CAD、CAPP 及 CAM 共享统一的三维产品模型，并充分利用 CAD \ CAM 的设计与分析功能，将是 CAPP 发展的一个重要方向。

（c）我国制造业的整体加工水平一般，CAPP 还有很强的生命力。我国制造企业需要提高工艺信息化意识，推广 CAPP 的应用。CAPP 尽管存在应用水平浅、应用范围窄等问题，但必然将向全生命周期、基于知识和三维模型等方向快速发展。

五、工艺设计的特点和要求

1. 工艺设计的特点

工艺设计是一个极其复杂的过程，它包含了分析、选择、规划、优化等不同性质的各种功能，所涉及的范围十分广泛，用到的信息量相当庞大，又与具体的生产环境及个人经验水平密切相关。生产环境不同（不同的工厂，甚至同一工厂内的不同车间）、产品对象不同、生产批量不同以及生产设备、工艺方法和工艺习惯的不同，使产品的工艺差别很大。

工艺设计是企业生产活动中最活跃的因素，因为工艺设计对其使用环境的依赖必然会导致工艺设计的动态性，工艺设计必须分析和处理大量信息。因此，有必要利用计算机强大的数据处理功能进行辅助工艺设计。

随着计算机在制造企业中的应用，通过计算机进行工艺的辅助设计已成为可能。计算机辅助工艺设计的应用将提高工艺文件的质量，缩短生产准备周期，并为广大工艺人员从烦琐、重复的劳动中解放出来提供了一条切实可行的途径。选取一个适宜本企业生产及管理环境的 CAPP 系统，不但能充分发挥计算机辅助工艺设计的优超性，更能为企业数据信息的集成打下良好的基础。

目前，计算机辅助工艺设计在机械加工制造领域已经有了较大的应用，在锅炉压力容器的工艺设计中也得到了一定的应用。例如，四川省某锅炉（集团）股份有限公司的水冷壁 CAPP 系统实施，使原来需要一个半月才能完成的水冷壁零件综合工艺规程编制工作，只需要几天就能完成，功效提高数倍。在工艺编制中，水冷壁工艺编制实现了 100% 的计算机化，其他部件的工艺计算机化也达到 70%。近年来，工艺处工作量逐步增加、人员反而减少，充分说明了采用计算机辅助编制工艺发挥了很大作用。

这些 CAPP 系统的实施提高了企业信息化应用的水平，为后续的企业管理信息化建设打下了坚实的基础。这些都说明了应用计算机进行辅助工艺设计的可行性。但这些 CAPP 系统采用的开发方法单一，有些只是检索现有工艺，运用成组技术进行工艺派生的少，工艺的创成达到实用化的也不多，这些专用型的 CAPP 系统的开发方向仍偏向于具体的企业进行，在解决不同企业的相同问题时（例如工艺文档的输出，工艺图形的编辑等），没有为不同的企业提供一个通用的工具，导致了软件开发的重复建设，每次都要根据不同的企业特点来解决相同的问题，二次开发的工作量大。这种开发模式已经与当前 CAPP 系统的发展方向不相适应，必须采用新的开发模式来解决这个问题。

2. 企业工艺设计的要求与管理现状

(1) 企业工艺设计的要求

为了适应极其错综复杂的制造环境，企业工艺设计对 CAPP 系统提出了以下要求：

(a) 基于产品结构。在企业中，一切生产活动都是围绕产品而展开的。产品的生产过程也就是产品属性的生成过程。工艺文件作为产品的属性，应在工艺设计计划指导下，围绕产品结构（基于装配关系的产品零部件明细表）展开。基于产品结构进行工艺设计，可以直观、方便、快捷地查找和管理工艺文件。

(b) 工艺管理。在工艺工作中，工艺管理是非常重要的一部分，它包括产品级的工艺路线设计、材料定额汇总等。工艺管理对工艺设计和成本核算起着指导性的作用。

(c) 工艺设计。工艺设计是工艺工作的核心，CAPP 系统应高效率、高质量地保证工艺设计的完成。工艺设计一般包括机械加工工艺过程卡和工序卡的编制、工序图的绘制等。

(d) 资源的利用。在工艺设计的过程中，常常需要用到资源，所谓资源就是工艺设计需要支配的工艺资源数据（设备、工装物料和人力等）。工艺设计需要应用工艺技术支撑数据（工艺规范、国家或企业技术标准），需要参考工艺技术基础数据（工艺样板、工艺档案）。各个企业的资源是不同的，并且使用资源的方式也是不同的，CAPP 系统应广泛而灵活地提供资源内容和资源使用方式。

(e) 工艺汇总。工艺汇总也是工艺工作的一部分。工艺汇总卡片中的数据基于工艺规程，工艺规程中的工艺数据修改后，必须修改汇总卡片中的相关内容。

(f) 工艺设计。管理诸如“工艺设计目录”“工艺设计文件封面”“工夹具申请单”等的填写对于规范工艺文件管理有着极为重要的意义。

(g) 流程。工艺设计要经过设计、审核、批准、会签的工作流程。CAPP 系统应能实现这种工艺工作中的流程作业。

(h) 工艺设计的后处理。工艺设计的后处理包括对定型产品的工艺进行分类归档及归档后的有效利用。

（i）标准工艺。CAPP系统中应有标准或典型工艺的存储。在工艺设计中，根据相似零件具有相似工艺的原理，常常有进行类似工艺设计的参考或模板。手工设计时，称其为“哑工艺”。

各类企业工艺设计的基本要求是大同小异的。作为一个实用的CAPP系统，必须能够适应这些基本功能的要求，甚至还要包括一些更智能的功能，如实现工艺设计所需信息的描述和代码化（特征信息标识和工艺知识）；合理制定工艺设计所需信息的数据结构形式等。

（2）企业工艺管理现状

（a）传统企业工艺管理现状。在几十年计划经济体制下，国有工业企业工艺管理工作具有以下几方面的特点：

① 稳定可行的模式。传统企业在计划经济体制下形成了一整套完整的工艺工作模式，在宏观调控、局部计划的企业生产氛围中，为社会创造了财富，同时也创造了许多市场条件下无法实现的奇迹。工艺工作的科学性更多地体现在指导生产实践的技术性作用，而对企业总体的经济运行并不起决定作用。几十年一贯制的产品按照计划制作就没有错，技术生产与市场经营被分隔开来。

② 传统企业中工艺工作过分依赖人的经验。在很多国企中形成了高学历的工科学生不如一个较熟悉工厂情况的普通工人胜任工艺工作的局面。刚毕业的学生做工艺工作很被动，最后有些人改行，造成了工艺水平不能提高，企业整体技术水平停滞不前。企业在简单重复中生产，适应市场的能力越来越差。“新技术、新工艺、新材料和新产品”不能应用，有时靠行政命令引进的新设备、好技术也无法吸收为己所用。

③ 人为因素造成工艺工作无法贯穿企业生产全过程。在计划经济体制全盛时期，企业工艺工作的设计思想是企业生产经营的主线。但在简单重复的生产状态下，由于物资、人事、分配等权利原因，工艺工作成了技术部门一家的责任，工艺工作的职能也仅剩下纯技术的部分，造成企业物流、资金流及劳动力配置的混乱状况。

（b）传统工艺管理与CAPP技术的有机结合。工艺工作必须贯穿企业生产的全过程，工艺工作在企业生产中起着承上启下的作用，是实现从构思现实的关键环节。借助CAPP技术的基本原理是基于人工设计的过程及需要解决的问题而提出的。首先产品的设计信息应能利用，并建立零件信息数据库；其次，工艺人员的工艺经验、工艺知识能够得到充分利用和共享；第三，制造资源、工艺参数以适当的形式建立制造资源和工艺参数库；第四，充分利用标准（典型）工艺生成新工艺。

（3）改变企业工艺管理现状的措施

（a）充分肯定现有模式。

（b）把工艺知识、经验变成企业财富。

（c）CAPP系统必须贯穿企业生产全过程。

（d）完善设计管理，进一步提高设计效率。

总之，随着时代的进步，经验主义占主导地位的工艺学研究方法必将被注重实验与分析相结合的制造工程学所替代。CAPP工艺设计是企业信息化建设中必不可少的一步，也为现代工程学提供了基本手段。企业要最大限度地利用现有智力资源，要注重基础技术的稳固与发展、人员素质的提高及基础数据的准备，为企业电子商务及CIMS系统集成留有充分的余地。

六、CAPP 的实施

1. CAPP 实施的认识误区

在国内，尽管 CAPP 被提出至今已有二十多年的历史，应用情况却是不尽如人意，用户满意度低，使用效果差甚至被弃之不理。造成 CAPP 系统实施不成功，可能涉及多种原因，但对 CAPP 实施的正确认识与否是关系到 CAPP 系统能否顺利实施的关键因素，因此不容忽视。对 CAPP 的实施认识主要有以下几个误区：

（1）误区之一　用户认为 CAPP 无须实施，可以像 CAD 系统即装即用。

分析：CAD 系统与 CAPP 系统没有可比性。CAD 主要用来进行产品的辅助设计，其设计功能是用户关注的焦点。而 CAPP 系统不仅仅是工艺设计软件，更是工艺管理系统。由于受到长期使用 CAD 的影响，用户认为 CAPP 系统应该像 CAD 系统那样即装即用，而忽略了 CAPP 系统是需要用户化的一面。各个企业的工艺格式和工艺方式不尽相同，只有经过用户化才能形成用户需要的系统，才能在用户应用系统后产生根本效益。

解决方法：提高系统柔性，减少 CAPP 实施量。

由于不同企业工艺的个性化差异，很难有一套“放之四海皆准”的系统。目前，市场上很多较为成熟的 CAPP 系统都提供了一个应用平台。CAPP 的平台化并不是否定个性化，随着 CAPP 向柔性化、并行化、集成化和智能化的方向发展，真正实用、适用才是系统的最终目的。

（2）误区之二　用户认为 CAPP 实施是软件提供方的事情，与企业无关。

分析：很多用户认为系统提供者应该根据其经验推出符合自己需要的系统，而用户只需拿来成熟的系统直接使用即可，或者只是提供本企业的模板，其他工作完全可以交给系统实施人员完成。这样产生的系统很难完全满足用户需求，导致用户在使用过程中不断提出各式各样的问题，使系统无休止地更改下去。

解决方法：双方共同努力。

企业与软件提供方之间各有所长，前者深切了解企业工艺设计及管理的现状和特点，后者具备专业的软件研发和系统实施经验，两者相辅相成。作为企业方，首先，要有明确的实施目标。针对本企业的工艺设计与管理现状提出 CAPP 实施目标。有针对性地提出在现行工作方式中，对于比较复杂或者大量重复性的工作交由 CAPP 系统完成，使系统能够确实解决实际问题，提高工作效率。其次，基础数据的准备。

（3）误区之三　认为 CAPP 项目较小，无须投入过多精力。

分析：相对于 PDM 与 ERP 系统，CAPP 系统功能相对简单。但 CAPP 系统作为设计与生产之间的桥梁和连接 CAD 与 PDM 系统的纽带，其承上启下的重要作用是不可或缺的。而且工艺系统涉及相关部门较广，上至设计技术部门，下到生产采购部门，一环脱节，就会影响系统的实施效果，因此 CAPP 的实施难度不亚于以上两个系统。

解决方法：双方充分重视，规范系统实施。

无论项目大小，软件提供方都应该有规范的实施方案，以引导企业。CAPP 实施规范一般包括：需求分析与系统调研、系统设计与定制开发、系统试运行与运行维护、系统验收等几个阶段，在每个阶段制订阶段性目标与监督控制措施，直至项目成功。而企业也要充分配合，以有效的管理手段促使 CAPP 项目的成功实施。

总之，无论何种系统，成功与否的决定因素在于人的参与。只要企业与软件提供方本着相互理解，共同进步的态度，就一定会走出 CAPP 实施过程中的各种误区。

2. CAPP 的实施步骤

为确保 CAPP 能够顺利地实施，需要遵循以下步骤：

（1）必须做好可行性分析

详细分析企业工艺设计与工艺管理方面存在的问题，找出症结所在，确定工艺设计与管理方面的需求，提出通过实施 CAPP 所要达到的目标。然后结合现状分析，计算差距，依据企业的经济承受能力决定实施范围和投资强度，制定投资计划，这既要本着效益驱动的原则，又要立足于长远的发展。

（2）组织好设计与开发工作

自行开发 CAPP 或在商业 CAPP 系统上进行二次开发是继可行性分析与需求分析后的重要一步。它包括初步设计、详细设计、编程调试等。

（3）人才培训

培训在某种程度上决定了 CAPP 实施的成败。培训工作首先是促使有关人员思想观念上的转变、工作管理方式的调整等，然后才是软件系统的使用方法的培训。

（4）有计划有步骤分阶段地实施

基础数据的整理应该早做准备，包括机器设备、工装设备、材料、毛坯，工艺用语、切削参数、工时、成本、消耗定额、部门人员等。

任务二　成组技术

任务目标

（1）理解、掌握成组技术（GT）的概念

（2）理解、掌握成组技术零件 JLBM-1 分类编码系统的基本结构。

（3）根据 JLBM-1 分类编码系统完成零件的分类编码。

一、概述

随着我国经济的高速发展，社会对机械产品需求多样化的趋势也越来越明显。这使传统的针对小批量生产的组织模式产生了一些矛盾，如生产计划、组织管理复杂化，零件从投料到加工完成的总生产时间较长，生产准备工作量大、产量小，也使先进制造技术的应用受到限制。国际上为了能改变多品种小批量生产企业的落后状况，提高生产率，充分利用设备，降低产品成本，制造技术的研究者提出了成组技术的科学理论及实践方法，它能从根本上解决生产中由于品种多、产量小带来的矛盾。成组技术（Group Technology，GT）是一门生产技术科学，即把相似的问题归类成组，寻求解决这组问题相对统一的最优方案，以取得所期望的经济效益。它研究如何识别和发现生产活动中有关事务的相似性，并对其进行充分利用。成组技术应用于机械加工，是将多种零件按其工艺的相似性分类成组，以形成零件组，把同一零件组中零件分散的小生产量汇集成较大的成组生产量，从而使小批量生产能获得接近于大批量生产的经济效果。这样，成组技术就巧妙地把品种多转化为“少”，把生产量小转化为“大”。由于主要矛盾有条件地经过转化，这就为提高多品种、小批量生产的经济效益提供了一种有效的方法。

成组技术可以作为指导生产的一般性方法。实际上，人们很早就在应用成组技术的原理指导生产实践，诸如生产专业化、零部件标准化等皆可以认为是成组技术在机械工业中的应用。经过发展的成组技术已广泛应用于设计、制造和管理等各个方面，并取得了显著的效益。

零件统计学不仅为成组技术的创立提供了可以信赖的科学依据，也是实施成组技术过程中充分认识和利用有关事物相似性的有用的科学方法。成组技术的基本原理要求充分认识和利用客观存在的有关事物的相似性，所以按一定的相似标准将有关事物归类成组是实施成组技术的基础。

成组技术从 20 世纪 50 年代提出至今已经历了 50 多年的发展和应用。作为一门综合性的生产技术科学，成组技术是计算机辅助设计（CAD）、计算机辅助工艺设计（CAPP）、计算机辅助制造（CAM）和柔性制造系统（FMS）等方面的技术基础。对机械制造工艺而言，成组技术的应用显得比零件设计更重要。不仅结构特征相似的零件可归并成组，结构不同的零件也可能有类似的制造过程。例如，大多数箱体零件都具有不同的形状和功能，但它们都要求镗孔、铣端面、钻孔等。因此，可以得出它们具有相似的加工特点，这样便可以把具有相似加工特点的零件归并成组。由此出发，工艺设计工作便可得到简化。由于同组零件要求类似的工艺过程，于是可建立一个加工单元来制造同组零件。而对每个加工单元只需考虑具有类似加工特点的零件加工，可使生产计划、工艺准备、生产组织和管理等工作的水平得以提高。

虽然国内外各种文献对成组技术都有介绍，但尚没有统一的定义。根据成组技术的实质，一般可以认为成组技术是机械制造过程中一种先进的科学的生产和组织管理方法，它旨在识别和开发机械制造过程中各环节诸种信息间的相似性，并采取适当的组织形式和先进技术，实现其工作的合理化、科学化，使多品种、中小批和单件生产的企业获得较好的经济和社会效益。

二、零件分组常用的方法

目前，常用的零件分组的方法有以下几种：

1. 视检法

视检法是由有生产经验的人员通过对零件图样仔细阅读和判断，把具有某些特征属性的零件归结为一类。它的效果主要取决于个人的生产经验，带有主观性和片面性。

2. 生产流程分析法

生产流程分析法（Production Flow Analysis，PFA）是以零件生产流程及生产设备明细等技术文件为依据，通过对零件生产流程的分析，把工艺过程相近的，即使用同组机床进行加工的零件归结为一类。采用此法分类的正确性与分析方法和所依据的工厂技术资料有关。采用此法可以按工艺相似性将零件分类，以形成加工组。

3. 编码分类法

按编码分类，首先需将待分类的诸零件进行编码，即将零件的有关设计、制造等方面的信息转译为代码（代码可以是数字或数字、字母兼用）。为此，需选用或制定零件分类编码系统。由于零件有关信息的代码化，就可以根据代码对零件进行分类。采用零件分类编码系统使零件有关生产信息代码化，将有助于应用计算机辅助成组技术的实施。

分类是一种根据特征属性的有无，把事物划分成不同组的过程。编码是对不同组的事物给予不同代码。成组技术的编码是对机械零件的各种特征给予不同的代码。这些特征包括：零件的结构形状，各组成表面的类别及配置关系、几何尺寸，零件材料及热处理要求，各种尺寸精度、形状精度、位置精度和表面粗糙度等要求。对这些特征进行抽象化、格式化，就需要用一定的代码（符号）来表述。所用的代码可以是阿拉伯数字、拉丁字母甚至汉字，以及它们的组合。最方便、最常见的是数字码。对于工艺设计，希望代码能唯一区分产品零件组。当设计或确定一种编码方案时，有两种性质必须保证，即代码必须是：① 不含糊的；② 完整的。这就需要对代码所代表的意义，做出明确的规定和说明，这种规定和说明就称为编码法则，也称为编码系统。将零件的各种有关特征用代码表示，实际上也对零件进行分类，所以零件编码系统也被称为分类编码系统。目前使用的成组技术编码系统中，有三种不同类型的代码结构：层次式、链式（矩阵式）及混合式。层次式也称为单元码，每一个代码的含义由前一级代码限定。其优点是用很少的码位代表大量信息；缺点是编码系统很复杂，所以难于开发。链式又称为多元码，码位上每一位码值都代表某种信息，与前面码位无关。在代码数相同的条件下，链式结构容量比层次式的少，但编码系统较简单。混合式是层次式和链式的混合。大多数编码系统采用混合式。目前已有一百多种成组技术编码系统应用于工业生产。JLBM-1 系统是我国机械工业部门为机械加工中推行成组技术而开发的一种零件分类编码系统。这一系统经过先后四次修订，于 1984 年成为我国机械工业部门的技术指导资料。JLBM-1 系统的结构可以说是 OPITZ 系统和 KK3 系统的结合。图 7-2 所示是 JLBM-1 分类编码系统的基本结构。

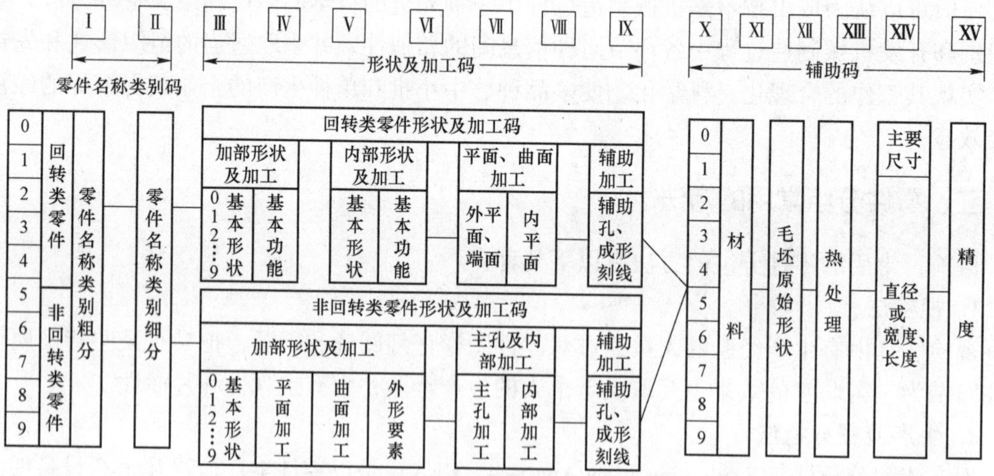

图 7-2　JLBM-1 分类编码系统的基本结构

JLBM-1 分类编码系统是在 OPITZ 和 JCBM（机床零件分类编码系统）的基础上结合我国机械行业的具体情况发展起来的，适用于产品设计、工艺设计、加工制造和生产管理等方面。该编码采用主码和副码的分段混合式结构，共 15 个码位。JLBM-1 分类编码系统构成，如图 7-3 所示。

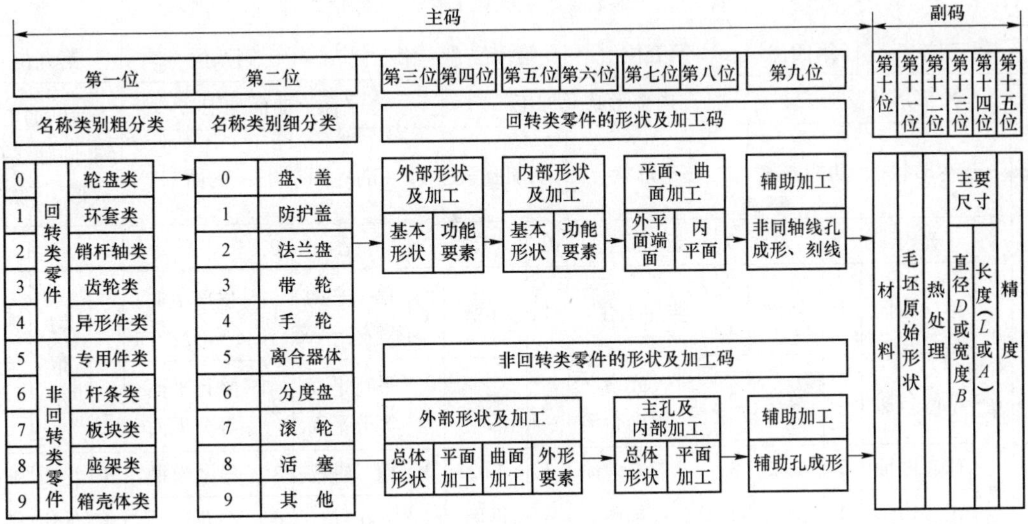

图 7-3　JLBM-1 分类编码系统构成

该系统的第一、第二位码表示零件的名称类别，它采用零件的功能和名称作为标志，以便于设计部门检索。名称类别（第一位、第二位）见表 7-1。第三至第九位码是零件形状及加工码，见表 7-2，分别表示回转类零件的外部形状、内部形状、平面、孔及其加工与辅助加工的种类。第十至第十五位码是辅助码（副码），表示零件的材料、毛坯、热处理、主要尺寸和精度的特征。尺寸码，规定了大型、中型和小型三个尺寸组，分别供仪表机械、一般

表 7-1　名称类别（第一位、第二位）

第一位			第二位									
			0	1	2	3	4	5	6	7	8	9
0	回转类零件	轮盘类	盘、盖	防护盖	法兰盘	带轮	手轮	离合器	分度盘、刻度盘环	滚轮	活塞	其他
1		环套类	垫圈类	环、套	螺母	衬套轴套	外螺纹套直管接头	法兰盘	半联轴器	油缸气缸		其他
2		销杆轴类	销、堵短圆柱	圆杆圆管	螺杆螺栓螺钉	阀杆阀芯活塞杆	短轴	长轴	蜗杆、丝杠	把手手柄操纵杆		其他
3		齿轮类	圆柱外齿轮	圆柱内齿轮	锥齿轮	蜗轮	链轮棘轮	弧齿锥齿	复合齿轮	圆柱齿轮		其他
4		异形	异形盘套	弯管接头弯头	偏心件	扇形件弓形件	叉形件	凸轮凸轮轴	阀体			其他
5	专用件											其他

表 7-2　回转类零件分类（第三～第九位）

项目	第三位		第四位		第五位			第六位		第七位		第八位		第九位		
	外部形状及加工				内部形状及加工					平面、曲面加工				辅助加工（非同轴线孔、成形、刻线）		
	基本形状		功能要素		基本形状			功能要素		外（端）面		内面				
0	单一轴线	光滑	0	无	0	无轴线孔		0	无	0	无	0	无	0	无	
1		单向台阶	1	环槽	1	非加工孔		1	环槽	1	单一平面 不等分平面	1	单一平面 不等分平面	1	均布孔	轴向
2		双向台阶	2	螺纹	2	通孔	光滑 单向台阶	2	螺纹	2	平行平面 等分平面	2	平行平面 等分平面	2		径向
3		球、曲面	3	1+2	3		双向台阶	3	1+2	3	槽、键槽	3	槽、键槽	3	非均布孔	轴向
4		正多边形	4	锥面	4	盲孔	单侧	4	锥面	4	花键	4	花键	4		径向
5		非圆对称截面	5	1+4	5		双侧	5	1+4	5	齿形	5	齿形	5	倾斜孔	
6		弓、扇形或 4/5 以外	6	2+4	6	球 曲面		6	2+4	6	2+5	6	3+5	6	各种孔组合	
7	多轴线	平行曲线	7	1+2+4	7	深孔		7	1+2+4	7	3+5	7	4+5	7	成形	
8		弯曲 相交轴线	8	传动螺纹	8	相交孔 平行孔		8	传动螺纹	8	曲面	8	曲面	8	机械刻线	
9	其他		9	其他	9	其他		9	其他	9	其他	9	其他	9	其他	

机械和重型机械等三种类型的企业参考使用。精度代码规定了低精度、中等精度、高精度和超高精度四个档次。在中等精度和高精度两个档次中，再按有精度要求的不同加工表面的组合而细分成几个类型，以不同特征来表示，材料、毛坯、热处理分类（第十至十二位）见表 7-3，主要尺寸、精度分类（第十三至第十五位）见表 7-4。

表 7-3　材料、毛坯、热处理分类（第十至第十二位）

项目	第十位	第十一位	第十二位
	材料	毛坯原始形状	热处理
0	灰铸铁	棒材	无
1	特殊铸铁	冷拉材	发蓝
2	普通碳钢	管材（异形管）	热处理
3	优质碳钢	型材	退火、正火及时效
4	合金钢	板材	调质
5	铜和铜合金	铸件	淬火
6	铝和铝合金	锻件	高、中工频淬火

续表

项目	第十位	第十一位	第十二位
	材料	毛坯原始形状	热处理
7	其他有色金属及其合金	铆焊件	渗碳+4 或 5
8	非金属	注塑成形件	电镀
9	其他	其他	其他

表 7-4　主要尺寸、精度分类（第十三～第十五位）

项目	第十三位			第十四位			第十五位		
	主要尺寸						项目	精度	
	直径或宽度（*D* 或 *B*）mm			长度（*L* 或 *A*）mm					
	大型	中型	小型	大型	中型	小型			
0	≤ 14	≤8	≤ 3	≤ 50	≤ 18	≤ 10	0	低精度	
1	>14-20	>8-14	>3-6	>50-120	>18-30	>10-16	1	中等精度	内、外回转面
2	>20-58	>14-20	>6-10	>120-250	>30-50	>16-25	2		平面
3	>58-90	>20-30	>10-18	>250-500	>50-120	>25-40	3		1-62
4	>90-160	>30-58	>18-30	>500-800	>120-250	>40-60	4	高精度	外回转面
5	>160-400	>58-90	>30-45	>800-1 250	>250-500	>60-85	5		内回转面
6	>400-630	>90-160	>45-65	>1 250-2 000	>500-800	>85-120	6		4-15
7	>630-1 000	>160-440	>65-90	>2 000-3 150	>800-1 250	>120-160	7		平面
8	>1 000-1 600	>440-630	>90-120	>3 150-5 000	>1 250-2 000	>160-200	8		或 5 或 6 加 7
9	>1 600	>630	>120	>3 150-5 000	>2 000	>200	9	超高精度	

如图 7-4 所示，是按照 JLBM-1 分类编码系统对回转零件进行分类编码的实例。

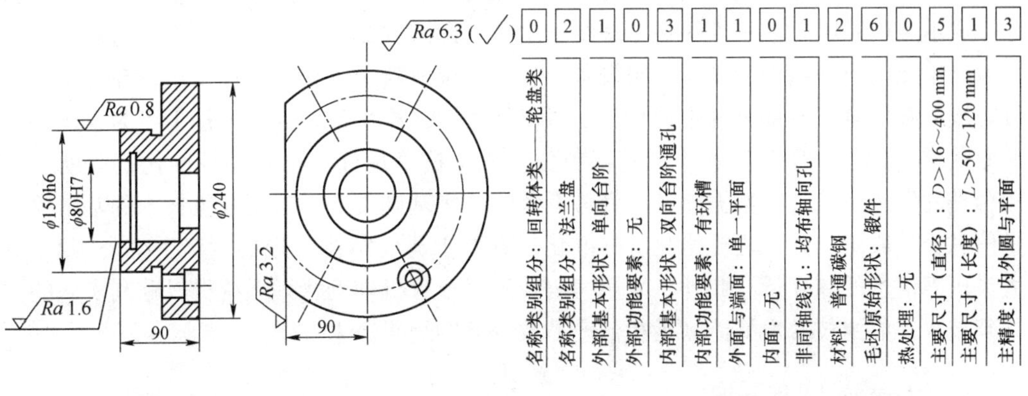

零　件　图　　　　编　码　及　其　含　义

图 7-4　按照 JLBM-1 分类编码系统对回转零件进行分类编码实例

三、成组技术的应用

目前发展的成组技术以应用系统工程学的观点，把中、小批生产中的设计制造和管理等方面作为一个生产系统整体，统一协调生产活动的各个方面，全面实施成组技术，以提高综合经济效益。以下将从产品设计、制造工艺及生产组织管理等方面简述成组技术的应用。

1. 产品设计方面

由于用成组技术指导设计，赋予各类零件以更大的相似类，这就为在制造管理方面实施成组技术奠定了良好的基础，使之取得更好的效果。此外，由于新产品具有继承性，使往年累积并经过考验的有关设计和制造的经验再次应用，这有利于保证产品质量的稳定。以成组技术为指导的设计合理化和标准化工作也为实现计算机辅助设计（CAD）奠定了良好的基础；为设计信息最大限度地重复使用，加快设计速度，节约时间做出了贡献。据统计，设计一种新产品时，往往有 3/4 以上的零件设计可参考借鉴或直接引用原有的产品图样，从而减少新设计的零件，这不仅可免除设计人员的重复性劳动，也可以减少工艺准备工作和降低制造费用。

2. 制造工艺方面

成组技术在制造工艺方面最先得到广泛应用。成组技术开始是用于成组工序，即把加工方法、安装方式和机床调整相近的零件归结为零件组，设计出适用于全组零件加工的成组工序。成组工序允许采用同一设备和工艺装置，以及相同或相近的机床调整加工全组零件。这样，只要能按零件组安排生产调度计划，就可以大大减少由于零件品种更换所需要的机床调整时间。此外，由于零件组内诸零件的安装方式和尺寸相近，可设计出应用于成组工序的公用夹具——成组夹具。只要进行少量的调整或更换某些零件，成组夹具就可适用于全组零件的工序安装。成组技术亦可应用于零件加工的全工艺过程。为此，应将零件按工艺过程相似性分类以形成加工组，然后针对加工组设计成组工艺过程。成组工艺过程是成组工序的集合，能保证按标准化的工资路线采用同一组机床加工组的诸零件。应指出，以设计成组工艺过程、成组工序和成组夹具的工艺设计合理化和标准化为基础，不难实现计算机辅助工艺设计（CAPP）及计算机辅助成组夹具设计。

3. 生产组织管理方面

成组加工要求将零件按工艺相似性分类形成加工组，加工组有其相应的一组机床设备。因此，成组生产系统要求按模块化原理组织生产，即采取成组生产单元的生产组织形式。在一个生产单元内有一组工人操作一组设备，生产一个或若干个相近的加工组，在此生产单元内可完成诸零件全部或部分的生产加工。可以认为，成组生产单元是以加工组为生产对象的产品专业化（如热处理等）的生产基层单位。成组技术是计算机辅助标准化，有助于建立结构合理的生产系统公用数据库，可管理系统的技术基础之一。运用成组技术的基本原理将大量信息分类成组，并使之规格化、标准化，有助于建立结构合理的生产系统公用数据库，可大量压缩信息的储存量。此外，采用编码技术是计算机辅助管理系统得以顺利实施的关键性基础技术，成组技术恰好能满足相似产品及分类的编码需求。

四、成组技术的发展现状

成组技术从 20 世纪 50 年代提出至今已经历了近 70 年的发展和应用。在国外，成组技术已经得到了广泛的应用。美国有些企业在 20 世纪 90 年代所采用的三项新技术之一就是成组技术，现已广泛应用于产品的工程设计、制图、材料管理、制造工程、质量控制、生产计划、采购、工具管理、价格估算等各个环节。从美国陆军的《鼓励工业现代化计划》可以知道，早在 20 世纪 80 年代实施的四个现代化项目中，第一项就是基于成组技术的原理。

据报道，苏联某工厂铣削加工 800 种零件，采用成组技术后，从生产准备到加工完毕，时间减少 30%～40%，劳动生产率提高 25%～30%。另一个工厂的机械加工车间，将 65% 的设备改为成组加工，两年后车间费用下降 42%，五年后产品成本降低 46.6%。在对英国、德国的调查结果表明，采用成组加工后，利润平均增加 40% 以上。

我国早在 20 世纪 60 年代初就在纺织机械、飞机、机床及工程机械等机械制造业中推广应用成组技术，并初见成效。我国沪东造船厂在实施成组技术过程中，将原有近千个杆轴类零件进行分析归纳后，仅采用 10 个样件工艺就可进行参考设计，工艺设计周期缩短到原来的 1/8 左右。近年来，为适应我国社会主义市场经济建设的需要，要求机械工业加快技术改造的步伐，尤其是对占重要比例的中、小型企业引进生产技术和组织管理的革新工作，成组技术再度受到国家有关部、局、工厂企业、研究所及高等院校的重视。目前，国家有关单位正在积极开展这一方面的科学研究、人才培训和推广应用等工作。原机械部设计研究院负责组织研制的全国机械零件分类编码系 JLBM-1，对我国推广应用成组技术起到积极的推进作用。近几年来，一些工厂实践经验表明，应用成组技术的经济效益是十分显著的。我国不少高等工业院校结合教学和科研工作，在成组技术基本理论及其应用方面，如零件分类编码系统、零件分类成组方法和计算机辅助编码、分类、工艺设计、零件设计、生产管理的软件系统等方面都开展了许多研究工作，并取得了不少成果。随着应用推广和科研工作的持续开展，成组技术对提高我国机械工业的制造技术和生产管理水平将发挥日益重要的作用。

我国有部分企业已经开始采用成组技术，但是应用不如国外广泛。原因是，我国的多品种小批量机械制造企业多数是按照产品专业化原则建立的大而全、小而全的产品生产企业，这种全能型模式使企业无法采用先进的制造工艺和生产设备，制造技术落后，生产水平低，这与专业分工的社会化协作生产是不相适应的。成组技术作为一种专门针对多品种、中小批量生产而提出的组织管理技术和有效的组织管理手段，是现代集成制造系统（CIMS）的基础。针对成组技术，早在“六五”期间不少行业就进行了试点攻关，在“七五”期间被列为重点攻关技术。1984 年，国家经济委员会将成组技术正式列入 18 项现代管理方法。事实和经验表明，成组技术是解决我国多品种小批量机械制造企业产品开发水平、制造技术和方式落后等问题的重要基础性技术。

任务三　CAPP 系统的类型和工作原理

任务目标

（1）理解、掌握 CAPP 系统的工作过程和组成。

（2）了解各种 CAPP 系统和 CAPP 系统的集成价值。

一、CAPP 系统的工作过程与组成

自从第一个 CAPP 系统诞生以来，各国对使用计算机辅助工艺设计进行了大量的研究，开发了许多的 CAPP 系统，这些 CAPP 系统的组成与其开发环境、产品对象及其规模大小等有关。下面从 CAPP 系统的工作过程与组成结构来分析 CAPP 系统的类型和工作原理。

1. CAPP 系统的工作过程与步骤

CAPP 系统的工作过程与步骤如图 7-5 所示。

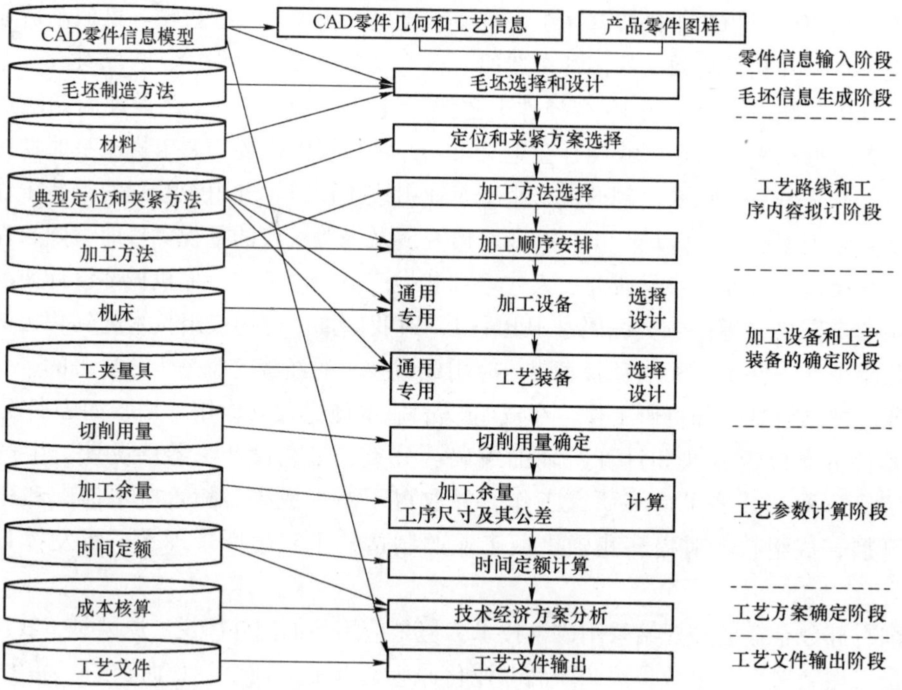

图 7-5　CAPP 系统的工作过程与步骤

2. CAPP 系统的组成与基本结构

CAPP 系统的组成与基本结构如图 7-6 所示。CAPP 系统的分类方法很多，可以按工作原理划分，也可以按实现方式划分，还可以按 CAPP 系统使用的平台划分，也可以依据 CAPP 系统的功能划分。根据工作原理结合 CAPP 系统的发展分类，基本可以分成检索式 CAPP 系统、派生式 CAPP 系统、创成式 CAPP 系统和知识基 CAPP 系统。CAPP 系统的分类方法是随着 CAPP 技术的发展不断变化的。

二、检索式 CAPP 系统

检索式 CAPP 系统是将企业现行各类工艺文件，根据产品和零件图号，存入计算机数据库中；进行工艺设计时，可以根据产品或零件图号，在工艺文件库中检索类似零件的工艺文件，由工艺人员采用人机交互方式进行修改；最后，由计算机按工艺文件要求进行打印输出。检索式 CAPP 系统的原理，如图 7-7 所示。

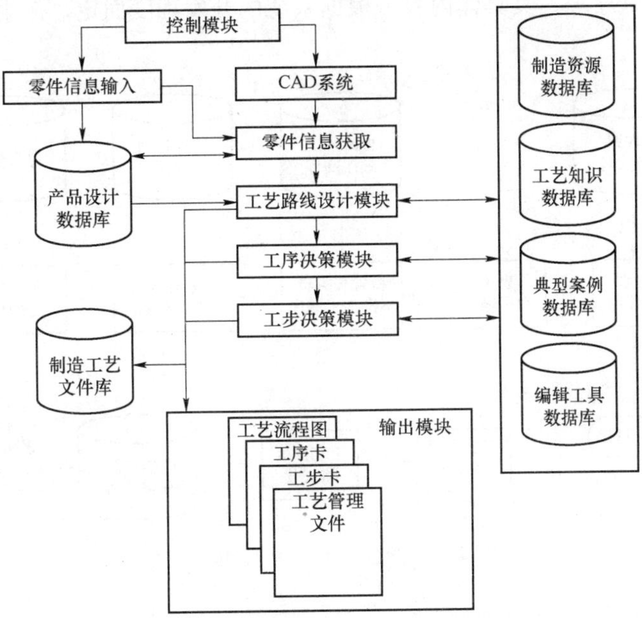

图 7-6　CAPP 系统的组成与基本结构

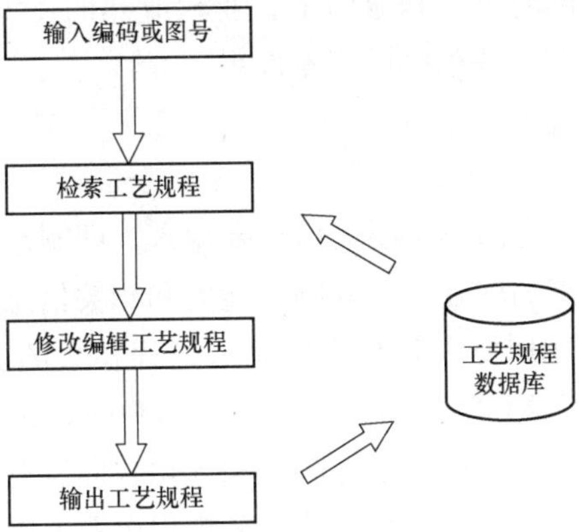

图 7-7　检索式 CAPP 系统的原理

三、派生式 CAPP 系统

派生式 CAPP 系统是检索式 CAPP 系统的发展。它利用零件 GT（成组技术）代码（或企业现行零件图编码），根据结构和工艺相似性对零件进行分组，然后针对每个零件组编制典型工艺，又称主样件工艺；工艺设计时，首先根据零件的 GT 代码或零件图号确定该零件所属的零件组，然后检索出该零件的典型工艺文件，最后根据该零件的 GT 代码和其他有关信息对典型工艺进行自动化或人机交互式修改，生成符合要求的工艺文件。

1. 派生式 CAPP 系统的基本原理

派生式 CAPP 系统是利用零件的相似性来检索现有的工艺规程的一种软件系统，该系统是建立在成组技术的基础之上，按照零件几何形状或工艺的相似性将零件归类成组，并建立该组零件的典型工艺规程，即形成该组中零件加工所需要的加工方法、加工设备、工具、夹具、量具及其加工顺序等，其具体内容可根据系统的开发程度而定。派生式 CAPP 系统的原理，如图 7-8 所示。

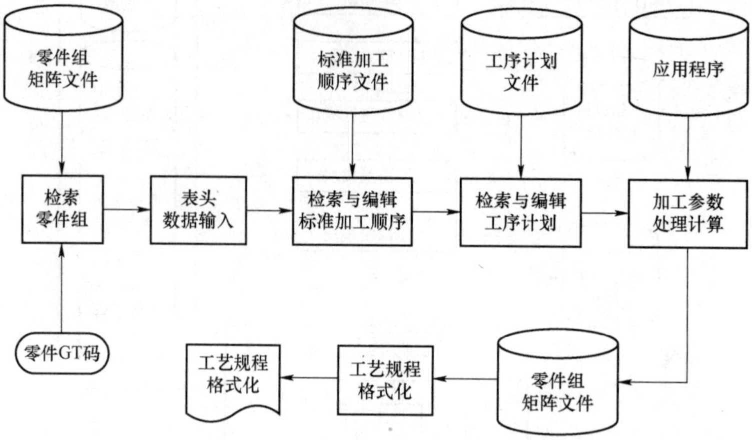

图 7-8　派生式 CAPP 系统的原理

2. 派生式 CAPP 系统的特点

由于以成组技术为理论基础，理论上比较成熟，应用范围比较广泛，有较好的适用性，在回转类零件中应用普遍，同时继承和应用了企业较成熟的传统工艺；但其工艺柔性较差；对于复杂零件和相似性较差的零件难以形成零件组。

四、创成式 CAPP 系统

在创成式 CAPP 系统中，有两类主要的信息要输入，即制造资源和零件信息。制造资源是指制造企业中产品制造所需的软硬件及其制造能力和相关信息的总和。零件信息是指零件的几何形状、精度要求、热处理要求等与零件制造过程相关的所有信息的总和。在创成式 CAPP 系统中，必须对制造资源和零件信息进行全面明确的定义，决策模块才能进行正确的决策。决策模块是系统的核心，它进行条件匹配和优化，即制造资源既是决策的约束，又对决策起支持作用。它和决策机制紧密联系，即工艺规程由系统中的决策逻辑生成。系统需收集大量的工艺数据和加工知识，并以此规程为基础，在计算机软件的基础上建立一系列的决策逻辑，形成工艺数据库和加工知识库。在输入新零件的有关信息后，系统可以模仿工艺人员，应用各种工艺决策逻辑规则，在没有人工干预的条件下，自动生成零件的工艺规程。

目前，用派生法原理生成工艺规程的方法已经比较成熟，创成法原理还不完善。现在所谓的创成式 CAPP 系统只是在部分功能上应用创成原理，所以，只能称为半创成式 CAPP 系统。创成 CAPP 系统的原理如图 7-9 所示，一般包括以下几个模块：

（1）控制模块 协调各模块的运行，实现人机之间的信息交流，控制产品设计信息获取方式。

（2）零件信息 获取模块用于产品设计信息输入。

（3）工艺设计模块 进行加工工艺流程的决策，生成工艺过程卡。

（4）工序决策模块 选定加工设备、定位安装方式、加工要求，生成工序卡。

（5）工步决策模块 选择刀具轨迹、加工参数，确定加工质量要求，生成工步卡及提供形成 NC 指令所需的刀位文件。

（6）输出模块　输出工艺流程卡、工序和工步卡、工序图等各类文档。

（7）产品设计数据库 存放由 CAD 系统完成的产品设计信息。

（8）制造资源数据库 存放企业或车间的加工设备、工装工具等制造资源的相关信息。

（9）工艺知识数据库 用于存放产品制造工艺规则、工艺标准、工艺数据手册、工艺信息处理的相关算法和工具等。

（10）典型案例库 存放各零件组典型零件的工艺流程图、工序卡、工步卡、加工参数等数据，供系统参考使用。

（11）编辑工具库 存放工艺流程图、工序卡、工步卡等系统输入输出模板，手工查询工具和系统操作工具集等。

（12）制造工艺数据库 存放由 CAPP 系统生成的产品制造工艺信息，供输出工艺文件、数控加工编程、生产管理与运行控制系统使用。

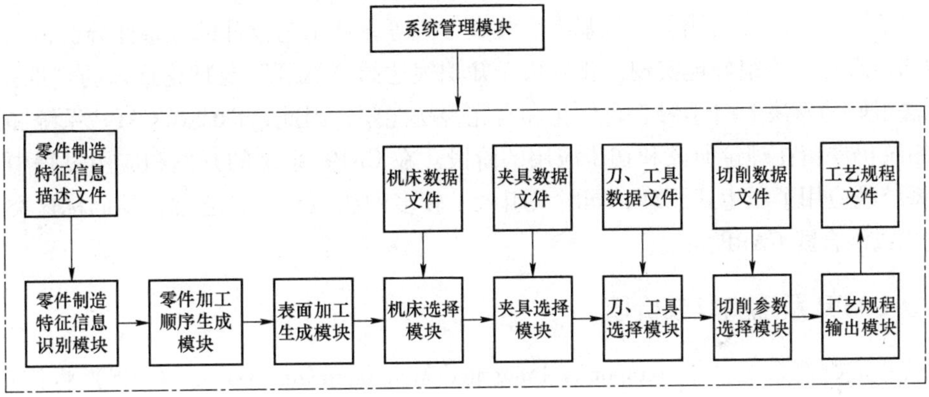

图 7-9　创成式 CAPP 系统的原理

五、知识基 CAPP 系统

传统的创成式 CAPP 系统由于决策逻辑嵌套在应用程序中，系统结构复杂，不易修改。目前的研究工作主要已转向知识基 CAPP 系统（专家系统）。在知识基 CAPP 系统中，工艺专家编制工艺的经验知识存放在知识库中，可以通过专用模块进行增删和修改，这就使系统的适应性和通用性大大提高。知识基 CAPP 系统的工作原理如图 7-10 所示。知识库中的工艺生成逻辑可以通过查询和解释模块以树形等方式显示，便于查询和修改。以自然形式存放的工艺增删通过知识编译模块，成为一种直接提供推理机使用的数据结构，以加快运行。推理机按输入模块从文件库中读取零件制造特征信息，经过逻辑推理生成工艺文件，由输出模块输出并存入文件库。

从 CAPP 系统工艺文件产生的方式可以看出，派生式 CAPP 系统利用了成组技术的原理，必须有复合工艺（样板文件）等，因此，它只能针对某些具有相似性的零件产生工艺文件。而对于找不到复合工艺的零件，派生式系统就无法生成工艺。创成式 CAPP 系统和知识基 CAPP 系统都利用了决策算法，自动生成工艺文件。但这些需要输入全面的零件信息，

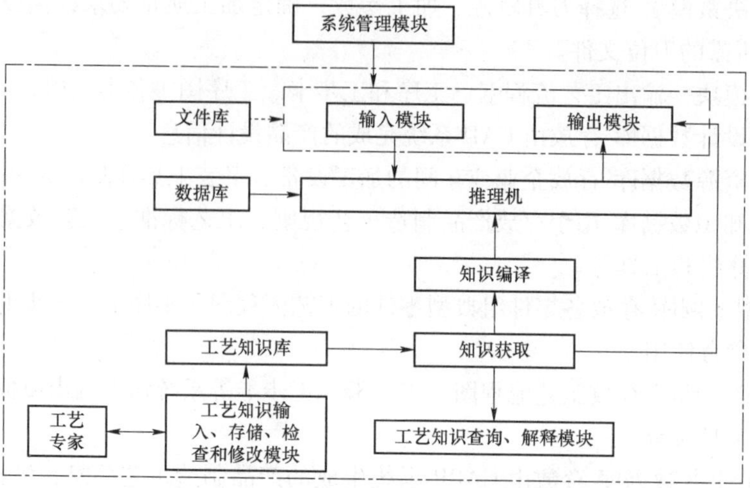

图 7-10　知识基 CAPP 系统工作原理

系统要确定零件的加工路线、定位基准、装夹方式等，从工艺设计的复杂性分析，这些知识的表达和推理都无法很好地实现。正是由于知识表达的“瓶颈”与理论推理的“匹配冲突”至今无法很好地解决，自学习、自优化和自完善功能差，因此，创成式 CAPP 系统和知识基 CAPP 系统仍停留在理论研究和初步应用的阶段。在 CAPP 系统的开发和应用过程中，许多 CAPP 系统既应用了派生式原理，同时又引入了较多的决策算法，通常，我们称这类系统为半创成式或混合式 CAPP 系统。

六、CAPP 系统的集成价值

现代集成制造系统（Contemporary Integrated Manufacturing System，CIMS）将信息技术、管理技术和制造技术相结合，并应用于企业产品全生命周期的各个阶段：通过信息的共享与集成、过程与资源的优化，实现物质流、信息流、价值流、知识流的集成和优化运行，从而提高工作效率和设计水平，最终提升企业的市场应变能力和核心竞争能力。

制造企业集成是在计算机网络技术、数据库技术和系统技术的支撑下，实现从设计、管理到制造的数据共享和过程集成。基于信息共享的 CAD/CAPP/CAM/PDM/ERP 等的集成是现阶段企业集成应用实施的重点。系统间的集成方法主要有 4 种：① 统一数据库，实现系统层的数据通信；② 开发各自接口，互相访问对方；③ 采用动态数字交换技术（DOE）；④ 采取中性文件的方式。

第一种方法最为理想，但开发实施难度也最大。PDM 把设计的 BOM（D-BOM，物料清单）以规定格式的 Excel 文件输出，CAPP 系统对其进行父子关系调整后，再转换成自己的工艺 BOM（D-BOM），该方法需要解决更改同步问题。CAPP 系统的材料基础库采用物流材料数据库自动同步的方法，实时获取材料信息，这要求物流数据库使用统一标准的信息模型，以保证信息的重复使用。CAPP 系统向 PDM、ERP 开放自己的数据结构，PDM、ERP 就可以通过接口程序读取 CAPP 的工艺路线、工时定额及统计汇总等信息。

产品数据管理（ProductDataManagement，PDM）是一门用来管理所有与产品相关的信息（包括零件信息、配置，文档、CAD 文件、结构、权限信息等）和所有与产品相关的过程

（包括过程定义和管理）的技术。它以网络和分布式数据库技术为支持，采用面向对象的建模方法，能够管理产品全生命周期内的所有数据和所有产品的相关过程，提供了一个企业范围内的产品开发和制造的并行化的协作环境。PDM 明确定位为面向制造企业，以产品为管理的核心，以数据、过程和资源为管理信息的三大要素。PDM 进行信息管理的两条主线是静态的产品结构和动态的产品设计流程，所有的信息组织和资源管理都是围绕产品设计展开的，这也是 PDM 系统有别于其他的信息管理系统，如企业管理信系统（MIS）、物料需求计划（MRP-II）、项目管理系统（PM）、企业资源计划（ERP）的关键所在。

一般来说，PDM 系统都具有数据仓库、文档管理、工作流程（过程管理）、产品结构与配置、应用程序封装与集成等主要功能，其强大的功能为开发适应并行工程的 CAPP 系统提供了有力的支持。目前越来越多的企业选择 PDM 进行 CAPP 系统的集成，它具有以下特点：

1. 开放性

PDM 技术以网络和分布式数据库技术为基础，在保证产品数据源的单一性、产品数据的安全性和完整性的前提下，通过中性接口，提供了对各种异构计算机环境的支持，同时又通过面向对象的方法为用户定制或二次开发提供了开发工具或接口，且有良好的开放性。CAPP 系统可以利用 PDM 开发工具透明地访问各异构环境下的数据，既满足了 CIMS 中复杂环境对开放性的要求，又减轻了开发难度，缩短了开发周期。

2. 集成性

作为 CIMS 信息集成平台，PDM 系统能够方便地实现对各种应用程序的封装或集成，在不同层次上支持各种应用系统之间或者应用系统与 PDM 系统之间的信息交流，不仅能够实现信息集成，还能实现功能集成和过程集成。由于共享一个统一的数据仓库，CAPP 系统和其他的系统之间的数据交换可以不再依赖于开发专用接口，而只需要针对共享数据库操作即可。而且由于 PDM 对关系数据库进行了面向对象的封装，CAPP 系统可以用直接操作产品对象的方式处理数据。产品设计的 BOM 可以直接在数据仓库中通过 CAD 系统产生的产品结构树获得，并通过单一数据对工艺视图的映射形成工艺 BOM，以供工艺设计和生产管理之用。

3. 对企业用户组织和工作流程的支持

过程管理是 PDM 的特点，企业功能的实现就是围绕着各类信息的各种过程的启动来进行的。PDM 提供了对企业中最常见的发放和工程更改过程的支持，也允许用户自定义过程，以实现对企业过程的灵活重组。利用用户组织功能可以组建工艺设计人员小组，结合工作流程功能可以分配工艺设计任务、协调工作进度，实现简单的项目管理，还可以支持组内工艺设计结果的在线审批，从而严格工艺设计程序、及时反馈和解决设计制造中的问题，加快设计节奏，提高设计质量。

4. 对并行工程的支持

并行工程是集成地、并行地设计产品及其相关过程的系统方法，实质上是一个合作、协调信息、及时交流与反馈的过程。它强调基于信息集成基础上的功能集成和过程集成，组建产品开发团队，对产品开发过程进行有效的监控和协调，以及各单元之间信息的及时交流与反馈。PDM 的上述特点实际上已经构建了一个满足并行工程各单元信息交流需求的协作环境。

PDM 的核心思想是设计数据的有序、设计过程的优化和资源的共享。PDM 技术的发展可以分为以下三个阶段：配合 CAD 工具的 PDM 系统、专业 PDM 产品和 PDM 的标准化阶段。目前国内外已开发有许多 PDM 软件，如 SDRC 公司的 Metaphase、EDS 公司的 IMAN、PTC 公司的 Windchill、IBM 公司的 Product Manager、开目公司的开目 PDM 等，它们基本上代表了国内外在 PDM 技术上的最高水平。当前 PDM 产品大多采用分布式的客户机/服务器（Client/Server）结构，服务器端负责公共数据的存储、多用户的同步等功能，客户端主要负责与用户的交互、客户私有数据的管理等。

CAPP 系统与 PDM 系统的集成主要体现在数据集成、功能集成（主要包括项目管理、流程管理、版本管理、权限管理等的集成）和过程集成上，解决系统之间的信息共享、交流与传递，以有效地实现产品的数据管理。CAPP 从 PDM 中获取 CAD 三个主要方面的数据：① 产品设计信息。它是指 CAPP 能够从 PDM 中获取产品设计属性信息，如零件名称、代号、材料等；② 产品图形信息。它是指 CAPP 能够通过 PDM 获取产品当前版本的图形信息；③ 产品结构信息。它是指 CAPP 能从 PDM 中获取产品结构树信息，并对该信息进行处理，生成相应的产品工艺树。而 CAPP 最终生成的产品工艺文件和产品工艺结构树信息存储在 PDM 共享数据库中，CAM 等应用系统直接从 PDM 共享数据库中获取所需工艺信息，从而有效地实现企业产品信息集成。CAPP 与 PDM 集成的方式有中间接口式、封装组件式、一体化集成等多种方式。

CAPP 与 PDM 之间除了文档交流，还要从 PDM 系统中获取设备资源信息、原材料信息等，而 CAPP 产生的工艺信息也需要分成基本单元存放于工艺信息库中，所以 CAPP 与 PDM 之间的集成需要接口交换。

工艺设计在相应节点进行，由 PDM 系统激活 CAPP 软件，产生的数据文件也“挂”在结构树的相应节点上，通过结构树，可直接共享 CAD 产生的设计图样、设计 BOM 等信息。在设计过程中，结构树、图样、工艺文件、计算书、说明书等电子文档全部存储在服务器中，并与结构树上有关节点相关联。PDM 系统应具备功能强大的分类查询功能，提供产品结构树多视图管理，如设计视图、工艺视图、标准件视图、借用件视图、按专业组显示、按设计人员显示等，不同的文档、不同状态的文档用不同的图标、不同的颜色表示。按节点显示图示化进度信息，能提示脱期预警信息。

图样设计完成后，由设计 BOM 模块在相应节点自动生成零件清单、组件清单、总清单等，加工工艺卡片编制结束后，由工艺 BOM 模块在相应节点自动生成材料定额、工装一览表、各类明细表等。通过节点，可以方便地找到与该节点有关的所有信息。系统中预先建立标准件库、材料供应目录，提供方便快速的在线查询、调用功能、借用设计功能。

设计、工艺完成后，将产生一棵完整的结构树，在树上层次分明地存储一项工程或产品的所有设计图样、工艺卡片、设计清单、工艺清单，甚至可以包括计算书、说明书等产品技术资料，同时提供丰富的分类查询统计功能，技术信息可以方便地流转到下道工序。完工的节点数据提交档案部门管理，档案部门进行归档登记，并将节点数据复制到归档介质（如光盘），实现产品技术文档的电子化归档。原有的 CAD、CAPP 文档应用 BOM 展开功能，自动进入 PDM 系统，由 PDM 系统根据 BOM 信息生成产品结构树。

应用 PDM 系统集成 CAD/CAPP，可以提高 CAD/CAPP 应用水平和应用效益，逐步实现技术部门信息化，为企业信息化提供源头信息。同时也必须清晰地认识到，PDM 系统的实施也存在很大的难度，必须慎重对待。对于 CAD 应用比较深入，应用水平较高的企业，对于已经实施或正准备实施 CAPP 系统的企业，可以考虑实施 PDM 系统，提高系统集成水平，稳步推进企业信息化建设。如图 7-11 所示是一个基于 PDM 的网络化 CAPP 体系结构。

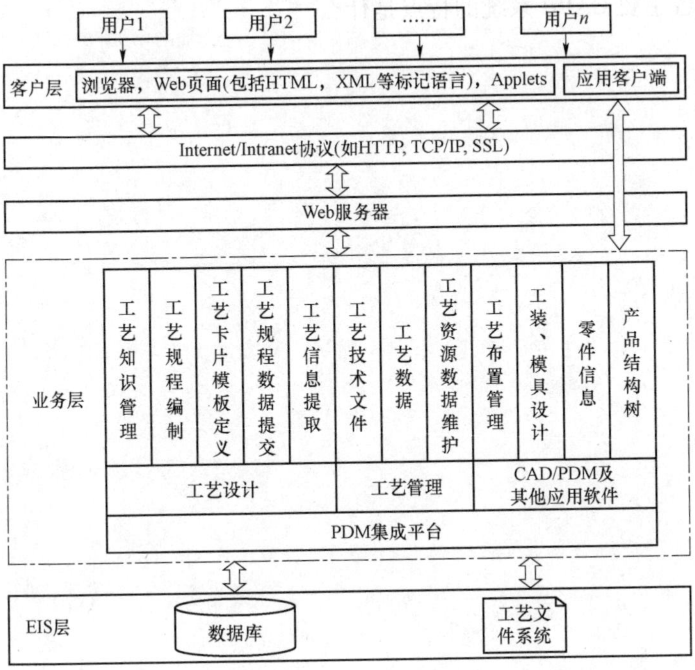

图 7-11　一个基于 PDM 的网络化 CAPP 体系结构

项目驱动

7-1　什么是 CAPP？

7-2　简述 CAPP 的发展历重。

7-3　简述我国 CAPP 的发展及应用现状。

7-4　传统的 CAPP 系统及其构造方法主要存在哪些缺陷？

7-5　简述 CAPP 的发展趋势。

7-6　简述工艺设计的特点和要求。

7-7　如何实施 CAPP？

7-8　什么是成组技术？

7-9　常用的零件分组方法有哪些？

7-10　成组技术要应用在哪些方面？

7-11　根据 CAPP 的工作过程与组成结构，CAPP 系统有哪些类型？分别描述其工作原理？

7-12　什么是现代集成制造系统？

7-13　系统间集成有哪些方法？

7-14　什么是 PDM？它有哪些特点？

7-15　CAPP 系统与 PDM 的集成主要有哪几个方面？

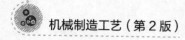

7-16　在 PDM 中如何实现以产品结构树为中心的流程管理？

7-17　目前国内企业从事工艺工作主要采用哪些方法？其优缺点是什么？

7-18　工艺软件的发展趋势是什么？

7-19　国内各主要 CAPP 系统的特点是什么？

参考文献

[1] 刘会霞. 金属工艺学 [M]. 北京：机械工业出版社，2015.
[2] 王富山. 机械制造基础课程设计 [M]. 北京：机械工业出版社 2016.
[3] 王小彬. 机械制造基础实习 [M]. 北京：电子工业出版社，2017.
[4] 陈长生. 机械基础 [M]. 北京：机械工业出版社 2016.
[5] 机械设计手册编委会. 机械设计手册 [M]. 北京：化学工业出版社，2014.
[6] 郑光华. 机械制造实践 [M]. 合肥：中国科学技术大学出版社，2014.
[7] 孙自力. 机械制造技术 [M]. 大连：大连理工大学出版社，2016.
[8] 卢小平. 现代制造技术 [M]. 北京：清华大学出版社，2017.
[9] 苏建修. 机械制造基础 [M]. 北京：机械工业出版社，2018.
[10] 童幸生. 材料成型及机械制造工艺基础 [M]. 武汉：华中科技大学出版社，2016.
[11] 张辽远. 现代制造技术 [M]. 北京：机械工业出版社 2013.
[12] 张绍蒲. 机械工程基础 [M]. 北京：高等教育出版社，2013.
[13] 邹青. 机械制造技术基础课程设计指导教程 [M]. 北京：机械工业出版社，2017.
[14] 王杰. 机械制造工程学 [M]. 北京：邮电大学出版社，2014.
[15] 殷作禄. 切削加工操作技巧与禁忌 [M]. 北京：机械工业出版社，2014.
[16] 刘杰华. 金属切削与刀具实用技术 [M]. 北京：国防工业出版社，2016.
[17] 吴新佳. 机械制造工艺装备 [M]. 西安：西安电子科技大学出版社，2016.
[18] 孔庆德. 金工实习 [M]. 上海：同济大学出版社，2016.
[19] 李伯民. 现代磨削技术 [M]. 北京：机械工业出版社，2015.
[20] 夏德荣. 金工实习 [M]. 南京：东南大学出版社，2013.
[21] 付敏. 金工实习 [M]. 哈尔滨：东北林业大学出版社，2015.
[22] 许嘉元. 机械制造工艺学（含机床夹具设计）[M]. 北京：机械工业出版社，2016.